쉴드TBM 설계 및 시공

쉴드 TBM 설계 및 시공

SHIELD TBM DESIGN AND CONSTRUCTION

조국환, 김진팔, 고성일 저
최향석, 박진수 감수

에이퍼브

권두언

본 책자는 "쉴드 TBM 설계 및 시공"에 있어서 실무적으로 도움이 되고자 TBM 길라잡이 역할이 되도록 내용을 구성하였습니다. TBM 공법의 기본적인 분류에서부터 TBM 공법을 계획하는 경우, 필수적인 항목인 터널 단면, 장비 선정, 세그먼트 설계, 장비 발진구 및 도달구 계획 등의 사항을 그간 국내자료 및 실무 경험을 바탕으로 체계적으로 정리하고자 노력하였고 그외 해외 사례도 담았습니다.

또한 TBM 시공을 위한 현장자료를 정리하는 내용에도 초점을 두었습니다.

"서울시 도시기반 건설본부"에서 2012~2016 계획 및 시공한 지하철 9호선 3단계 3개 공구(919, 920, 921)가 동시에 쉴드 TBM 공사를 진행하였으며, 이는 TBM 공법으로 3개 공구가 동시에 공사가 진행되었다는 점에서 TBM 프로젝트에서 큰 의미를 가지는 사업이었습니다. 본 책자에서는 9호선 3단계 사업의 시공 중 현장시공 기술데이터를 기반으로 TBM 시공 중의 당시의 문제점(또는 기술현안) 및 개선방안 등을 도출 정리하였습니다. 기타 사업에서도 현장에서 경험한 기술사항 등을 체계적으로 정리하여 TBM 현장 기술자에게도 유용하도록 실무길라잡이 역할을 하도록 집필하였으며, 향후 추진될 TBM 계획 및 시공에서 매우 유용한 자료로 활용될 수 있도록 내용을 담았습니다.

TBM 기술은 유럽, 일본 등 해외 선진국에서 일찍이 기계화 시공(mechanized tunnelling method) 방식인 TBM 공법을 지속적으로 적용하여 TBM 굴착공법이 증가 또는 보편화되어 가고 있습니다.

국내 TBM 공법은 1987년 부산 광복동 전력구의 최초 EPB 쉴드 TBM 이후 약 35년이 지난 2023년 현재, 직경 14.0m급에 쉴드 TBM을 시공할 정도로 국내 TBM 기술은 발전하고 있으며, 이러한 기술 발전은 그간 많은 소구경 쉴드 TBM 시공경험 외에 지하철 및 일반 철도터널, 도로터널 등에서 많은 기술이 축적되어 기반이 마련되었습니다.

현재 국내외적으로 친환경적이고 시공 중 안전성 확보가 유리한 TBM 공법이 증가하는 추세에서 본 서적이 국내 TBM 설계·시공 기술자분들에게 유용한 실무적 자료가 되길 희망합니다.

끝으로 발간을 위하여 감수를 맡아주신 최항석 교수님과 박진수 박사님께 감사의 말씀을 전합니다.

2024. 2.

필자 일동

감수평

지구라는 제한된 공간에서 터널은 인류에게 무한한 삶의 터전을 제공해왔습니다. 터널을 새롭게 만들고, 길게 하고, 크게 하는 다양한 기술은 인간과 인간, 지역과 지역 간의 시간적, 공간적인 "긍정적 소통"을 만들어내어, 인류의 삶을 이롭고, 풍요롭게 하였습니다. 삶의 질의 향상과 토목, 기계, 전기, 통신 등 기술발전의 끊임없는 순환은 터널 굴착 기술에도 큰 영향을 주어 NATM으로 대변되는 Drill & Blast를 기본으로 하는 재래식 터널공법(Conventional tunnelling method)에서 TBM을 통한 굴착과 세그먼트 조립을 반복하여 터널을 형성하는 기계화 터널공법(Mechanized tunnelling method)으로의 변화는 이미 세계적으로 일반화되어 있습니다.

과거 국내에 적용된 TBM 공법의 초기 단계는 지반조건을 충분히 반영하지 못한 TBM 장비 선정과 지질적 · 기계적인 다양한 트러블에 대한 경험 및 자료 부족으로 많은 어려움을 겪었던 것이 사실입니다. 현재는 많은 부분을 극복하여 소단면 유틸리티 터널부터 도심지 지하철, 장대 철도터널, 직경 14m가 넘는 대단면 도로터널, TBM으로 선굴착하고 NATM으로 확대 굴착하는 등 다양하게 터널에 적용되고 있습니다.

쉴드 TBM터널에서 중요시되는 항목은 크게 장비의 제작, 설계, 시공, 트러블 대처 등으로 구분되는데, 지하철급 단면의 TBM을 국산화한 사례가 없는 국내 실정을 감안하면, 본 서적은 쉴드 TBM의 설계, 시공, 트러블 대처에 대해서 심도있는 분석과 실무 적용이 가능한 실용적인 내용 중심으로 기술한 서적으로 평가되며, 향후 본격적인 TBM 장비 국산화를 대비해서 유용한 기초자료로 활용이 가능할 것이라 사료됩니다. 기존 쉴드 TBM터널 관련 서적과는 아래와 같은 차별화와 무게가 실린 것으로 분석됩니다.

첫째, 서울지하철 9호선 3단계의 인접한 3개 공구(919, 920, 921)의 설계와 시공자료를 비교 · 분석하여 기술한 것은 기존 쉴드 TBM 관련 서적에서는 찾아볼 수 없는 귀중한 특화 내용으로 평가됩니다.

둘째, 토압식(EPB) TBM의 굴진면압, 첨가제 및 배토 관리 방안에 대한 설계적 이론과 실무적 사례 비교는 국내에 Mud engineer가 전무한 상황에서 매우 유용한 자료로 분석됩니다.

셋째, 쉴드 TBM 원형 단면 특성과 필연적으로 발생하는 하부의 무효공간을 쉴드 TBM 형상과 구조를 다양화시켜 시공한 사례를 구체적으로 설명한 것은 다른 서적과 차별화된 부분으로 평가됩니다.

그 외에도 쉴드 TBM을 처음 접하는 건설 분야 대학원생들에게는 꼭 필요한 기초지식과 터널 분야에 종사하는 관련 기술자들에게는 실무에 반영할 수 있는 내용이 담긴 좋은 서적으로 평가됩니다.

마지막으로 본 서적을 발간하기 위해 쉴드 TBM 설계와 실무를 한 글자, 한 글자에 녹여내신 조국환 교수님, 김진팔 박사님, 고성일 박사님에게 깊은 감사의 말씀을 드립니다.

2024. 2.

감수자 일동

차례

제3장 근접시공

제1장

쉴드 TBM 공법의 분류

제 1 장 쉴드 TBM 공법의 분류

Shield TBM Design and Construction

1.1 쉴드 TBM 터널 분류

TBM(Tunnel Boring Machine) 장비를 이용한 터널 굴착방식을 기계화 시공(mechanized tunnelling)이라 명명하고 있다. 기계화 시공은 암반에서 매우 연약한 토사층까지 터널굴착 지반의 범위가 넓으며, 지반 특성에 따라 매우 다양한 장비형식이 개발되어 적용되고 있어 명칭상의 혼돈이 발생하는 경우가 있다.

국내 터널공학회 ITA(International Tunnelling Association)는 총 20개의 분과위원회(working

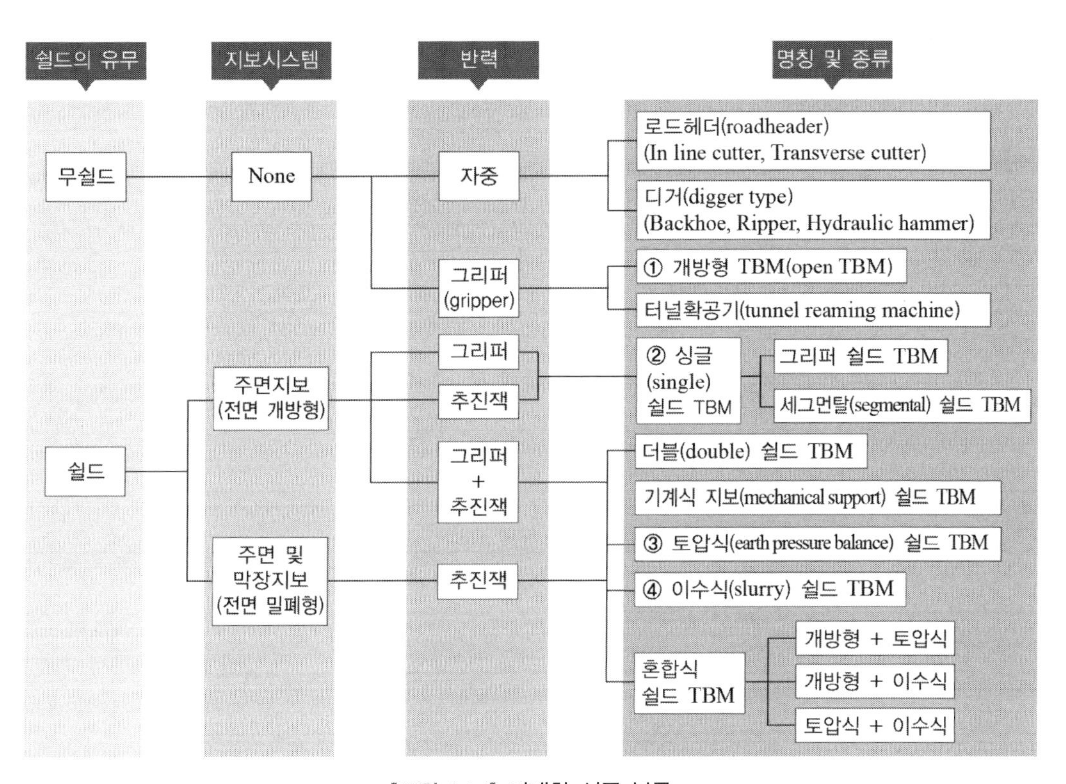

[그림 1.1.1] 기계화 시공 분류

group)가 활동 중에 있으며, 이 중 Working Group No. 14가 기계화 시공 분과위원회이다. 본 분과에서는 2000년도에 기계화 시공 선진국인 일본, 노르웨이, 독일, 스위스, 오스트리아, 이탈리아, 프랑스의 7개국의 터널 협회에서 작성 제출한 것을 취합하여 기계화 시공법을 분류한 바 있으며, 국내 (사)한국터널지하공간학회에서도 기계화 시공 장비 명명에 대한 혼돈을 막기 위하여 국내 기계화 시공법 분류기준안을 선정하였다.

그림 1.1.1과 같은 분류 외에도 굴착단면의 형상, 굴착선형 및 분기/합류 등의 특수성을 갖는 쉴드 TBM 분류는 그림 1.1.2와 같다.

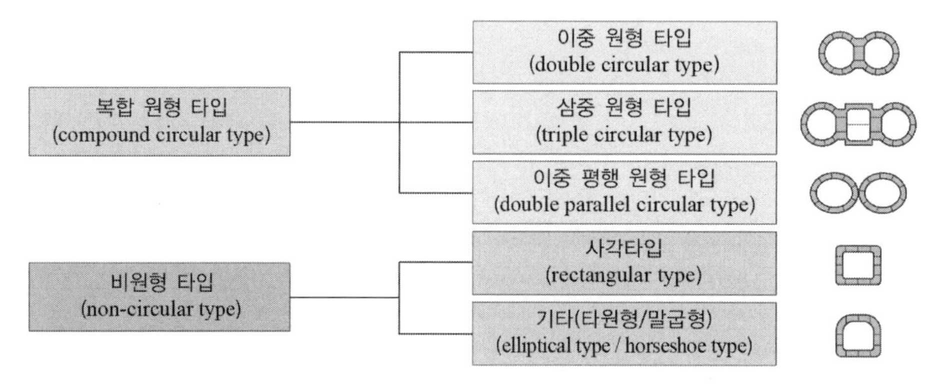

[그림 1.1.2] 특수형 쉴드 TBM 분류

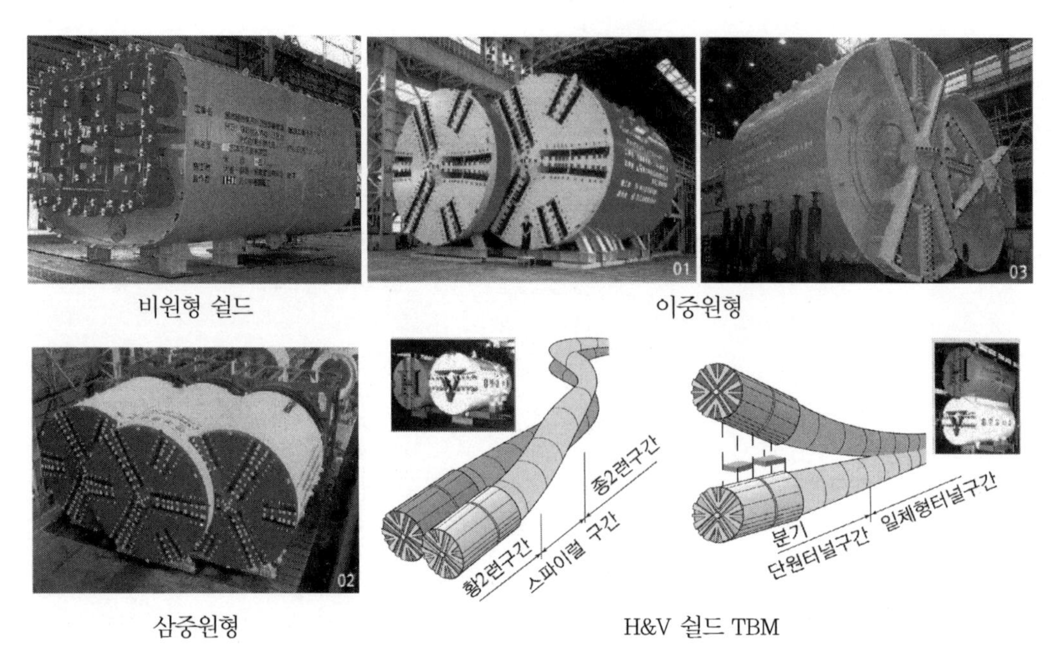

[그림 1.1.3] 주요 특수형 쉴드 TBM 형상(일본 Hitachi Zosen, Kawasaki : 현 UGITEC)(계속)

사각 쉴드

[그림 1.1.3] 주요 특수형 쉴드 TBM 형상(일본 Hitachi Zosen, Kawasaki : 현 UGITEC)

1.2 쉴드 TBM 구조 이해

1.2.1 쉴드 TBM의 기본 구조

쉴드(shield)의 구조는 커터(cutter) 회전에 의해 지반을 굴착하는 헤드(head)부, 헤드 구동을 위한 모터 및 추진잭(jack) 등 각종 설비를 탑재한 전통부, 이렉터(erector)와 세그먼트(segment) 조립 공간이 마련된 후통부 등 크게 세 가지 명칭으로 구분한다. 장비의 규모에 따라서는 헤드부, 전통부, 중통부, 후통부로 구분하는 경우도 있다.

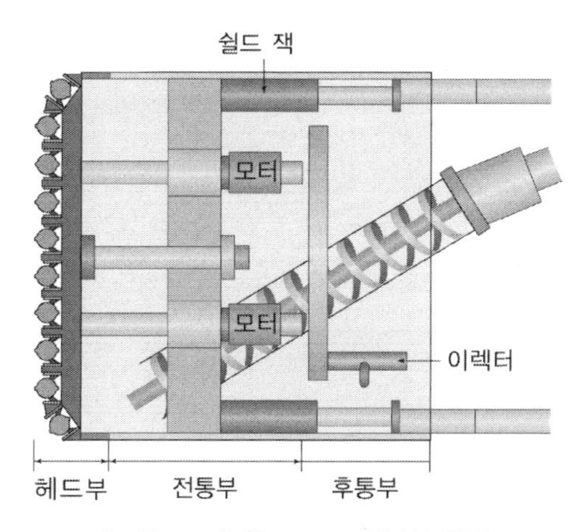

[그림 1.2.1] 쉴드 TBM 각부의 명칭

헤드부를 제외한 전·중·후통에 탑재된 설비들은 굴착하는 지반과 단면의 크기에 따라 설비나 용량이 달라질 수 있으나, 작동 원리나 조작 방법 등은 대부분 대동소이(大同小異)하다. 그러나 헤드 부분은 지반 조건에 따라 형상은 물론 굴착 기구의 선정이 달라지며, 회전체를 지지(支持)하는 방식에 있어서도 두드러진 차이를 보인다.

1.2.2 커터헤드 형상에 따른 구분

커터헤드(cutter head)의 구분은 단면의 생김새에 따라 Flat형, Semi Dome형, Full Dome으로 구분하며, 굴착하려는 지반에 가장 적합한 형태로 제작한다. 일반적으로 토사 등 상부 침하에 따른 지반 함몰이 우려되는 연약 지층에서는 Plate형, 지반의 자립이 가능하고 굴착경의 확보가 필요한 암반층에는 Semi Dome형 및 Full Dome형을 사용한다.

형상에 따른 지반 조건 및 굴착 도구의 선택은 다음과 같다.

가. Flat형

주로 연약 지반이나 토사층 굴착에 적용하며, 굴착 기구로는 중앙에 돌출형 비트(bit)를 배치하고 중앙과 외부에는 비트(bit) 또는 롤러 커터(roller cutter, double blade)를 부착하여 굴착한다.

[그림 1.2.2] Flate형 헤드

나. Semi Dome형

토사층에서 연암까지 적용하며, 롤러 커터를 사용하되 지층 및 단면의 크기에 따라 Single Blade 또는 Double Blade를 적용한다.

[그림 1.2.3] Semi Dome형 헤드

Double Blade의 경우는 Single Blade에 비해 Shaft Bearing의 하중 부담이 크므로 상대적으로 약한 지층에 적용하며, 특별한 경우 궤적 간격을 맞추기 위해 사용되기도 한다.

다. Full Dome형

보통암 이상 경암층에 적용하며, 주로 Single Blade의 파쇄력에 의해 굴착 작업을 진행한다.

[그림 1.2.4] Full Dome형 헤드

1.2.3 굴착도구로서의 커터와 비트

커터헤드의 회전에 의해 지반을 굴착하는 굴착 도구의 종류에는 Teeth 비트, Roof 비트, 롤러 커터 등이 있으며, 토질에 따라 구분하여 사용한다.

Teeth 비트를 포함한 비트류는 주로 모래, 실트, 점성토와 같이 비교적 연약한 지반에서 굴착 도구로 사용되며, 자갈층에 대응하기 위한 롤러 커터는 자갈은 물론 풍화암, 연암, 경암 등 경질 지반의 파쇄를 목적으로 사용된다. 롤러 커터에 대해서는 다음 파트에서 다시 소개하기로 한다.

1.2.4 커터헤드 지지 방식에 의한 구분

커터헤드는 큰 추력을 받은 상태에서 회전을 하므로 충분한 강도와 회전력을 필요로 한다. 따라서 회전하는 커터헤드를 지지하기 위해서는 단면의 크기, 지반의 조건을 고려하여 지지하여야 하는데, 지지 방식에는 크게 Center Shaft 방식, 중간 지지 방식, 주변 지지 방식으로 구분하며 주변 지지 방식은 외주 빔 지지 방식과 드럼 방식으로 세분하여 적용한다.

가. Center Shaft 방식

커터헤드가 Center Shaft로 지지되어 있어 토크(torque) 손실이 적으며, 구조가 간단하여 제작 비용을 절감할 수 있다. 그러나 이 방식은 중·소형 쉴드에 사용되는 경우가 많으며, 구동부 이외의 기내 공간이 협소하고 큰 지름을 가진 자갈 처리에는 어려움이 있다.

나. 중간 지지방식

커터헤드를 여러 개의 빔으로 지지한 것으로 중·대형 쉴드에 적용되는 경우가 많다. 소형 단면에 적용할 경우 설치된 빔의 간격이 좁아져 토사의 유동성이 저하되어 빔 부근에 점성 부착 방지를 충분히 검토할 필요가 있다.

다. 주변 지지방식

커터헤드를 프레임으로 지지한 것으로 장비 내부의 공간이 넓어 큰 지름을 가진 자갈 및 장애물 처리에 유리하다. 그러나 챔버(chamber) 내에서 굴착된 토사가 같이 돌기 때문에 커터의 마모가 촉진될 수 있으며, 특히 외주에서의 토사 부착, 막힘 등에 대한 충분한 방지 대책 검토가 필요하다.

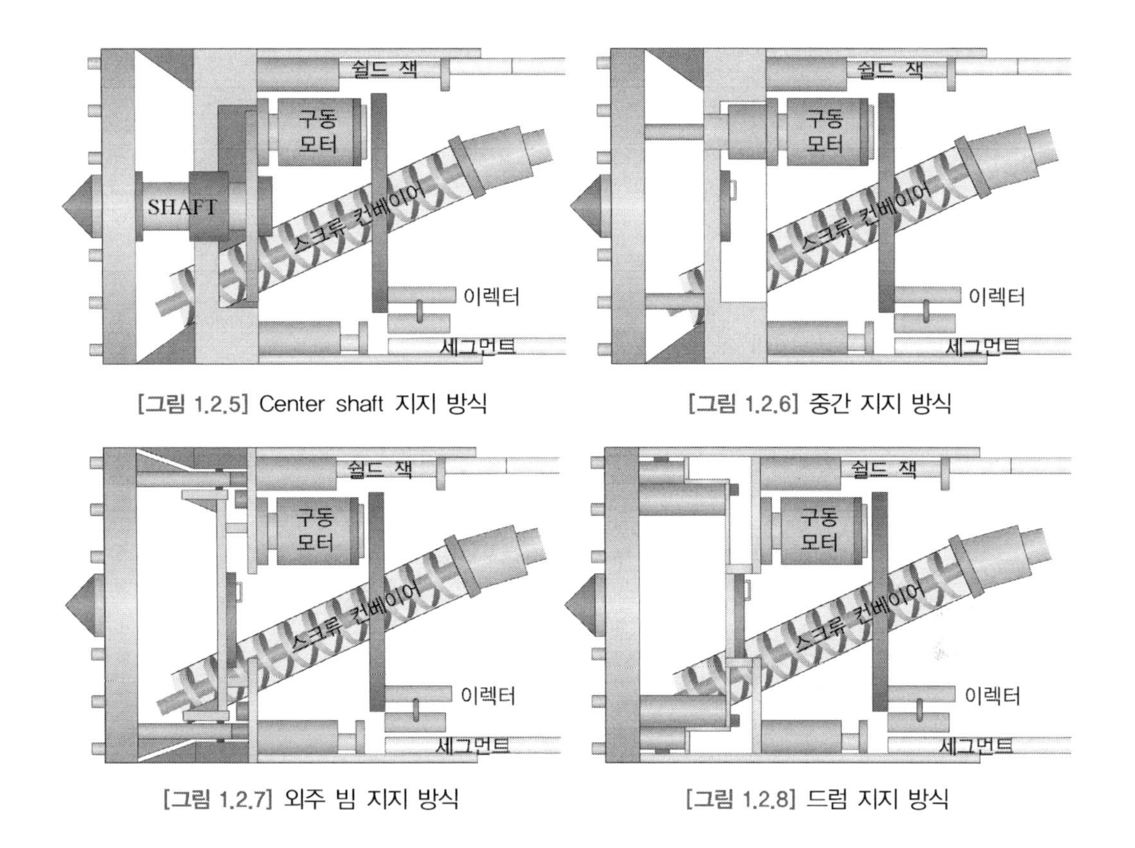

[그림 1.2.5] Center shaft 지지 방식

[그림 1.2.6] 중간 지지 방식

[그림 1.2.7] 외주 빔 지지 방식

[그림 1.2.8] 드럼 지지 방식

1.3 기본형 쉴드 TBM 공법

국내에서 사용되는 쉴드 TBM 공법은 굴진면 전방의 챔버압을 조절할 수 있는 토압식(EPB, Earth Pressure Balanc) 및 이수식(slurry) 쉴드 TBM이 주를 이루나 이외에도 수굴식, 반기계식, 기계식 및 부분 개방형의 쉴드 TBM을 적용하는 경우도 있다. 본 장에서는 기존의 기계식 쉴드 장비에 벌크헤드(bulkhead)를 설치하여 굴착면과 터널 내 작업공간을 구분하는 밀폐형 토압식 및 이수식 쉴드 TBM에 대해서 서술하고자 한다.

밀폐형 쉴드 공법은 굴착된 토사를 굴착면과 벌크헤드 사이의 공간의 챔버로 반입하여 이수압(泥水壓) 또는 토압에 의해 굴착면을 유지하는 데 충분한 유효 압력을 작용시켜 굴착 지반을 안정시키는 공법으로, 배토 방식 및 토압 유지 방식에 따라 토압식과 이수식으로 구분한다.

여기서, 토압식은 다시 토압식과 이토압식으로 양분되며, 이토압식은 주입제의 종류에 따라 이토 가압식, 기포 쉴드, Chemical Flug 쉴드로 세분화된다. 그러나 큰 의미에서 기포 쉴드와 Chemical Flug 쉴드는 이토 가압식의 한 종류라 해도 무방하다.

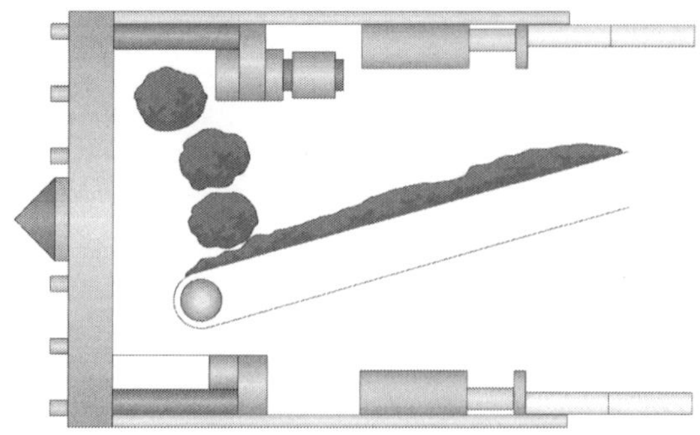

[그림 1.3.1] 기계식 쉴드와 공사 개략도

앞으로 다룰 특수형 쉴드 공법도 벌크헤드 구조 형식에 따라서는 밀폐형 쉴드 공법에 포함되지만 굴착 방식이나 토압 유지에 따른 구분이 아니라 단면 형상에 따른 구분의 성격이 강하며 실제로는 토압식과 이수식의 원리를 그대로 적용하고 있다.

1.3.1 토압식(EPB, Earth Pressure Balance)

가. 토압식 쉴드 TBM 일반

토압식 쉴드 공법은 굴착 시 지중에 형성되는 지중압(수압 + 토압)과 챔버에 채워진 (이)토압의 균형을 통하여 지반의 안정을 확보하고 터널을 완성해 나가는 공법이다.

쉴드를 지중에 넣어 지반을 굴착할 때 커터헤드의 회전에 의해 지반의 이완이 발생하는데 이렇게 이완된 토사는 지하수와 함께 쉴드 방향으로 지중압을 형성하게 된다. 이때 발생하는

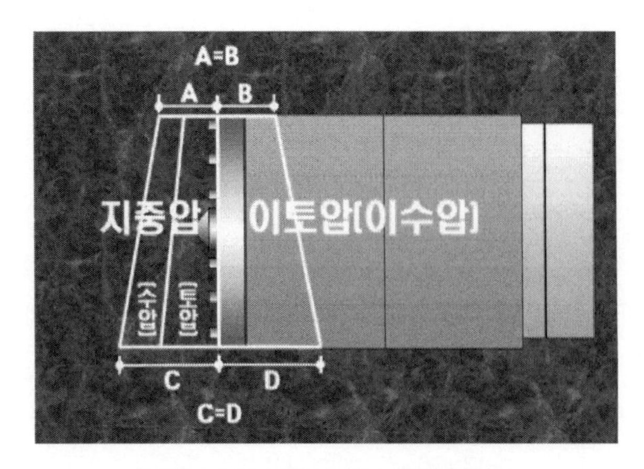

[그림 1.3.2] 토압식 쉴드 공법 개념도

지중압에 상응하는 토압을 챔버 내에 채워진 (이)토압으로 대응함으로써 지반의 붕괴를 방지하는 원리이다.

굴착에 의해 챔버에 채워진 토사는 토압을 유지하면서 스크류 컨베이어(screw conveyor)를 통하여 외부로 반출하게 된다. 스크류 컨베이어는 그 형상과 기능에 따라 Auger Type(또는 Shaft Screw)과 Ribbon Type을 선택하여 사용한다.

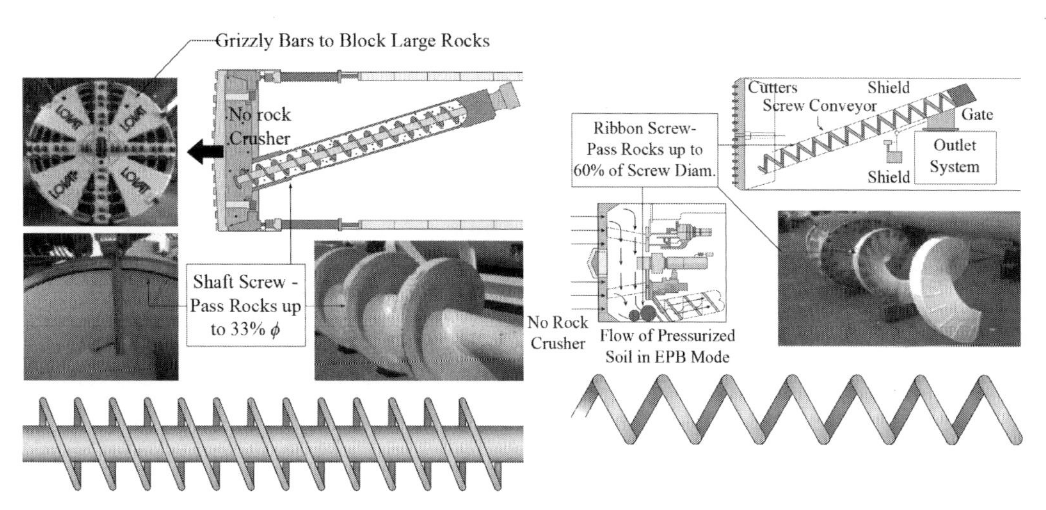

[그림 1.3.3] Auger Type 스크류 [그림 1.3.4] Ribbon Type 스크류

스크류(screw)의 선택은 토질 조건에 따라 적용을 달리하는데 일반적으로는 Auger Type을 많이 적용하고 있다. Ribbon Type은 주로 자갈층에 적용되며, 중심에 축이 없기 때문에 직경이 큰 자갈(호박돌층 포함) 운반에 유리한 반면, 중심이 크게 열려 있는 형상으로 인하여 압력 유지 효과를 기대하기 어려워 배출구에 슬라이드 게이트(slide gate)를 설치하여 사용하는 경우가 많다. 한편, Auger Type은 형상에 의해 압력 유지 효과를 기대할 수 있다.

나. 이토압식 쉴드 TBM 일반

커터로 굴착된 토사에 첨가제를 주입하여 교반 날개로 강력히 혼합시킴으로써 소성 유동성과 불투수성을 가진 이토로 변화시킨다. 이렇게 변화된 이토를 스크류 컨베이어에 채워 추력에 의해 이토압을 발생시켜 이때 발생하는 압력으로 수압과 토압에 대응해 굴착면을 안정시킨다. 벌크헤드에 부착된 토압계를 실시간으로 측정하여 압력이 "이토압 = 토압 + 수압"이 되도록 굴진속도와 스크류 컨베이어의 회전 속도를 제어함으로써 굴진 관리를 한다.

공법의 주요 특징은 다음과 같다.

- 광범위한 토질에 대한 적용성이 우수
- 굴착면은 이토에 의해 보호되기 때문에 원 지반의 변화가 거의 없으므로 침하의 억제가 가능
- 쉴드 외주부 및 첨가제실 내부의 이토의 방수 효과에 따른 뒤채움 주입재의 역류가 없어 안정성이 확보된 확실한 뒤채움 동시주입이 가능
- 0.7MPa의 수압을 작용시킨 굴진 실험으로 고수압 대응 성능이 입증된 바 있으며, 최대 심도 50m 이상의 대심도에서도 적용이 가능

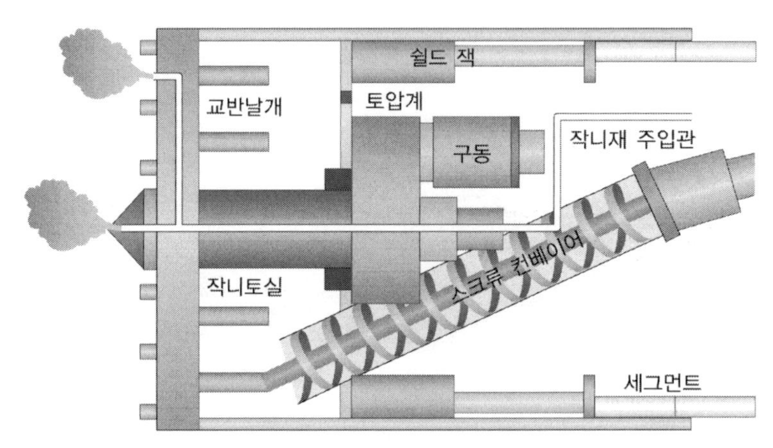

[그림 1.3.5] 이토압식 쉴드 구조

1.3.2 이수식 쉴드 공법

가. 이수식 쉴드 공법이란

이수식 쉴드 공법은 기본적으로 기계식 밀폐형 쉴드에 토압식과는 달리 굴착면에 이수를 가압하여 굴착면의 안정을 유지하고 굴착된 토사를 챔버에서 지상 플랜트까지 연결된 배관을 통하여 지상까지 유체 수송을 하는 것을 특징으로 한 쉴드 공법의 한 종류이다.

지상으로 배출된 이수는 토사의 굵기에 따라 1차 분리[1]와 2차 분리[2] 설비를 이용하여 토사와 이수로 분리되며, 이때 분리된 토사는 사토로 배출된다. 토사와 분리된 이수는 플랜트의 조정 탱크에서 비중 및 점도 등을 조정하여 굴착면 쪽으로 순환하게 된다. 이와 같은 작업들을

1) Desander 또는 Sand Collector

2) Filter Press 또는 원심 분리기

동시에 반복적으로 실시하면서 터널을 굴착하게 된다. 쉴드의 운전 상황과 더불어 이들 일련의 시스템은 지상에 설치된 중앙 조정실에서 총괄적으로 관리한다.

굴착면이 불안정하고 대수 모래층이나 함수비가 높은 느슨한 점성토층, 그리고 상부에 물이 있는 장소 등에 가장 적합한 공법이다. 공법의 주요 장단점은 다음과 같다.

장점	단점
• 불안전한 지반에서도 이수막(mud screen)에 의해 굴착면이 안정되어 공학적으로 안정된 시공이 가능하다. • 시공 중 일수현상에 의한 분발 현상이 발생될 수는 있지만, 압기 공법과 같은 위험성은 상대적으로 적다. • 압기 공법으로 불가능한 대수 모래층이나 함수비가 높은 점성토층 등 토질의 적용 범위가 넓다. • 굵은 자갈층에서도 파쇄 장치를 이용하여 시공이 가능하다. • 터널 내 작업 환경이 우수하고, 작업원의 안전도가 타 공법에 비해 높다. • 굴착토와 물이 분리되므로 굴착토 운반에 유리하다.	• 지상 플랜트 설치에 따라 설비비가 높고 넓은 추가적인 설치 면적을 필요로 한다. • 미립자 응집을 위한 응집제 등 물 처리를 위한 약품 비용이 필요하다.

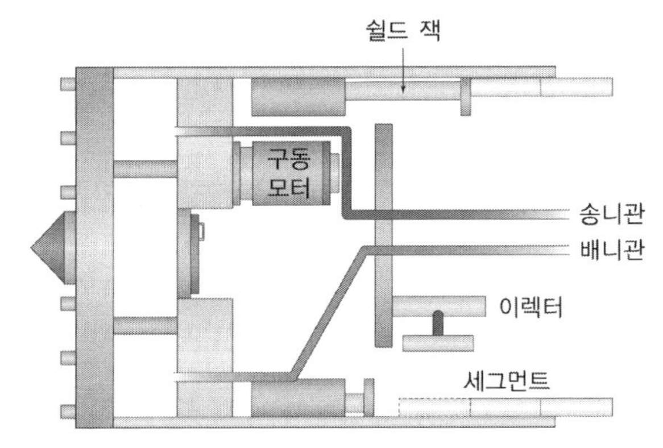

[그림 1.3.6] 이수식 쉴드의 기본 구조

나. 이수식 쉴드 공법의 역사

이수식 쉴드 공법은 충적층에서 도시터널의 굴진 시 특히 대수모래층으로 시공에 어려움이 많았던 일본에서 개발된 공법이다.

1964년 전후 오오미야 우회 도로 아래의 아라카와 유역 하수도 공사에서 ϕ3.0m 하수관 부설 공사에 처음 적용하였고, 1969년경 일본 철도 건설 공단의 게이요선 모리케사키 운하 부근 공사에서 ϕ7.3m 이수식 쉴드 공사가 성공하면서 이후 활발히 보급되었다.

이수식 쉴드 공법은 지하 연속벽이나 보링 등에 사용하는 이수 공법의 원리에서 아이디어를 얻어 수평으로 굴진하는 쉴드 공법에 적용한 사례로 최초 쉴드 공법의 발상지인 영국과 유럽 등지로 역 보급하는 결과를 가져왔다.

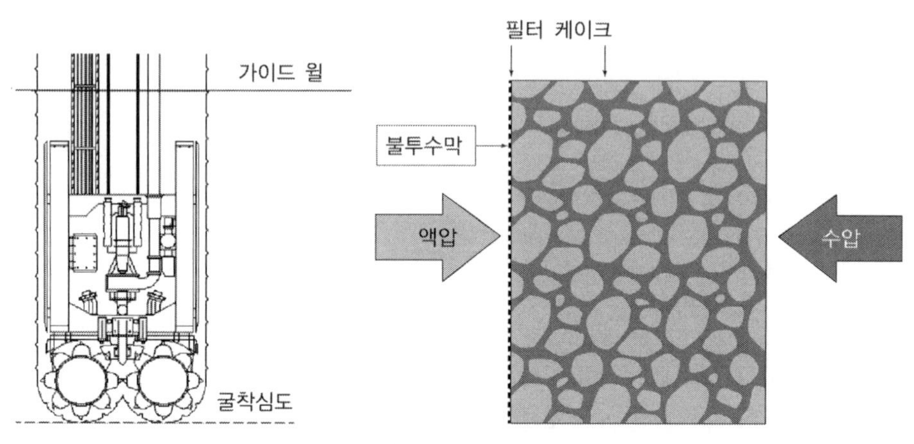

[그림 1.3.7] 지하 연속벽 시공도 및 이수공법의 원리

다. 송니수와 배니수

이 공법의 특징은 송니를 가압의 주체로 하여 완전히 다른 송니수와 배니수 두 가지의 취급이 중심이 되고 있다.

송니수는 지하 연속벽, 현장 타설 말뚝 등의 공사에 사용된 굴착면 보호를 위한 안정액을 응용한 것으로, 안정액은 물(淸水, clean water)에 벤토나이트 또는 CMC 등을 첨가하여 교반하고, 이것에 의해 굴착면에 이수막을 형성시켜 굴착면의 붕괴를 방지하는 공법이며, 이것을 쉴드 공법에 적용한 것으로 교반 재료로는 벤토나이트에 국한하지 않고 굴착면에서 발생하는 점성토를 사용하여 목적을 달성하는 경우도 있다.

배니수는 굴착된 버력을 송니수와 혼합하여 터널 밖으로 반출하는 것으로 송니수와는 반대로 자갈, 모래, 점성토 등을 포함하여 비중이 증가되고 점성이 높아지므로 분리하여 조정할 필요가 있다.

라. 토질과의 관계

연약한 점성토, 모래층 등 견고성이 낮은 충적층의 토질 또는 지하 수위가 높은 사질토 등에서 효과를 기대할 수 있다.

일반적인 적용 범위는 투수계수 $K=10^{-3}cm/sec$를 넘을 정도의 투수성이 높은 지반에서는 굴착면의 붕괴, 이수의 일니 현상 등이 발생할 수 있으므로 고농도의 이수를 필요로 하는 경우도 있다. 또한 세립토분의 함유율이 10% 미만인 사질토에서는 굴착면에서 발생하는 점성토만으로는 적절한 교반이 곤란할 수 있다. 자갈층에 있어서는 자갈의 파쇄, 수송 등에 대해 특별한 대책을 필요로 하여 적용이 곤란할 경우라도 자갈 제거 또는 자갈 파쇄 장치의 설치, 이수의 조정 혹은 지반 개량 등의 보조 공법의 병용에 의해 적용이 가능하다.

이로 말미암아 이수식 쉴드 공법이 적용되는 지반은 해마다 광범위해지고 있으며, 악화된 환경 조건과 더불어 거의 모든 지반에 적용이 가능하지만 경제적이고 안전한 시공을 위해서는 사전에 면밀한 검토를 필요로 한다.

마. 이수의 성질

점토를 물에 넣고 교반하여 방치하여 두면, 미립토는 분산한 그대로의 상태가 되고 때로는 장시간 현택액이라 하여 안정된 상태가 된다. 이 입자는 여과한 때에 여과지를 통과할 수 있을 정도의 지름인 $10^{-5}\sim10^{-3}mm$ 정도의 크기로 콜로이드 입자라 불리며, 그 표면은 (−)전하를 띠고 있어, 서로 반발하며 브라운 운동을 한다.

이와 같은 점토에 의한 이수를 굴착면에 가압하였을 때, 굴착면과 이수와의 경계는 점토의 (−)전하와 굴착면의 (+)전하로 응집이 생기고 엷은 막의 이수막이 형성되어 물의 이동과 굴착 시 붕락을 방지한다.

바. 이수의 기능과 역할

일반적으로 이수란 물을 흡수하여 현저하게 팽윤하는 성질을 가지는 점토 광물을 물속에 분산시켜 현탁액을 주성분으로 한 것으로 분산제, 증점제, 유기 친수(親水) 클로이드제, 계면 활성제, 기타 점토 등을 필요에 따라 조정하는 일종의 가소성 유체이다. 쉴드 공사에 이수를 사용하는 목적도 이수에 의해 굴착면을 안정시키고, 붕괴를 방지함과 동시에 굴착한 토사를 이수화하여 배관 내 마찰력을 감소시켜 지상의 플랜트까지 운반하는 것을 기본으로 하고 있다.

이수는 토립자 사이에서 Sol 상태에서 Gel 상태가 되는데 이로 인하여 토립자 상호 위치를 유지하고 불규칙적인 안정층을 형성하며, 이수막을 형성하여 일니(逸泥)[3] 현상을 방지하고 지하수의 유입을 방지한다. 이러한 막이 형성되기 위해서는 굴착면에 어느 정도의 투수성이 필요

---

3) 굴진면 내 이수가 지반 내로 침투하여 손실되는 현상. 이로 인해 요구되는 챔버압 확보가 어려워 굴진면 안정성 저하에 영향을 미침

하다. 이수막이 형성되면 굴착면에 이수에 의한 정수압이 작용하여 굴착면의 안정을 유지하며, 일반적인 물리적 작용 이외에 팽윤된 표면으로 양전위(+전위)를 형성하여 이수막을 형성하는 데 도움을 준다. 또한 커터헤드와 비트류 이외의 굴착 기기류에 대한 냉각 작용을 도모하고 마찰력을 저감시켜 내마모성을 증대시키는 역할을 하기도 한다.

사. 좋은 이수란

① 적당한 비중일 것

굴착면의 안정을 도모하고 변형을 최소한으로 억제하기 위해서는 이수 비중은 높은 것이 바람직하며, 이론적으로는 굴착 지반 비중과 동등한 것이 가장 좋다. 그러나 비중이 높은 이수는 송배니 펌프의 과부하, 이수 처리의 곤란을 초래하며, 비중이 낮은 이수는 필요 부하의 경감 등의 장점은 있으나, 일니량의 증가, 이수막 형성의 지연 등을 일으켜 굴착면의 안정성에 문제를 야기할 수 있다. 따라서 이수 비중의 결정에 있어서는 지반의 지층 구성을 충분히 고려하여 굴착면의 안정을 확보함과 동시에 설비의 능력확보에도 유의할 필요가 있다.

② 적당한 점성을 가질 것

점성이 크면 챔버 내에서 굴착 토사의 침전이나 배니관 내에서의 버력의 분리 방지에 대비할 수 있으며, 이수막 형성이 용이하여 이수의 지반 내 침입, 즉 일니를 방지하는 데 효과적이지만, 펌프의 저항이 증대하고 모래의 분리가 곤란해질 수 있다.

③ 화학적으로 안정할 것

뒤채움 주입재의 시멘트, 지하수, 기타 지반의 양이온 등에 의해 이수의 성질이 열화하여 현탁 상태에서 응집 상태로 변화하여 굴착면의 이수막 형성이 어려울 수 있다. 따라서 이런 경우 적절한 첨가제를 사용하여 이수를 화학적으로 안정시키기도 한다.

아. 굴착면 안정에 필요한 패널 점성

현장에서 패널 점도계를 이용한 점성측정을 수행하여 굴착면의 성질 및 지하수의 영향에 따른 굴착면 안정에 필요한 이수의 패널 점성을 표 1.3.2에 제시하였다.

[표 1.3.1] 이수의 패널 점성

굴착면의 성질	패널 점성(sec), 500cc 기준	
	지하수의 영향 小	지하수의 영향 大
모래가 혼합된 실트	20~30	28~35
사질 점토	25~30	28~37
사질 실트	27~34	30~40
모래	30~38	33~40
자갈	35~44	50~65

자. 이수식 쉴드 공법 시스템의 구성

이수식 쉴드 공법의 큰 특징 중의 하나는 굴착면의 안정, 굴착, 굴착토의 유체 수송, 굴착토와 이수의 분리 그리고 이 모든 상황을 통제하고 관리하는 시스템 등이 일체가 되어 가동된다는 것이다. 이러한 시스템이 하나의 흐름이 되어 터널을 시공하기 때문에 안전한 시공이 가능하고 이상 현상이 발생할 경우에도 빠른 대응이 가능해진다. 이수식 쉴드 공법의 시스템을 세분하면 5가지 정도로 구분이 가능하겠지만 크게는 굴진 시스템과 이수 처리 시스템으로 설명이 가능하다.

① 굴진 시스템

굴진 시스템은 실제 지반을 굴착하기 위한 굴진기와 굴진기 가동을 위한 설비가 탑재된 후방 대차로 구성된다. 후방 대차의 구성은 토압식 쉴드 공법의 대차 구성과 거의 흡사하지만, 굴착토 운반 및 유체 시스템을 관리하는 P2 Pump 대차와 Valve 대차, 그리고 송·배니관 연결을 위한 호스 또는 신축관 대차가 추가로 탑재되어 있다.

② 이수 처리 시스템

이수 처리 시스템의 구성은 굴착된 토사와 이수를 분리하는 1차 분리 설비, 1차 분리 설비를 통과한 미세 입자를 걸러 내기 위한 2차 분리 장치, 그리고 2차 분리 장치에서 토립자를 제외한 물을 최종적으로 처리, 배출하기 위해 탁도와 pH 조정을 하기 위한 3차 설비[4]로 구성된다.

4) 오폐수 처리 설비

③ 1차 처리 설비

일반적으로 모래 이상(0.074mm 이상)의 큰 입자를 분류하는 설비로 Sand Collector 또는 Desander라 불린다. 배니관을 통해 유체 수송된 굴착토를 1차 처리 설비의 1차 Screen에서 분류하고 이를 통과한 토립자를 사이클론을 통하여 2차 Screen에서 분류하여 탈수, 사토 처리한다.

1차 처리 설비를 통과한 미세 토립자는 조정 Tank로 옮겨져서 송니관을 통하여 다시 굴착면 쪽으로 이동하며, 이를 반복함으로써 터널 굴착 작업을 실시한다.

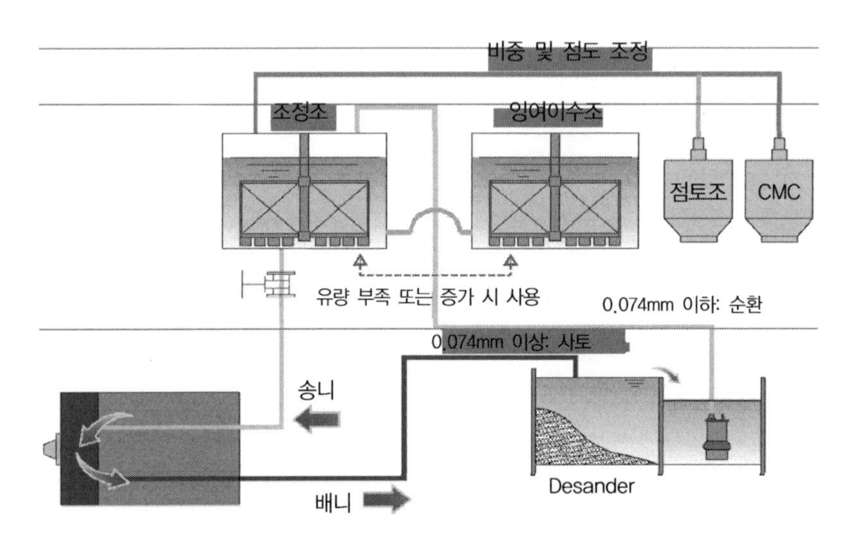

[그림 1.3.8] 이수 처리 흐름도(1차 처리)

순환을 반복한 이수는 폐기 기준을 초과하거나 현장 여건상 부득이 폐기해야 할 경우 2차 처리 설비로 옮겨져 폐수 처리 절차를 시행한다.

④ 이수의 Life cycle과 2차 처리 설비

굴착면의 안정과 굴착 토사를 운반하는 기능으로써의 이수는 송니와 배니의 반복 과정을 지속하지만 비중이 높아지거나 점성이 증가되면 더 이상 이수로써의 역할을 수행할 수 없게 되어 폐기하여야 한다. 비중과 점성은 이수 중 미세 토립자의 양과 관련이 있으며, 지반의 자체 점성과도 밀접한 관계를 갖는다.

폐기를 위한 이수는 2차 처리 설비인 필터 프레스(filter press)에 의해 가압되어 케이크(cake)와 물로 분리된다. 일반적으로 필터 프레스를 거치면서 분리된 물은 외형적으로는 일반 하천에 방류하여도 좋을 만큼 탁도에 대한 조정을 받게 되나, pH값이 높아 중화 과정을 거쳐 방류하게 된다. 또한 케이크는 40~45% 함수율을 가진 토립자 덩어리 형태로 배출되어 일반 사토와 섞어 반출되는 경우가 많다. 최근에는 폐기물로 분류됨에 따라 비용문제의 증가로 재활용 방안을 연구중이다.

1차 처리 설비를 통과한 0.074mm 이하의 토립자는 전기, 화학적으로 결합하고 있어서 기계적으로 분리하는 것이 매우 어렵고, 입자가 작고 침강하는 속도가 늦기 때문에 자연적인 침강은 긴 시간을 필요로 하고 대규모 침전지를 확보해야 하기 때문에 보통은 응집제를 넣어 토립자를 뭉쳐 처리하기 쉬운 큰 입자로 만들어 강제적으로 탈수하는 것을 많이 시행하고 있다. 2차 처리 설비도 이런 강제적 탈수 처리를 하기 위한 장치이다. 2차 설비로는 원통형 조립 탈수 장치, 탈수 컨베이어, 벨트 가압 탈수기, 필터 프레스 등이 있으며, 우리나라에서는 탈수 효율이 좋고 개조가 용이하고 대형화가 가능한 필터 프레스를 가장 흔하게 사용하고 있다.

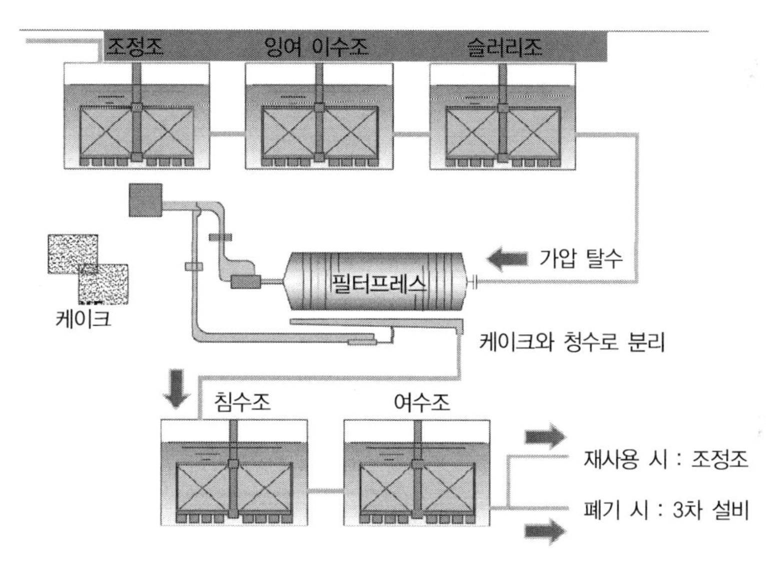

[그림 1.3.9] 이수 처리 흐름도(2차 처리)

2차 처리한 물은 현장에서 재사용하는 경우가 많다. 그러나 재사용하기 위해서는 일반 냉각수나 청소용으로는 사용하되, 이수 조정용 또는 뒤채움 주입재의 교반을 위한 작업 용수로 사용해서는 안 된다. 두 작업 모두 종류는 다르나 벤토나이트를 사용하고 있고 응집제의 성분이 남아 있는 물을 사용할 경우 화학적으로 안정된 구조를 형성할 수 없게 되어 침강 속도 증가나 재료 분리에 따른 품질 저하의 원인이 될 수 있기 때문이다.

⑤ 3차 처리 설비

필터 프레스를 통과하여 분리된 물은 청소 등 재사용을 위해 별도의 탱크로 옮겨지거나 아니면 방류를 위해 다시 한번 정화 가정을 거치게 된다. 굴착에 사용된 물은 지층의 pH와 뒤채움 주입에 따른 시멘트 성분의 영향으로 인하여 대부분 강한 알칼리 성분을 가지고 있기 때문에 중화를 위해 산성 물질을 투입하여 중성 상태로 치환한다. 그러나 필터 프레스를 통과한 미립자가 존재할 수 있으므로 고분자 응집제와 PAC을 넣어 미립자의 침전을 가속화 시키고 최종적으로 미립자와 분리된 물을 방류한다.

국내의 경우 방류하는 장소에 설치된 관로의 구분에 따라 부유 물질 농도의 방류 기준이 달라 질 수 있으므로 유의해야 한다. 관로의 구분은 분류관과 합류관으로 구분하고 분류관인 경우에는 10ppm이고 합류관의 경우에는 80ppm으로 규정되어 있다.

한편 이수식 쉴드 공법에서의 이수 처리 과정은 1차, 2차, 3차 설비의 순서로 재처리 되지만, 일반 NATM 공법이 적용된 현장이나 토압식 쉴드 공법이 적용된 현장에서의 오·폐수 설비는 침전, 중화의 과정을 거쳐 처리되어 1차 처리 없이 물이 유입되므로 침전물의 양이 많고, 이 침전물을 필터 프레스로 탈수하는 역 과정을 거치게 되므로 여과포의 훼손 가능성이 높아 불량한 케이크가 형성될 우려가 있으며 침전 시에도 과도한 약품 투입에 따라 관리비가 증가될 수 있다.

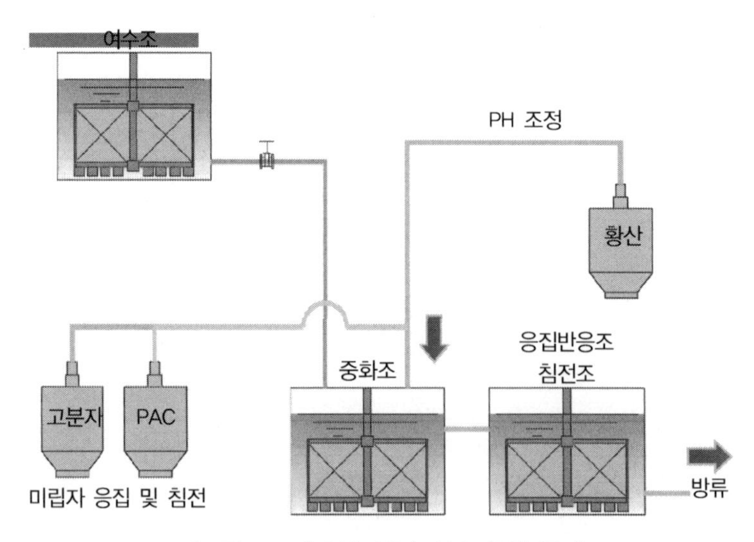

[그림 1.3.10] 이수 처리 흐름도(3차 처리)

차. 첨가제

이수는 항상 소정의 비중, 점성, 여수량 등이 요구되지만 현장에서 발생되는 점성토만으로는 이러한 조건에 부합할 수 없으며, 이때는 각종 첨가제, 조정제를 배합하여 조정하고 사용한다.

일반적으로 많이 사용하는 첨가제로써는 현장에서 발생하는 점성토, 벤토나이트, CMC 및 폴리마제(고분자계용제)를 토질의 조건에 따라 단독 또는 병용하여 첨가한다.

① 벤토나이트

벤토나이트는 매우 다양한 용도를 가진 점토 광물이다. 여러 용도 중에서도 시추용 이수와 토목 기초 공사에 가장 많이 사용되고 있는 광물로 몬모릴로나이트를 주성분으로 하고 있다. 몬모릴로나이트는 나노 단위의 콜로이드에서부터 수 마이크론에 이르는 마이크론의 크기를 가지는 층상규산염광물로서 이온 교환성, 현탁성, 흡착성, 팽윤성 등 많은 물리·화학적 특성을 가지고 있다.

이수식 쉴드 공법에서 사용되는 벤토나이트는 현탁액으로써 점토의 이수막 형성에 의한 굴착면의 안정을 목적으로 이용되고 있다. 그러나 공사에 필요한 모든 성질들이 타 점토에 비해 우수하지만 이수의 분리가 어려운 단점이 있기 때문에 경제성 면에서 반드시 최상인 것이라고 말하기는 어렵다. 우리나라에서는 관련 공법에서 가장 광범위하게 널리 사용되고 있지만, 일본의 경우 최근 들어 국소적으로 사용되는 데 그치고 있다고 한다.

② 벤토나이트의 팽윤성

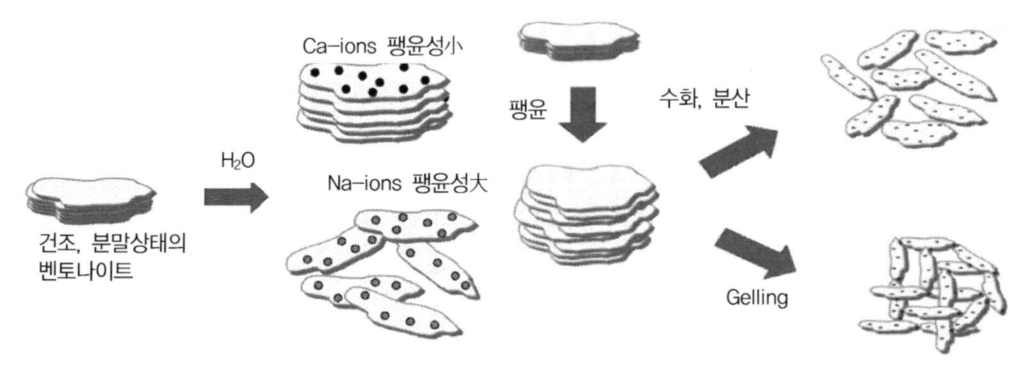

[그림 1.3.11] 수화, 팽윤된 벤토나이트　　[그림 1.3.12] 수화, 팽윤, 분산된 벤토나이트

③ CMC(Carboxy Methyl Celluose)

CMC는 증점성 여수 감량제로 쓰이고 있다. 목재 펄프를 화학적으로 처리한 고분자로 물에

용해되면 점성이 높은 액체가 된다. 이는 친수성을 가지는 일종의 유기 콜로이드로써 탈수 감소제, 점성 증가제의 역할을 한다. CMC는 폴리머의 일종으로 긴 사슬형의 분자 구조를 가지고 있으므로 점토 입자 자체에 막을 형성하는 기능이 있는 것과 함께 굴착 단면의 미세 공극을 막는 기능이 우수하기 때문에 많이 사용된다.

이는 탈수량을 적게 하면서 이수막을 얇게 하는 성질이 있어 이수막 형성의 개량제로 널리 사용하고 있다.

④ 물

교반에 필요한 물은 수돗물이 바람직하다. 물에 포함되어 있는 불순물이나 pH에 의해 이수의 성질은 현저히 변화할 수 있으므로, 지하수나 하천의 물을 이용할 경우 사용 전 수질 검사 및 시험 배합 등을 실시하여 이상 유무를 확인해야 한다.

그러나 현장에서는 물에 대해 그렇게 중요하게 생각하지 않고 있으며, 보기에 맑고 깨끗하게 보이면 그냥 의심 없이 사용하는 경우가 많다. 앞서 3차 처리를 거친 물을 냉각수나 청소용으로는 사용하되 교반용으로는 사용을 하지 말라고 한 것이 바로 이런 이유에서였다.

1.3.3 특수형 쉴드 공법

일반형 쉴드 공법이 굴착면의 안정을 목표로 한 공법으로 가장 안정적인 구조라 할 수 있는 원형 위주의 쉴드 공법이라면, 특수형 쉴드 공법은 일반형 쉴드 공법 중 밀폐식 공법으로 분류하는 토압식과 이수식의 굴착면 안정 유지 방법의 원리를 기본으로 하되 다양한 단면, 경제적 시공이 가능한 공법으로써의 쉴드 터널을 실현하기 위해 개발된 공법이라 할 수 있다. 특수형 쉴드 공법은 단면 형상, 굴착 선형, 분기, 합류, 복공 등의 구분에 따라 여러 형태로 분류된다. 국내에서는 특수형 쉴드 공법의 적용 사례가 없지만 일본, 중국, 동남아 등지에서는 이러한 특수형 쉴드가 적용되거나 검토된 예가 다수 있다. 본 장에서는 특수형 쉴드 TBM 공법의 적용사례가 많은 일본의 장비 제작사에서 제공하는 기술자료를 바탕으로 정리한 내용이다.

여기에서는 비원형(非圓形), 다원형(多圓形), 확대, 직각 시공, 지중 접합, 현장 타설 복공의 순서로 특수형 쉴드 공법에 대한 소개를 하고자 한다. 우선 비원형 공법으로는 편심 다축 쉴드 공법과 Wagging 커터 공법이 있으며, 다원형 공법으로는 MF 쉴드 공법, DOT 공법, H&V 쉴드 공법이 있다. 또한 기존의 쉴드 터널을 확폭하는 확대 쉴드 공법, 수직구와 터널을 1대의 장비로 굴착하는 구체 쉴드 공법, 장거리 터널을 2대의 장비로 양 방향에서 발진하여 지중에서 접합하는 MSD 쉴드 공법, 터널 굴착 후 세그먼트 조립 대신 현장에서 콘크리트를 타설하여 터널을 완성해 나가는 ECL 공법 등이 특수형 쉴드 공법으로 분류한다.

가. 편심 다축 쉴드 공법(Dplex Shield Method)

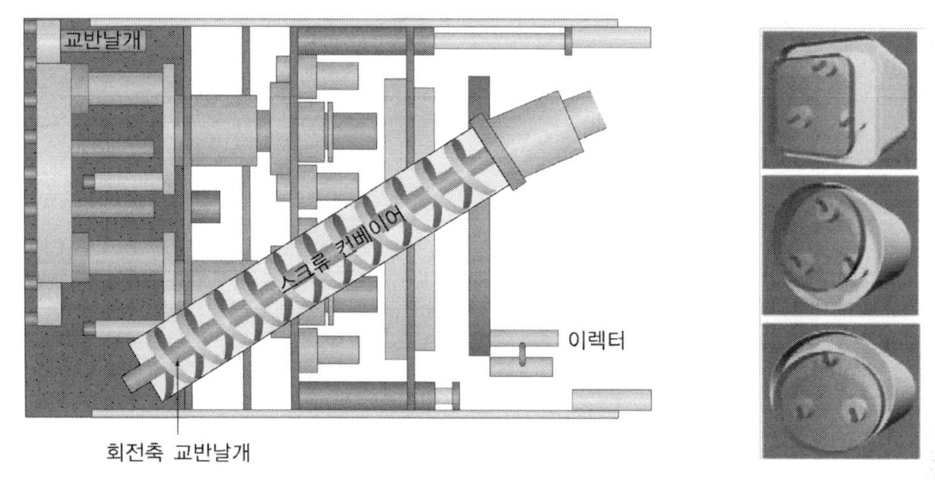

[그림 1.3.13] 쉴드 기본구조 및 개요도

1) 굴진의 원리

여러 개의 구동축의 선단에 커터 프레임(cutter frame)을 편심으로 지지하여 각 구동축을 동일 방향으로 회전시키면 커터는 평행 링크 운동을 하여 커터와 거의 유사한 단면을 굴착한다.

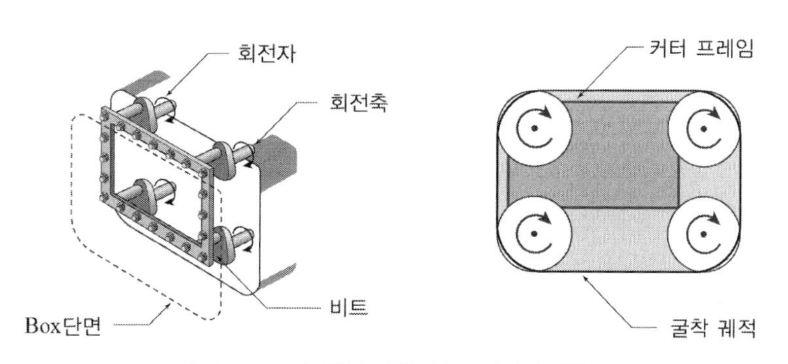

[그림 1.3.14] 편심 다축 쉴드 커터의 운동

커터의 형상을 바꿈으로 인해서 원형은 물론 BOX형, 타원형 등의 다양한 단면의 시공이 가능하다.

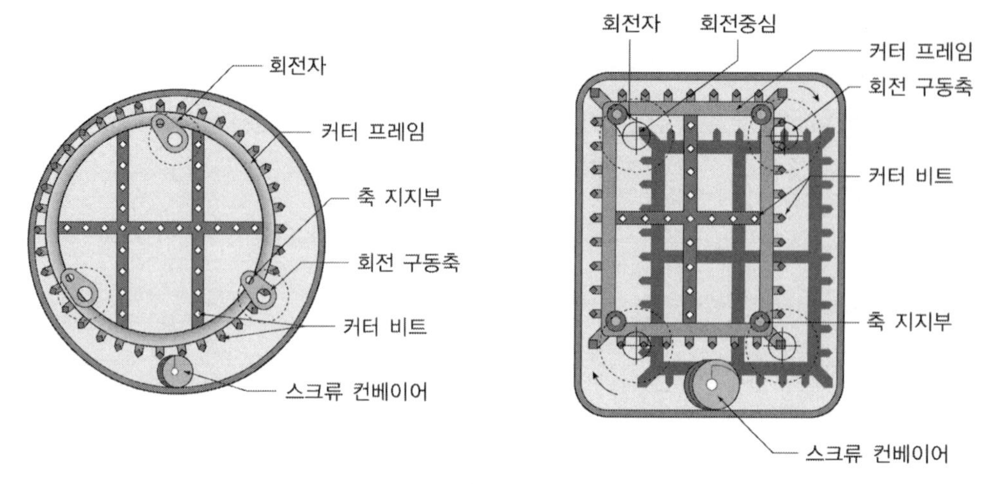

[그림 1.3.15] 원형 및 BOX형 단면의 예

2) 굴진면의 안정

굴착면의 안정은 기본적으로는 원형 단면의 이토압식 쉴드 TBM 방식이 적용되어 왔으나, 지반조건에 따라 이수식 쉴드 TBM 적용도 가능하다.

3) 굴진 관리

이토압을 지반의 토압과 수압에 거의 일치시키기 위해 굴진속도와 스크류 컨베이어의 회전속도를 조정해서 굴진한다.

4) 크로스 비트(cross bit)

편심 다축형 쉴드 공법의 경우 모든 방향에서의 굴진이 가능한 크로스 비트 적용이 필요하며, 이 비트로 직경이 큰 자갈이나 섬유 보강 고강도 콘크리트(80N/mm^2) 벽체를 굴착한 실적이 있다.

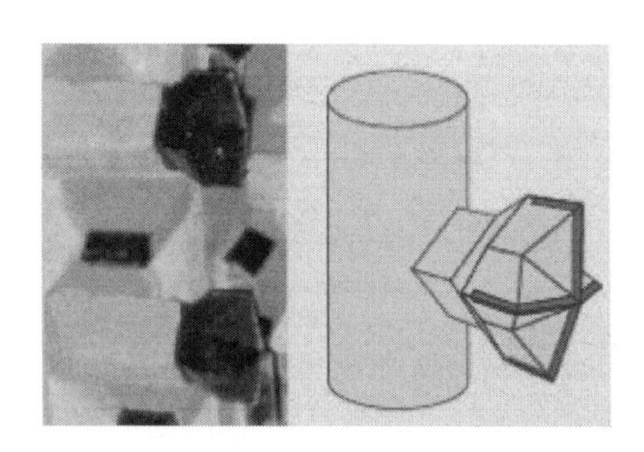

[그림 1.3.16] 크로스 비트

5) 공법의 특징

- 굴착 단면에 닮은 꼴의 커터 형상의 선정으로 인해 모든 단면 형상의 굴착이 가능하다.
- 커터의 회전 반경이 짧아서 굴착 시 토크를 작게 할 수 있다. 또 여러 개의 구동부는 소형화·구성화(unit)하는 것이 가능해서 조립, 해체, 운반에 유리하므로 대단면일수록 유리하다.

[그림 1.3.17] 마제형 편심 다축 쉴드

[그림 1.3.18] 대단면 편심 다축 쉴드 시공이미지

- 커터의 회전 반경이 짧아서 비트의 이동거리가 줄어 들어 비트의 마모가 적어 기존 공법의 장비에 비해 장거리 굴진이 가능하며, 약 3배 정도의 굴진거리 확보가 가능하다고 보고되어 있다.
- 커터 구동부가 작기 때문에 기내에서 전단면의 지반 개량이 가능하여 급곡선과 근접 방호를 장비 내에서 대응하는 것이 가능하다.

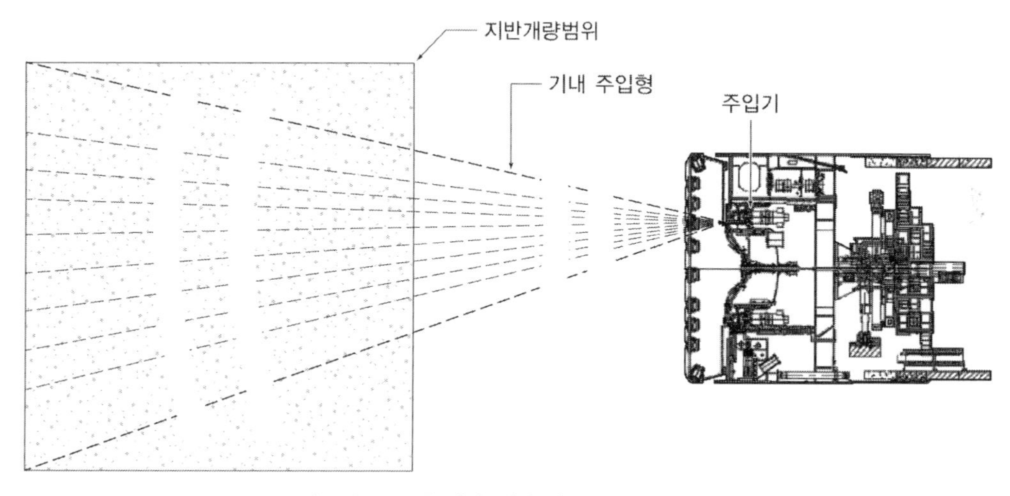

[그림 1.3.19] 지반 개량도(기내 주입형)

나. OHM 쉴드 공법

1) 굴착 원리

3개의 스포크 커터를 회전시키면서 구동 축을 정해진 편심 위치에서 회전을 시키면 커터의 선단은 사각형의 궤적을 그려 낸다.

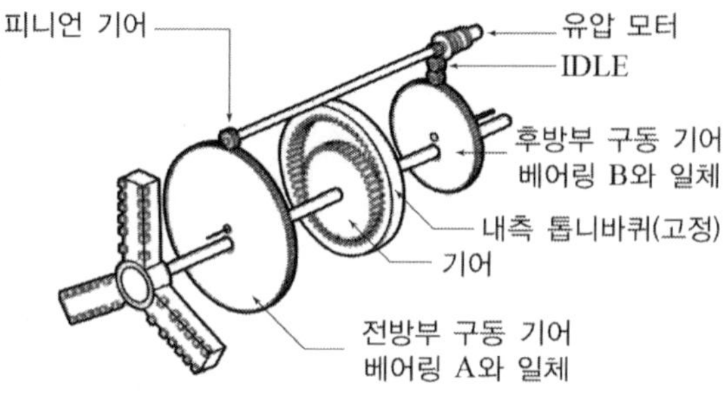

[그림 1.3.20] 커터의 구동 원리

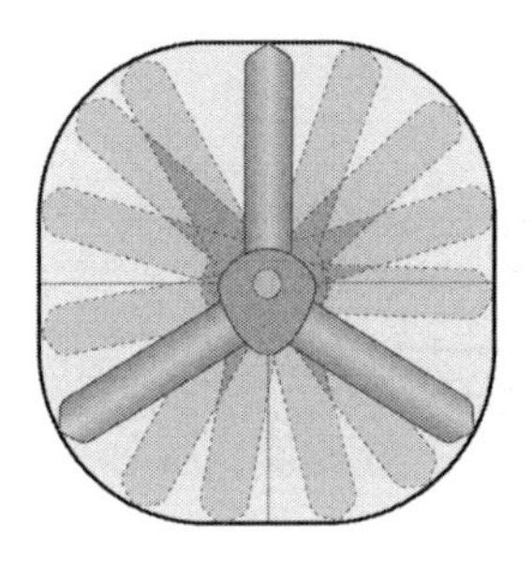
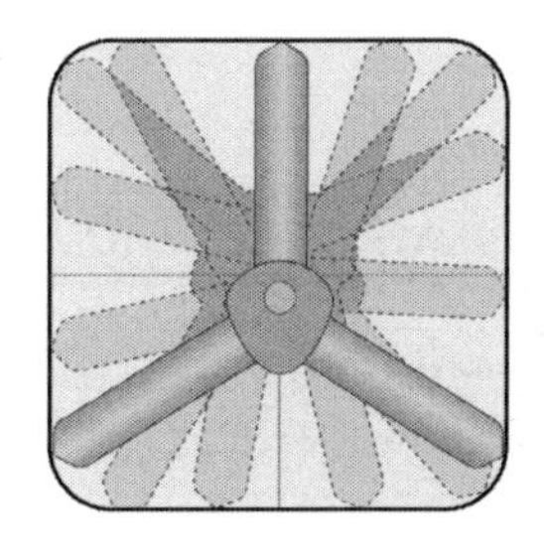
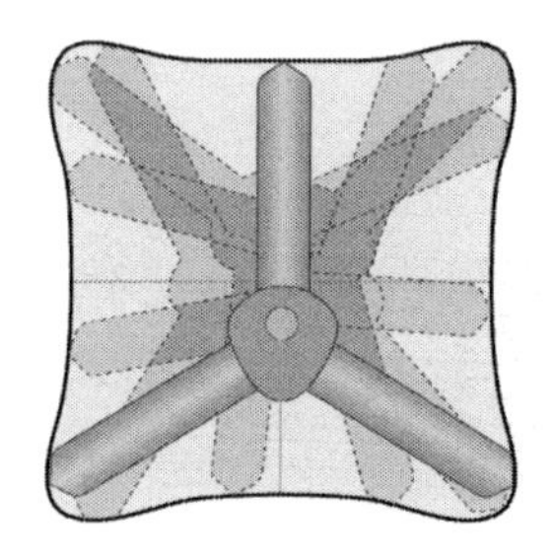

[그림 1.3.21] 굴착 원리 및 이미지

2) 장방형 단면의 대응

폭이 넓은 단면 또는 세로 방향이 긴 단면이 필요한 경우 커터를 2축~다축으로 설치하여 대응한다. 굴착의 메커니즘은 기존 원형 커터와 동일하기 때문에 효율이 좋고, 토질에 대한 적용성이 높다. 여러 개의 커터를 나열함으로써 긴 가로방향, 긴 세로방향, 장방형 단면에도 적용이 가능하다.

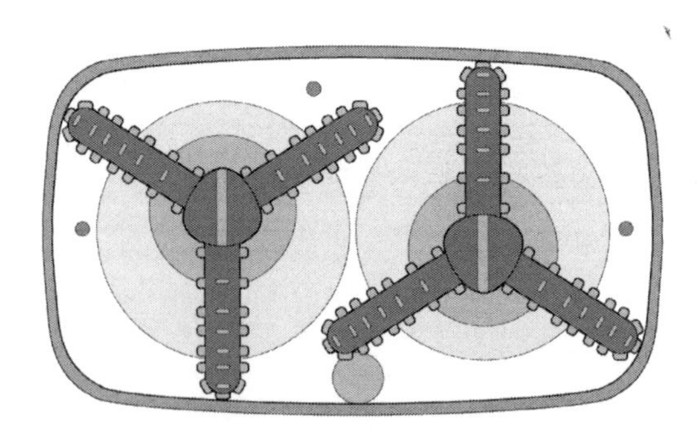

[그림 1.3.22] 장방형 단면의 굴착

다. 요동(搖動, wagging) 커터 쉴드 공법

1) 공법의 개요

요동 커터 쉴드 공법은 커터헤드를 일정한 각도 내에서 왕복 운동을 시키면서 굴진하는 굴진 기구를 가진 쉴드 공법이다. 원형은 물론 신축을 자동으로 제어하는 오버커터(over cutter)를 함께 사용함으로써 사각형 및 다원형과 여러 가지 형상의 쉴드 터널을 시공하는 것이 가능하다.

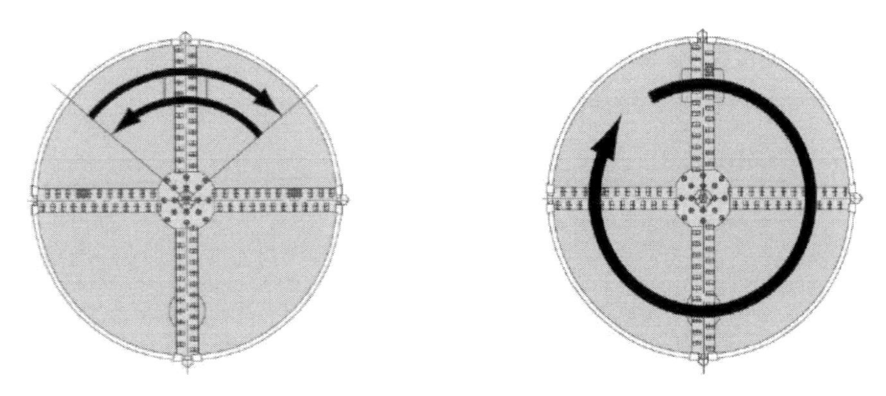

[그림 1.3.23] Wagging 커터와 회전형 커터

Wagging 커터 쉴드 공법은 당초 사각형의 쉴드 터널의 시공을 목적으로 개발되었다. 그러나 기존의 사각형 쉴드 공법에서는 왕복 회전 커터를 부족한 공간에 배치하려 했기 때문에 굴진 기계, 기구가 복잡하게 흩어져 있었다. 하지만 요동 커터 쉴드 공법에 의해서 단순한 굴착 기구로 사각형 쉴드 터널을 시공하는 것이 가능해졌다.

2) 공법의 이해

기존의 쉴드 장비는 다수의 모터를 사용하기 때문에 장비 내부의 기구가 복잡하게 배치되어 있다. 하지만 요동 커터 쉴드 공법에서는 커터헤드를 소수의 잭으로 구동하기 때문에 장비 내부의 기구 단순화가 가능해졌다.

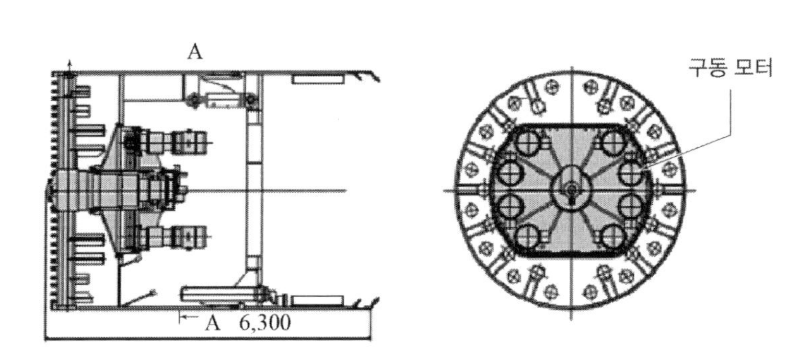

[그림 1.3.24] 회전 커터의 기계 구조

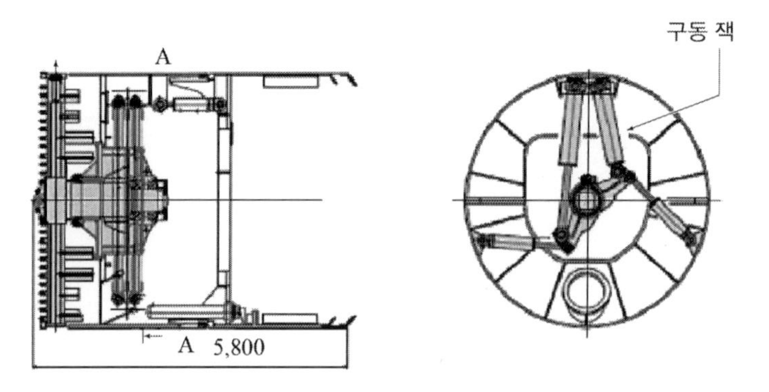

[그림 1.3.25] 요동 커터의 기계 구조

장비의 길이를 짧게 제작하는 것이 가능하기 때문에 발진 수직구를 보다 작게 할 수 있다. 또한 경량화에 의해 장비 투입 및 현장 조립 시 보다 용이하게 되었다.

3) 커터의 요동 기구

기존의 전동 모터에 의한 회전 기구 없이 일반적인 유압 실린더의 왕복 운동에 의해 커터를 요동시키는 새로운 기구를 개발하였다. 기계적으로 간단하기 때문에 장비의 길이 단축과 경량화 실현이 가능해졌다.

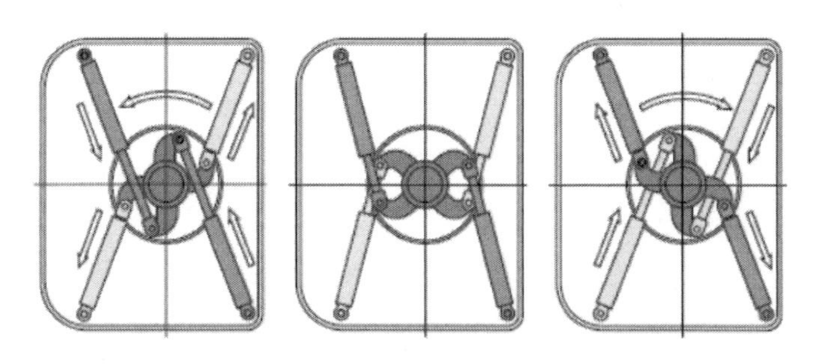

[그림 1.3.26] 커터의 요동 기구

4) 오버커터

커터 면의 코너부를 정밀하게 굴착하기 때문에 커터의 회전량과 오버커터 신축량을 자동적으로 제어하는 시스템을 개발하였다.

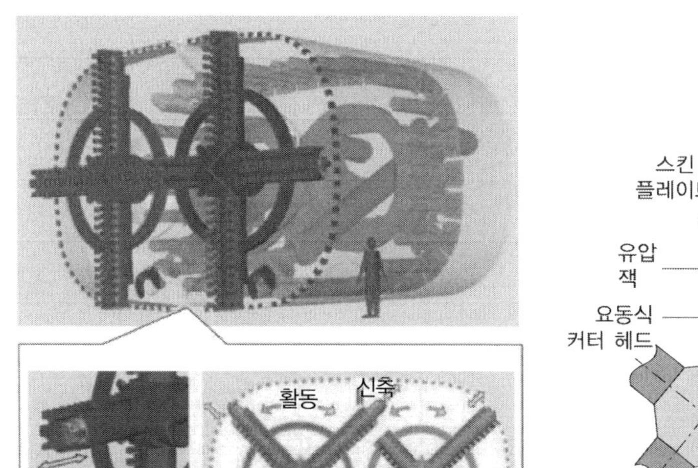

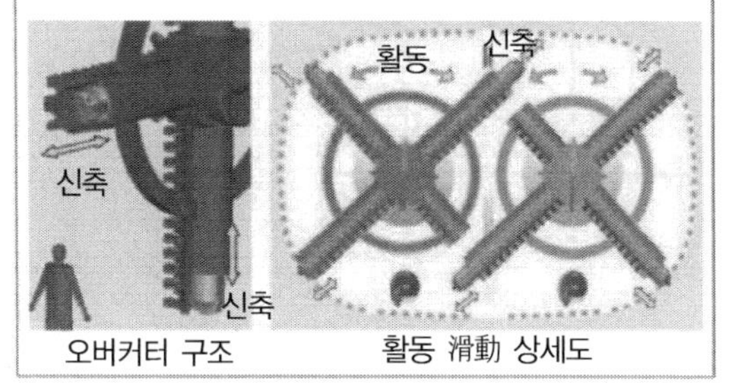

[그림 1.3.27] 오버커터 개념도

[그림 1.3.28] 오버커터 개념도

5) 스파이크 비트

비원형의 요동 커터 쉴드 공법에 반드시 필요로 하는 Rolling Stroke 오버커터는 일반적인 커터 이상의 내구성 및 신뢰성을 필요로 한다. 스파이크 비트는 오버커터가 신축할 때 관입하여 굴착하는 기능과 요동 전후 굴착하는 기능을 동시에 가진 고성능의 커터 비트이다.

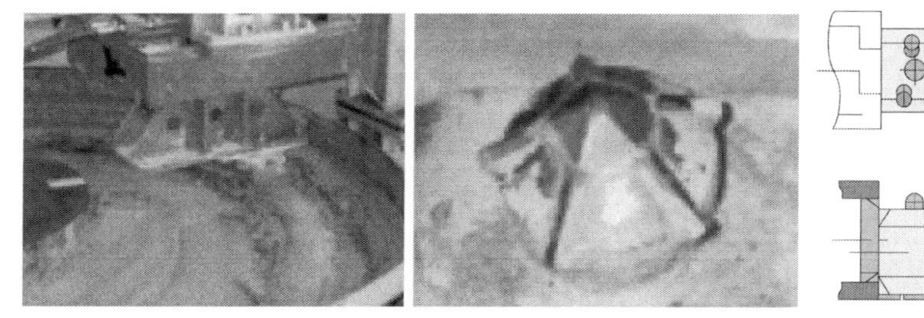

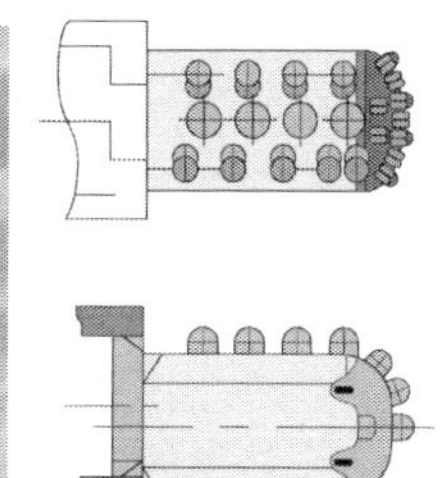

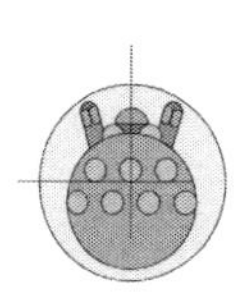

[그림 1.3.29] 스파이크 비트

6) 자유로운 단면 구축

세그먼트 조립의 제약에 따라 원형의 경우 외경 ϕ2.0m 이상, Box형의 경우 외경 2.5 × 2.5m 이상으로 검토하여야 한다.

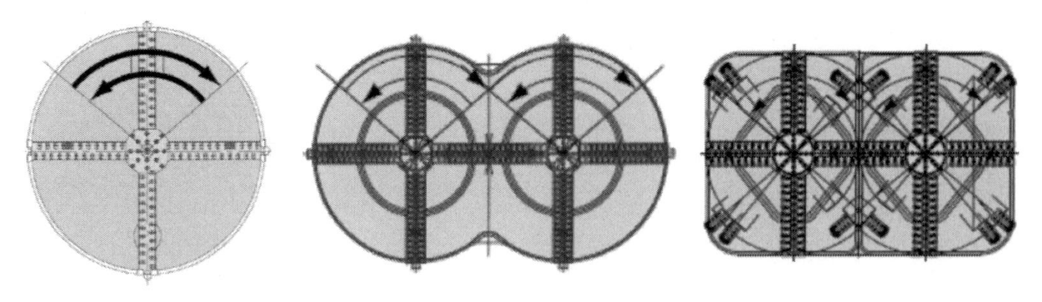

[그림 1.3.30] 스파이크 비트　　[그림 1.3.31] 다원형　　[그림 1.3.32] BOX형

7) 직사각형의 세그먼트 구조

Box형 쉴드 터널의 세그먼트 구조는 터널 외측이 강재 세그먼트를 주 인장재로 하는 SC 구조, 내측은 RC 구조로 계획한다. 강재 세그먼트는 가설 시의 가복공이 될 뿐만 아니라, 터널 복공 완성 시에도 본체로 이용하기 때문에 공사기간 및 공사비를 절감할 수 있다.

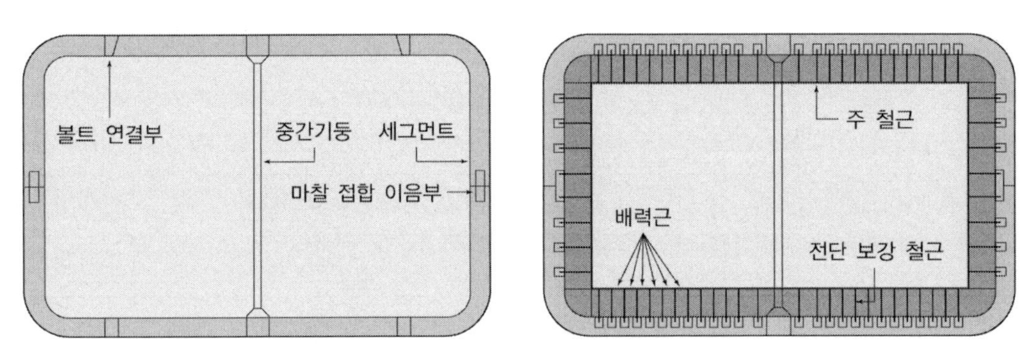

[그림 1.3.33] 1차 복공 조립과 2차 복공 배근

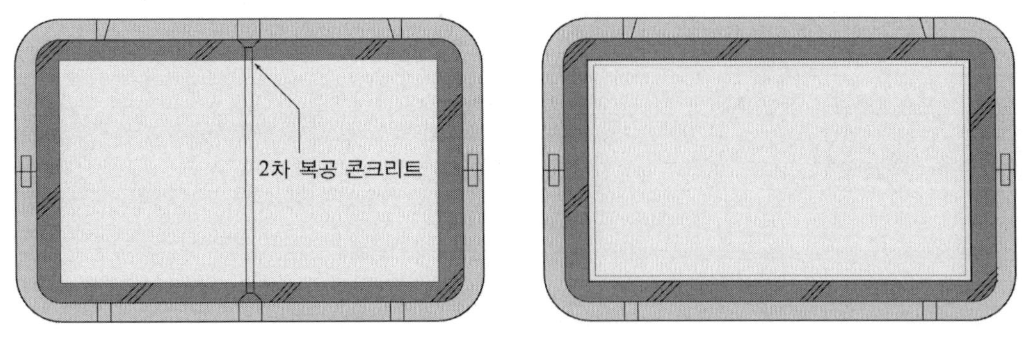

[그림 1.3.34] 2차 복공 레미콘 타설과 미장 마감

8) 토질 대응 조건

이수식 쉴드로 적용가능한 지층은 대체로 적용이 가능하나, 호박돌층과 연암에서는 오버커터에 롤러 커터의 배치가 불가능하므로 원형 이외의 단면에서의 적용은 시공 조건의 충분한 검토가 필요하다.

9) 공법의 특징

① 자유로운 단면

터널의 사용 목적으로 볼 때 원형보다 사각형의 단면이 유리한 경우가 있으며, 이러한 경우 여러 가지 형상의 쉴드 터널을 시공하는 것이 가능하다.

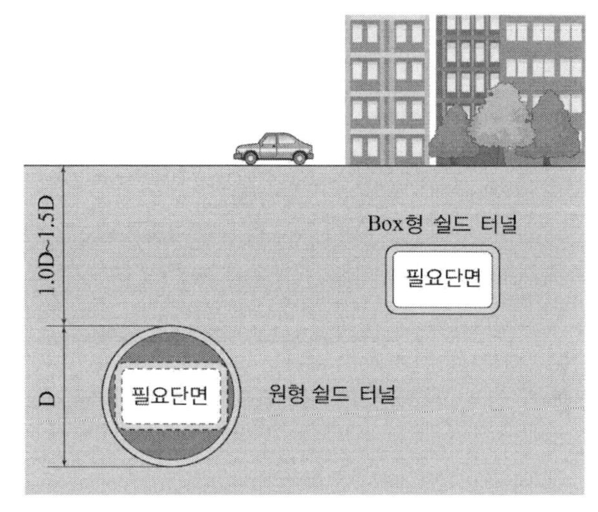

[그림 1.3.35] 쉴드 터널 단면 비교

② Compact한 쉴드

간단한 굴착 기구로 Box형 터널을 시공하는 가능하고 유압잭을 사용함으로써 쉴드의 경량화 및 장비 길이를 단축하는 것이 가능하여 공사비를 절감할 수 있다.

③ Box형 복공 구조

강재 및 RC세그먼트 복합 구조로 안전한 시공이 가능하며 터널 완성 시에도 본체와 병행하여 사용되므로 공사비 절감이 가능하다.

라. MF(Multi-circular Face) 쉴드 공법

1) 공법의 개요

MF 쉴드 공법은 복수(複數)의 원형 커터헤드의 전·후에 겹치지 않도록 일부분이 중복된 쉴드를 사용하여 다양한 터널 단면을 건설한다.

이 공법에 의해 수직과 수평이 긴 단면의 터널 굴착이 가능하여 공간의 제한이 있거나, 지하 구조물의 존재로 인해 이 장애물을 피해 요구에 부응하는 단면으로 굴착하는 것이 가능하다.

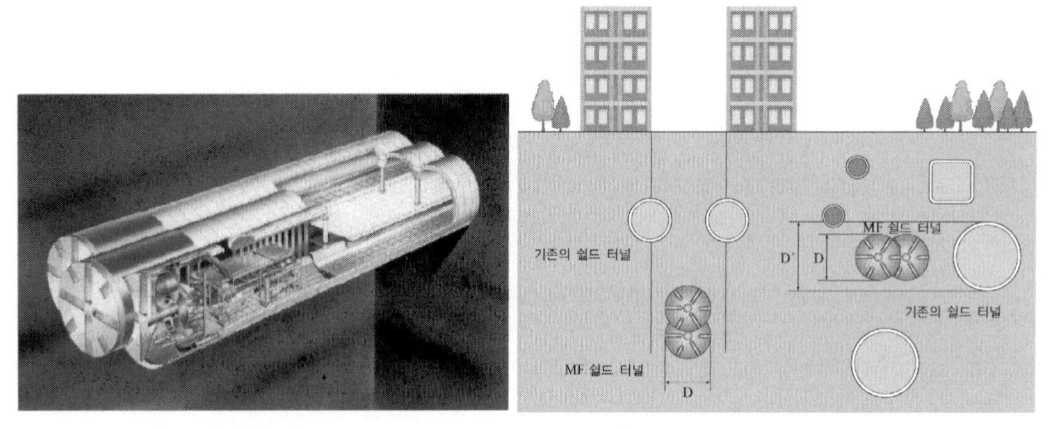

[그림 1.3.36] MF 쉴드 시공 이미지

[그림 1.3.37] 수직 수평으로 대응하는 MF 쉴드

2연형, 3연형의 원과 크기가 다른 원을 수평, 수직으로 겹침으로써 독립 원형 이외의 다양한 단면을 가진 구조물을 제공할 수 있으며, 그 결과 좁은 도로와 같이 공간의 제약을 받는 경우에는 상·하로 겹쳐서 터널을 시공함으로써 점용 폭의 축소가 가능하고, 이미 시공된 구조물에 의한 제약을 받는 경우에도 수평으로 구성된 다원형 쉴드를 통하여 기존보다 적은 면적에서의 터널시공이 가능해졌다.

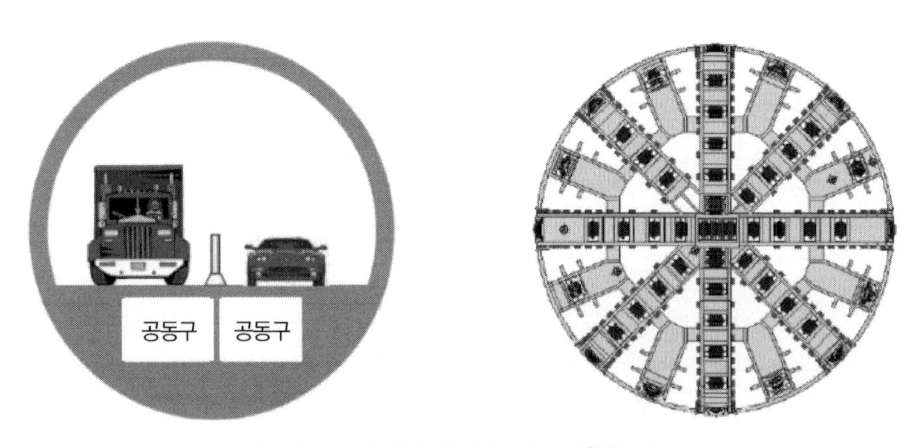

[그림 1.3.38] 필요 단면과 기존 단원형 방식

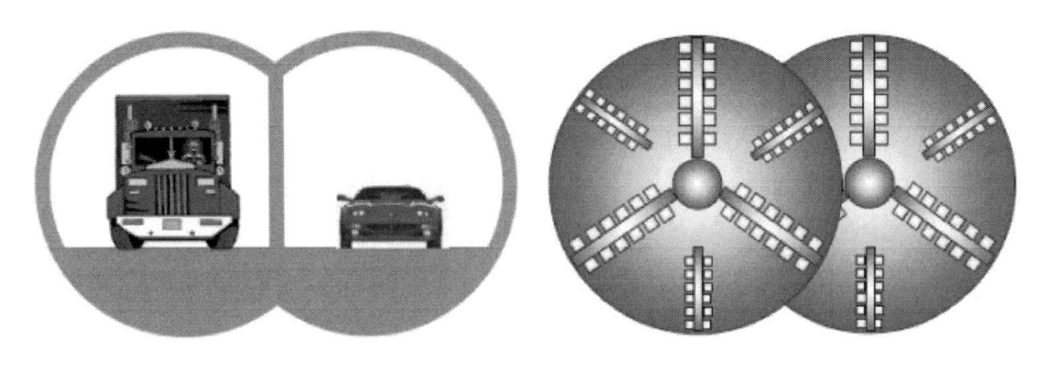

[그림 1.3.39] MF 쉴드 시공에 의한 단면

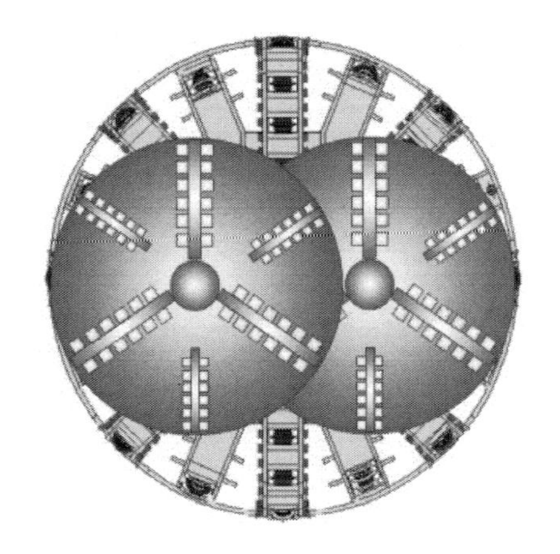

[그림 1.3.40] MF 쉴드에 의한 단면 축소

[그림 1.3.41] 3연형 MF 쉴드와 시공 전경

2) 쉴드의 특징

원의 일부를 겹친 단면 굴착 형식으로써 전후 막장[5]형과 전후 독립막장형이 있다.

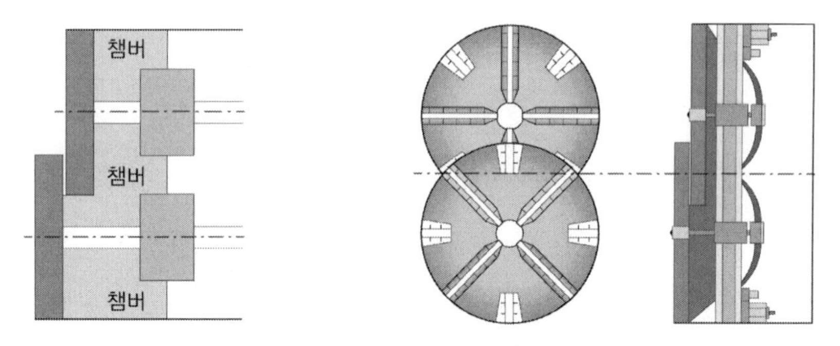

[그림 1.3.42] 전후 막장형 기본형과 개략도

면판은 단차가 있으며, 챔버는 동일하게 사용하는 것이 특징이다.

전후 독립 막장형을 적용하는 경우 챔버가 독립적으로 설치되어 있음으로써, 상하 또는 좌우의 토질에 대응하는 굴착 관리가 이루어진다. 커터 각각의 회전 방향, 회전 속도의 조합을 자유롭게 바꿀 수 있음으로 굴착 반력을 이용한 쉴드의 자세 제어가 이루어진다.

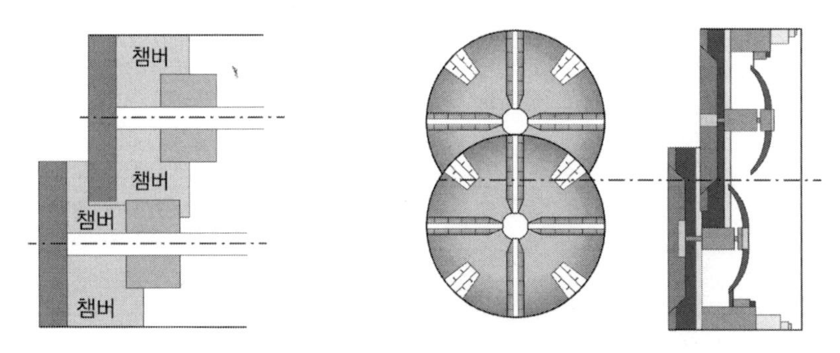

[그림 1.3.43] 전후 독립 막장형 기본형과 개략도

3) 세그먼트 구조

2연형 MF 쉴드 공법에 사용하는 세그먼트는 A형 세그먼트, K형 세그먼트(Wing 세그먼트), 중간 기둥과 같이 세 가지 종류로 구성되어 있다. 또한 Wing 세그먼트 연결부는 각각 원의 중심을 향해 있기 때문에 축력과 전단력의 전달이 확실하게 이루어진다. 또한 좌우 비대칭의 세그먼

5) "굴착면"이라 바꾸어 사용하였으나, 명사형 표기에 있어서 표기의 어색함이 있어 그대로 표기함

트 조각을 1링마다 뒤집어서 배치함으로써 천조효과[6]를 기대할 수 있다.

4) 공법의 특징

- MF 쉴드 공법에 의한 구조물은 원형을 기본으로 하고 있기 때문에 원형이 갖는 구조적 우수성에 의해 구조적으로 안정적이다.

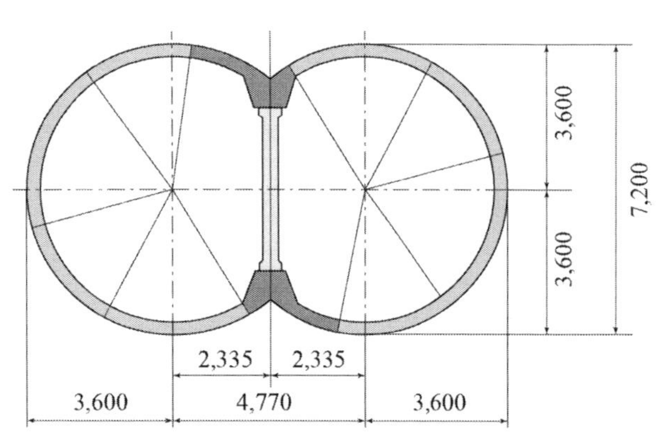

[그림 1.3.44] MF 쉴드 세그먼트 조립도

- 작업장 부지의 제약을 받는 경우 세로 방향으로 2중의 터널을 한번에 시공함으로써 점유폭을 작게 한다. 반대로 이미 설치된 구조물에 의해 상하 방향에 제약이 있는 경우에는 횡 방향 2연 MF 쉴드를 사용하는 것으로 필요한 단면의 터널을 구축할 수 있다.
- 토질조건과 공사여건, 주변 환경조건 등에 대응하여 이수식, 토압식 어느 쪽도 가능하다.
- 복수의 원형 단면을 수직 방향 또는 수평 방향으로 조합함으로써 혼잡한 지하 공간에서 유효하다.

5) 공법 적용 사례

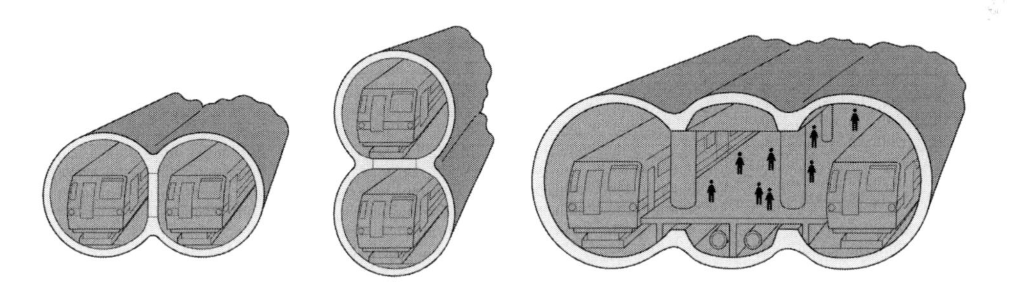

[그림 1.3.45] 철도 터널의 적용-노선과 역사

6) 천조효과(千鳥效果, 벽돌쌓기 효과, 지그재그 효과) : 벽돌처럼 지그재그로 쌓아 구조적인 안정성을 확보하는 효과

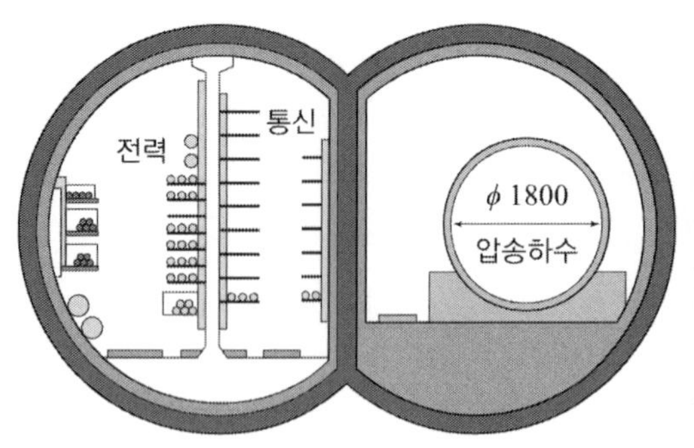

[그림 1.3.46] 공동구와 지하 주차장의 적용

마. DOT 공법(다원형 이토압식 공법)

1) 공법의 개요

DOT 공법은 기존의 이토압식 쉴드의 커터가 스포크 형상으로 되어 있는 것을 활용하여, 여러 개의 커터를 톱니 바퀴처럼 서로 맞물린 상태에서 동일한 평면에 배치된 DOT 쉴드를 이용하여 터널을 구축하는 공법이다. 인접한 각각의 커터는 접촉, 충돌을 일으키지 않도록 상호 반대 방향을 회전하고 동기 제어를 한다.

[그림 1.3.47] DOT 쉴드 시공 이미지

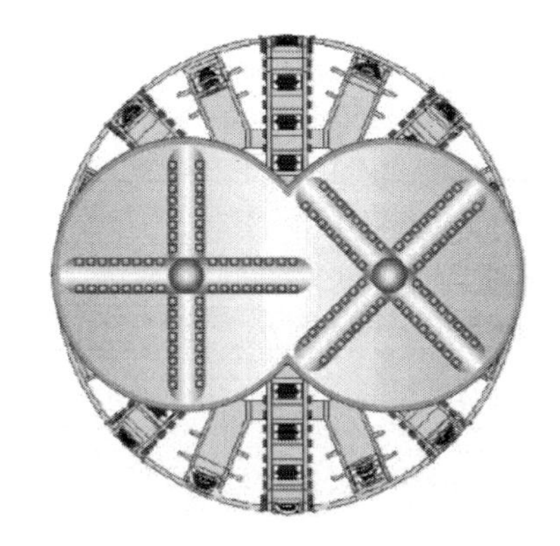

[그림 1.3.48] DOT 쉴드와 일반 원형 쉴드의 유효 단면 비교

Joint 세그먼트, Panel 세그먼트를 조립하기 위하여 이렉터를 설치하였으며, 이 이렉터 설치를 통하여 작업 공간을 크게 확보할 수 있다. 또한 터널을 수직 또는 수평으로 배치함으로써 원형 쉴드와 비교해 불필요한 단면이 작아져서 합리적인 단면 형상을 얻을 수 있으며, 수직 단면과 수평 단면 등 복원형 터널의 조합이 자유로워 주변 상황 및 계획 조건에 따라서 자유로운 계획이 가능하다. 이는 MF 쉴드 공법의 특징과 같다.

그러나 DOT 쉴드는 MF 쉴드와는 달리 커터를 동일 평면에 배치하는 것이 가능하기 때문에 굴착 저항 등에 대한 균형을 유지하기가 쉽고, 자세 제어가 용이하다. 합리적인 단면 형성의 선택에 의해 점유 폭과 시공 심도를 축소하는 것이 가능하기 때문에 공사비 절감에도 효과가 있다. 면판이 회전하는 것이 아니라 스포크 형식의 커터가 회전하기 때문에 이수식의 적용이 곤란하여 공법 선정에 제약을 받을 수 있다.

[그림 1.3.49] DOT 세그먼트 재하 시험

바. H&V 쉴드 공법

1) 공법의 개요

H&V 쉴드 공법은 복수의 원형 단면을 조합하여 다양한 터널의 단면 구축이 가능하고, 너욱이 굴진 작업 중 터널을 나사 형태로 비틀거나 단원 터널로 분기하는 등 터널의 입지 조건과 사용 목적에 따라서 땅속을 자유 자재로 굴진하는 것이 가능한 공법이다.

[그림 1.3.50] H&V 쉴드 시공 이미지

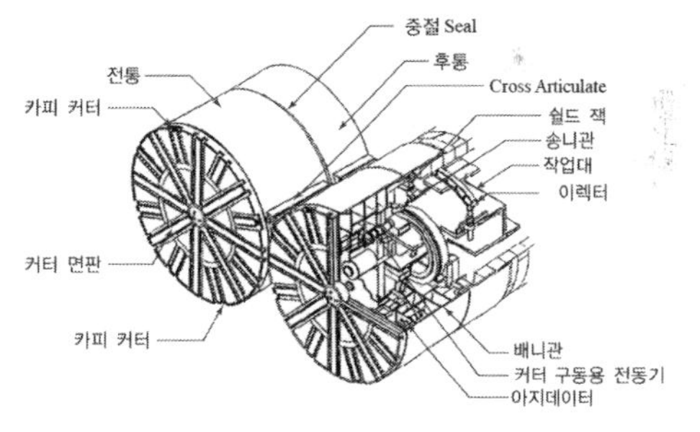

[그림 1.3.51] H&V 쉴드 구조도(이수식)

2) 스파이럴 굴진

H&V 쉴드는 각각의 전통이 상반된 방향으로 중절되어 있어 각 쉴드의 굴진 방향을 달리함으로써 발생하는 회전력을 이용해 안정된 롤링 제어를 가능하게 한다. 또한 쉴드 잭(shield jack)은 굴진 방향을 쉴드 머신(shield machine) 중심에 따라서 편심을 가하는 것이 가능한 구조로 되

어 있다. 이 기능과 더불어 카피커터(copy cutter)에 의해 오버커터(over cutter)를 병행하여 쉴드의 자세를 정밀하게 제어한다. 결국 이 기능들로 인하여 스파이럴 굴진이 가능해진다.

이로 인하여 복원형 단면의 쉴드를 수평, 수직 상태의 병렬 터널이 연속적으로 시공할 수 있으며, 땅 속에서 분기시킴으로써 중간 수직구를 만들지 않고 분기 터널의 시공이 가능해진다.

3) 스파이럴 Type

① Type A : 2개의 터널 중심 축으로 스파이럴. 가장 짧은 거리로 스파이럴이 가능하다.

② Type B : 한쪽 터널을 중심으로 스파이럴. 어느 한쪽의 터널 선형이 고정되어 있는 경우 적용한다.

③ Type C : 회전 축을 이동시키면서 스파이럴. 복합 곡선을 가지지 않고 선형 기준 대응이 가능하다.

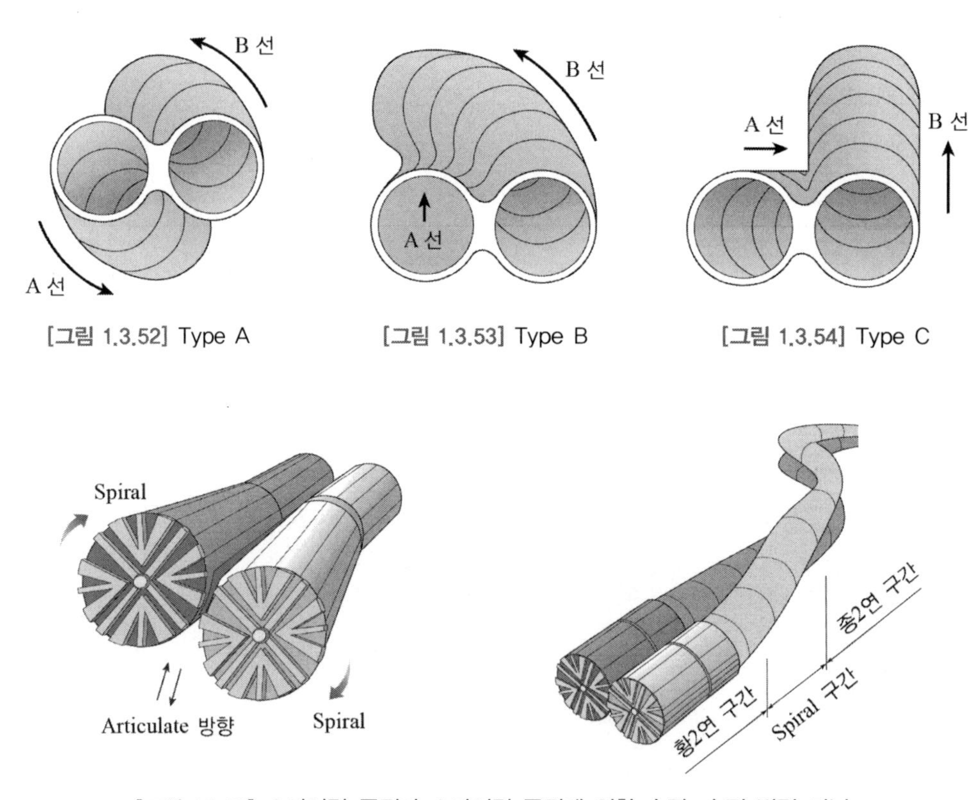

[그림 1.3.52] Type A

[그림 1.3.53] Type B

[그림 1.3.54] Type C

[그림 1.3.55] 스파이럴 굴진과 스파이럴 굴진에 의한 수평, 수직 병렬 터널

4) 카피커터(copy cutter)와 게이지커터(gauge cutter)의 오버커팅(over cutting)

카피커터에 의한 오버커터는 좌측 또는 우측의 필요한 측면에 여굴을 형성하여 곡선 시공이나 H&V 쉴드의 스파이럴 시공 시 굴진기가 무리 없이 시공될 수 있도록 역할을 하며, 게이지커터는 전 단면에 걸쳐 여굴을 형성하여 지중 접합 시공이나 굴진기의 원만한 진행을 위하여 의도적으로 형성한다.

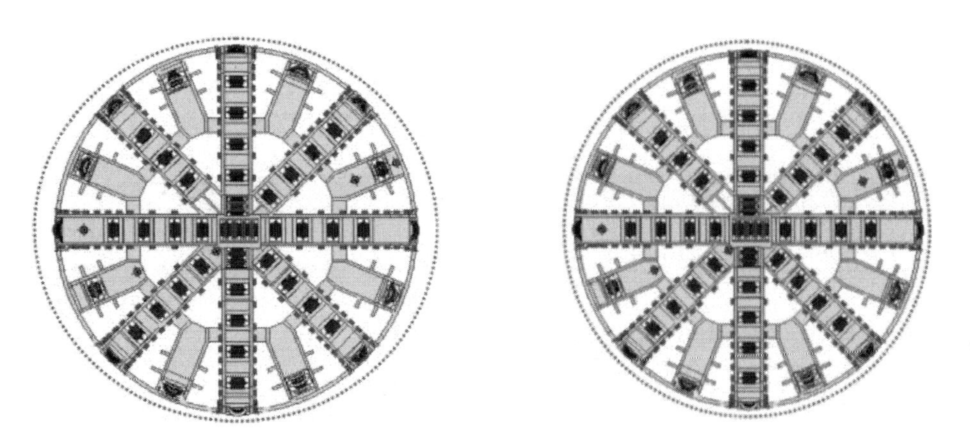

[그림 1.3.56] 카피커터에 의한 여굴(좌)과 게이지커터에 의한 굴착 여유(우)

5) 분기 굴진

H&V 쉴드는 각각 독립된 굴진 기구 및 배토 기구를 가지고 있는 중절식 원형 쉴드를 접합시킨 형태로 되어 있기 때문에 접합부를 분리시킴으로써 분기 굴진이 가능해 진다. 전통의 연결핀, 후통의 접합 볼트 등을 쉴드 내부에서 분리하여 접합부 스페이스를 지중에 매몰함으로써 각기 원래의 원형 쉴드와 같은 모양으로 분기 굴진이 가능하다.

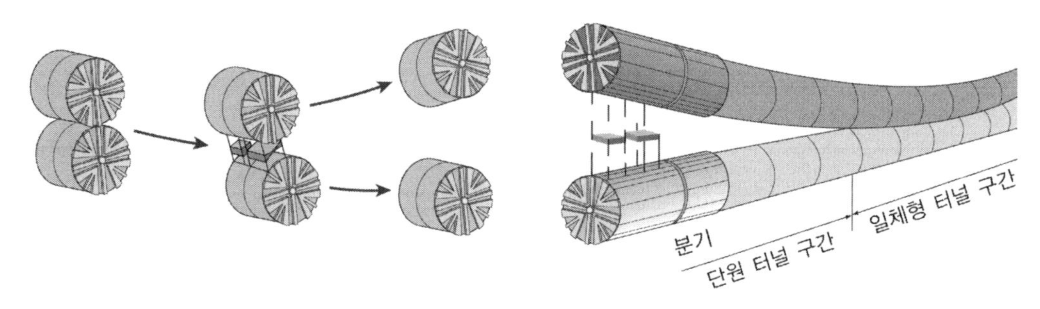

[그림 1.3.57] 분기 굴진 개념도

6) 일체형 세그먼트

일체형 세그먼트는 일반 원형 터널을 안경 모양으로 결합시킨 형상으로 W형, S형, A형, B형, K형 세그먼트로 구성되어 있다. 스파이럴에서는 중앙부의 접합부만 비틈 기공시켜, 내공을 변화시키는 일이 없이 원형 단면을 형성한다.

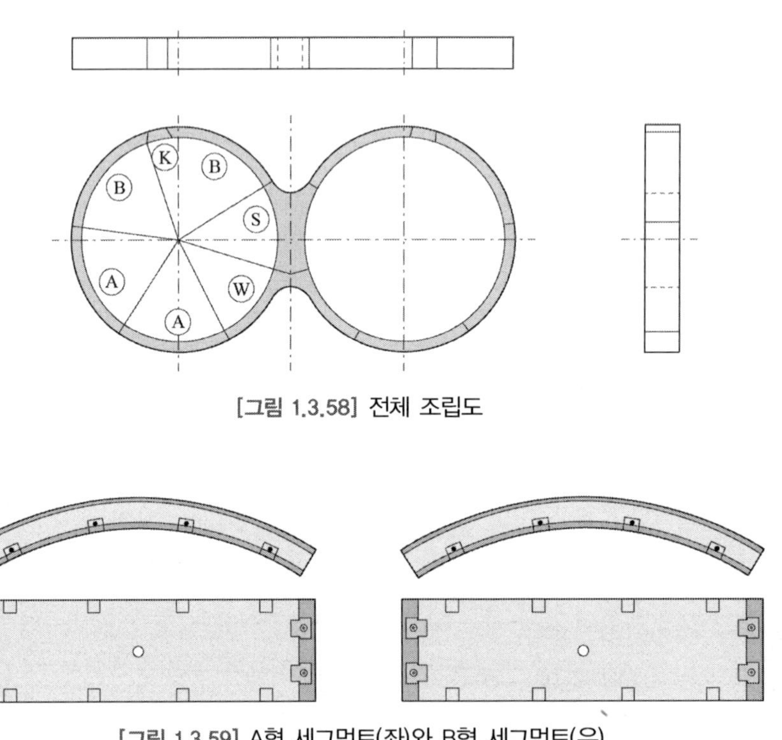

[그림 1.3.58] 전체 조립도

[그림 1.3.59] A형 세그먼트(좌)와 B형 세그먼트(우)

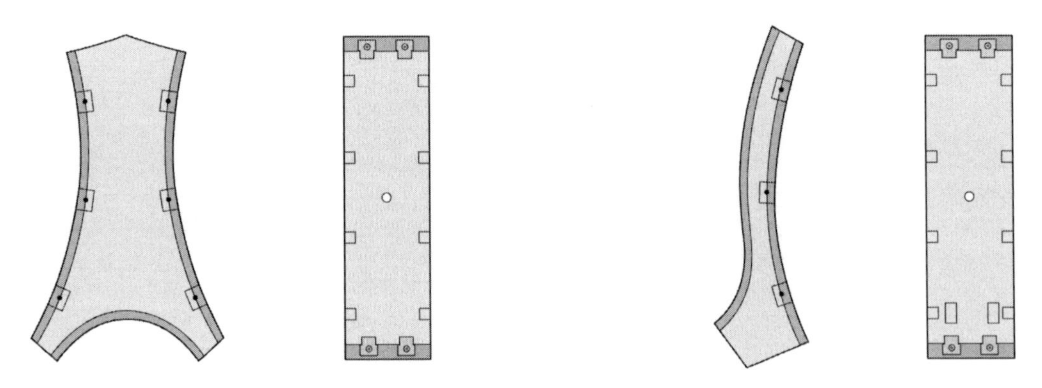

[그림 1.3.60] S형 세그먼트(좌)와 W형 세그먼트(우)

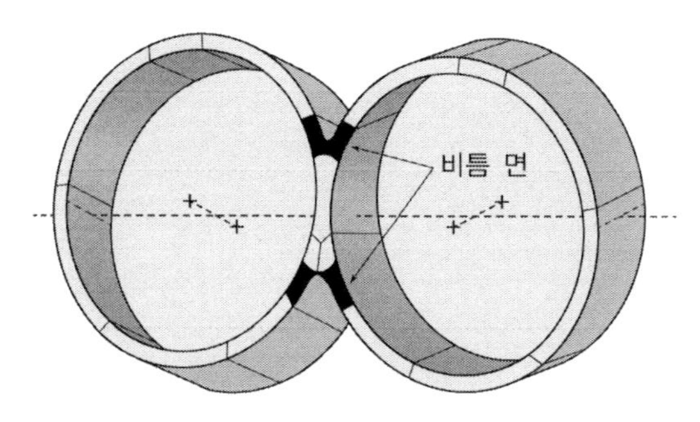

[그림 1.3.61] 비틈이 가능한 형태로 제작된 세그먼트

물론 일반적인 원형 세그먼트를 사용하여 독립된 터널을 구축하는 것도 가능하다.

① 일체형 세그먼트의 조립 순서(경사 2연형)

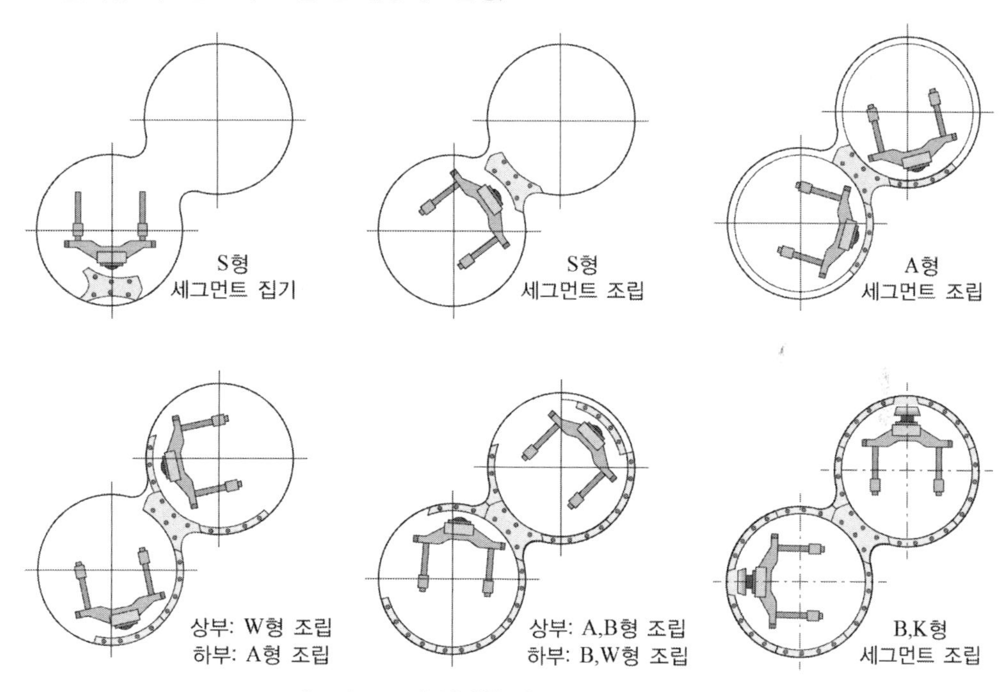

[그림 1.3.62] 일체형 세그먼트의 조립 순서

② 철도 적용의 예

복선 원형 터널에 비해 수평 2연형은 불필요한 단면이 적고, 굴진 단면적과 인버트 콘크리트량을 절감할 수 있으며, 1차 복공 두께도 얇아 경제성이 높다. 점유 폭이 좁고 용지가 제한된 지역에서는 H&V 쉴드 공법으로 인해서 일반 터널 구간에서 수평 2연형의 터널을 90도 비틀어

서 좁은 수직 2단의 역을 건설하는 것이 가능하게 되어 노선 계획의 선택이 크고 공사비 절감을 기대할 수 있다.

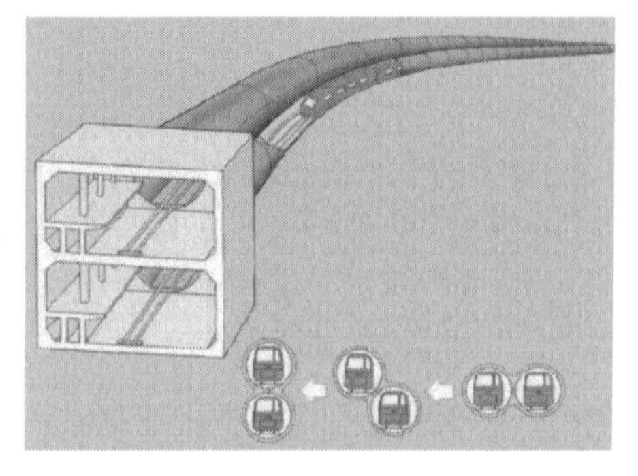

[그림 1.3.63] 수직 2연형 철도 터널

③ 하수도 터널 적용 예

분류식 하수도 터널에서는 우수관과 오수관을 동시에 시공하는 것이 가능하여 공기 단축 및 작업 용지의 축소, 수직 2연형으로 인해 용지 점용 폭의 저감 등이 가능하다. 또한 두 관의 행선지가 처리장과 펌프장으로 다를 경우에도 분기용 수직구를 시공하지 않고 양 터널의 행선지를 변경하는 것이 가능하다.

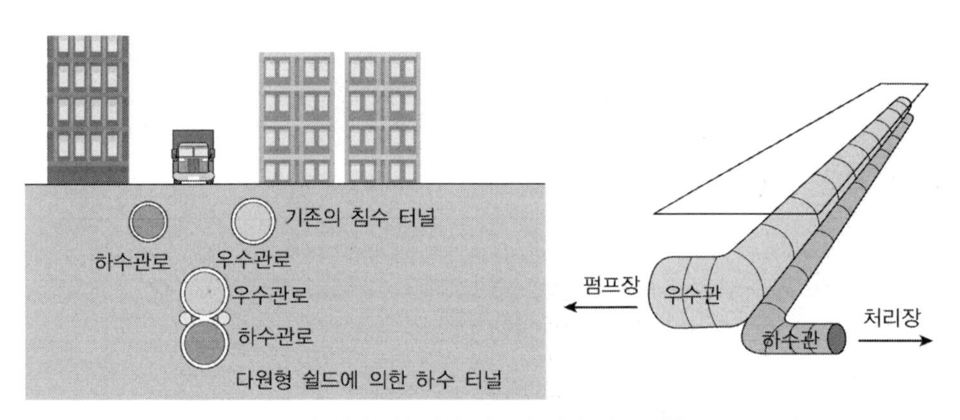

[그림 1.3.64] 우수관과 하수관의 시공과 각기 다른 방향으로의 분기

④ 도로 터널에서의 적용 예

분기 및 합류가 필요한 도로 터널에서는 램프부의 시공에 수직 2연형 H&V 쉴드 공법 적용을 생각할 수 있다. 이로 인해서 개착 구간과 땅 속의 작업 공간 등의 저감이 기대된다.

또한 일반적인 단원 병렬 터널과 비교해서 초 근접 터널이 동시에 시공 가능하기 때문에 공기 단축과 함께 공사비 절감도 기대할 수 있다.

⑤ 지하 공동구에서의 적용 예

상하수도, 전력, 통신, 가스 등 용도가 다른 시설을 복수 수용한 공동구에서는 경우에 따라 격벽을 만들어 각각의 시설물들을 차단해야 할 필요가 있다. H&V 쉴드 공법에서는 복원형 단면의 조립과 배치로 인하여 수용하는 시설의 특성과 작업 부지, 기존 구조물 등의 제약에 대응하는 다양한 공동구 터널을 구축한다.

또 각각의 시설들의 공급 계획에 맞추어서 공동구에서는 분기가 필요한 경우 별도의 분기를 계획하지 않고 분기 터널의 건설이 가능하다.

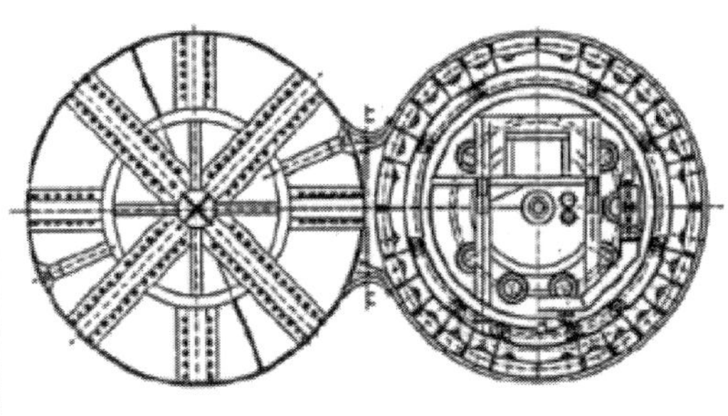

[그림 1.3.65] 2연형 H&V 쉴드

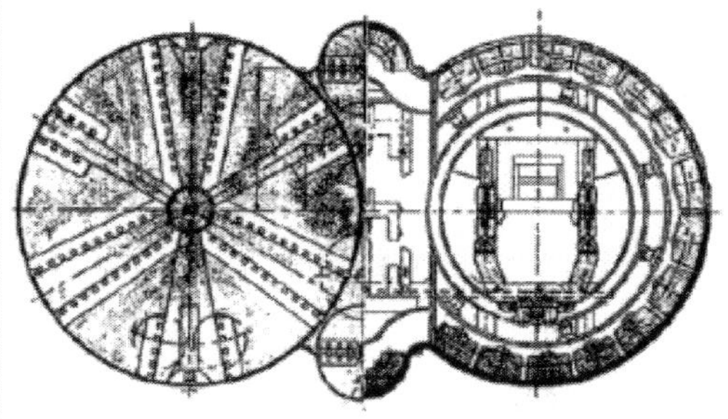

[그림 1.3.66] 4심원 H&V 쉴드

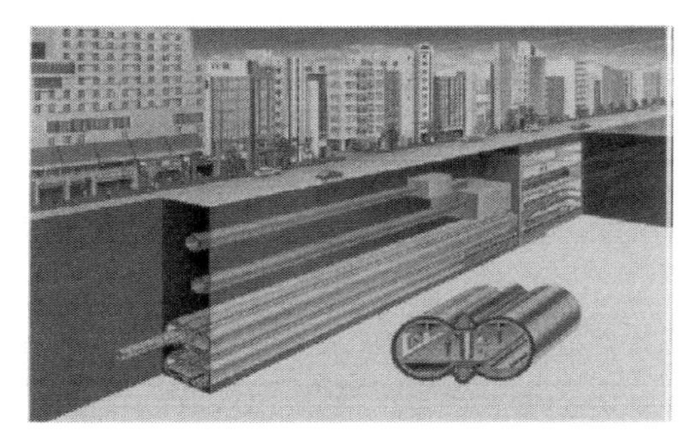
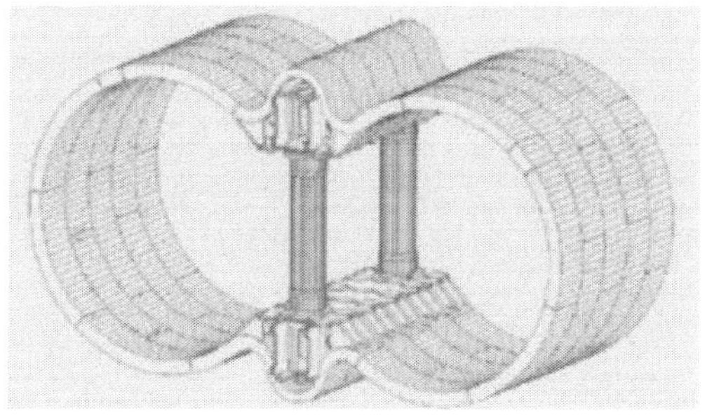

[그림 1.3.67] 4심원 H&V 쉴드로 시공된 역사와 4심원 세그먼트

7) 공법의 특징

- 특별한 중절 기구를 사용하기 때문에 자세 및 방향 제어가 자유롭게 제어 가능하다.
- 복원형 단면을 수평 병렬에서 수직 병렬 또는 수직 병렬에서 수평 병렬로 연속 이행이 가능하다.
- 위의 특징으로 인하여 터널 노선 선택의 폭이 커진다.
- 각각의 단면은 역학적으로 유리한 원형을 기본으로 하기 때문에 구조적 안전성이 우수하다.
- 독립된 커터와 챔버를 가지고 있기 때문에 굴착면의 토질이 다를 경우에도 안정된 굴착면 관리가 가능하다.
- 이수식 또는 토압식 모두 적용이 가능하다.

사. 확대 쉴드 공법

1) 공법의 개요

확대 쉴드 공법은 쉴드 터널 임의의 위치에서 확대 쉴드를 발진시켜 터널 축 방향 외주의 원 지반 굴착과 복공을 실시함으로써 쉴드 터널을 확대하는 공법으로서, 본 공법의 적용 터널의 종류는 표 1.3.2와 같다.

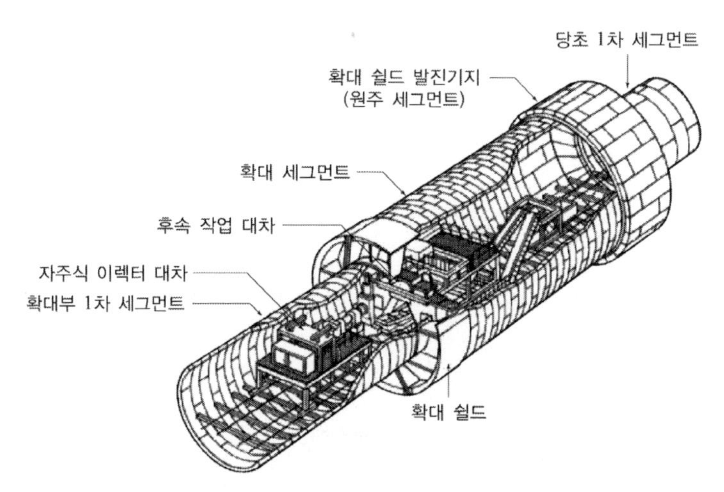

[그림 1.3.68] 확대 쉴드 공법 개요도

[표 1.3.2] 터널 종류에 따른 확대단면 적용

터널의 종류	확대 단면의 용도
전력구	케이블 접합부, 케이블 분기구
상하수도 터널	관리 분기 또는 접합부, 중간 맨홀, 기존 관로의 교체
철도 터널	지하철 역, 선로 분기구, 환기 배수 기지
도로 터널	비상주차대, 도로 분기부, 램프 설치부, 환기 배수 기지
기타	장거리 터널 시공 시 대기소, 구조물 내 설비 설치 기지, 쉴드 발지 기지

2) 시공법의 다양성(시공 시스템)

[표 1.3.3] 연장에 따른 적용 시스템

시스템	원주 쉴드 시스템	확대 추진 시스템	확대 쉴드 시스템
시스템 내용	• 원주 쉴드만으로 단거리 확대 • 수 차례 시공을 반복하는 것이 가능	• 원주 쉴드로 발진 기지를 축조하고 기지 내에 설치한 원압 잭으로 칼날 끝을 붙여 세그먼트를 밀어 넣는다. 세그먼트의 조립은 기지 내에서 실시한다.	• 확대 쉴드 공법의 표준 시공 시스템이며, 연장이 긴 경우는 이수식 확대 쉴드도 적용이 가능하다.
적용연장	• 4m 정도까지	• 4~10m 정도까지	• 10m 이상
적용가능 터널형식	• 관로 접합부 • 환기 배수 설비 기지 • 가설비 기지	• 케이블 분기, 접합부 • 환기 배수 설비 기지 • 가설비 기지	• 케이블 분기, 접합부 • 지하철 플랫 홈 • 도로 비상 주차대

3) 시공 순서

① 1차 쉴드 굴진

확대 예정지에 원주 쉴드용 Guide Ring 등 특수 세그먼트를 조립해 놓는다. 지반 조건에 따라서 지반 개량을 실시한다.

② 원주 쉴드 발진 기지 축조와 원주 쉴드 시공

인버트 세그먼트를 제거하고 토사 붕괴 방지 장치를 시공한 후 굴진하고, 1차 터널의 하부에 원주 쉴드의 발진 기지를 축조한다.

발진 기지 내에서 원주 쉴드 Guide Ring을 설치하고 굴진과 원주 세그먼트의 조립을 반복하면서 확대 쉴드의 발진 기지를 축조한다.

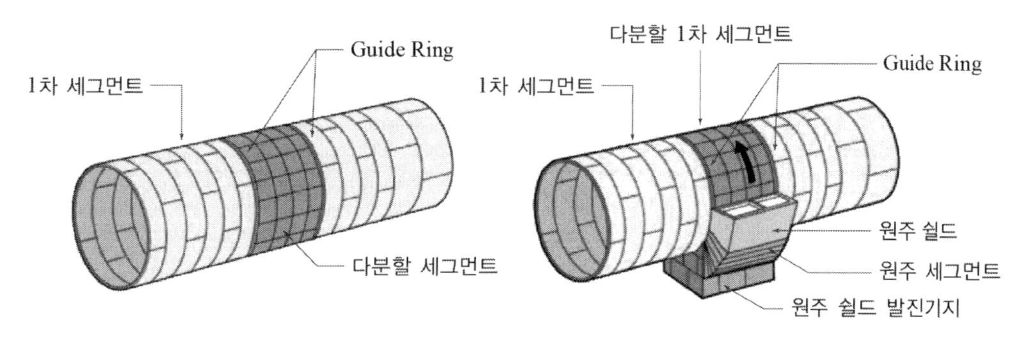

[그림 1.3.69] 원주 쉴드 TBM 조립 및 발진

③ 확대 쉴드 조립 및 확대 쉴드 시공

원주 쉴드에 의해 발진 기지 내에서 확대 쉴드를 조립하여 발진시켜, 굴진과 1차 복공을 반복하면서 소정의 구간을 확대한다.

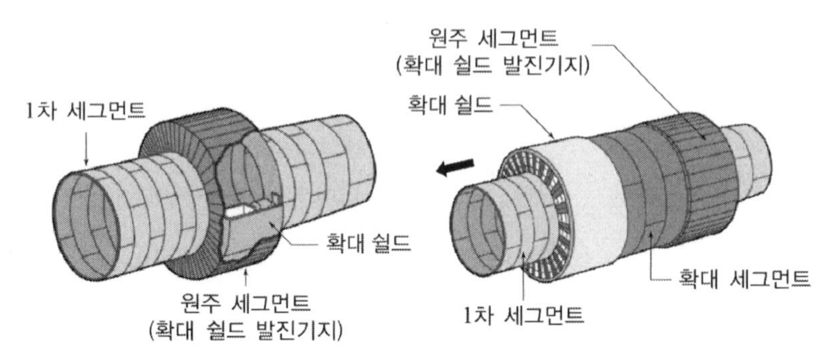

[그림 1.3.70] 확대 쉴드 TBM 조립 및 발진

4) 사용 부재의 기능

① 원주 쉴드

발진 기지 내에 원주 쉴드를 Guide Ring에 설치하고 굴진과 원주 세그먼트의 조립을 반복하면서 확대 쉴드의 발진 기지를 축조한다.

[그림 1.3.71] 원주 쉴드

[그림 1.3.72] 확대 쉴드

② 확대 쉴드

스킨 플레이트(skin plate)와 내통의 2중 구조로 내통 내에서 1차 세그먼트를 관입시킨다. 세그먼트와 같은 분할로 반입하고, 발진 기지에서 조립한다. 장비의 길이를 단축시키기 위해서 많은 노력을 기울이는 것으로 보고되고 있다.

5) 이수식 확대 쉴드

연장이 긴 경우와 지하 수압이 높은 경우는 이수식 확대 쉴드가 위력을 발휘한다. 기본적인 메커니즘은 일반적인 이수식 쉴드와 다르지 않으나, 커터 면판이 고리 모양으로 되어 있어 이곳으로 1차 세그먼트가 관입되는 특징을 가지고 있으며, 이 부분의 지수 기구가 독특하게 되어 있다.

[그림 1.3.73] 이수식 확대 쉴드

6) 노후관 교체 공법

확대 쉴드 공법의 메커니즘은 하수도 등의 철근 콘크리트제 기설 노후관의 비개착 교체에 응용하는 것이 가능하다. 미리 설치, 고정시킨 가설 통수관을 끼움으로 인해 확대 쉴드를 추진시켜, 톱니 바퀴식 커터로 콘크리트 파쇄와 철근을 절단하고 기설 관거를 철거하여 교체할 단면에 복공을 한다.

7) 공법의 특징

- 공간의 이용 목적에 따라 임의의 연장을 확대할 수 있다.
- 확대 후 터널의 형상도 원형으로써 구조적 안정성은 변하지 않는다.
- 상, 하, 좌, 우 어디라도 편심된 확대가 가능하다.
- 시공 장소가 깊은 만큼 경제적, 공기적 효과를 기대할 수 있다.
- 모든 시공을 터널 내부에서 하기 때문에 교통 등 환경을 저해하지 않는다.

아. 구체(球體) 쉴드 공법

1) 공법의 개요

구체 쉴드 공법은 수직구 건설과 터널 굴진을 연속적으로 시공하고 싶다는 꿈을 토목 기술과 메커니즘 기술을 결합함으로써 실현되었다. 이 공법은 쉴드기 또는 커터 장치 부분을 회전이 자유로운 구체 내부에 내장시킴으로써, 터널의 굴진 방향 전환을 자유롭게 할 수 있게 한 것으로 직각 연속굴진 쉴드 TBM 공법, 장거리굴진 공법, 상향 쉴드 TBM 공법 등 세 가지의 공법으로 분류할 수 있다.

[그림 1.3.74] 수직 수평 쉴드 TBM

2) 직각 연속굴진 쉴드 TBM 공법

① 수직 수평 공법

지상에서 수직구를 굴진해 임의의 심도부터 터널을 굴진하는 공법으로 수직 쉴드 굴진기 내부에 수평 쉴드 굴진기를 내장시킨 구체를 장치해 수직구 부분의 수직 쉴드의 시공을 완료한 후 구체를 90도 회전하여 수평으로 돌려 그 상태로 터널을 시공하는 공법이다.

수직 쉴드 굴진 시 부력 가이드 월(guide wall)에 어스앵커(earth anchor)를 설치하여 반력 지지 구조를 가짐으로써 부력에 대응하고 있다.

수직 수평 공법의 시공 순서는 다음과 같다.

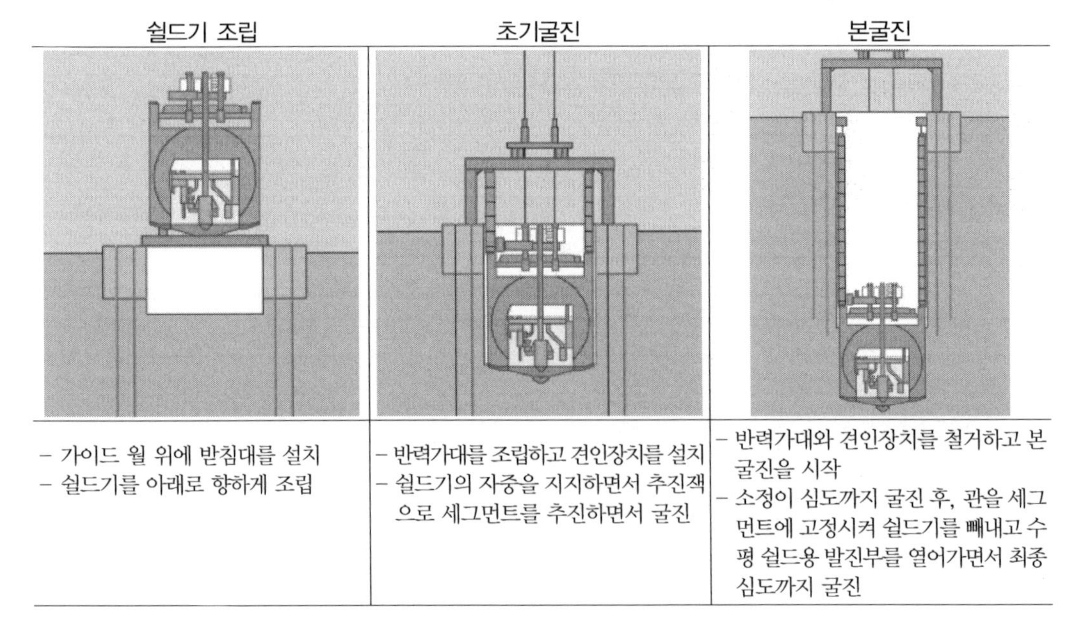

[그림 1.3.75] 수직 수평 쉴드 시공 순서도(계속)

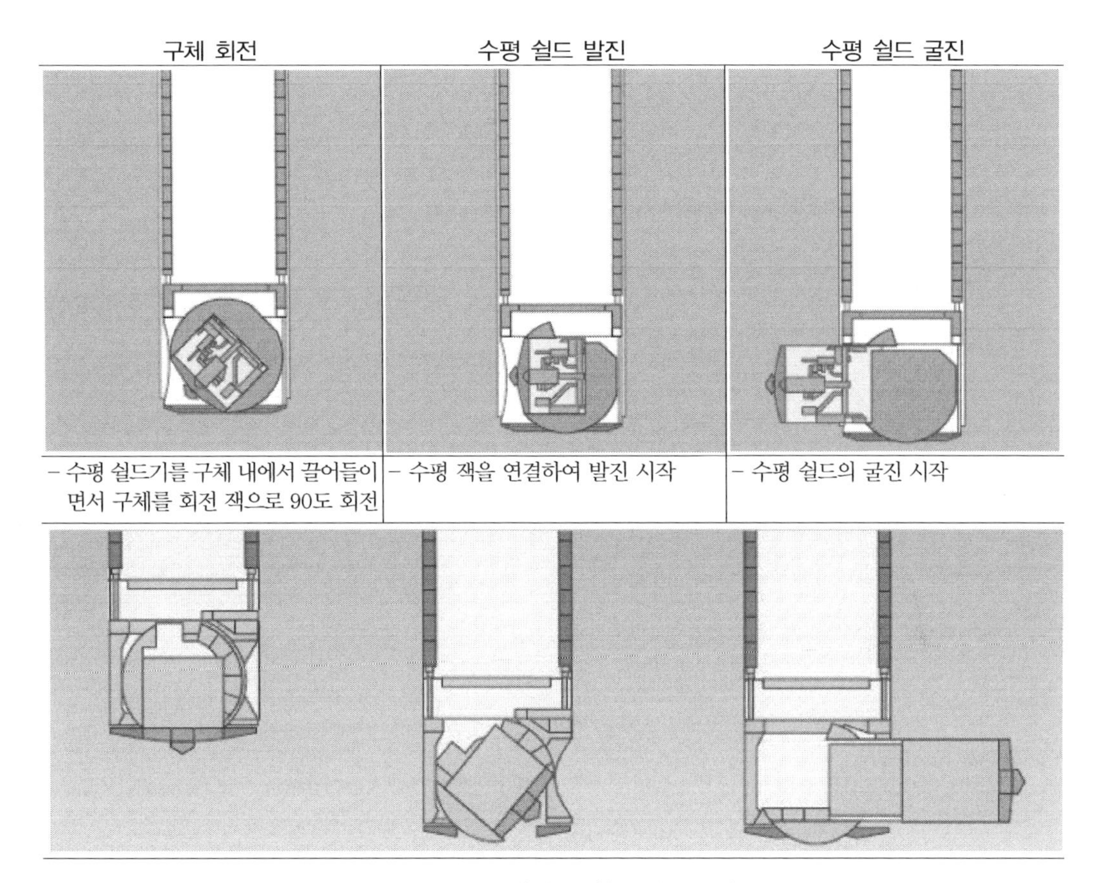

[그림 1.3.75] 수직 수평 쉴드 시공 순서도

② 수평 수평 공법

1대의 쉴드기로 수평면에 대해 회전하면서 연속적으로 굴진이 가능하며, 교통이 복잡한 교차

[그림 1.3.76] 수평 수평 공법 시공 개념도와 쉴드

지점 및 지하 시설물 등의 기존 시설물로 인하여 방향 전환 작업구의 축조가 불가능할 경우 큰 능력을 발휘한다. 구체의 회전은 수직 수평 쉴드와 같다.

3) 장거리 굴진을 위한 쉴드 TBM

커터 등의 굴착 기구를 시기와 장소에 구애받지 않고 교환이 가능한 공법이다. 쉴드 굴진기에 구체를 내장하고 스포크를 축소하여 구체 내로 커터부를 회전시켜 터널 대기압 상태에서 육안으로 확인하면서 교환 작업을 실시한다. 몇 회라도 교환이 가능하므로 장거리 굴진에 유리한 장점을 가지고 있다.

[그림 1.3.77] 장거리 굴진 공법 시공 개념도

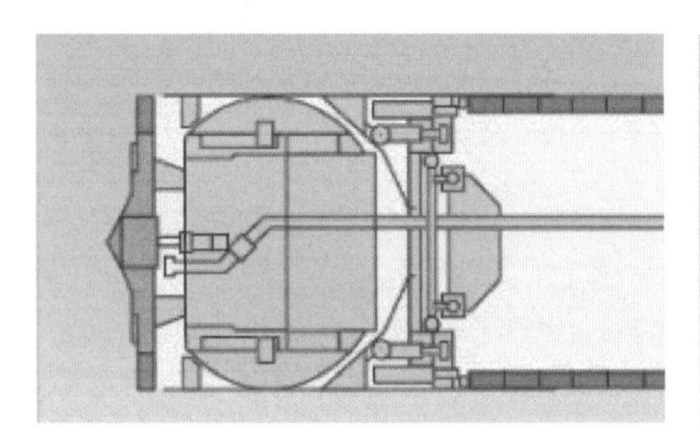
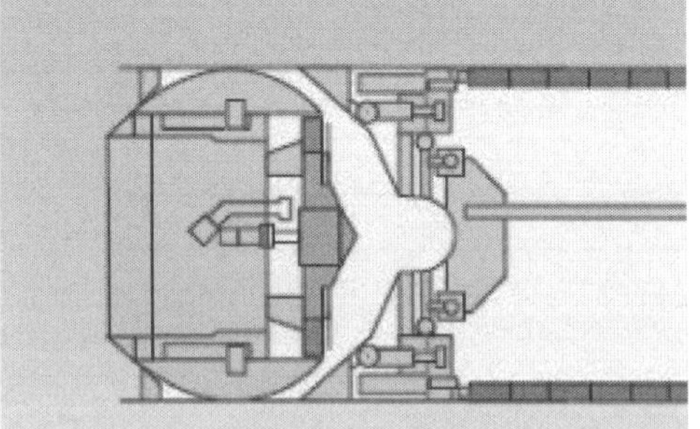

[그림 1.3.78] 굴진 후 비트 교환을 위한 구체 회전

[그림 1.3.79] 장거리 굴진 공법의 구체 회전

4) 상향 굴진을 위한 쉴드 TBM

지하의 구조물에서 지상을 향해 수직구의 건설이 가능한 공법이다.

① 공법의 특징

- 대심도 지하에서도 경제적 대응이 가능하다.
- 신뢰성 높은 대심도 지하 시공이 가능하다.
- 수직구의 콤팩트화가 실현된다.
- 수직구의 공기를 대폭으로 단축된다.
- 방향 전환 수직구가 없어도 직각으로 회전이 가능하며 급곡선 시공에 따른 별도의 방호공이 불필요하다.
- 비트 교환은 필요할 때 언제나 가능하며, 별도의 보조 공법을 필요로 하지 않는다.
- 공기 단축 가능하다.

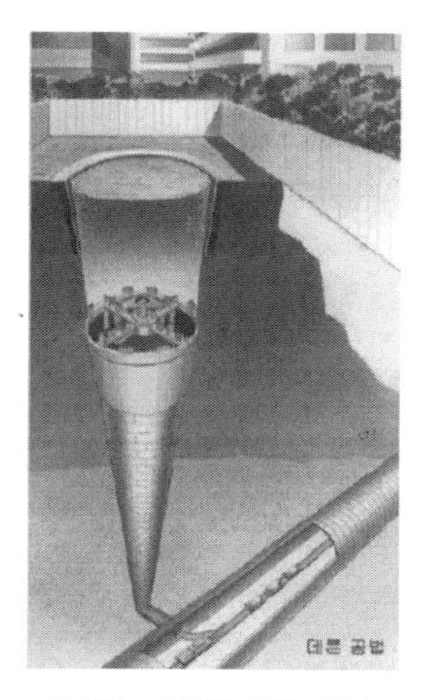

[그림 1.3.80] 상향 쉴드 TBM 공법 시공 개념도

자. MSD(Mechanical Shield Docking) 공법

1) 공법의 개요

MSD 공법은 2대의 쉴드를 기계적으로 정면 접합시키는 공법이다. 접합하는 2대의 쉴드를 각각 밀어내는 측 쉴드, 받아들이는 측 쉴드로서 1쌍으로 제작하여, 이 2대의 쉴드가 가진 접합 기구에 의해 간단하게 접합한다.

밀어내는 측 쉴드에서는 접합부의 구조체가 되는 원통의 강재 관입 링을, 받아들이는 측 쉴드에서는 차수 부재가 되는 내압 고무링을 각각 내장하고 있다.

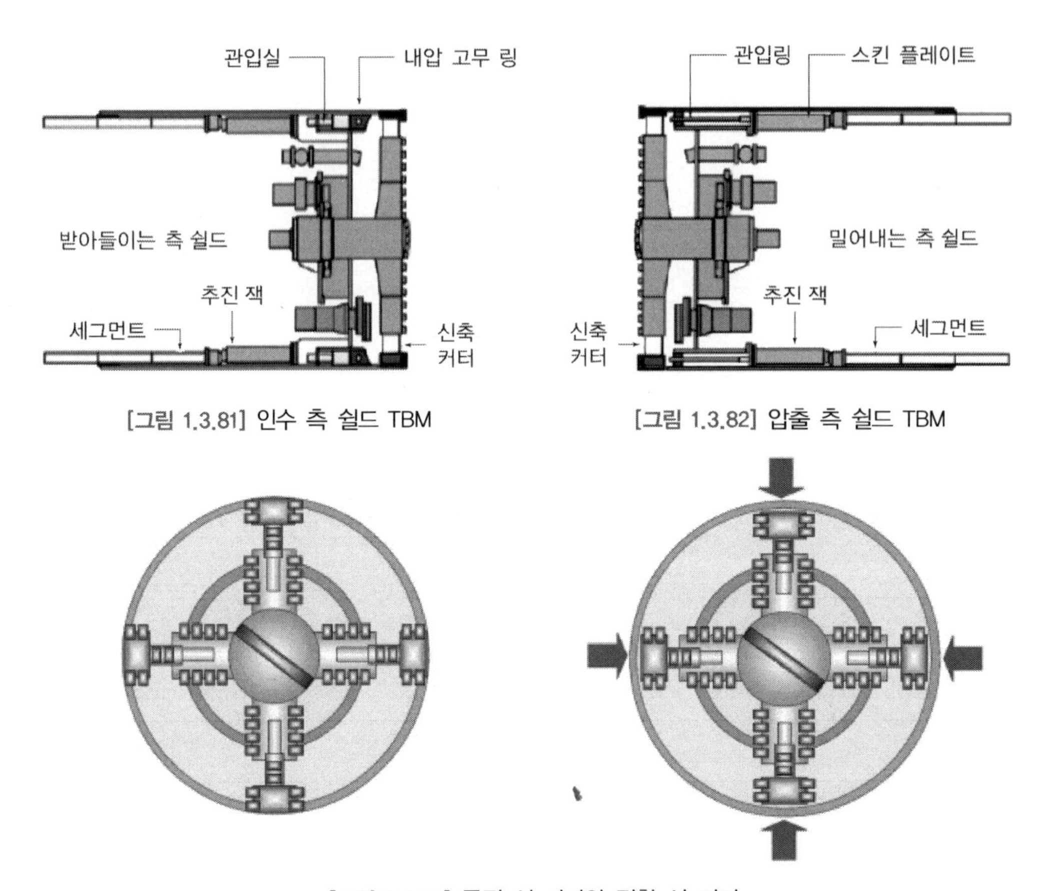

[그림 1.3.81] 인수 측 쉴드 TBM

[그림 1.3.82] 압출 측 쉴드 TBM

[그림 1.3.83] 굴진 시 커터와 접합 시 커터

접합 방법은 2대의 쉴드가 양쪽에서 굴진해 오고 소정의 접합 지점에서 각각 커터를 축소시키고 밀어내는 측 쉴드에 내장되어 있는 관입 링을 받아들이는 측 쉴드의 내압 고무 링에 밀어붙임으로써 기계적 접합을 일체화 시킨다.

2) 접합 방법

① 커터 축소와 슬라이드

양쪽에서 굴진해 온 2대의 쉴드가 접합 지점에 도달 후 커터의 회전을 정지한다.

[그림 1.3.84] 접합 지점에 먼저 도달한 쉴드가 정지

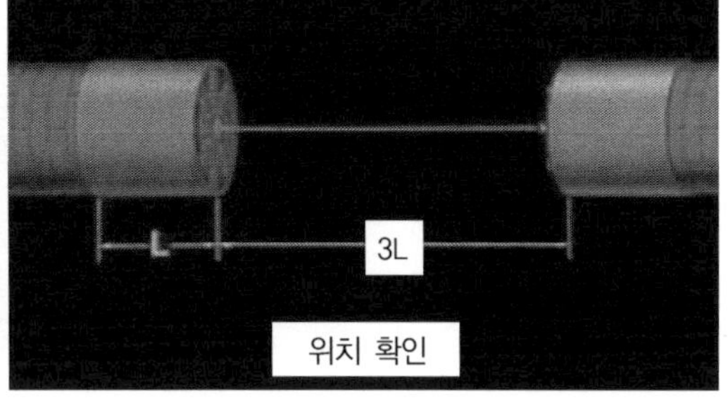

[그림 1.3.85] 소정의 거리에서 위치 확인

나중에 도착한 쉴드가 접합 지점 앞(3L 또는 30m 정도)에서 일시 정지하고, 2대의 쉴드가 동일한 노선에 있는지를 확인하고 오차를 수정하면서 천천히 전진한다.

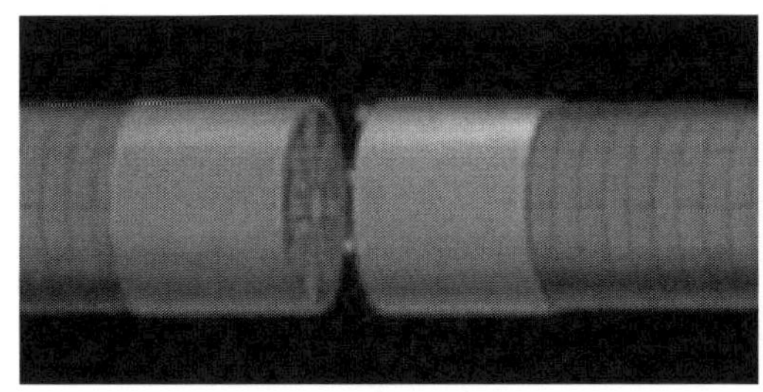

[그림 1.3.86] 오차를 수정하면서 전진

[그림 1.3.87] 커터 수축시키고 챔버에 수납 - 수입 측

2대의 쉴드가 접촉하기 직전에 굴진을 정지하고 커터의 수축과 챔버 내로의 수납 작업을 실시한다. 커터의 수축은 이토압 또는 이수압의 작용하에 커터 스포크(cutter spoke)를 순서대로 축소시키며, 커터 슬라이드(cutter slide) 기구를 장착한 쉴드의 경우는 커터 스포크 축소 후 쉴드를 전진시키면서 커터헤드를 슬라이딩시켜 챔버 안에 수납한다.

② 접합

커터 수축, 커터헤드 슬라이드 종료 후, 밀어내는 측 쉴드의 관입 링을 받아들이는 측 쉴드의 관입실에 삽입하여 기계적으로 접합한다.

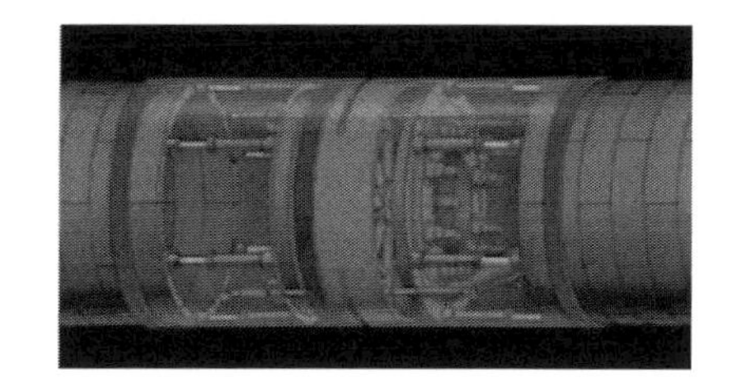

[그림 1.3.88] 관입 링 삽입

③ 폐합 작업

접합부는 접합 강판을 관입 링 주위에 용접하여 2대의 기계를 일체화 시킨다. 접합 부재를 남기고 쉴드를 해체, 철거한 후 2차 복공을 실시한다.

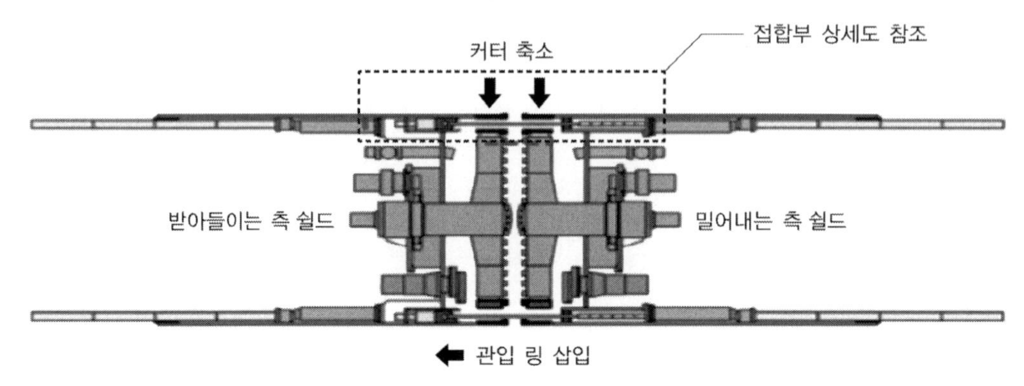

[그림 1.3.89] 2대의 쉴드를 접합

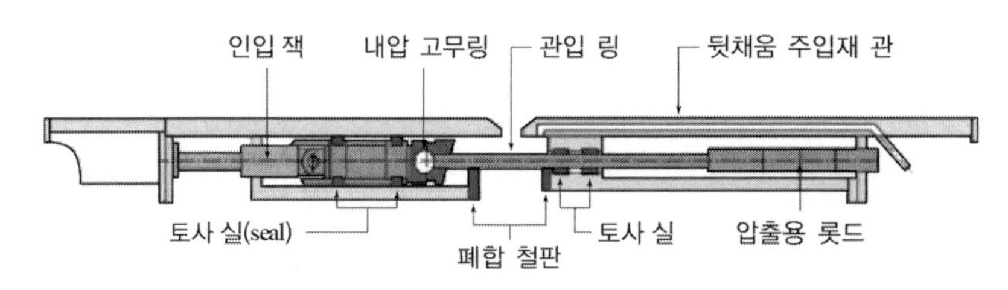

[그림 1.3.90] 접합부 상세도

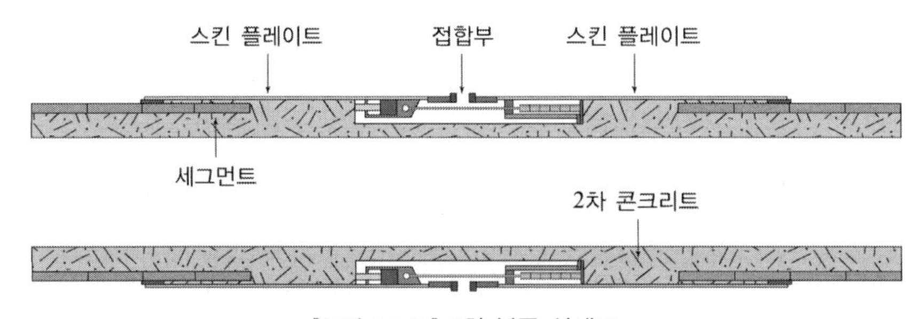

[그림 1.3.91] 2차 복공 상세도

3) 공법의 특징

① 접합 지점을 자유롭게 선택

지상의 교통과 매설물, 해저 또는 하저 등에도 제약을 받지 않기 때문에 자유롭게 접합 지점을 선택할 수 있다.

② 접합 지점의 확실한 안전 확보

기존 접합 방식은 원지반이 노출된 협소한 공간에서 접합 작업과 해체 작업을 실시하였지만, MSD 공법은 토압, 수압을 강재 링이 직접 지지하기 때문에 원지반을 노출시키지 않는 조건에서 시공됨에 따라 안전한 터널 건설이 가능하다.

③ 공기 단축을 도모

보조 공법이 필요하지 않고, 또 폐합 작업이 간단하게 이루어지므로 단기간에 시공을 할 수 있다.

④ 비용 절감에 효과적

수직구와 지반 보강을 위한 보조 공법이 필요 없기 때문에 비용 절감을 도모할 수 있다.

차. ECL(Extruded Concrete Lining) 공법

1) 공법의 개요

ECL 공법은 쉴드를 이용해서 터널을 굴착하면서 테일(tail)부에서 콘크리트를 타설해 복공을 구축하는 터널 공법이다. 시공에 있어서는 원칙적으로 쉴드의 굴진과 동시에 레미콘을 가압 충진하여 원 지반에 밀착시켜 가압에 의해 레미콘을 밀실화 시키는, 즉 "원 지반에 밀착하는 양질의 현장 타설 콘크리트"를 얻는 것을 기본으로 하고 있다. 이로 인해 품질이 우수한 복공체 구축이 가능해 지반 침하의 제어도 가능하게 되었다. 또한 폭넓은 복공 형식의 적용이 가능하므로 공사비의 절감, 공기의 단축을 기대할 수 있다.

2) 쉴드 장비의 기본 구조

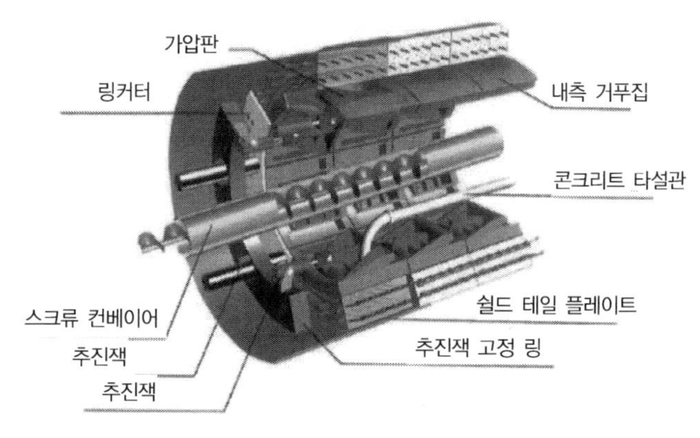

[그림 1.3.92] ECL 쉴드의 기본적 구조(토압식)

3) 공법의 특징

① 고품질의 복공체를 구축

콘크리트 밀실화의 효과에 의해 콘크리트의 강도 증가가 기대되며, 고품질의 복공체가 구축된다.

② 폭 넓은 적용이 가능한 복공 형식

복공에는 철근 콘크리트(RC), 무근 콘크리트(NRC), 섬유 보강 콘크리트(ERC), 철골 보강 콘크리트(SRC), 프리스트레스 콘크리트(PC) 등 조건에 대응하는 합리적인 복공 구축이 가능한 폭넓은 적용성이 있다.

③ 우수한 터널 내 작업 환경

산악 터널에도 적용이 가능하며, 기존의 공법에 비해 터널 내 작업 환경이 우수하여 환기 설비의 축소가 가능하다.

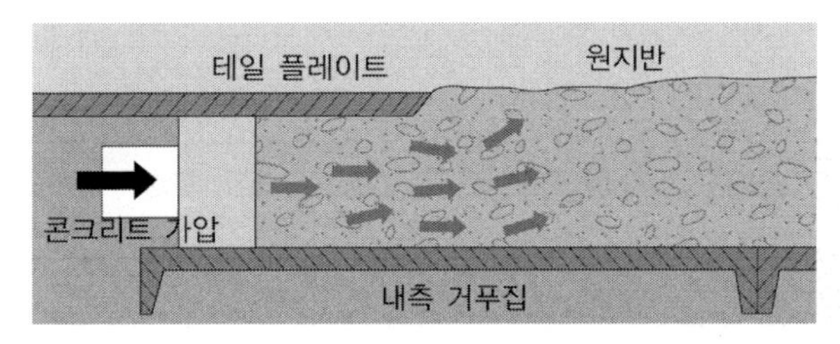

[그림 1.3.93] 테일부 가압 충진

④ 지반의 침하를 제어

복공 콘크리트는 굴진과 동시에 토압, 수압에 대응하는 압력으로 가압되어지기 때문에 지반의 변형을 최소한으로 제어하는 것이 가능하다.

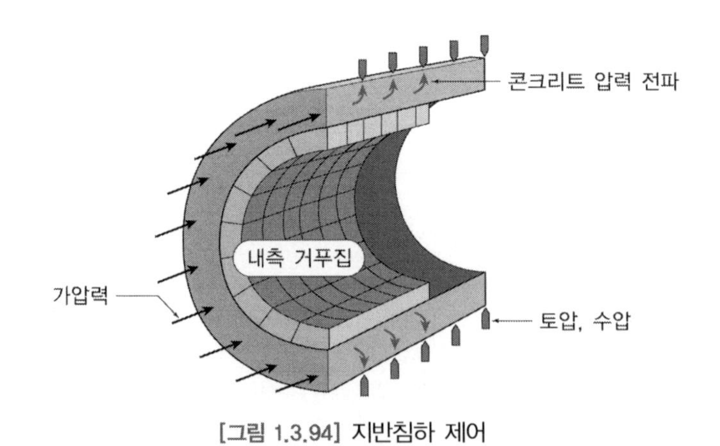

[그림 1.3.94] 지반침하 제어

⑤ 공사비 절감과 공기 단축

지반 조건에 대응하는 복공 형식의 선택이 가능하여 용도에 따라 2차 복공을 생략할 수 있어 공사비의 절감 및 공사 기간의 단축을 기대할 수 있다.

4) 공법의 이해

시공의 흐름은 주로 복공의 보강 방법으로 철근을 사용하는 경우와 무근으로 하는 경우로 구분하며, 시공 흐름은 다음과 같다.

① 철근을 사용하는 경우(Cycle 타설)

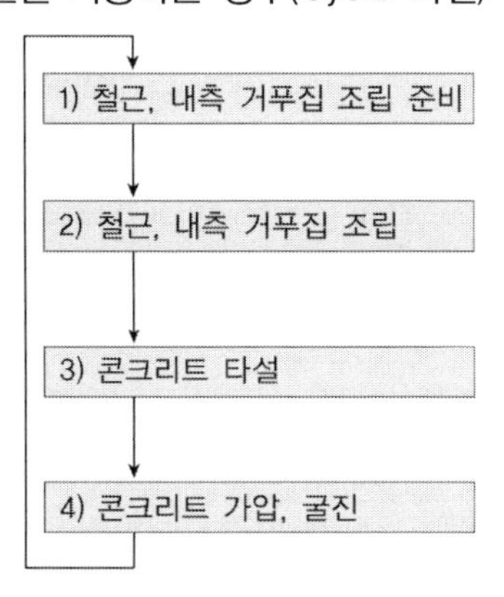

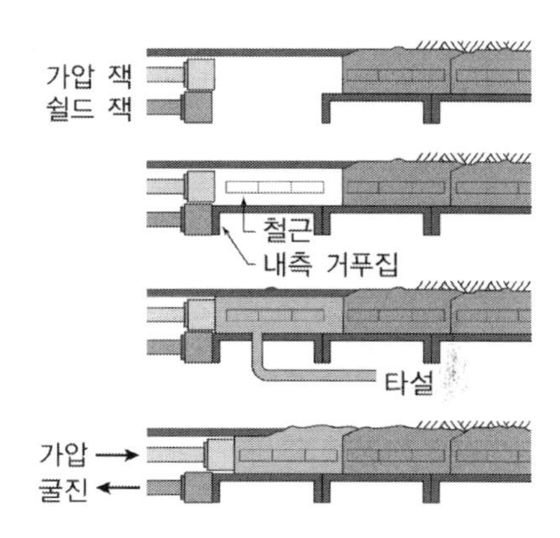

② 무근의 경우(연속 타설)

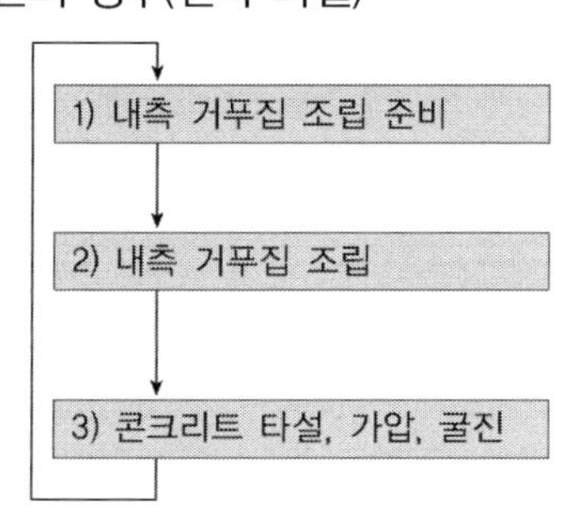

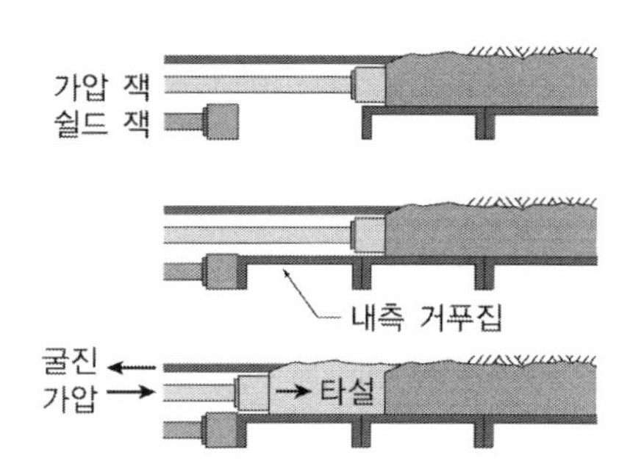

5) 원 지반의 지지방법

쉴드 추진 시에 원 지반의 지지를 목적으로써, 공극을 충진하여 복공체와 원 지반을 밀착시키는 방법에는 2가지 종류가 있다.

① 콘크리트 가압

복공체를 가압하여 밀어 넣어 테일부의 충진한다.

② 충전재 가압

콘크리트 이외의 충진재 등을 타설, 가압하여 테일부의 공극을 충진한다.

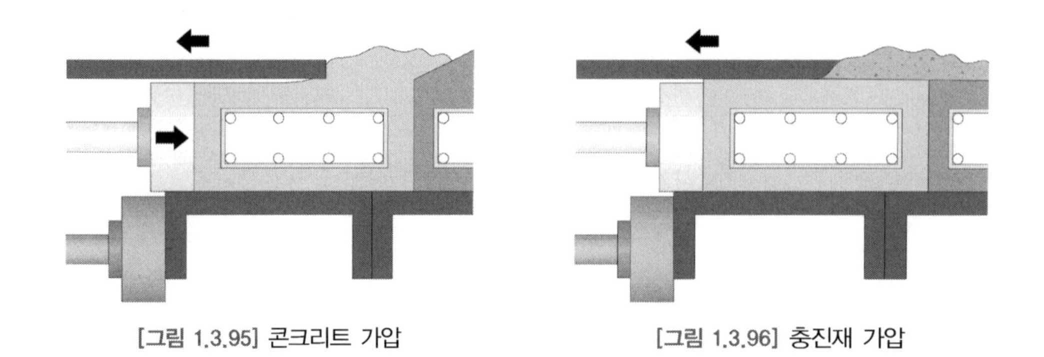

[그림 1.3.95] 콘크리트 가압 [그림 1.3.96] 충진재 가압

6) 콘크리트 타설 방법 1

철근 등을 삽입할 것인가 아닌가에 따라서 콘크리트 타설의 연속성이 다른 2종류로 나뉜다.

① 연속 타설

타단부(打斷部)의 처리를 할 경우 이외에는 거푸집을 탈형하지 않고 연속 타설을 실시한다.

② 사이클 타설

각 사이클마다 거푸집의 탈형, 조립을 반복하면서 타설한다.

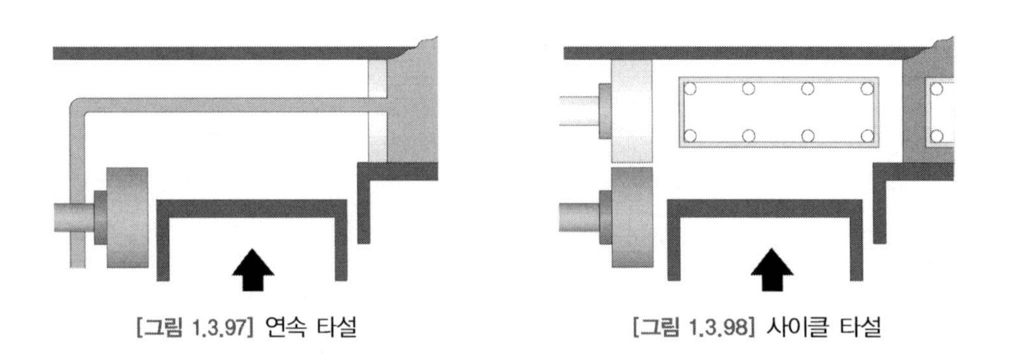

[그림 1.3.97] 연속 타설 [그림 1.3.98] 사이클 타설

7) 콘크리트 타설 방법 2

각 사이클의 복공 두께를 구성하는 콘크리트의 타설 방법의 종류에는 여러 가지가 있지만 크게 2종류로 분류한다.

① 단층 타설

복공체를 테일 내부에서 내측 거푸집 또는 처형 거푸집에서 먼저 타설한다.

② 복합 타설

복공체를 테일 내부와 추진 시에 두 번으로 나누어 타설한다.

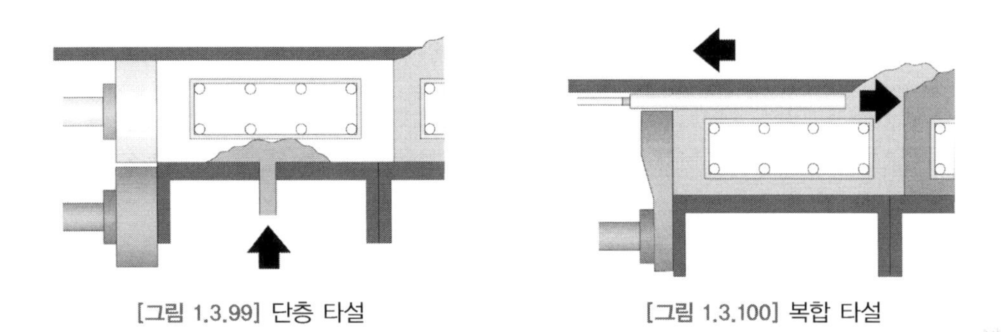

[그림 1.3.99] 단층 타설

[그림 1.3.100] 복합 타설

[그림 1.3.101] ECL 쉴드

제2장
쉴드 TBM 터널의 설계와 시공

제 2 장 쉴드 TBM 터널의 설계와 시공

Shield TBM Design and Construction

2.1 쉴드 TBM 터널 단면설계

2.1.1 개요

TBM 터널에서의 단면형상은 원형, 반원형, 구형, 마제형 등의 다양한 형상이 적용되어 왔으며, 특히 최근의 기계분야 기술발달로 대칭 또는 비대칭 중복원형 형태의 2-Arch 또는 3-Arch 형상 및 BOX 형상 등 다양한 형상의 단면 적용이 가능하게 되었다. 그러나 중복원형 등 다양한 형태의 단면 적용 시 쉴드장비 제작의 어려움, 세그먼트 구조 및 시공상의 여러 어려움이 있어 특수한 조건에 사용되어 왔다. 따라서 쉴드터널의 가장 일반적이고 표준화된 단면형태는 원형 단면이라 할 수 있다.

원형단면이 표준형상으로 된 주된 이유로는

① 외압에 대한 저항력이 우수하고,

② 시공상 쉴드의 추진이나 세그먼트 제작·조립이 편리하며

③ 쉴드 본체가 시공 중 롤링되어도 단면이용상 지장이 적기 때문이다.

터널 단면은 사용목적에 따라 ① 건축한계에 저촉이 되지 않고, ② 터널 내부의 각종 부속설비 설치 여유공간 등이 확보되며, ③ 지보 및 세그먼트 설치 공간이 확보될 수 있는 필요내공 확보 및 ④ 시공오차를 고려하여 선정되어야 하며, 이 중 ① 및 ②번 항목은 내공직경과 관련되어 있으며, ③ 및 ④번 항목은 외경과 관련되어 있는 항목으로, TBM 장비 계획 시 이러한 모든 항목을 포함하는 장비직경이 선정되어야 한다.

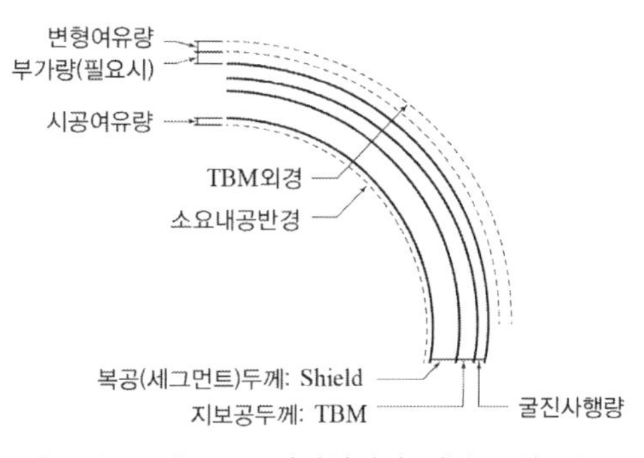

[그림 2.1.1] TBM 직경선정의 기본 구성요소

2.1.2 시공여유에 대한 검토

시공여유라 함은 설계여유와 보수여유로 나눌 수 있다. 이 중 설계여유는 뱀처럼 구불구불한 형태로 굴착될 경우에 대비한 사행여유 및 세그먼트 변형을 고려한 여유량을 의미하며, 보수여유는 운용중 보수·보강을 고려한 공간의 여유량을 의미한다.

시공여유 중, 사행여유는 시공기술력에 따라 발생량이 달라지며, 세그먼트 변형량의 경우 설계단계에서의 세그먼트 구조계산으로 산정할 수 있다.

일반적으로 시공여유는 50~200mm 정도를 적용하고 있으나, 이는 굴진대상 지반상태, 평면 및 종단선형, 시공기술자의 숙련도, 세그먼트 조립오차 등에 따라 ① 지반상태가 열악할수록, ② 종단경사가 급할수록, ③ 평면선형이 작은 급곡선부일수록 사행오차 발생량은 크게 된다.

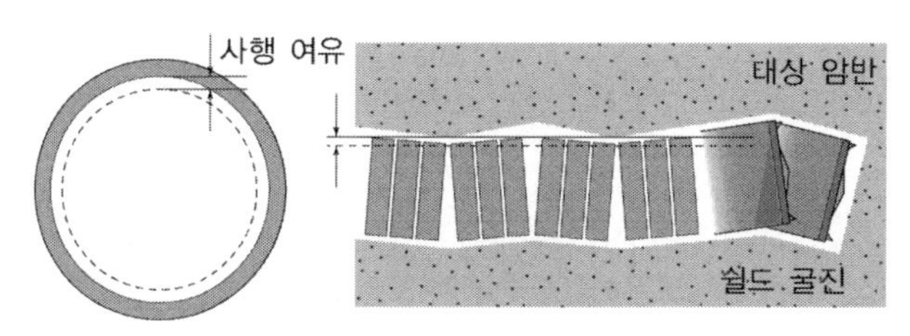

[그림 2.1.2] 사행여유

연도별 사행오차에 대한 변화추이를 살펴보면, 1970년대 이전까지는 사행오차 200mm 이상의 비율이 40% 이상을 차지하고 있으나, 장비기술, 굴착기술 등의 발달로 1996년 이후에는 50mm의 사행오차 비율이 거의 100% 수준에 도달하고 있다.

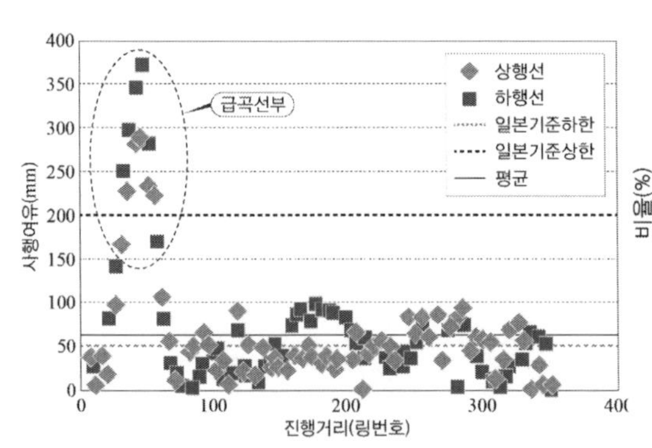

[그림 2.1.3] 평면 선형별 사행오차 발생량
부산지하철 230공구

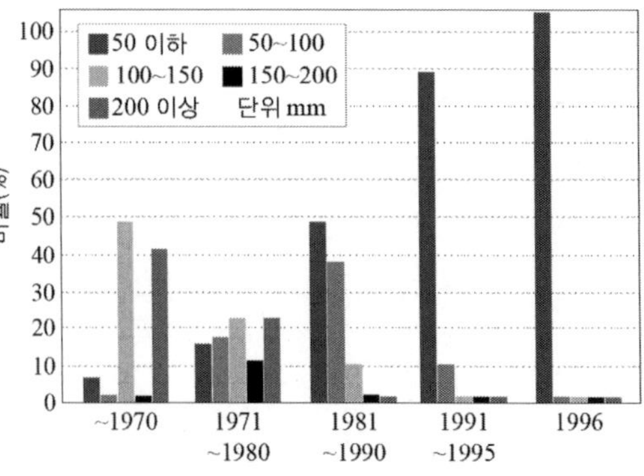

[그림 2.1.4] 연도별 사행오차 변화추이

이외에도 약 50mm의 보수여유를 고려하여 국내 쉴드터널의 경우 시공여유를 150mm 수준으로 적용한 사례가 많다. 국내보다 지층상태가 열악한 일본의 경우 약 200mm 이상의 시공여유를 제시한 사례도 있다. 그러나 사행여유 50mm, 세그먼트 변형량 50mm 및 보수여유 50mm를 고려하여 총 150mm의 시공여유를 고려함이 일반적이며, 지층조건 및 시공자 숙련도 등에 따라 달라지므로 충분한 검토가 요구된다.

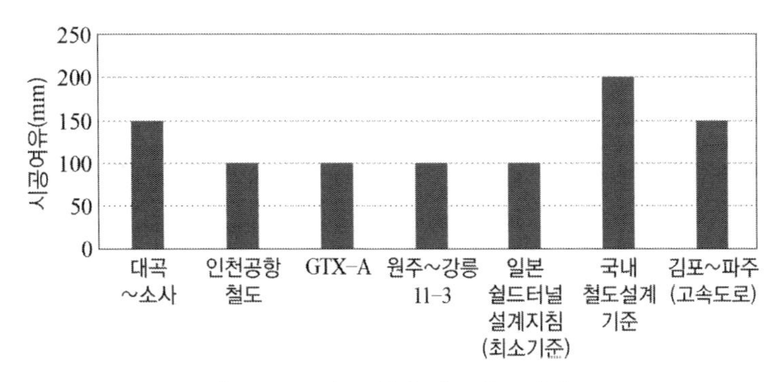

[그림 2.1.5] 국내외 시공여유 사례

2.1.3 건축한계

내공직경 선정을 위한 설계내공치수 및 편기량 기준은 서울, 부산, 광주, 대구 지하철 등에서 운용중인 지하철 규모와 관련되어 정해지며, 여기에 복공두께, 굴진사행, 변형여유, 지보두께 및 TBM 형식에 의한 부가량 등을 고려하여 전체 굴착직경을 결정한다. 서울지하철 7호선 및 9호선의 내공치수 기준은 표 2.1.1과 같다.

[표 2.1.1] 서울지하철 7호선 건축한계

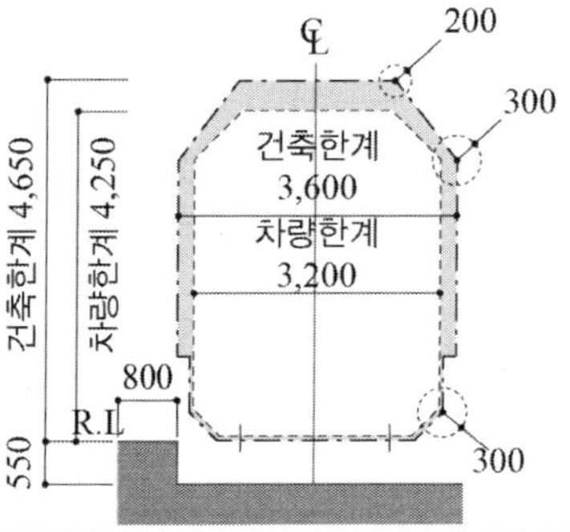

구분	적용 설계 기준
차량한계	3,200×4,250mm
건축한계	3,600×4,650mm
시공여유	상부 : 200mm 이상 측벽/하부 : 300mm 이상
궤　간	1,435mm
F.L~R.L	550mm

이외에도 방재안정성 향상 구조물(비상대피통로, 비상표지등, 안전손잡이 등), 궤도, 전기, 전차선 설비 등의 부대시설 설치계획에 따른 단면계획 수립이 요구되며, 국내 지하철 쉴드 TBM 단면 적용 설계사례는 아래 표와 같다.

[표 2.1.2] 서울지하철 9호선 건축한계

내공치수 기준	내공단면 기준	구분	적용 설계 기준
4,960 / 4,560 / 1135 / 건축한계 3,600 / 차량한계 3,200	℄ 궤심 / S.L / R.L / F.L / H / R / h / 550 / W1 / W2 / W3 / R / L1 / J1 / D1 / B	차량한계	3,200×4,560mm
		건축한계	3,600×4,960mm
		구축한계 (R=1,000)	어깨부 최소이격(W1') : 200mm 측벽부 최소이격(W2') : 440mm
		시공여유	100~200mm
		점검원 통로	800mm(폭)
		궤간 및 F.L~R.L은 7호선과 동일	

[표 2.1.3] 9호선 919공구 본선터널 단면 계획

터널 단면	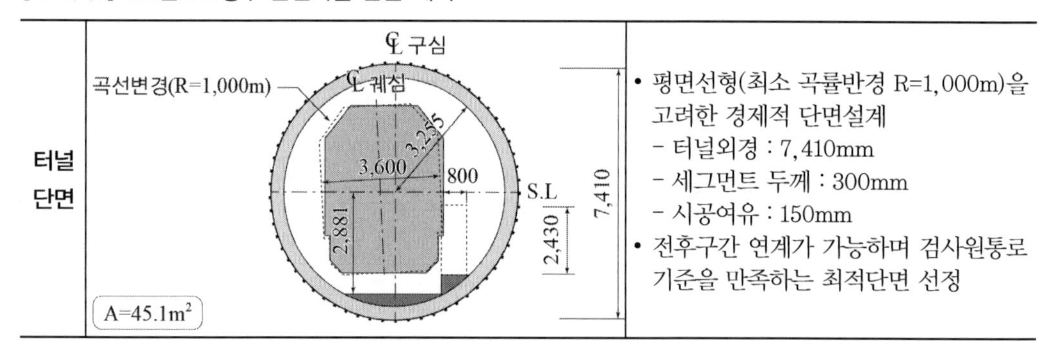	• 평면선형(최소 곡률반경 R=1,000m)을 고려한 경제적 단면설계 - 터널외경 : 7,410mm - 세그먼트 두께 : 300mm - 시공여유 : 150mm • 전후구간 연계가 가능하며 검사원통로 기준을 만족하는 최적단면 선정

[표 2.1.4] 9호선 920공구 본선터널 단면 계획

터널 단면	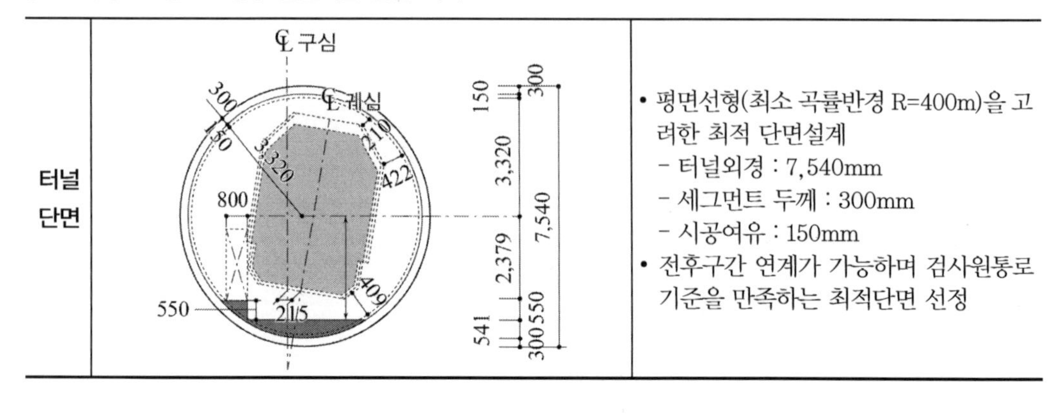	• 평면선형(최소 곡률반경 R=400m)을 고려한 최적 단면설계 - 터널외경 : 7,540mm - 세그먼트 두께 : 300mm - 시공여유 : 150mm • 전후구간 연계가 가능하며 검사원통로 기준을 만족하는 최적단면 선정

2.2 쉴드 TBM 장비 종류 및 선정

2.2.1 개요

쉴드 TBM 장비는 막장면 지지시스템, 반력유무 등에 따라 다양한 형식으로 분류되며, 각 장비형식의 주요 특성에 대한 상세 내용은 1장에서 다루었다. 국내에서 지하철 터널과 같이 중규모 직경(ϕ6.0~7.0m 이상)을 갖는 TBM 장비 선정 시 주요 검토대상 형식은 Open TBM, 이토압식 쉴드 TBM 및 이수식 쉴드 TBM 등이다. 본 장에서는 국내 지하철에서 주로 적용되어온 이토압식 및 이수식 쉴드 TBM을 대상으로 선정방법에 대하여 서술하고자 한다.

2.2.2 이토압식 및 이수식 쉴드 TBM의 주요 특성과 적용성

가. 장비형식별 주요 특성

표 2.2.1은 각 장비 형식별 주요 특성 및 적용성을 정리한 것이다.

[표 2.2.1] 장비 형식별 주요 특성

구분	이토압식 쉴드 TBM	이수식 쉴드 TBM
개요도		
막장압 지지방법	• 커터에 의해 굴착된 토사를 소성 유동화 하면서 챔버 내에 충만하고 압축하여 막장면을 지지	• 챔버 내 가압된 이수의 압력에 의해 막장의 토압·수압을 지지
버력처리	• 벨트컨베이어 및 버력대차로 지상반출	• 파이프에 의한 유체 수송으로 지상 반출
작업부지	• 지상설비 간단	• 지상설비 복잡(이수플랜트 추가)
환경성	• 일반적으로 환경에 문제가 없는 것으로 알려져 있으나, 쉴드 TBM이 도심지에 적용되고 굴착토가 고함수비일 경우 버력처리에 어려움 존재	• 이수에 혼합된 폴리머 등의 영향으로 환경문제 발생
경제성	우수 (O)	보통 (△)
국내 적용사례	• 서울지하철 919, 920, 921, 703, 704 등 다수 적용 • 대곡~소사	• 서울지하철 909공구 적용 • 김포~파주 고속도로 • 별내선 2공구

나. 지층조건에 따른 적용성 검토

쉴드 TBM장비를 이용한 터널공사는 매우 불량한 점성토층으로부터 암반구간까지 대상지반의 적용범위가 매우 넓어졌으며, 이러한 이유는 다양한 형식의 이토압식 및 이수식의 기술발전이라 할 수 있다. 즉, 국제 터널공학회 또는 많은 연구에 의해 지층조건에 따른 적정 장비형식을 제안하고 있으나, 장비선정이 지층조건에만 국한되어 선정되는 것은 아니며, 노선주변 현황(예 : 이수식의 경우 노선상부 플랜트 설치공간 확보가능 여부, 근접시공 여부 등)을 신중히 검토하여야 한다. 지층조건에 따른 적용조건을 보면 표 2.2.2와 같다.

[표 2.2.2] 토질 성상 및 쉴드 TBM 장비별 적용성 및 체크 리스트(ITA Working Group; 2000)

Soil Condition \ Type of Machine		N Value	Earth Pressure Type		Slurry Type	
			Suitability	Check Point	Suitability	Check Point
Alluvial Clay	Mold	0	x	–	s	Settlement
	Silt, Clay	0~2	1	–	1	–
	Sandy Silt	0~5	1	–	1	–
	Sandy Clay	5~10	1	–	1	–
Diluvial Clay	Loam, Clay	10~20	s	Jamming by excavate soil	1	–
	Sandy Loam	15~20	s	〃	1	–
	Sandy Clay	25~	s	〃	1	–
Solid Clay	Muddy Pan	50~	s	〃	s	Wear of bit
Sand	Sand with Silty Clay	10~15	1	–	1	–
	Loose Sand	10~30	s	Content of clayey soil	1	–
	Compact Sand	30~	s	〃	1	–
Gravel Cobble Stone	Loose Gravel	10~40	s	〃	1	–
	Compact Gravel	40~	s	High water pressure	1	–
	Cobble Stone	–	s	Jamming of Screw Conveyor	s	Wear of bit
	Large Gravel	–	s	Wear of bit	s	Crushing device

1 : Normally Applicability, s : Applicable with supplementary means, x : Not suitable

표 2.2.2는 국제터널공학회 ITA에서 제안한 토질성상와 쉴드 TBM 장비별 적용성 및 체크포인트로 토압식 쉴드 TBM의 경우 비교적 점토성분이 많은 토질조건에서의 적용성이 우수하며, 이수식 쉴드 TBM의 경우 점토~사질토까지 적용범위가 다소 넓은 것으로 제시하고 있다.

1) 토압식 쉴드 TBM의 적용 지반 조건

굴착된 토사가 챔버 내에서 지지매체로 작용하기 위해서는 우수한 소성변형성과 작은 내부마찰각, 낮은 투수성을 가지는 것이 유리하다. 즉, 굴착토는 스크류 컨베이어에 의해 압력이 높은 굴착챔버로부터 대기압의 터널로 옮겨질 때 원활한 수송을 위해서 낮은 투수성 지반이 유리하며, 이러한 성질을 부가하기 위하여 물, 벤토나이트, 점토, 고분자 서스펜젼, 머드 등의 첨가제로 유동성을 향상시킨다. 그림 2.2.1은 토압식 쉴드 TBM에서의 적용 토질조건 범위를 나타낸다.

- 경계선 1번 부근 : 지반의 입자크기 분포와 관련해서 실질적인 적용제한의 범위가 없다.
- 경계선 2번 부근 : 적용성은 지하수압과 투수계수에 의해 결정한다.
  투수계수는 최대 2bar의 압력에서 10^{-5}m/sec를 넘지 않아야 한다.
  지반의 유동화를 위하여 점성의 점토질 서스펜션(suspecsion) 또는 고분자 포말이 적당하다.
- 경계선 3번 아래 : 투수성이 매우 높아, 각종 첨가제 적용 시에도 막장의 지지압력을 높이는 것은 불가능하다.

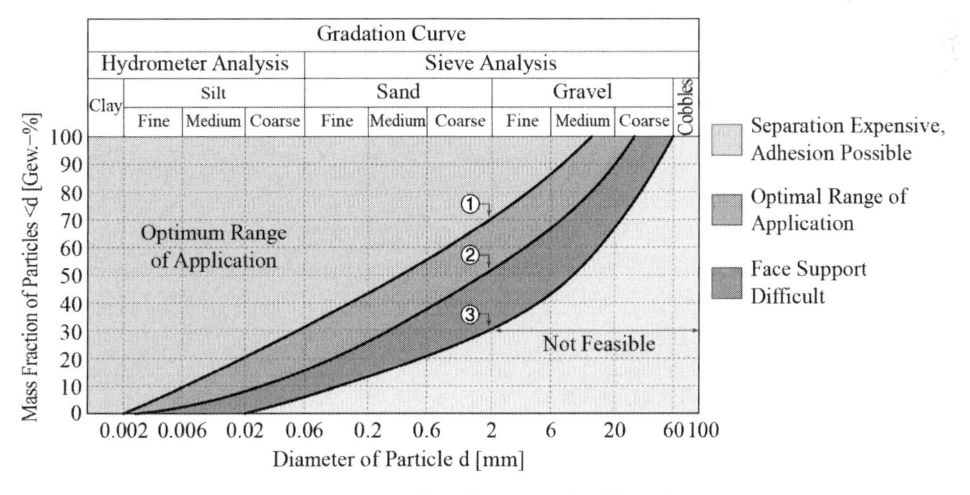

[그림 2.2.1] 토압식 쉴드 TBM의 적용 조건

2) 이수식 쉴드 TBM의 적용 지반 조건

이수식 쉴드 TBM은 챔버 내에 공급된 이수에 의해 굴착면에 작용하는 수압 및 토압에 대응하게 된다. 따라서 이수에 의한 막장면 이막형성이 용이한 모래 및 실트질 지반조건(표 2.2.3 참조)에서 적용성이 우수하며, 입자 간 전기적 결합력이 우수한 점토지반도 적절한 적용 지반조건이다. 그러므로 입도분포가 불량하고 세립분 함유율이 적어 막장안정이 불리한 자갈층에서는 굵은 입자의 자갈층이 분포하는 지반의 경우 자갈파쇄장치나 자갈제어장치 등의 특수 장치를 이용하여 적용이 가능하다.

[표 2.2.3] 막장의 여과형태(Müller, 1977)

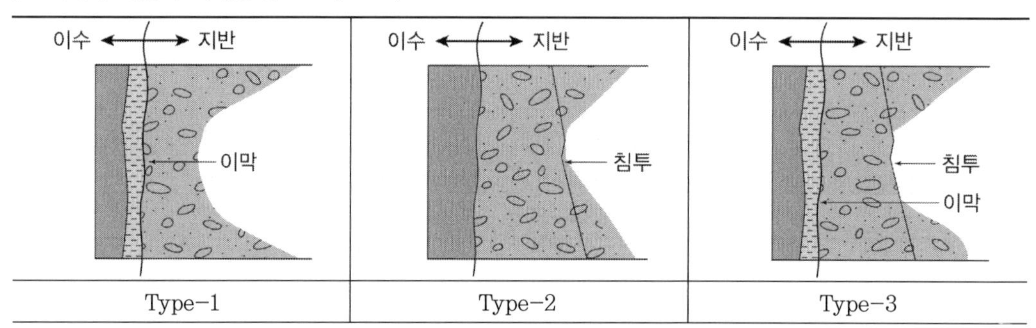

① Type–1 : 이수의 침투가 거의 없고 이막만 형성(점성토층)
② Type–2 : 지반의 간극이 커서 이수는 침투할 뿐 이막의 형성 없음(자갈층)
③ Type–3 : Type–1과 Type–2의 중간으로 이수가 침투해 가면서 이막 형성(사질토층)

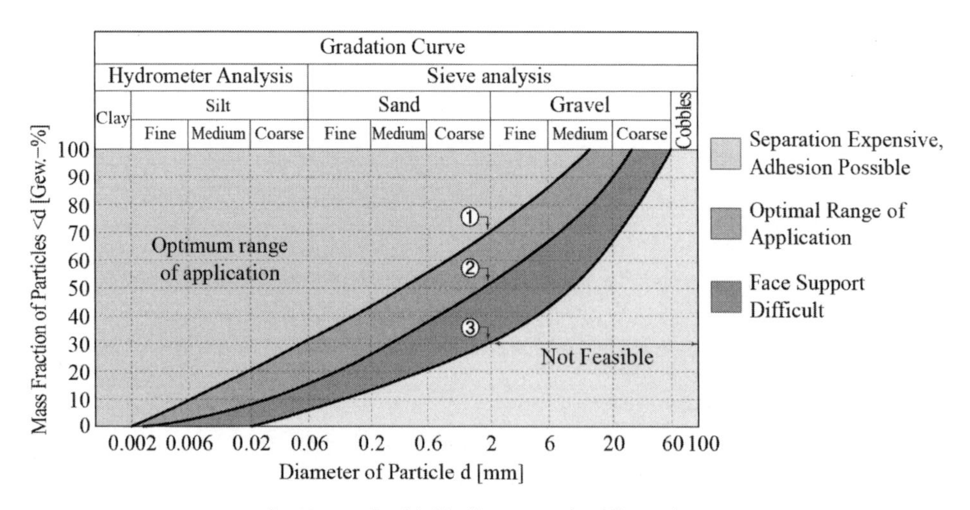

[그림 2.2.2] 이수식 쉴드 TBM의 적용 조건

3) 장비형식별 트러블 억제를 위한 고려사항

지하철 터널을 굴착하는 대상 지반은 최소 수백 m에서 수 km에 달하기 때문에 선정된 장비 형식이 모든 지층조건에 부합하지 않는 경우가 많다. 이러한 경우 장비 형식별 추가 설비를 설치하여 발생예상 트러블을 최소화하여야 하며, 장비형식별 주요 추가설비는 표 2.2.4와 같다.

[표 2.2.4] 장비형식별 주요 추가 설비

토압식 쉴드 TBM	• 굴착토사의 소성유동화를 위한 첨가제 투입 - 첨가제를 투입하여 굴착하는 형식의 장비를 이토압식으로 칭함 - 대상지층조건을 고려하여 커터헤드 내에 첨가제 투입구 개수 선정 - 굴착토사와 첨가제의 소성유동화를 효율적으로 발생시킬 수 있는 교반기(믹싱바 : mixing bar)의 규모 및 개수 선정 • 적용 : 모든 이토압식 적용 현장에서 사용
이수식 쉴드 TBM	• 자갈층 또는 호박돌층 굴착을 위한 크러셔(crusher) 설치 • 지반조건을 고려한 크러셔(crusher) 형식 선정(Jaw type / Impeller type) - 자갈층이 챔버 내로 들어와 배니관 막히는 현상을 배제하기 위하여 배니관 직경보다 작은 입경으로 크러싱하기 위한 장치 - 챔버 내 하부에 설치
	• Air Bubble 챔버 설치 - 챔버 내 격벽을 설치하여 Air Bubble 챔버 공간 확보 - Air Bubble 챔버를 통해 이수압력 조절을 효율적으로 관리

다. 지층조건 외 장비형식 선정을 위한 주요 검토사항

지층조건 외에 이토압식 또는 이수식 쉴드 TBM 선정을 위한 주요 검토사항으로는 지하수위, 토피고, 굴착길이, 근접구조물 현황 등 다양한 노선현황을 고려하여야 한다(이에 대한 검토는 2.2.3절 참조).

2.2.3 장비형식 선정 사례

장비형식의 선정을 위해서는 지층조건뿐만 아니라 터널 시공현장의 입지조건, 환경조건, 노선현황 등을 종합적으로 검토하여 한다. 서울지하철 계획 시 검토되었던 공구별 장비형식 선정

방법은 다음과 같다.

가. 서울지하철 909공구

[표 2.2.5] 장비형식 선정 예(서울지하철 909)

구분		토압식 쉴드 공법		이수식 쉴드 공법	
공법 개요		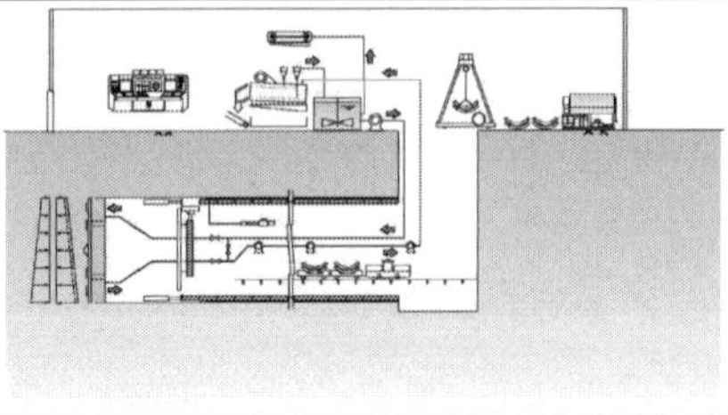		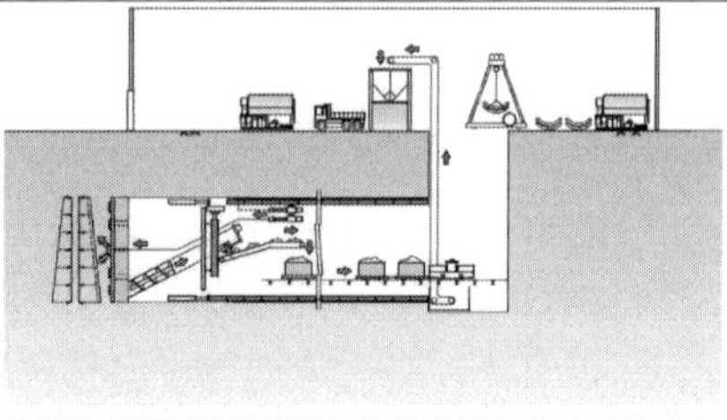	
막장 안정		• 이토압에 의해 막장의 토압·수압에 대항	○	• 이수를 챔버 내에 충만시켜 토압에 저항	○
적용성		• 지하수압이 높은(1.5kg/cm^2 이상) 경우 스크류 컨베이어식은 토사배출 곤란	○	• 넓은 범위의 지반에 적용가능	○
암반 굴착		• 암반TBM과 같은 대형 디스크커터로 대응	○	• 암반TBM과 같은 대형 디스크커터로 대응	○
커터 마모		• 커터비트 및 디스크커터의 마모가 큼	△	• 커터는 이수중에서 회전하여 마모가 적음	○
정밀도		• ±100mm 이내의 정밀도	○	• ±100mm 이내의 정밀도	○
수직갱		• 평면 : 15m×25m	△	• 평면 : 10m×16m	○
토사운반		• 터널 내는 궤도 및 갱차운행	○	• 굴착토사는 배관을 통해 유체수송	○
환경	구조물	• 복합지반에서는 대책이 필요	△	• 근접구조물이나 지반에 주는 영향은 적음	○
	소음진동	• 크레인 작업 시나 조사 반출 시의 진동·소음이 최대임	○	• 이수처리설비의 일차 분리기로부터의 소음·진동이 발생	△
굴착토의 처리		• 운반을 위한 고화처리와 환경기준에 따라서는 폐기물로서 취급됨	△	• 굴착토사는 이수처리설비에 의해 분별 탈수됨	○
발진기지		• 부지 : 20m×135m	○	• 부지 : 20m×135m(이수처리시설)	△
실적		• 광주도시철도 1호선 TK-1공구	○	• 부산지하철 2호선 230공구	○
공기		• 쉴드 공사기간 : 4년 2개월	△	• 쉴드 공사기간 : 3년 5개월	○
적용안				◎	

나. 서울지하철 919~921공구

1) 적정 장비 선정

[표 2.2.6] 장비 형식 선정 1차

구분	밀폐형(closed type)	개방형(open type)
공법개요	• 굴진면에 작용하는 이토압 또는 이수압에 의한 지지	• 별도의 지지구조 없음 • 굴진면 자립+면판
대상지반	• 고강도 경암을 제외한 대부분으로서 굴진면의 자립이 어려운 복합지반 • 토사~풍화암, 연암	• 굴진면 자립이 가능한 지반 • 암반(풍화암~경암)
막장지지	• 토압 또는 이수압	• 원지반에 의한 막장자립
장비특징	• 막장안정성 확보 용이	• 토사층 저토피구간 막장안정성 저하
지하수 대응성	• 굴진면 폐쇄, 지하수 영향 작음 • 이토압(이수압)에 의한 지하수 유입 방지 가능	• 굴진면 지하수 유입 시 대응 불가 • 고가의 보조공법(동결공법 등) 필요
복합지반 대응성	• 충적층 구간 굴진 시 굴진면 안정화 및 지하수 대응성 우수	• 암반 굴진 시 성능은 우수하나 충적층 굴진 시 굴진면 안정화 및 지하수에 의한 문제 발생
선정	◎	
선정사유	• 터널 상부가 모래·자갈인 충적층이고 하부는 연암, 경암인 복합지반에서 지반침하 및 막장 안정에 유리하며, 지하수 대응면에서도 우수한 밀폐형을 선정	

[표 2.2.7] 장비 형식 선정 2차(계속)

구분	이토압식(EPB type)	이수식(slurry type)
개념도	Semi Dome Type 지반침하 감지장치 스크류 컨베이어	Spoke Type 송니관 배니관
공법개요	• 챔버 내에 굴착토를 채워 막장토압과 수압에 대응하는 방식 • 첨가재 주입을 통하여 굴착토의 소성유동성 및 지수성 확보	• 챔버 내 이수압을 균등하게 작용시켜 지반의 토압 및 수압에 대응하는 방식 • 굴착중 적절한 이수압 관리를 위해 이수품질의 세심한 조절·관리가 필요
지반조건	• 충적층 통과 시 토압에 의한 굴진면 안정화 가능 • 3bar 이하 저수압 작용 시 적용성 우수	• 충적층 통과 시 이수 이탈로 굴진면 붕괴 우려 • 복합지반 굴착 시 이수압 관리 어려움
막장안정	• 챔버 내에 굴착토와 첨가제가 혼합된 이토를 충만시켜 막장토압·수압대응 • 소성유동성, 지수성의 적정유지를 위해 첨가제의 종류·배합·주입량 조절	• 챔버 내 이수압을 균등하게 작용시켜 지반의 토압 및 수압에 대응 • 굴착중 적절한 이수압관리를 위해 이수품질의 세심한 조절·관리가 필요

[표 2.2.7] 장비 형식 선정 2차

구분	이토압식(EPB type)	이수식(slurry type)
지상설비	• 지상설비 간단 → 작업장 규모 최소화 가능 • 버력처리에 필요한 전력 사용량 최소화 가능	• 이수 처리를 위한 대규모 플랜트 필요 • 지상작업장 복잡
버력처리	• Muck Car 또는 벨트컨베이어 • 굴착토 확인 및 원활한 배토처리 가능	• 배니관에 의한 유체수송 반출 • 자갈에 의한 배니관 폐색 및 파열 우려
친환경성	• 굴착토 폐기물 발생 억제 가능 • 소음과 진동이 미미하여 친환경적인 방식	• 이수가 첨가된 굴착토는 폐기물로 분리 • 이수플랜트에서 초저주파 발생 피해 초래
작업부지	• 지상설비가 간단하며 소요부지 적음	• 지상에 추가적인 플랜트 부지 필요
커터마모	• 첨가제 주입으로 커터마모 감소 가능	• 이수에 의해 커터 마모 최소화 가능
경 제 성	• 이수식 장비에 비하여 경제적	• 토압식 장비에 비하여 고가
국내실적	• 광주도시철도 1호선 1공구, 분당선 3공구 • 서울지하철 7호선 연장 703~704공구	• 부산지하철 2호선 230공구 • 서울지하철 9호선 909공구
선정	◎	
VE/LCC	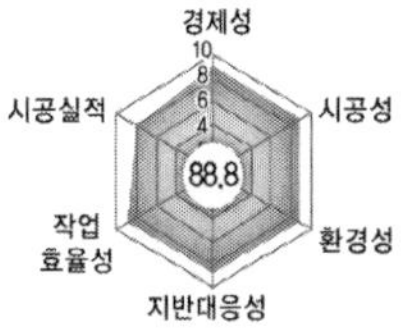 경제성 / 시공성 / 환경성 / 지반대응성 / 작업 효율성 / 시공실적 (88.8) 성능(P) 888 비용(C) 10.0 가치(V) 88.8	 경제성 / 시공성 / 환경성 / 지반대응성 / 작업 효율성 / 시공실적 (54.2) 성능(P) 759 비용(C) 14.0 가치(V) 54.2
선정사유	도심지 지하철 특성상 지상 작업장의 대규모 확보 및 교통영향의 최소화가 가능하고, 지층 조건이 충적층, 풍화암, 기반암이 혼재한 복합지층에서의 막장안정성 확보에 유리하며, 작업장 주변에서의 민원발생이 최소화 될 수 있다는 점에서 토압식 장비 선정	

2) 장비의 구성

[표 2.2.8] 쉴드장비 구성별 특징

구분	특징
후드부	• 쉴드본체 전면에 설치 • 막장면의 안정을 도모하고, 작업공간을 확보함으로써 원지반의 굴착작업실이 되는 부분 • 거더부에 리브를 장치하여 외력에 대하여 보강하는 구조로 제작됨 • 리브 내면에서 쉴드 아랫부분에 강판을 설치하는 것은 쉴드 추진에 수반된 저항을 줄이기 위한 것으로 소구경 쉴드에 많이 이용됨
거더부	• 스킨플레이트에 작용하는 토압을 지지하여 후드부와 테일부를 연결시키는 부분 • 본체의 추진은 테일부 세그먼트의 반력으로부터 거더부 잭의 추진력을 받아 이루어짐
테일부	• 쉴드의 후부에 위치하며 스킨플레이트만으로 구성 • 테일부 내부에서 세그먼트 조립이 이루어짐 • 테일 길이는 이전에는 세그먼트의 파손교환을 고려하여 세그먼트 길이의 2배 남짓하게 하였으나, 최근에는 1.5배 정도로 하는 예가 많음 • 테일 플레이트 두께는 유해한 변형이 발생하지 않는 한도로 가능한 한 얇게 제작(최근에는 고강도 강판을 이용한 제작 사례 증가)

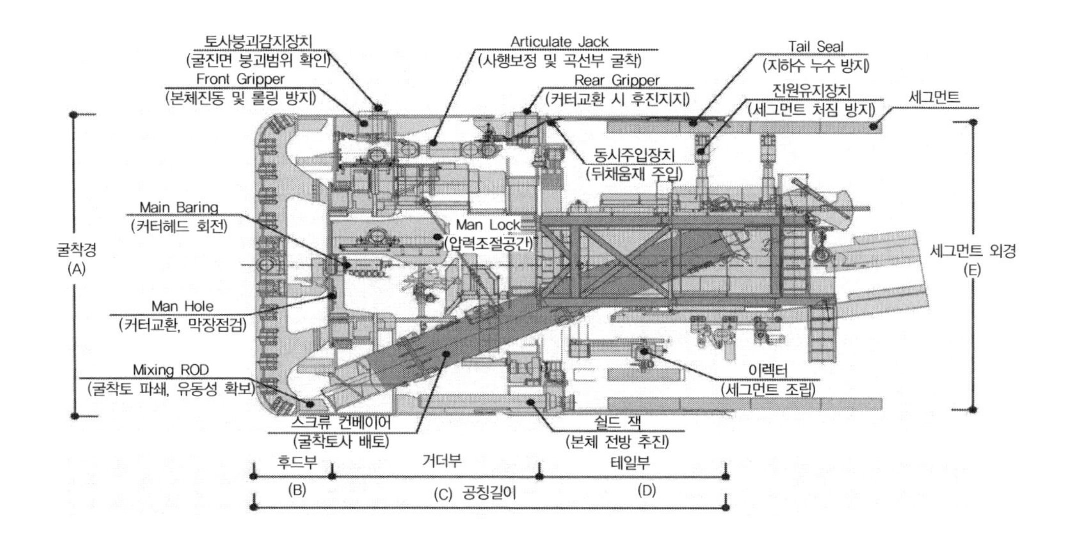

[표 2.2.9] 공구별 장비 치수

구분	공칭길이			비고
	후드부(B)	거더부(C)	테일부(D)	
919 공구	1,840	4,325	3,605	*단위 : mm
920 공구	1,500	4,400	3,800	
921 공구	1,800	3,600	3,400	

[표 2.2.10] 후드부(굴착부) 상세

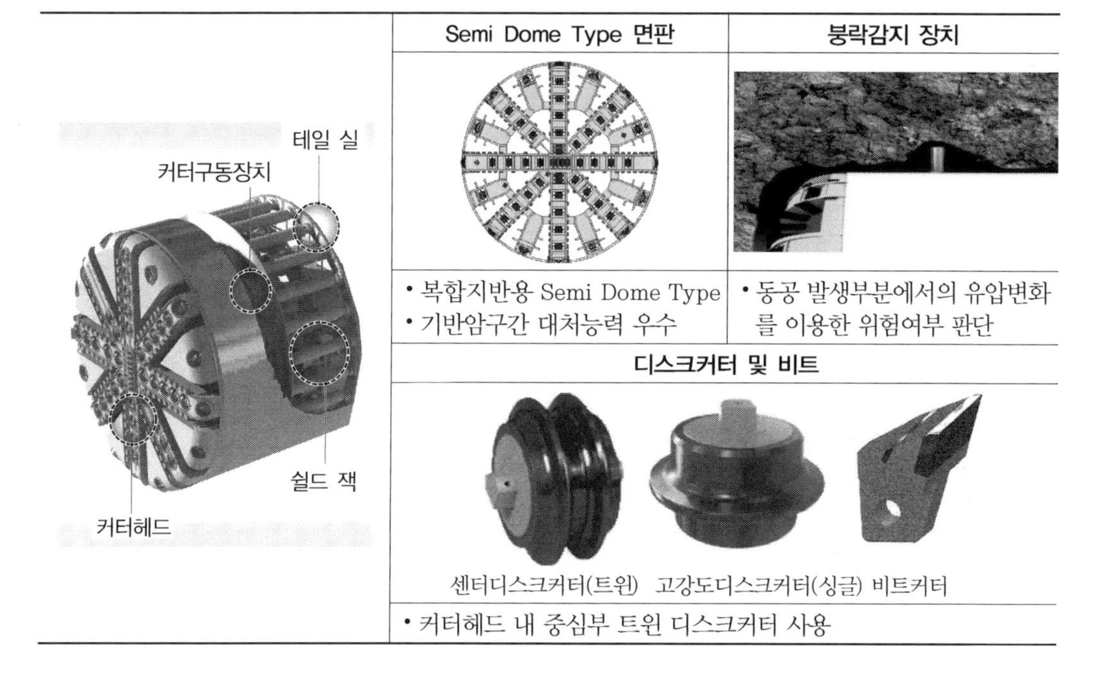

[표 2.2.11] 테일부(세그먼트 설치 및 사토 반출부) 상세

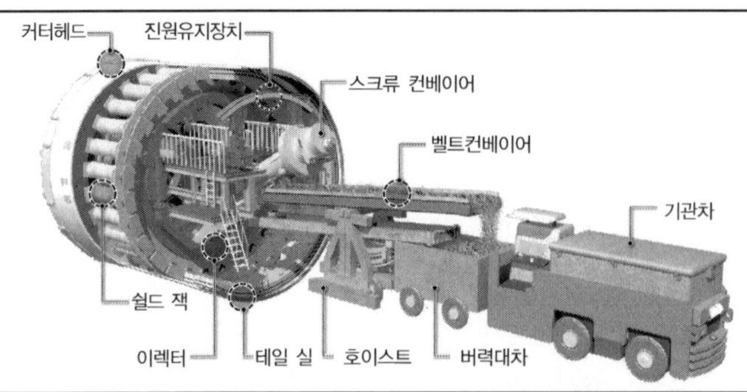

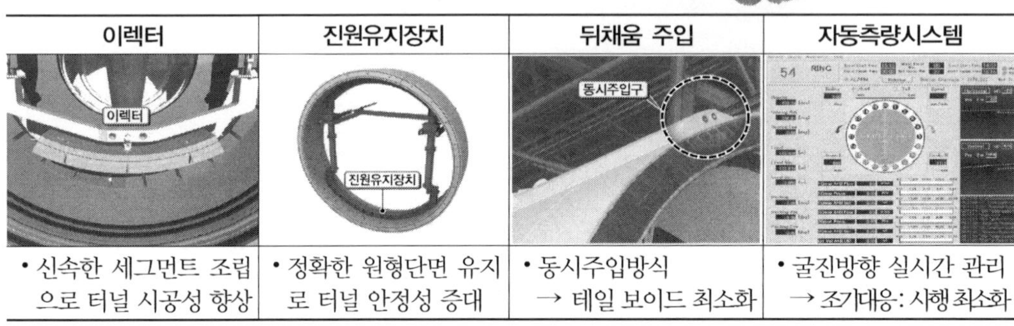

이렉터	진원유지장치	뒤채움 주입	자동측량시스템
• 신속한 세그먼트 조립으로 터널 시공성 향상	• 정확한 원형단면 유지로 터널 안정성 증대	• 동시주입방식 → 테일 보이드 최소화	• 굴진방향 실시간 관리 → 조기대응: 사행 최소화

[표 2.2.12] 쉴드 TBM의 주요 부분별 제원(계속)

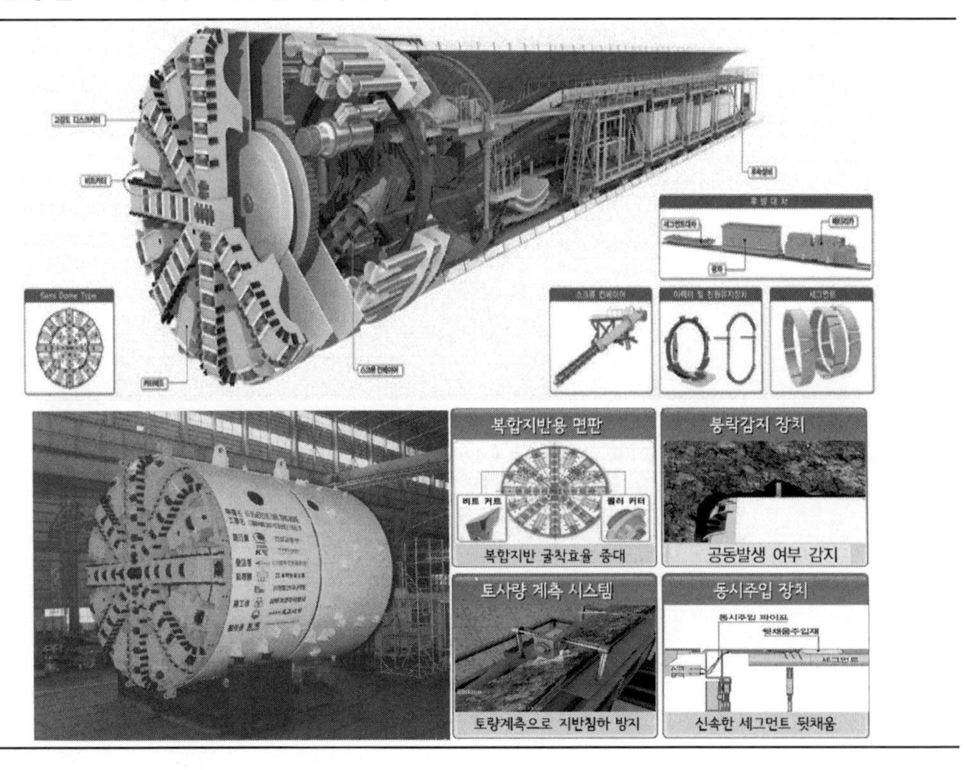

[표 2.2.12] 쉴드 TBM의 주요 부분별 제원

구분		919공구	920공구	921공구
쉴드본체	외경	φ7,690mm (굴착경 φ7,740mm)	φ7,810mm (굴착경 φ7,890mm)	φ7,850mm (굴착경 φ7,930mm)
	길이	9,770mm	9,700mm	8,800mm
	쉴드 잭	2,000kN × 26본	2,079kN × 28본	2,079kN × 28본
	총추력	52,000kN	58,212kN	58,212kN
커터헤드	TYPE	Full face cutting type		
	구동방식	전기구동방식		
	회전속도(r.p.m)	3.5회전/min	3.5회전/min	3.0회전/min
스크류 컨베이어	TYPE	Shaft type		
	회전속도(r.p.m)	14회전/min	13.5회전/min	13.5회전/min
이렉터	TYPE	Ring type		
	회전각도	± 210°		

[표 2.2.13] 복합지반 롤러커터 및 비트커터

구분	롤러 커터		드래그 커터비트
	센터디스크커터(트윈)	디스크커터(싱글)	쉘(shell)비트
개요 도	센터디스크커터(트윈)	고강도디스크커터(싱글)	커터비트
부착위치	커터헤더 중심부	중간부 및 가장자리	면판 전체
지반조건	풍화암, 연암, 경암		충적층, 풍화토
분석결과	• 복합지반의 특성을 반영하여 롤러커터와 비트커터 조합 적용		

구분			919공구	920공구	921공구
커터헤드 형식 · 구성	헤드형식		Dome	Dome	Dome
	커터구성	드래그비트	112개	128개	176개
		디스크커터	52개	57개	55개

[표 2.2.14] 장비 중량 : 전체 703ton(예 : 920공구)(계속)

구분	품목	수량	중량(ton)	규격(길이×폭×높이)
1	커터헤드(상부)	1 set	28.0	7.755×3.513×1.440
2	커터헤드(중앙부)	1 set	22.0	7.914×3.166×1.542
3	커터헤드(하부)	1 set	28.0	7.755×3.344×1.440
4	벌크헤드	1 set	9.0	2.846×2.846×2.737
5	커터 드럼(좌,우측부)	1 set	14.0	4.350×2.175×1.892
6	메인 베어링	1 set	15.5	3.936×3.936×585 이상
7	실 슬리브-1	1 set	2.0	4.300×4.300×380 이상
8	실 슬리브-2	1 set	1.5	3.122×3.122×410 이상
9	전통(상부)	1 set	24.5	4.497×2.805×2.876
10	전통(좌측부)	1 set	35.0	6.422×2.805×3.189
11	전통(우측부)	1 set	35.0	6.422×2.805×3.189
12	전통(하부)	1 set	32.0	4.497×2.805×2.895
13	중통-1(좌측부)	1 set	13.5	7.048×1.955×2.192
14	중통-1(우측부)	1 set	13.5	7.048×1.955×2.192
15	중통-1(하부)	1 set	13.5	7.048×1.955×2.248
16	중통-2(상부)	1 set	25.5	4.646×3.310×1.781
17	중통-2(좌측부)	1 set	40.0	6.340×3.355×2.232
18	중통-2(우측부)	1 set	40.0	6.340×3.355×2.232
19	중통-2(하부)	1 set	26.0	4.646×3.310×1.611
20	후통(좌측부)	1 set	12.5	7.024×3.490×2.258
21	후통(우측부)	1 set	12.5	7.076×3.490×2.362
22	후통(하부)	1 set	12.0	7.024×3.490×2.091
23	지주	1 set	9.0	4.570×1.630×1,200
24	스크류 컨베이어(전방)	1 set	7.0	5,457×1.253×1.253
25	스크류 컨베이어(후방)	1 set	15.0	7.020×1.997×1.997
26	에렉터 드럼(좌,우측부)	1 set	14.0	5.600×2.800×2.530
27	에렉터 본체	1 set	4.0	5.320×1.680×1.830
28	진원유지장치	1 set	2.5	3.461×895×1.400
29	전방작업데크	1 set	1.5	–
30	후방작업데크	1 set	11.0	–
31	커터 모터	8 unit	48.0	3.150×1.080×8EA
32	롤스 잭	8 unit	16.0	3.310×678×8EA
33	호이스트 / 케이블용 가이드	1 set	0.35	–
34	NO.1 후방대차	1 set	6.5	7.920×1,500×3.500
35	NO.2 후방대차	1 set	14.0	8.103×1,500×3,500
36	NO.3 후방대차	1 set	5.8	7.920×1,500×3.500
37	NO.4 후방대차	1 set	7.8	7.920×1,500×3.500

[표 2.2.14] 장비 중량 : 전체 703 ton(예 : 920공구)

구분	품 목	수량	중량(ton)	규격(길이×폭×높이)
38	NO.5 후방대차	1 set	12.0	7,920×1,500×3,500
39	NO.6 후방대차	1 set	20.5	7,920×1,500×3,500
40	NO.7 후방대차	1 set	10.5	7,920×1,500×3,500
41	후방대차 연결재	35 set	7.0	-
42	후방대차용 통로	1 set	1.0	-
43	후방대차용 계단	1 set	0.9	-
44	후방대차용 호이스트 레일	1 set	0.7	-
45	호이스트 레일	1 set	4.1	-
46	벨트 컨베이어	1 set	11.0	-
47	견인장치	1 set	2.3	-
48	후방대차용 견인장치	1 set	0.75	-
49	케이블 / 호스	1 set	5.0	-
50	기타 부품	1 set	9.0	-
51	도료 / 유지	1 set	0.18	-

2.3 세그먼트 설계

2.3.1 개요

세그먼트라이닝은 NATM 공법의 현장타설 콘크리트라이닝과 달리 공장 등에서 미리 제작된 세그먼트를 터널 내에서 조립 설치하여 완성하는 라이닝 형태를 총칭한다. 그러나 최근 쉴드 터널의 적용사례가 증가하면서 세그먼트라이닝은 쉴드 TBM 터널에서 프리캐스트(precast) 세그먼트를 조립하여 설치하는 콘크리트라이닝을 의미한다.

세그먼트라이닝은 재료 및 형상에 따른 종류가 다양하고, 터널 크기 및 여러 조건에 의해 두께, 폭 등이 결정된다. 그리고 세그먼트라이닝은 공사 중에 설치되어 공사 중 터널 및 지반의 안정성 확보는 물론이고 영구적인 터널라이닝의 역할을 하게 된다. 세그먼트라이닝의 구조적 안정성은 지반하중과 수압 및 기타 하중을 고려하여 운영 중 안정성을 확보할 수 있도록 검토하고, 공장에서 현장설치 시까지의 운반, 적치, 이렉터 설치 시 하중과 쉴드 잭 추력에 의한 안정성을 확보할 수 있도록 설계한다.

세그먼트라이닝의 제작비는 일반적으로 쉴드 TBM 터널 공사비의 약 30~40%로 높기 때문에 설계단계에서부터 경제적이고 시공성이 좋은 세그먼트라이닝을 설계할 수 있도록 하여야 한다.

2.3.2 세그먼트라이닝 종류 및 특징

가. 세그먼트 재질

세그먼트의 재질은 쉴드터널 초기에는 강재가 많이 사용되었으나, 콘크리트의 재료적 특성이 향상되면서 최근에는 철근콘크리트 세그먼트가 가장 일반적으로 적용되고 있다.

철근콘크리트 세그먼트는 부식염려가 없고 제작비가 강재에 비해 저렴하며 경제성이 높다.

강재 세그먼트는 고가이고 부식의 우려(방청처리 시 비용 증가)로 일반적으로 잘 적용되고 있지는 않으나, 횡갱 연결부와 같이 향후 추가공사에 의해 제거되어야 하는 경우에 제한적으로 적용될 수 있다.

강섬유 보강 콘크리트 세그먼트는 콘크리트의 취급 및 조립 시 발생할 수 있는 모서리 파손이나 균열 억제에 큰 도움이 되나 공사비가 매우 높고 강섬유 보강과 관련한 설계기준이 없어 아직까지 국내에 적용되진 않고 있다. 세그먼트 재질은 이 외에도 콘크리트와 철판합성 세그먼트 등도 있으나 국내 적용사례는 없다. 해외에서는 영국 Crossrail way 공사에서 철근 없이 강섬유만 보강한 Full SFRC 세그먼트라이닝이 적용된 사례가 있고, 스페인 바르셀로나 지하철 9호선 연장에서는 강섬유를 보강하고 외주면에만 철근을 보강한 사례가 있다.

[표 2.3.1] 세그먼트의 재질에 따른 종류

	철근콘크리트 세그먼트	강재 세그먼트	강섬유보강 세그먼트	덕타일 세그먼트
형상			–	
시공성	• 기성품으로 품질관리 용이 • 고강도 설계 가능	• 경량으로 운반 및 취급이 용이 • 방청처리 및 2차 라이닝 필요	• 기성품으로 품질관리 용이 • 고강도 설계 가능 • 취급 중 파손 가능성 적음	• 복잡한 형상 제작 용이 • 시공사례가 적음
장점	• 내구성, 내연성이 뛰어남 • 잭 추력에 대한 강성이 큼 • 경제성 우수	• 지반변형 적응성 우수 • 경량으로 조립, 운반 용이	• 내구성, 내연성이 뛰어남 • 잭 추력에 대한 강성이 큼 • 균열에 우수함	• 고강도 설계 가능 • 복잡한 형상 제작 용이
단점	• 중량이 크며, 취급 불편	• 부식방지대책 필요 • 철근콘크리트에 비하여 고가	• 중량이 크며, 취급 불편	• 연결부 과대 변형우려 • 제작비용이 고가

나. 세그먼트 형상

철근콘크리트 세그먼트의 형상에는 상자형과 평판형이 있으나, 상자형은 평판형에 비해 많은 단점이 있기 때문에 근래에는 평판형이 많이 사용되고 있다.

[표 2.3.2] 세그먼트의 형상에 따른 종류

	평판형	상자형
형상		주입공
시공성	• 판상의 사각형 모양이며 전체가 외력에 저항	• 외면이 외력에 저항, 추력을 받는 종리브 사용
장점	• 추력에 대한 강성이 크고 고강도설계 가능 • 2차복공이 불필요하며 환기효율 우수 • 직경 10m 미만에서 주로 사용 • 철근콘크리트 세그먼트에서 주로 사용	• 대형의 쉴드에 적용되며 운반 및 취급 용이 • 직경 10m 이상의 대형쉴드에 주로 사용 • 강재세그먼트 및 덕타일세그먼트에서 주로 사용
단점	• 연결부 상세가 복잡	• 부모멘트에 취약하며 환기효율 불량

다. 서울지하철 9호선 3단계 919~921 공구별 적용현황

[표 2.3.3] 919~921 공구별 세그먼트라이닝 종류 및 형상

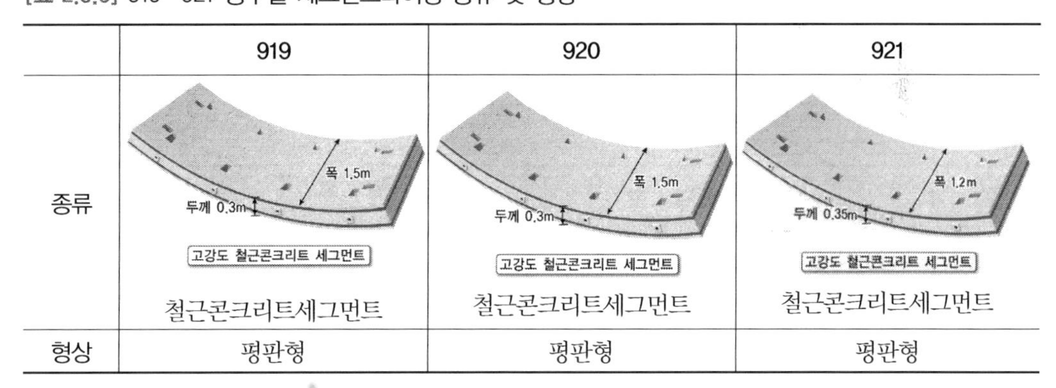

	919	920	921
종류	철근콘크리트세그먼트	철근콘크리트세그먼트	철근콘크리트세그먼트
형상	평판형	평판형	평판형

2.3.3 세그먼트라이닝 설계

세그먼트라이닝의 내경은 터널의 소요공간을 만족시키는 내공 및 TBM의 사행여유량을 감안하여 결정되고 외경은 구조적 안정성에 필요한 세그먼트라이닝 두께를 더하여 결정된다. 세그먼트라이닝 두께 결정 후 세그먼트라이닝의 폭과 분할방식, 이음방식 등 세부적인 검토가 이루어진다.

가. 세그먼트라이닝 두께

세그먼트라이닝의 두께는 굴착으로 인한 지반하중과 지반조건, 노선현황, 시공상황 등을 고려하여 구조적으로 안전한 두께를 확보하여야 한다. 아래 그래프는 세그먼트 외경과 세그먼트 두께에 대한 비를 나타낸 도표이다(일본 시공사례, 일본표준시방서-쉴드터널 편). 기존 시공사례를 참고하여 개략적인 두께 산정 후 구조적 안정성을 확보하는 두께를 선정한다.

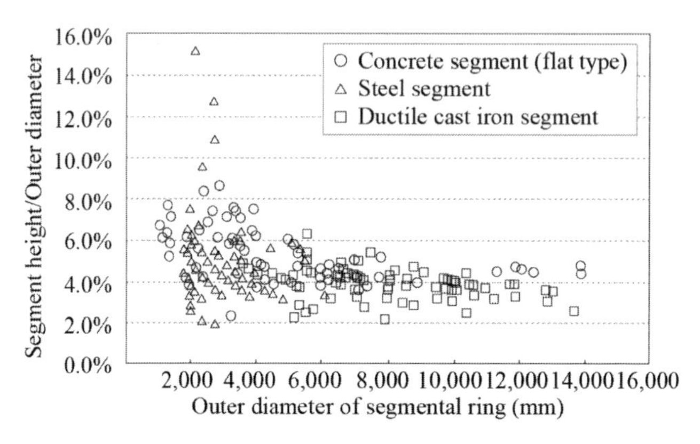

[그림 2.3.1] 세그먼트라이닝 외경과 두께의 관계

나. 세그먼트라이닝 폭

세그먼트라이닝의 폭은 터널의 굴진속도에 큰 영향을 미치기 때문에 가급적 길게 계획하는 것이 유리하나 세그먼트의 운반 및 조립에 편리하도록 결정하여야 한다. 터널의 곡선구간은 세그먼트의 폭을 작게 하는 것이 시공성 측면에서 유리하다. 따라서 세그먼트의 폭은 터널연장, TBM 내 작업공간, 이렉터 용량 등을 종합적으로 검토하여 결정하여야 한다.

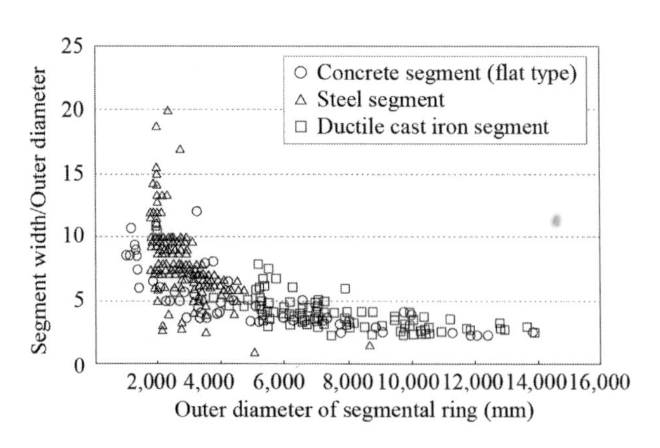

[그림 2.3.2] 세그먼트라이닝 외경과 폭의 관계

다. 세그먼트 분할방식

세그먼트 링의 분할은 터널 직경에 따라 적절한 수의 분할이 이루어져야 시공성에 유리하고 이음부의 총길이가 단축되어 방수측면에서도 유리하다. 그러나 세그먼트의 크기는 TBM 내부의 작업공간과 이렉터의 용량 등에 의해 제한될 수밖에 없다. 세그먼트링의 분할 수는 터널 크기에 비례한다. 표 2.3.4는 해외에서 권장하는 세그먼트의 분할수를 정리한 것으로 이를 참고하여 시공성을 고려한 적정 분할 수를 계획한다. 분할 방식은 균등분할 및 불균등분할로 나뉘는데, 균등분할의 경우 K 세그먼트를 사용하지 않는 방식으로 최근에는 시공성 용이성 및 경제성 향상을 위하여 균등분할 방식이 많이 사용되는 추세이다.

[표 2.3.4] 해외 세그먼트 분할 관련 기준

구분	일본 터널표준시방서(쉴드편)	유럽 등
적용 현황	• 철도 : 6~13분할의 범위 중 일반적으로 6~8분할 적용 • 상하수도, 전력·통신구 : 5~8분할 • 세그먼트 한 조각의 중량을 고려하여 결정 (현재는 중요사항이 아님) • 원주방향으로 3~4m로 분할이 일반적	• 5분할 이상

[표 2.3.5] 세그먼트라이닝 분할방식별 특성

구 분	균등분할	불균등 분할(Key-세그먼트 활용)
개요도		
특징	• 모든 세그먼트에 진공 이렉터용 진공판 흡착부의 형성이 가능하도록 균등 분할로 계획 • K형 세그먼트의 중량이 크므로 취급이 불리 • 세그먼트 제작 몰드 최소화 → 경제성 향상	• Key 세그먼트에 진공 이렉터용 진공판 흡착부의 형성이 어려움 • Key 세그먼트의 취급 및 조립 용이

라. K형 세그먼트

K형 세그먼트의 삽입방식에는 축방향 또는 반경방향 삽입방식이 있다. 축방향 삽입방식의 경우 K형 세그먼트는 그림 2.3.3(a)와 같이 사다리꼴 형상이고 횡이음부는 반경방향 형상을 하고 있다. 쉴드기 전방에서 종방향으로 삽입되어 조립방법은 다소 복잡하지만, 설치 후에는 세그먼트 외측에 작용하는 하중에 강한 저항성을 갖는 특징이 있다. 반면, 반경방향 삽입방식의 경우에 K형 세그먼트는 그림 2.3.3(b)와 같이 직사각형 형상이고 횡이음부가 내측으로 열린 형상을 하고 있다. 다른 세그먼트와 동일한 방식으로 설치하므로 시공성은 양호하나 세그먼트 축력에 의해 내측으로 밀리는 경향이 있으므로 주의가 필요하다. 최근에는 시공기술의 발달로 외부하중 및 방수에 취약한 K형 세그먼트를 제외하고 A type과 B type 등으로만 세그먼트를 설계·시공하는 사례도 있다.

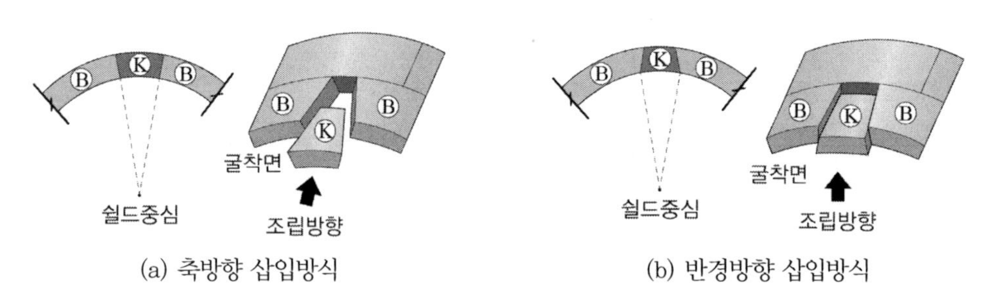

(a) 축방향 삽입방식　　(b) 반경방향 삽입방식

[그림 2.3.3] K형 세그먼트 삽입방식

마. 테이퍼세그먼트

테이퍼세그먼트는 곡선부 구간에 적용하며 직선구간의 경우에도 사행수정을 위해 적용하는 경우도 있다. 테이퍼세그먼트는 편테이퍼형과 양테이퍼형이 있으며 곡선반경을 고려해 설계 시 선정한다.

바. 세그먼트 배열

세그먼트의 배열은 이음부가 일직선 상에 위치하지 않도록 지그재그로 배치하는 것을 원칙으로 한다. K형 세그먼트를 배열하는 경우에도 K형 세그먼트를 좌우로 지그재그로 배치하여 유압실린더의 터널굴진방향 추력이 K형 세그먼트에 집중되지 않도록 하여 세그먼트 손상을 방지한다.

[표 2.3.6] 곡선부 시공을 위한 일반적인 테이퍼 개요 및 테이퍼량 계산법

구분	편 테이퍼형	양 테이퍼형
개요도	B, BT2, nB/m, Do, R, Δ	B, BT₁, nB/2m, BT/m, BT/m, Do, R, Δ, Δ
계산 방법	$(\frac{B_{T2}}{2}+\frac{n}{2m}\cdot B):(R+\frac{D_O}{2})=\Delta:D_O$ $\therefore \Delta=\frac{D_O(B_{T2}+\frac{n}{m}\cdot B)}{2R+D_O}$	$(\frac{B_{T1}}{2}+\frac{n}{2m}\cdot B):(R+\frac{D_O}{2})=\Delta:D_O$ $\therefore \Delta=\frac{D_O(B_{T1}+\frac{n}{m}\cdot B)}{2R+D_O}$
	B : 보통링의 표준폭 B_T : 테이퍼링의 폭(B_{T1}; 양테이퍼형, B_{T2}; 편테이퍼형 표준폭) m : 테이퍼링의 링수 R : 곡선반경	n : 보통링의 링수 Δ : 테이퍼링의 한쪽편의 테이퍼량 D_O : 세그먼트의 외경

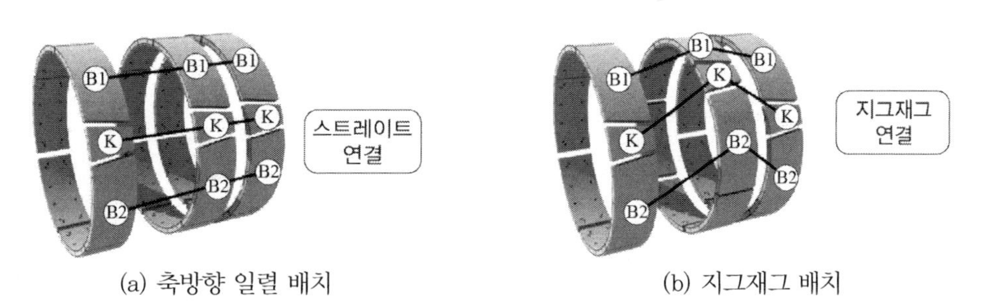

(a) 축방향 일렬 배치 (b) 지그재그 배치

[그림 2.3.4] 세그먼트 배열 개요도

사. 세그먼트 이음방식

현장타설 콘크리트라이닝과 달리 공장에서 제작한 세그먼트를 조립해서 설치하는 세그먼트 라이닝은 종방향 링이음과 반경방향이음인 세그먼트 간 이음이 발생하며 이음부에는 볼트 형식

으로 체결하고 있다. 최근 세그먼트라이닝에는 횡이음과 종이음을 동일하게 적용하는 경우가 많지만 동일하게 하지 않는 경우도 있다. 이음방식의 선정은 설계 시 다양한 볼트의 장단점과 철근 배치, 경제성 등을 고려하여 결정한다. 국내 지하철의 경우에는 경사볼트나 곡볼트 방식이 많이 적용되고 있으며, 전력구나 배수터널과 같은 중소규모 단면에서는 핀연결 방식도 적용되고 있다.

[표 2.3.7] 세그먼트 이음방식의 종류 및 특징

구분	경사볼트 방식	곡볼트 방식	볼트박스 방식	핀연결 방식
형상				
개요	• 세그먼트 제작 시 세그먼트 및 링 연결부에 미리 너트를 삽입하여 조립 시 경사볼트로 체결	• 세그먼트 및 링 연결부에 볼트 정착부분을 만들어 곡볼트를 체결하는 방식	• 세그먼트 및 링 이음부에 볼트박스로 볼트 체결 공간을 확보, 직볼트로 체결하는 방식	• 세그먼트 조립 시 링은 연결핀, 세그먼트 이음은 조립봉이나 볼트 방식으로 체결하는 방식
특징 분석	• 체결력 부족 • 볼트단부 응력집중 • 시공성 양호 • 양호한 지반 적용 • 누수 가능성 과다 • 경제성 양호	• 체결력 우수 • 구조적 안전성 양호 • 정밀시공 필요 • 지반조건 제약 없음 • 방수성능 우수 • 경제성 양호	• 체결력 양호 • 구조적 취약부 발생 • 조립 및 해체 용이 • 양호한 지반 적용 • 누수방지 몰탈 필요 • 경제성 우수	• 체결력 부족 • 파손 가능성 높음 • 정밀시공 필요 • 양호한 지반 적용 • 누수 가능성 과다 • 경제성 불리
적용 실적	• 구공–독산 전력구 • 한남–원효 전력구 • 분당선 3공구	• 부산지하철 230공구 • 서울지하철 909공구 • 서울지하철 703공구 • 서울지하철 704공구	• 엄궁, 구포 및 마산 전력구 • 사상 통신구 등 다수	• 신당–한남 전력구 • 영서–영등포 전력구

[표 2.3.8] 곡볼트 배치방식

구분	편측 배치	중앙 배치
개요도	300.0 190.0 110.0 수팽창지수재 외측 2열배치 곡볼트 내측설치 수팽창지수재 내측 1열배치	300.0 150.0 150.0 수팽창지수재 상하 2열배치 곡볼트 중앙연결 수팽창지수재 상하 2열배치
장단점	• 3열 배치로 세그먼트 방수성능 개선 • 모멘트 방향에 따라 단면력 저하 • 지수재 2열 외측 및 1열 내측 배치로 볼트 조립 보통 • 잭추력 시 단면 비대칭 → 포켓부 취약(편심작용)	• 세그먼트 방수성능 보통 • 곡볼트 중간 배치로 정·부 모멘트에 대해 안정 • 볼트 조립 용이로 시공성 양호 • 잭추력 시 단면 대칭 → 포켓부 양호

아. 세그먼트 배합설계

본 장에서는 세그먼트 배합설계의 현장 실무에 직접적인 도움을 주고자, 실제 국내 시공현장에서 적용된 서울지하철 9호선 사례를 정리하여 서술하였다.

1) 사용 시멘트 선정 및 사유

지하철 구조물은 사회적인 중요도에 있어서 대단위 기반시설물이고 경제적인 중요도에서는 열화손상 등의 경우 유지보수에 따른 경제적 손실이 크고 보수보강이 어려우므로, 내구 연한 100년을 확보하도록 설계하여야 한다. 세그먼트 설계는 목표 내구 연한을 100년으로 설정하고, 구조물의 내구성 검토를 수행하여 내구성능이 안전하게 평가될 수 있는 재료를 선정한다.

[표 2.3.9] 세그먼트 배합설계 개요

구분	적용 내용
1. 시멘트의 종류	조강포틀랜트 시멘트 3종
2. 골재의 흡수율	잔골재 : 1.44%, 굵은골재 : 0.85%
3. 골재의 입도	입도분포 만족, 조립률 만족
4. 혼화재의 종류	혼화재를 적절하게 사용, 공기연행제 미사용
5. 유동성 및 재료분리 저항성	1회 타설높이 0.3m, 최소치수 : 0.5m, 슬럼프 : 4cm
6. 물-시멘트비	물-시멘트비(w/c) : 34.2%
7. 단위수량	단위수량 : 142kg
8. 염화물 함유량	염화물 함유량 : 0.009kg/m^3
9. 콘크리트 재료의 생산체계	자동계량장치, 믹서기 양호, 저장시설 양호, 잔골재 표면수량 ±0.5%, 반죽질기 관리
소 계	재료 분야의 내구지수 소계

※ 구조계산서(세그먼트라이닝 내구성 검토)의 "재료 분야의 내구지수"에서 시멘트의 종류 적용 내용에 조강포틀랜드 시멘트 3종을 적용하도록 되어 있음.

※ 국내 대구경 세그먼트 생산업체에서는 혼합시멘트를 사용한 실적이 없으며, 1종 및 3종 시멘트를 사용하여 세그먼트를 생산한다. 서울지하철 7호선 연장, 인천시 공항철도 및 9호선 2단계 구간에 납품되었던 배합비는 다음과 같다.

[표 2.3.10] 세그먼트 배합 사례

W/B (%)	S/a (%)	슬럼프 (mm)	공기량 (%)	염화물 (kg/m^3)	단위재료량 (kg/m^3)					납품처
					물	시멘트	부순 잔골재	굵은 골재	혼화제	
34.0	38.6	40 ±15	2.0 ±1.0	0.1 이하	159	468 (1종)	671	1083	4.68	서울 지하철 7호선 703 공구
34.2	36.0	40 ±15	2.0 ±1.0	0.1 이하	154	450 (1종)	642	1171	4.50	
33.9	43.0	40 ±15	2.0 ±1.0	0.1 이하	142	419 (3종)	781	1127	5.03	
32.7	39.2	40 ±15	2.0 ±1.0	0.1 이하	147	444 (3종)	710	1080	6.66	704 공구
34.2	38.4	40 ±15	2.0 ±1.0	0.1 이하	142	415 (3종)	692	1129	4.15	909 공구
35.0	39.0	40 ±15	2.0 ±1.0	0.1 이하	145	414 (3종)	699	1121	4.14	인천 신공항철도

※ 플라이애쉬를 사용한 혼합시멘트 배합은 콘크리트 온도 저하와 응결이 지연되는 등 세그먼트 배면마감 공정작업 지연이 발생되며 세그먼트 형상이 급격한 경사로 이루어져 있어 유동성(워커빌리티) 증대 및 응결지연으로 처짐(배불림)과 균열 발생이 예상되기 때문에 적용 시 주의를 요한다.

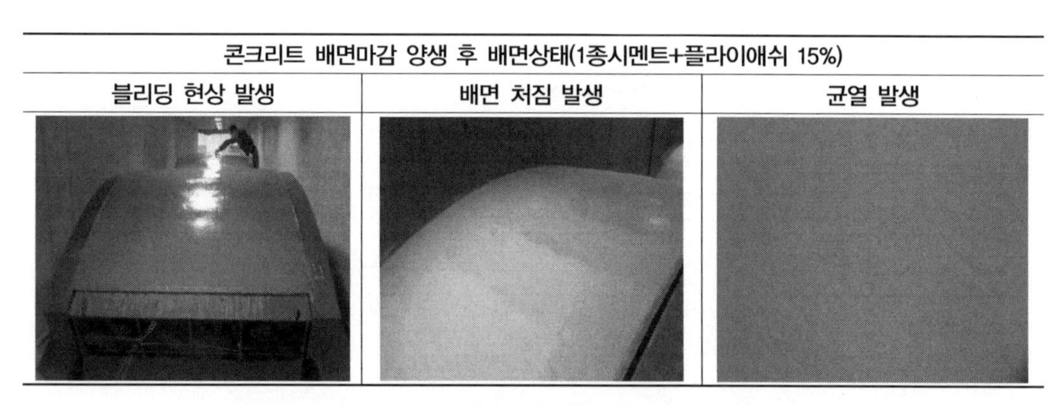

[그림 2.3.5] 세그먼트 제작 모습(1종시멘트+플라이애쉬 15%)

2) 조강포틀랜드 시멘트 3종 배합설계

규격 20-45-50의 포틀랜트시멘트 3종을 사용하여 콘크리트 표준시방서(2009년 개정)의 규정에 따라 배합설계를 시행하였으며, 설계기준강도는 재령 28일에서 압축강도 45MPa, 슬럼프는 50mm, 공기량 3.5%를 목표로 하였다. 배합설계의 재료조건 및 물성 시험결과는 다음과 같다.

[표 2.3.11] 배합설계 재료 조건 및 물성시험 결과

구분	배합설계	압축강도			비고
		1일	7일	28일	
20-45-50	2012. 1. 19.	2012. 1. 20. (38.1MPa)	2012. 1. 26. (47.9MPa)	2012. 2. 16. (60.1MPa)	

재 료 명	종류	밀도(g/cm^3)	조립률
시멘트	포틀랜드시멘트 3종	3.12	-
잔골재	부순모래	2.59	2.82
굵은골재	부순굵은골재	2.62	6.56
혼화제	고성능 AE감수제	-	-
사용수	지하수	-	-

W/B (%)	S/a (%)	슬럼프 (mm)	공기량 (%)	염화물 (kg/m^3)	단위재료량(kg/m^3)				
					물	시멘트	부순 잔골재	굵은 골재	혼화제
34.0	39.3	50 ±15	3.5 ±1.5	0.1 이하	138	406	725	1132	4.06

설계 대비 배합비 변경으로 조강포틀랜트 시멘트 3종 시방배합에 따라 현장배합 및 응결시험을 진행한 결과 블리딩 발생 및 배면의 처짐이 발생하지 않았고, 표면 균열도 찾을 수 없었다.

[표 2.3.12] 세그먼트 응결시험 결과

배합구분	응결시험(분)	배면 배불림	표면마감	배면균열	마감시간
	초결	종결			
3종	251	390	없음	보통	없음

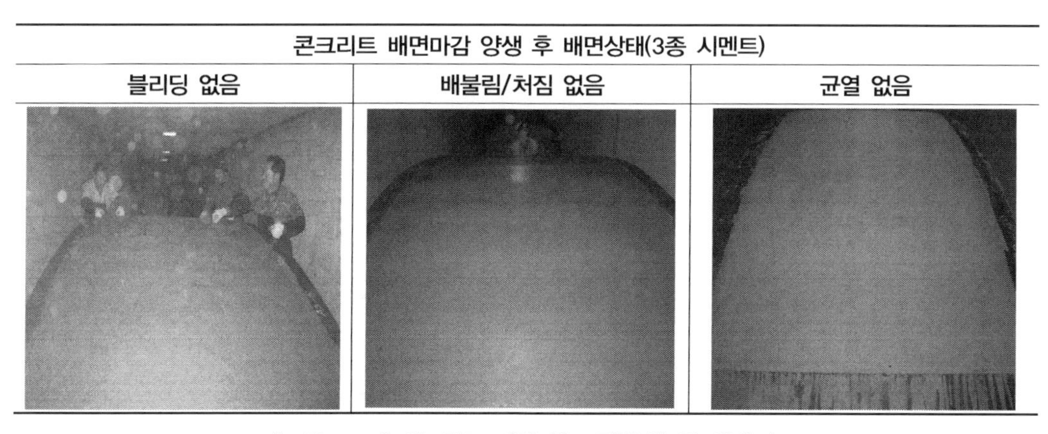

[그림 2.3.6] 세그먼트 제작 시 표면상태(3종 시멘트)

3) 원재료 품질시험성과 대비

표 2.3.13에 세그먼트 제작에 사용된 원재료인 시멘트, 굵은골재, 잔골재, 혼화재, 상수도 이외의 물에 대한 품질 시험 결과를 정리하였다.

[표 2.3.13] 세그먼트 원재료 품질시험 결과

a) 시멘트(포틀랜트 시멘트 3종)

시험항목		단위	시방기준	시험성과	비고
응결시간	초결	분	45 이상	250	모든 시방 기준 만족
	종결	시간	10 이하	5:40	
압축 강도	1일 강도	MPa	10.0 이상	21.3	
	3일 강도	MPa	20.0 이상	40.1	
	7일 강도	MPa	32.5 이상	46.9	
	28일 강도	MPa	47.5 이상	57.7	
분말도		cm^2/g	3,300 이상	4,620	
안정도(오클레이브)		%	0.8 이하	0.15	
강열감량		%	3.0 이하	0.71	
MgO		%	5.0 이하	3.16	
SO_3		%	3.5 이하	3.71	
밀도		g/cm^3	–	3.12	

b) 굵은골재(20mm)

시험항목		단위	시방기준	시험성과	비고
입도 (체를 통과하는 것의 질량백분율)	25mm	%	100	100	모든 시방 기준 만족
	20mm		90~100	100	
	10mm		20~55	41	
	5mm		0~10	2	
	2.5mm		0~5	1	
조립률		–	6.0~8.0	6.56	
표건밀도		g/cm^3	2.5 이상	2.62	
흡수율		%	3.0 이하	0.75	
단위용적질량(다짐봉시험)		kg/L	1.5 이상	1.537	
마모율		%	40 이하	23.6	
안정성(Na_2SO_4)		%	12 이하	3.6	
입자 모양판정 실적률		%	55 이상	57.2	
실적률		%	55 이상	59.0	
연석량		%	5 이하	0.8	
점토덩어리		%	0.25 이하	0.01	
알칼리잠재반응		–	무해할 것	무해함	
0.08mm체 통과율		%	1.0 이하	0.2	

c) 잔골재(부순잔골재)

시험항목		단위	시방기준	시험성과	비고
입도 (체를 통과하는 것의 질량백분율)	10mm	%	100	100	모든 시방 기준 만족
	5mm		90~100	99	
	2.5mm		80~100	87	
	1.2mm		50~90	63	
	0.6mm		25~65	40	
	0.3mm		10~35	21	
	0.15mm		2~15	7	
조립률		−	2.3~3.1	2.82	
모래 유기불순물		−	표준색보다 연함	연함	
표건밀도		g/cm^3	2.5 이상	2.59	
흡수율		%	3.0 이하	0.90	
단위중량		kg/L	1.45 이상	1.689	
안정성(Na_2SO_4)		%	10 이하	3.9	
입자 모양판정 실적률		%	53 이상	54.0	
알칼리잠재반응		−	무해할 것	무해함	
0.08mm체 통과량		%	7.0 이하	2.3	

d) 혼화재(고성능 AE감수제)

시험항목		단위	시방기준	시험성과	비고
감수율		%	18 이상	23	모든 시방 기준 만족
블리딩량의 비		%	60 이하	48	
응결시간의 차	초결	분	−30~+120	+53	
	종결	분	−30~+120	+45	
압축강도 비	3일	%	135 이상	152	
	7일	%	125 이상	144	
	28일	%	115 이상	135	
길이변화비		%	110 이하	104	
동결 융해에 대한 저항성		%	80 이상	95	
경시변화량	슬럼프	mm	60 이하	35	
	공기량	%	±1.5 이내	0.4	

e) 상수도 이외의 물(지하수)

시험항목		단위	시방기준	시험성과	비고
현탁물질의 양		g/L	2 이하	0.07	모든 시방 기준 만족
용해성증발잔유물		g/L	1 이하	0.4	
염소이온량		mg/L	150 이하	26	
응결시간차	초결	분	30 이내	10	
	종결	분	60 이내	10	
압축강도비	7일	%	90 이상	98	
	28일	%	90 이상	100	

4) 세그먼트 배합 및 양생방법 선정

쉴드 TBM의 세그먼트 배합 및 증기양생 시간, 양생 후 대기 노출에 따른 콘크리트 강도와 온도균열에 대한 검토가 필요하며, 이에 대한 품질 시험 결과는 다음과 같다.

세그먼트 배합 및 양생방법 적정성 검토	배합 및 증기양생시간 적정성 검토
	증기양생 후 대기노출에 따른 콘크리트 온도균열 검토

① 배합 및 증기양생시간 적정성 검토

쉴드 TBM 굴진에 사용되는 세그먼트는 콘크리트 세그먼트로 공장에서 생산, 납품하며 콘크리트 세그먼트의 설계기준 강도는 45MPa이다. 콘크리트 양생은 40℃로 8시간 증기양생, 3일간 상온 내 양생 후 일반 대기 중 양생이다. 세그먼트 배합 및 양생방법의 적정성 평가는 "공장 증기양생 8시간 적정성", "레미콘배합을 이용한 공장생산 결과 콘크리트 압축강도 적정성", "증기양생 후 콘크리트 세그먼트 대기 노출 시 균열 저항성"으로 하였다.

[표 2.3.14] 세그먼트 배합 및 양생방법 적정성 평가 항목

구분	압축강도 측정	온도이력 측정
시험 목적	TBM 세그먼트 증기양생시간 적정성 평가	40°C 조건하 증기양생 시간 6, 8, 10, 12시간에 따른 압축강도값 비교
시험 필요성	증기양생시간에 따른 강도값 비교를 통한 품질관리 자료 구축	증기양생 후 대기양생 시 온도차 확인을 통한 온도균열 방지 및 품질관리 방안 자료 구축
시험 방법	40°C 조건하 증기양생 시간 6, 8, 10, 12시간에 따른 압축강도값 비교	증기양생 중, 후 세그먼트 내부온도와 대기온도 데이터 구축, 온도차 25°C 이하 시까지 소요시간 측정

② 배합 및 증기양생시간 적정성 검토 결과

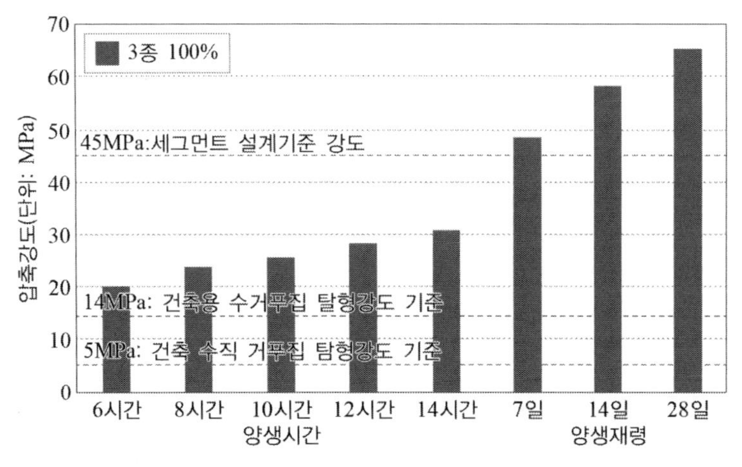

[그림 2.3.7] 양생 시간별 압축강도

증기양생 시간의 적정성 평가는 선정된 배합 설계에 따라 제작한 콘크리트를 40℃ 증기양생 조건에서 6, 8, 10, 12, 14시간 양생한 후 각각의 일축 압축강도를 평가, 비교하였다. 증기양생 시간이 증가할수록 압축강도가 선형 증가하였으며, 증기양생 6시간 후 콘크리트의 압축강도가 20.3MPa, 8시간 후 24.0MPa로 공사시방서에서 명시한 거푸집 탈형강도 기준인 15MPa을 상회하였다. 양생 7, 14, 28일 강도는 40℃ 증기양생 8시간 후 압축강도를 측정한 것으로 7일에 설계기준강도인 45MPa을 초과하였다.

세그먼트 증기양생 후(40℃) 대기노출 시(17℃) 온도 차이에 기인한 열충격으로 콘크리트 균열발생 가능성은 온도 균열지수를 이용하여 평가하였다. 균열 발생확률을 나타내는 온도균열지수는 대상구조의 온도이력에 대한 저항성을 나타내는 수치로서 최대수화열 발생 시 콘크리트의 인장강도를 온도응력으로 나눈 값을 사용한다.

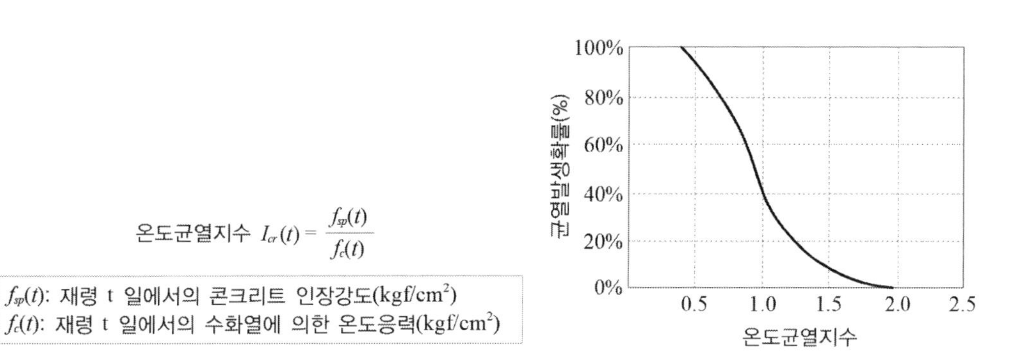

[그림 2.3.8] 온도균열지수와 균열발생 확률

온도균열지수는 구조물의 중요도, 기능, 환경조건 등에 대응할 수 있도록 산정하여야 하며, KCI의 콘크리트 표준시방서에서는 철근이 배치된 일반적인 구조물에서의 온도균열지수 값은 아래의 표와 같다. 일반적으로 온도균열지수가 높을수록 균열발생 확률은 적다.

[표 2.3.15] 허용균열별 온도균열지수

구분	온도균열지수
균열을 방지할 경우	1.5 이상
균열발생을 제한할 경우	1.2 이상 1.5 미만
유해한 균열을 제한할 경우	0.7 이상 1.2 미만

온도균열지수 평가는 MIDAS 수화열 해석프로그램을 사용하여, 대상 부재 실물 크기로 모델링을 하고, 40℃의 대기조건(8시간)과 그 후 17℃(100시간)의 대기조건으로 해석을 실시하였으며, 그 결과는 다음과 같다.

[표 2.3.16] 온도균열지수 해석 조건

부재사이즈 (L×W×D, mm)	중심부 최고온도(℃)	내,외부 온도차(℃)	최저 온도균열지수
3300×1500×300	51.2	6.6	2.45

해석결과 중심부 최고의 온도가 51℃까지 상승하였고, 균열발생확률을 나타내는 온도균열지수는 아래 표와 같이 평가되었다. 최저 온도균열지수는 표면부에서 타설 후 20시간(탈형 후 대기온도와 같아지는 시점)에서 나타났으며, 이때의 값은 2.45로 평가되어 온도에 의한 균열발생 확률은 극히 적은 것으로 평가되었다.

실제 시험체 대상 콘크리트 내부 온도 측정 결과 증기양생온도 40℃ 도달 후 6시간 후 공시체 온도가 46℃를 나타냈으며, 17℃ 외기온도 노출 10시간 후 외기온도와 같아졌다. 해석결과와 비교하여 온도가 5℃ 낮은 이유는 시험체 크기에 기인한 것으로 판단된다. 따라서 세그먼트의 증기양생 후 외기온도 노출 시 표면 수축에 의한 균열발생 여부는 해석평가결과 온도균열지수가 2를 초과하여 인장응력에 의한 균열 발생은 낮을 것으로 판단된다.

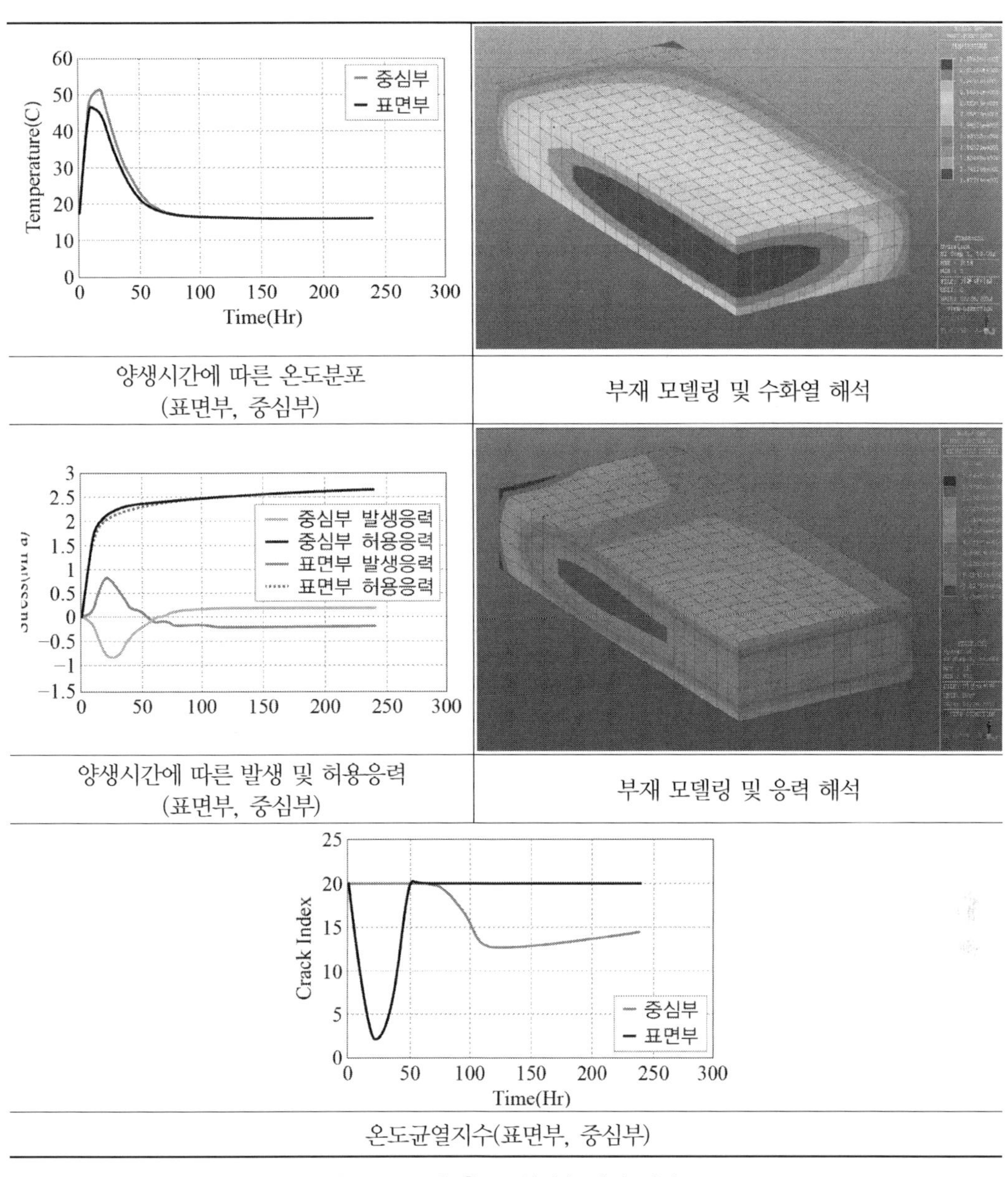

[그림 2.3.9] 온도균열지수 해석 결과

자. 서울지하철 9호선 3단계 919~921 공구별 세그먼트 적용사례

표 2.3.17은 실제 서울지하철 9호선 3단계 설계 및 시공에 적용된 세그먼트 현황을 정리한 것이다.

[표 2.3.17] 서울지하철 9호선 3단계 919~921 및 철도터널 세그먼트 적용 현황(계속)

구분	919공구	920공구	921공구
세그먼트 외경	곡선반경 (R=1,000m) ℄구심 ℄궤심 3,255 1,500 3,600 S.L 2,881 2,000 7,410 A=45.1m²	℄구심 ℄궤심 R=3,320 210 422 980 S.L 300 3,320 150 7,540 2,379 R.L F.L 550 740 D=215 409 300 3,685 3,255 300 7,540	℄궤심 ℄구심 ℄궤심 464 3,600 W 350 135 WS R=3,440 S.L 350 3,440 7,580 2,340 486 800 R.L F.L D=164 550 550 350
	7,410mm	7,540mm	7,580mm
두께	300mm	300mm	350mm
폭	1.5m	1.5m	1.2m(R=300 시공성 고려)
시공여유	150mm	150mm	100mm
분할방식	K B1 B2 A1 A4 A2 A3 7,410 범례 Ⓐ Type : 4EA Ⓑ Type : 2EA Ⓚ Type : 1EA	K B1 B2 A1 A4 A2 A3 7,540	57.6° 14.4° 57.6° 57.6° 57.6° 57.6° 57.6°
	4(A)+2(B)+K	4(A)+2(B)+K	4(A)+2(B)+K
테이퍼 세그먼트	S T S T S T S T S T S 곡선반경 (R) 세그먼트 외경 최대폭 Δ 최대폭 범례 S : 표준형 세그먼트 T : 테이퍼형 세그먼트	S T S T S T S T S T S T S 곡선반경(R) 세그먼트외경 최대폭 최소폭 S : 표준형 세그먼트 T : 테이퍼형 세그먼트	S T S T S T S T S T S 곡선반경(R) 세그먼트외경 최대폭 최소폭 S : 표준형 세그먼트 T : 테이퍼형 세그먼트
	편테이퍼형 적용	편테이퍼형 적용	편테이퍼형 적용
이음방식	150.0 300.0 150.0 곡볼트 중앙연결 수팽창지수재 상하 2열배치		350.0 240.0 110.0 수팽창지수재 외측 2열배치 곡볼트 내측설치 수팽창지수재 내측 1열배치
	곡볼트 적용	곡볼트 적용	곡볼트 적용

[표 2.3.17] 서울지하철 9호선 3단계 919~921 및 철도터널 세그먼트 적용 현황

구분	원주~강릉 11-3공구	별내선 2공구	GTX-A 6공구
세그먼트 외경	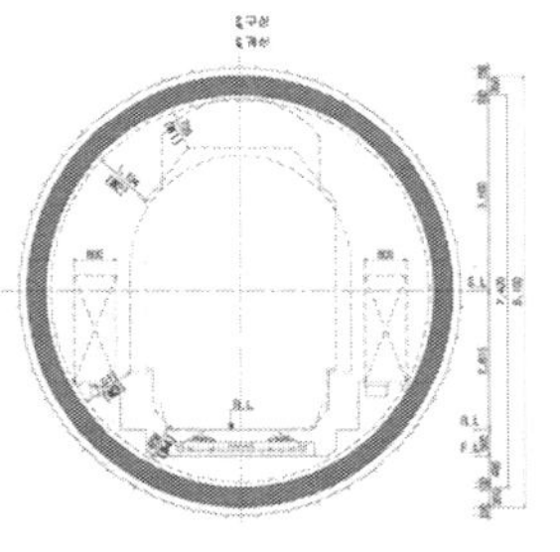	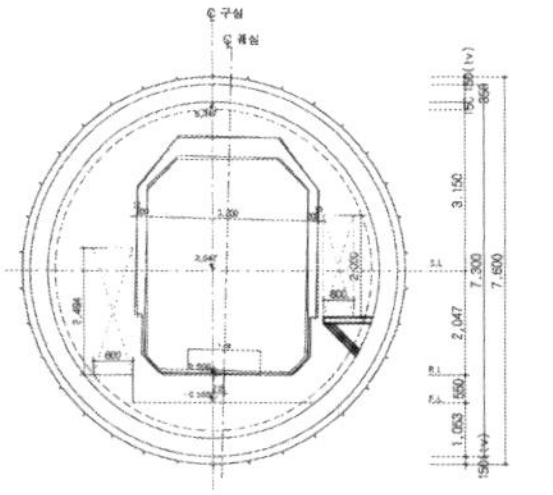	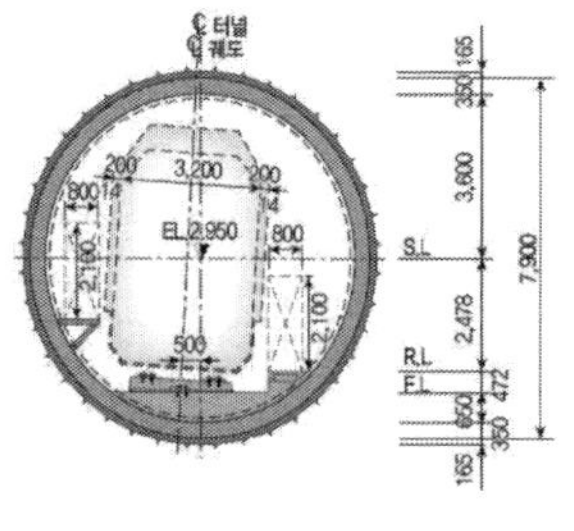
	7,400mm	7,600mm	7,900mm
두께	350mm	350mm	350mm
폭	1.5m	1.5m	1.5m
시공여유	100mm	150mm	100mm
① 분할방식 (진공방식 이렉터 적용) ② 테이퍼 세그먼트 ③ 이음방식	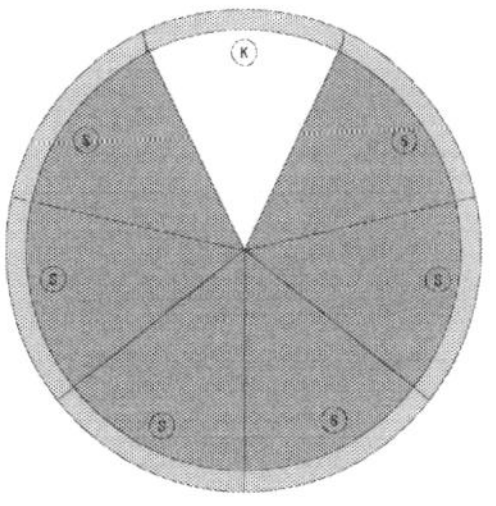	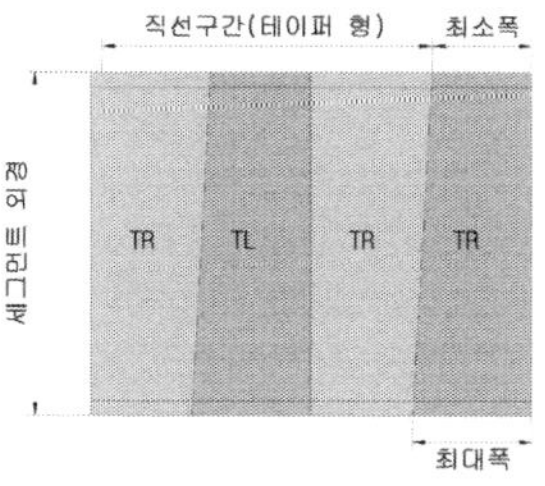	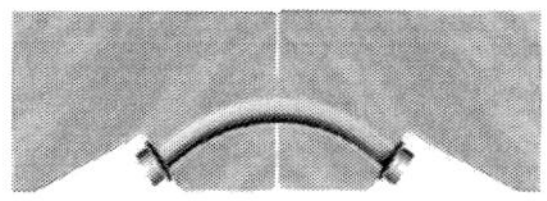
	균등 7분할 / 전테이퍼형 적용 / 곡볼트 이음 적용		

2.3.4 세그먼트라이닝 구조계산

쉴드터널에서 세그먼트라이닝의 구조적 기능은 지반하중과 수압 및 기타하중을 지지하는 일반 지하구조물의 기능 외에 쉴드 TBM 추진을 위한 반력대의 기능을 수행하여야 하며, 공장에서 제작되어 쉴드 TBM 내에서 설치되는 과정 중에 발생하는 다양한 하중조건에 대해 안전해야 한다. 그림 2.3.10은 운영 중 및 공사 중 세그먼트라이닝의 안전성을 확보하기 위해 검토되어야 할 사항이다.

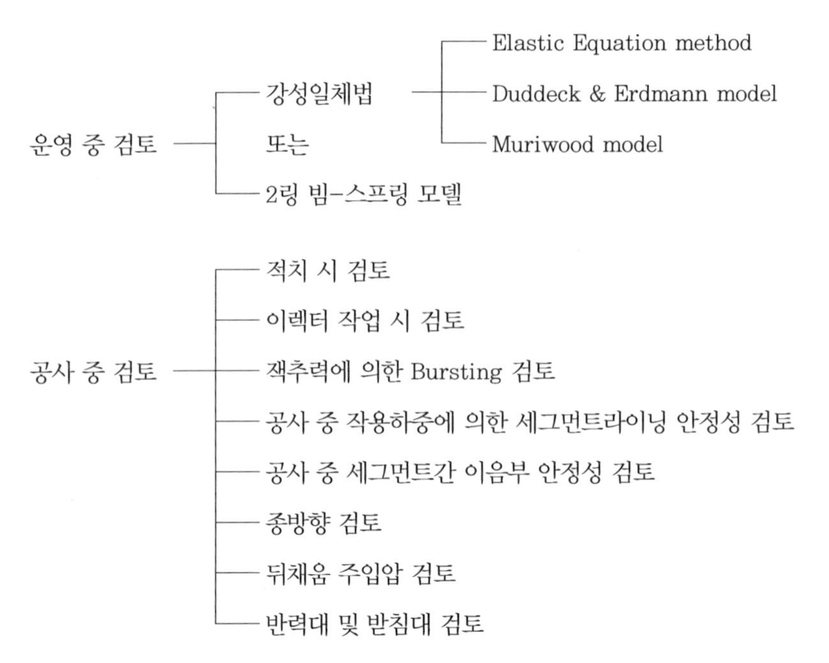

[그림 2.3.10] 운영 중 및 공사 중 안정성 확보를 위한 세그먼트라이닝 검토사항

가. 세그먼트라이닝 운영 중 안정성 검토

세그먼트라이닝은 관용적 해석방법인 강성일체법과 근래 수치해석 모델법인 2링 빔-스프링 모델이 있으나, 근래에서는 수치해석방법의 발달로 국내에서 강성일체법은 거의 사용되지 않는다. 강성일체법은 세그먼트라이닝의 이음부를 고려하지 않고 연속된 부재로 구조계산하는 방법으로 모멘트가 가장 크게 계산된다. 그러나 이음을 고려하지 않는 단점으로 인하여 최근 국내설계에서는 이음을 고려할 수 있는 2링 빔-스프링 모델이 적용되고 있다. 2링 빔-스프링 모델은 반경방향 이음부는 회전스프링으로 고려하고 링간 이음부는 전단스프링으로 고려해, 실제 세그먼트의 배열방식대로 지그재그로 연결된 2개 링의 이음간 구속조건을 고려한다. 주변지반은 지반반력스프링으로 원형의 빔모델에 수직으로 설치된다.

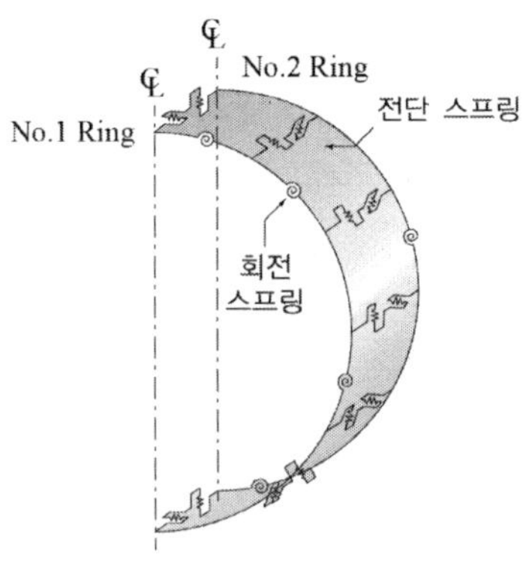

[그림 2.3.11] 2링 빔-스프링 모델

1) 운영 중 작용하중

- 지반하중
- 수압
- 세그먼트 자중
- 지반반력
- 상재하중
- 지진하중
- 장래 계획된 구조물 하중
- 내부시설 등 고정하중
- 병설터널 건설 시 하중

[표 2.3.18] 세그먼트라이닝 안정성 검토 조건

a) 지반하중

구분		지반하중
연직하중	토피가 6~20m 정도로 얕고 지반조건이 불량	전토피 적용(γh)
	토피가 20m 이상이고 지반조건이 불량	Terzaghi의 수정이완하중식 적용
	양호한 암반	암반의 이완하중식 적용
수평하중		연직하중 × 측압계수

b) 수압

구분	수압
검토 위치별 적용 수압	공용기간 중 발생가능 최대수위
	최저수위

- 수압은 발생가능한 최대수위와 최저수위를 고려하여 계산함
- 수압은 터널라이닝의 축력을 증가시키고 변위를 억제함으로써 휨모멘트의 발생을 제한할 수 있기 때문에 최저수위에 대한 검토가 수행되어야 함
- 사질토 지반은 토수분리, 점성토 지반은 토수일체 모델로 검토

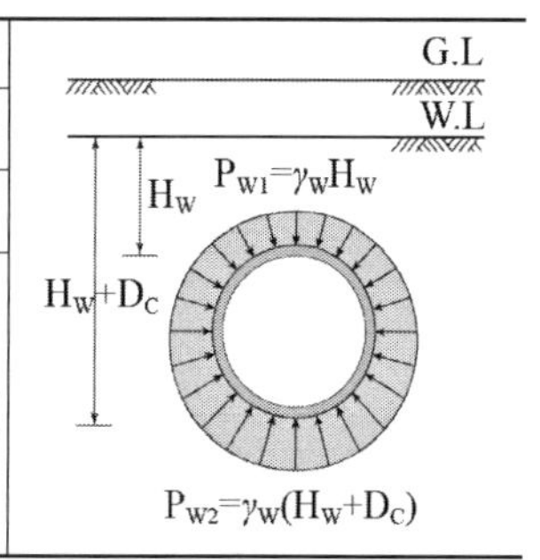

c) 세그먼트 자중

$$\gamma_s = \frac{W}{2\pi \times R_c}$$

- γ_s : 세그먼트라이닝의 자중(kN/m^2), W : 세그먼트라이닝의 중량(kN/m)
  R_c : 세그먼트라이닝의 도심반경

d) 지반반력

• 지반반력은 지반변위와 무관하게 산정하는 방법과 지반변위를 고려하여 산정하는 방법이 있음	
• 지반변위를 고려하지 않고 산정하는 방법	– 연직하중과 수압의 합 (일본 토목구조물설계표준 동해설, 쉴드터널편)
• 지반변위를 고려하여 산정하는 방법	– 라이닝의 변형이 지반변형 양상과 동일하게 발생하는 지반반력 산정(일본 터널표준시방서, 쉴드터널)

• 상재하중

터널 상부 지표면(또는 지중)에 있는 구조물 및 교통 등의 하중은 작용지점으로부터 지중에 분포하는 하중분포를 고려하여 산정한다.

• 지진하중

지진하중은 터널설계기준(2007)에 의거하여 산정한다. 암반이 양호한 경우에는 고려하지 않을 수 있다.

• 장래 계획된 구조물 하중

장래에 터널 상부에 구조물이 계획되어 있는 경우 구조물 하중을 고려하여 계산한다.

• 내부시설 등 고정하중

터널 내부에는 노반, 인버트 등의 고정하중과 차량에 의한 활하중이 있다. 일반적으로 이러한 하중은 세그먼트 구조설계에 미치는 영향은 매우 낮으나, 지반이 매우 연약한 경우는 검토가 필요하다.

• 병설터널 건설 시 하중

병설터널 건설 시 선행터널 굴착 후 후행터널을 굴착하는 경우 선행터널 굴착으로 인한 영향을 고려하여 검토하여야 한다.

2) 이음부 스프링 및 지반스프링 산정

2링 빔-스프링 모델은 반경방향 이음부는 회전스프링, 링간 이음부는 전단스프링을 적용하여 이음부 변형으로 인한 모멘트 감소효과를 고려하고 있다. 라이닝 변형 시 압축을 받는 지반의 반력은 지반스프링으로 고려하고 있다.

• 회전스프링(반경방향 이음)

회전스프링계수 산정식은 국내에서 많이 적용하고 있는 일본 토목구조물설계표준 동해설 식과 유럽에서 적용하고 있는 Leonhardt 식, Janssen 식이 있다.

[표 2.3.19] 회전 스프링계수 산정 조건

일본 토목구조물설계표준 동해설	Leonhardt 식	Janssen 식
$k_m = \frac{M}{\theta} = \frac{x(3h-2x)bE_c}{24}$	$k_\theta = \frac{M}{\theta} = \frac{9a^2bE_0}{8}m(1-2m)^2$	– closed joint : $k_r = \frac{bl_t^{\ 2}E}{12}$ $(M \leq \frac{Nl_t}{6})$ – opened joint : $k_r = \frac{9bl_tEM(\frac{2M}{Nl_t}-1)^2}{8N}$ $(M > \frac{Nl_t}{6})$
x : 압축외연에서 중립축까지 거리 b : 세그먼트 너비 h : 세그먼트 두께 E_c : 세그먼트라이닝 탄성계수	m : 하중편심률(m=e/a=M/(Na) M :이음부 휨모멘트 N : 축력 a : 세그먼트 두께 b : 세그먼트 너비 E_o : 세그먼트라이닝 탄성계수	b : 세그먼트 너비 E : 세그먼트라이닝 탄성계수 l_t : 세그먼트 두께 N : 축력 M : 이음부 휨모멘트

• 전단스프링(링간 이음)

전단스프링계수 산정식은 일본 토목구조물설계표준 동해설식과 실험에 의해 산정한 값을 적용할 수 있다. 그러나 링간 전단실험은 시간이나 장비의 제한으로 수행하기 어려우므로 일본 토목구조물설계표준 동해설식을 국내에서는 많이 사용하고 있다.

[표 2.3.20] 전단 스프링계수 산정 조건

일본 토목구조물설계표준 동해설		실험값
– 반경방향 $k_{sr} = \frac{192EI}{(2b)^3}$ – 접선방향 $k_{st} = \frac{L_jhE}{b(1+\nu)}$	E : 세그먼트라이닝 탄성계수 b : 세그먼트 폭 h : 세그먼트 두께 L_j : 모델링상에서 이음간격 I : 세그먼트의 단면이차모멘트	40,000kN/m (터널기계화시공설계편)

• 지반스프링

지반스프링계수는 세그먼트라이닝 주변 테일 보이드에 그라우트체가 채워지는 상황을 고려하여 배면 그라우트체와 주변지반의 2층 지반조건을 고려한 Muirwood 식을 적용하여 산정한다.

[표 2.3.21] 지반 스프링계수 산정 조건

개념도	2층지반조건을 고려한 Muirwood 식
E_{ob}: Grout for backfilling (H_b) E_{og}: Ground (H_q) H	$\cdot\ k_r = \dfrac{3E_0}{(1+\nu)(5-6\nu)R_c}$ 여기서, E_o : 뒤채움 주입강성을 고려한 환산변형계수 R_c : 세그먼트라이닝 도심선의 반경 ν : 세그먼트라이닝의 포아송비

3) 콘크리트구조기준(2012)상의 하중조합

위의 하중 및 이음조건을 적용하여 구조계산 시 콘크리트구조기준(2012)에서 제시한 하중조합과 하중계수를 고려하여 세그먼트라이닝의 소요강도를 산정하여야 한다.

[표 2.3.22] 세그먼트 구조계산 하중조합

콘크리트구조기준(2012) 3.3.2 소요강도	
$1.2D + 1.6L + 1.6\alpha_H H_v + 1.6H_h$ $1.2D + 1.0L$ $1.2D + 1.2H_v + 1.0L + 1.0H_h$ $1.2D + 1.2H_v + 1.0L + 0.5H_h$ $1.2D + 1.6L + 1.6\alpha_H H_v + 0.8H_h$ $0.9D + 0.9H_v + 1.6H_h$ $0.9D + 0.9H_v + 0.8H_h$ $0.9D + 0.9H_v + 1.0H_h$ $0.9D + 0.9H_v + 0.5H_h$	여기서, D : 고정하중 또는 이에 의해서 생기는 단면력 H_h : 흙, 지하수 또는 기타재료의 횡압력에 의한 수평방향 하중 또는 이에 의해서 생기는 단면력 H_v : 흙, 지하수 또는 기타재료의 자중에 의한 연직방향 하중 또는 이에 의해서 생기는 단면력 L : 활하중 또는 이에 의해서 생기는 단면력 α_H : 토피 두께의 연직방향 하중 H_v에 대한 보정계수 $h \le 2m$: $\alpha_H = 1.0$, h는 토피두께 $h > 2m$: $\alpha_H = 1.05-0.025h \ge 0.875$임

나. 세그먼트라이닝 공사 중 안정성 검토

1) 세그먼트 적치 검토

세그먼트 적치 계획은 세그먼트 운반비와 세그먼트 야적장 면적 등과 관련되므로 적절한 세그먼트 적치계획으로 경제성을 확보할 필요가 있다. 세그먼트라이닝은 공장에서 제작 후 조립 전까지 운반중 또는 야적중에 상부에 쌓여 있는 세그먼트라이닝 자체의 자중을 받게 되므로 최하단 세그먼트의 상부에 쌓여 있는 세그먼트의 자중을 고려하여 최하단 세그먼트의 안정성을 검토한다. 최하단 세그먼트의 소요강도가 설계강도를 만족(U = 1.4D ≤ ϕ × 공칭강도)하도록 세그먼트 적치 계획을 수립하고, 소요강도가 설계강도를 초과하면 세그먼트 적치 계획을 수정하여 세그먼트의 안정성을 확보할 수 있도록 한다.

[표 2.3.23] 세그먼트 적치검토 조건

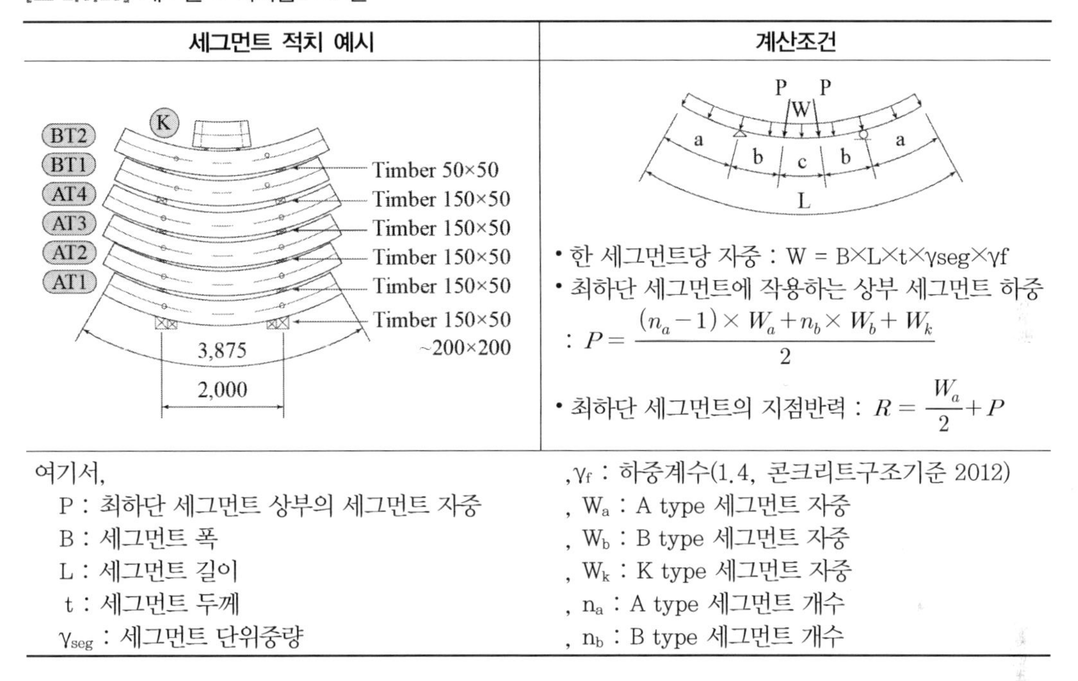

세그먼트 적치 예시	계산조건
	 • 한 세그먼트당 자중 : W = B×L×t×γseg×γf • 최하단 세그먼트에 작용하는 상부 세그먼트 하중 : $P=\dfrac{(n_a-1)\times W_a+n_b\times W_b+W_k}{2}$ • 최하단 세그먼트의 지점반력 : $R=\dfrac{W_a}{2}+P$
여기서, P : 최하단 세그먼트 상부의 세그먼트 자중 B : 세그먼트 폭 L : 세그먼트 길이 t : 세그먼트 두께 γ_{seg} : 세그먼트 단위중량	,γ_f : 하중계수(1.4, 콘크리트구조기준 2012) , W_a : A type 세그먼트 자중 , W_b : B type 세그먼트 자중 , W_k : K type 세그먼트 자중 , n_a : A type 세그먼트 개수 , n_b : B type 세그먼트 개수

2) 이렉터 작업 시 검토

이렉터 작업 검토 시 세그먼트 자중에 의한 전단파괴와 세그먼트 회전 시 원주방향으로 작용하는 전단력에 의한 파괴여부를 검토해야 한다(진공방식 이렉터를 적용하는 경우 검토 불필요).

3) 잭추력에 의한 단부파손(bursting) 검토

시공 시 잭추력에 의해 세그먼트 단부 등에서 국부적인 균열 또는 파손이 발생할 수 있으므로 잭추력에 의한 세그먼트의 안정성을 확보해야 한다.

[표 2.3.24] 이렉터 작업 검토 조건

<table>
<tr><th>세그먼트 이동 시</th><th>세그먼트 회전 시</th></tr>
<tr><td>

$S_e = g \times L$

</td><td>

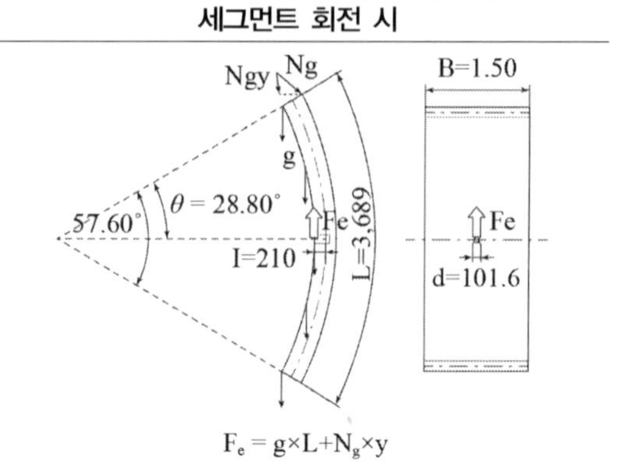

$F_e = g \times L + N_g \times y$

</td></tr>
<tr><td>여기서, S_e : 이동 시 이렉터홀에 작용하는 전단력
g : 세그먼트 단위길이당 자중(kN/m)
L : 세그먼트 길이</td><td>여기서, F_e : 회전 시 이렉터홀에 작용하는 전단력
N_g : 가스켓에 의한 반력
$N_g \times y = N_g \times \cos\theta$</td></tr>
</table>

* 진공방식 이렉터 적용 시 미검토

[표 2.3.25] 세그먼트 단부파손 검토조건

<table>
<tr><th>편심(e)의 결정</th><th>잭추력이 작용하는 단면 결정</th></tr>
<tr><td colspan="2">

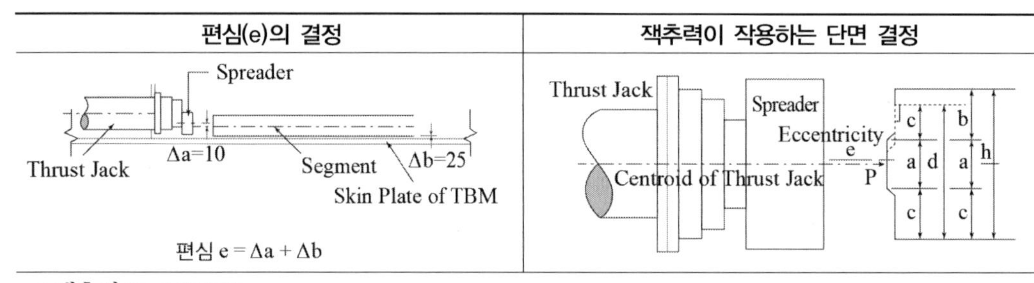

</td></tr>
<tr><td>편심 e = Δa + Δb</td><td></td></tr>
<tr><td colspan="2">

• 잭추력 P < FRDU

$$F_{RDU} = A_{c0} \times f_{ck} \sqrt{\frac{A_{cl}}{A_{c0}}} < 3.3 \times f_{ck} \times A_{c0}$$

여기서, FRDU : 세그먼트의 지지력
f_{ck} : 세그먼트의 압축강도
A_{c0} : 지지면적(a×b)
A_{cl} : 잭추력이 분포되는 면적(d×b)
a : 돌출부의 폭
b : 스프레더의 길이
d : 편심을 고려한 세그먼트의 높이
Δa : 잭추력의 작용점과 세그먼트 중심선의 간격
Δb : 세그먼트 외면과 TBM 스킨플레이트의 간격

</td></tr>
</table>

4) 시공 중 세그먼트 조립 시 작용하중에 의한 안정성 검토

쉴드 TBM 내에서 세그먼트 조립 시 하중은 세그먼트라이닝의 자중만 작용하고 주변지반의 반력없이 세그먼트라이닝 자체 강성만으로 안정성을 확보하여야 한다. 뒤채움 주입조건을 고려하여 세그먼트라이닝 자체 강성만으로 안정성을 확보하여야 하는 세그먼트라이닝 개수 확인

후 구조계산을 수행해 설계강도에 대한 안정성을 확보하여야 한다.

[표 2.3.26] 세그먼트 조립 시 안정성 검토 사례

구조계산 모델	작용하중 예
Front End of Shield Machine / Shear Spring / Ring 1 / Ring 2 / Ring 3 / Most Newly Erected Ring	Ring 1 / Ring 2 / Ring 3 / Dead Weight of Ring (g) / Device for Maintaining Ring Shape / Subgrade Reaction

5) 세그먼트 간 이음부 안정성 검토

세그먼트 간 이음부에서는 시공 중 발생가능한 하중에 의해 세그먼트 이음부에 작용하는 최대축력(N_{max})을 산정한 후 이음부의 안정성을 검토하여야 한다.

[표 2.3.27] 세그먼트 간 이음부 안정성 검토 사례

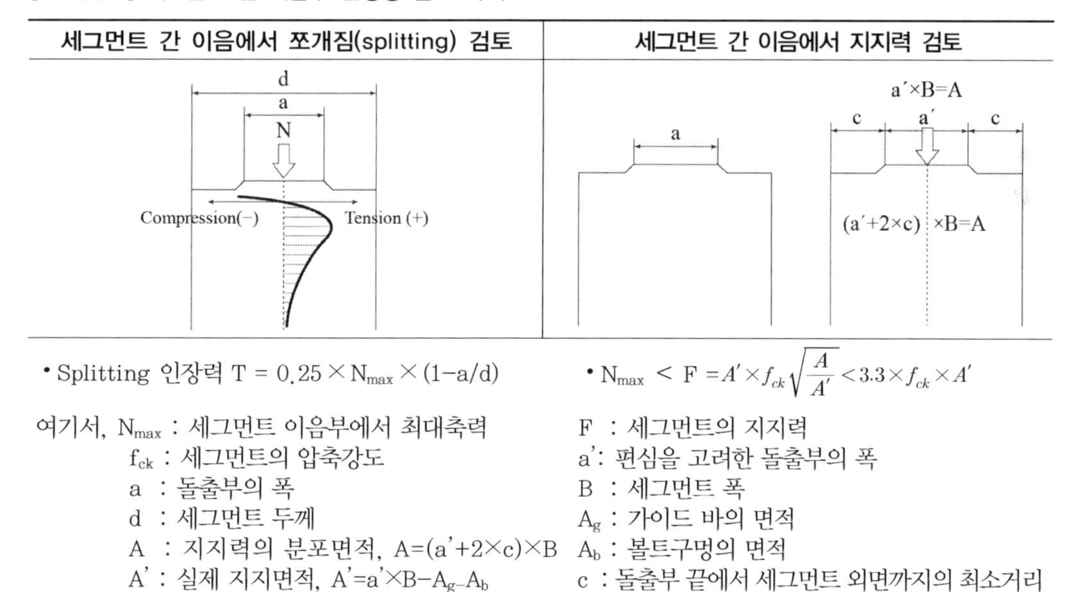

세그먼트 간 이음에서 쪼개짐(splitting) 검토	세그먼트 간 이음에서 지지력 검토
d, a, N, Compression(−), Tension (+)	a, a′×B=A, c, a′, c, (a′+2×c) ×B=A
• Splitting 인장력 T = 0.25 × N_{max} × (1−a/d)	• N_{max} < $F = A' \times f_{ck}\sqrt{\frac{A}{A'}} < 3.3 \times f_{ck} \times A'$
여기서, N_{max} : 세그먼트 이음부에서 최대축력 f_{ck} : 세그먼트의 압축강도 a : 돌출부의 폭 d : 세그먼트 두께 A : 지지력의 분포면적, A=(a'+2×c)×B A' : 실제 지지면적, A'=a'×B−A_g−A_b	F : 세그먼트의 지지력 a': 편심을 고려한 돌출부의 폭 B : 세그먼트 폭 A_g : 가이드 바의 면적 A_b : 볼트구멍의 면적 c : 돌출부 끝에서 세그먼트 외면까지의 최소거리

6) 세그먼트라이닝 종방향 검토

노선 중 급곡선부를 지나는 경우, 또는 지층이 급격하게 변하는 경우에 대해 종방향 구조계산

을 통해 안정성을 검토한다.

[표 2.3.28] 세그먼트라이닝 종방향 구조검토

급곡선부 통과 경우	구조계산 모델링
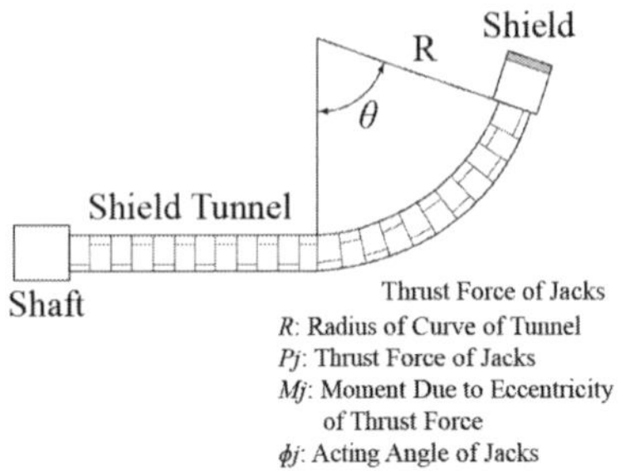 Shield R θ Shield Tunnel Shaft Thrust Force of Jacks R: Radius of Curve of Tunnel Pj: Thrust Force of Jacks Mj: Moment Due to Eccentricity of Thrust Force ϕj: Acting Angle of Jacks	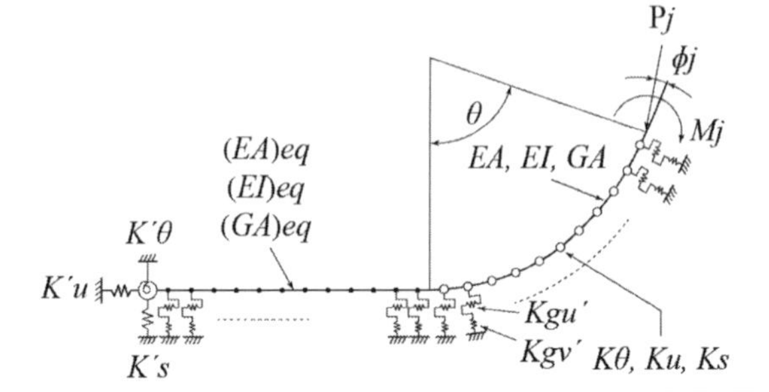 Pj ϕj Mj θ (EA)eq (EI)eq (GA)eq EA, EI, GA K′θ K′u K′s Kgu′ Kgv′ Kθ, Ku, Ks

7) 뒤채움 주입압에 의한 세그먼트라이닝 안정성 검토

다음 두 가지 조건에 대해서 안정성 검토를 수행한다.

- CASE-1 : 뒤채움 주입압은 수압 + 100kPa를 적용하고 세그먼트라이닝 자중과 수압, 지반반력을 고려한 검토
- CASE-2 : 뒤채움 주입압은 수압 + 100kPa를 상부 120°에 적용하고 세그먼트라이닝 자중과 수압, 지반반력을 고려한 검토

[표 2.3.29] 뒤채움 주입압을 고려한 세그먼트라이닝 안정성 검토 사례

CASE-1	CASE-2 (지하수위 터널 상부)	CASE-2 (지하수위 터널 천단하부)
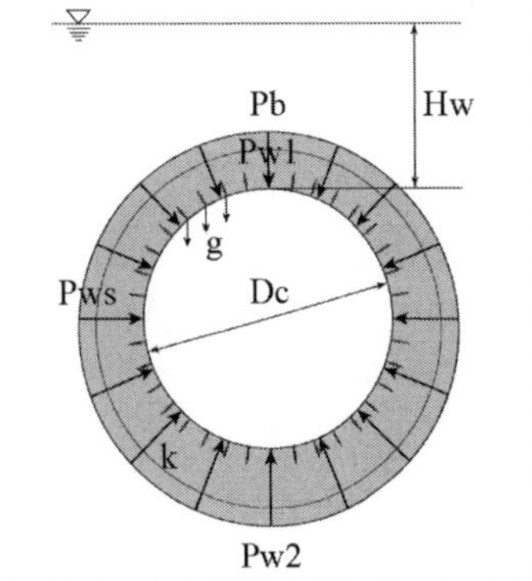 Pb, Hw, Pw1, g, Pws, Dc, k, Pw2	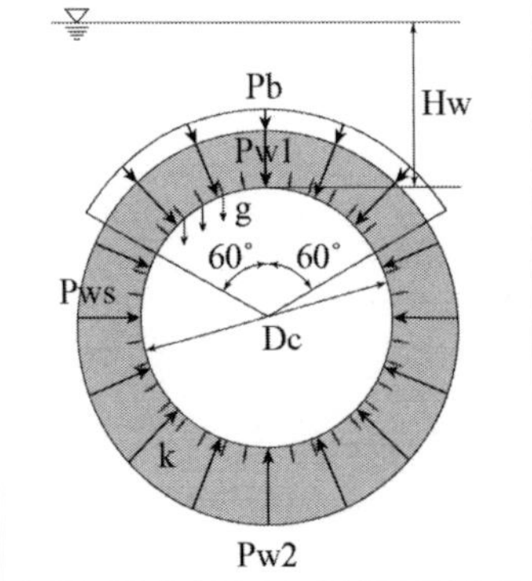 Pb, Hw, Pw1, g, 60°, 60°, Pws, Dc, k, Pw2	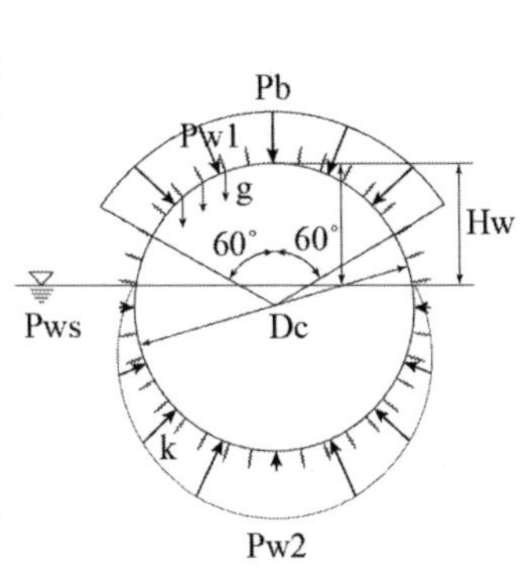 Pb, Pw1, g, 60°, 60°, Hw, Pws, Dc, k, Pw2

8) TBM 초기굴진 시 반력대 및 받침대 안정성 검토

쉴드 TBM은 세그먼트라이닝과 지반과의 마찰력으로 추진반력을 얻는 구조물이지만, 초기굴진 시 세그먼트라이닝이 설치되어 추진반력 이상의 마찰력을 발휘하기 전에는 가설 반력대에 의해 추진반력을 얻는다. 그리고 세그먼트 조립 시부터 굴진 전까지 받침대 위에 TBM이 정지해 있으므로 TBM 하중에 의한 받침대의 안정성 검토가 수행되어야 한다.

[표 2.3.30] 반력대 및 받침대 안정성 검토 사례

반력대 구조계산 예	받침대 구조계산 예
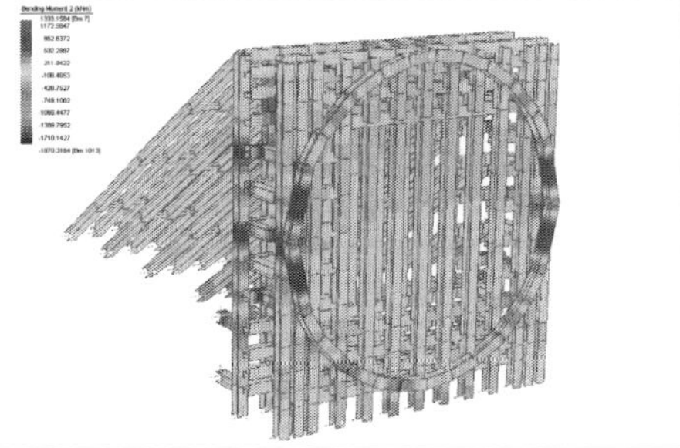	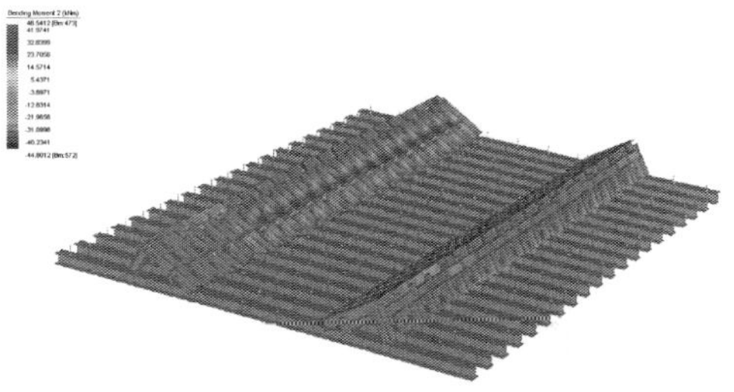

다. 서울지하철 9호선 3단계

서울지하철 9호선 3단계의 라이닝 안정성 구조검토 사례를 정리한 것이다.

[표 2.3.31] 920공구 세그먼트라이닝 구조계산 사례

보-스프링 모델 예	완전강성 동일링 모델 예	3차원 shell 모델 예
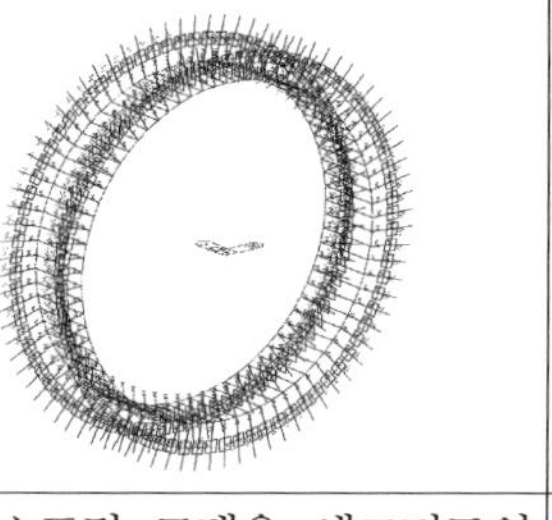	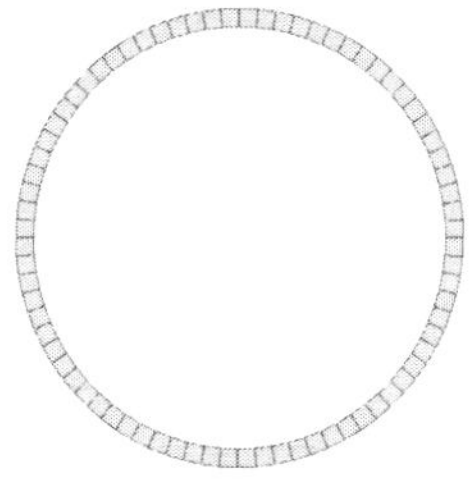	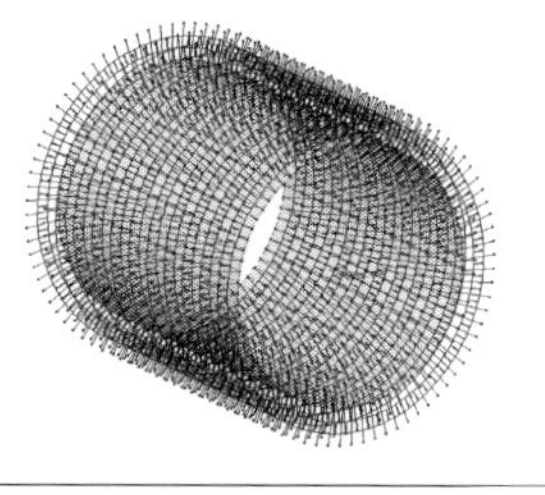
• 보-스프링 모델은 세그먼트의 이음 및 링간의 이음을 실제에 가깝게 모델링한 구조 시스템	• 완전강성 동일링 모델은 세그먼트를 콘크리트관처럼 생각하여 강성을 평가한 선형 구조 시스템	• 3차원 shell 모델은 세그먼트를 shell 요소로 정의하여 강성이 일정한 링으로 연결부는 고려하지 않음
• 정확한 세그먼트 거동 예측이 가능한 보-스프링 모델 및 이에 적합한 전체둘레 스프링모델을 사용하여 지반과의 상호작용을 고려할 수 있는 방법을 적용 • 관용모델은 계산상의 편의를 위해서 사용되어지며 하중 변동에 따른 지반과의 상호작용을 고려할 수 없으므로 본 과업에서는 최근에 대부분의 쉴드 TBM 형식 세그먼트 해석에 사용되는 원주 스프링 모델을 사용		

2.3.5 경제적인 세그먼트 설계를 위한 방법

가. 균열검토 시 세그먼트라이닝에 작용하는 축력을 고려한 설계방법

콘크리트구조기준(2012)에서는 콘크리트 인장연단에 가장 가까이 배치되는 철근의 간격을 검토함으로써 구조물에 발생하는 균열을 제어하도록 하고 있다. 철근의 중심간격 s는 아래 식에 의해 계산된 값 중에서 작은 값 이하로 한다.

$$s = 375\left(\frac{\kappa_{cr}}{f_s}\right) - 2.5c_c$$

$$s = 300\left(\frac{\kappa_{cr}}{f_s}\right)$$

여기서, κ_{cr}은 건조환경에 노출되는 경우 280이고, 그 외 환경에 노출되는 경우는 210이므로 터널 조건에서는 보통 210을 사용하고 있다.

균열검토 식에서 주요 인자 중 하나인 f_s(사용하중 상태에서 인장연단에서 가장 가까이에 위치한 철근의 응력)는 기존 설계에서는 사용하중 모멘트만을 고려한 다음 식을 사용해왔다.

$$f_s = \frac{M}{\{A_s \times (d - x/3)\}}$$

그러나 쉴드 TBM 공법의 특성상 토사 등 연약한 지반을 지나는 사례가 많기 때문에 사용하중모멘트(Mo)가 크게 발생하고, 큰 사용하중 모멘트로 인해 균열을 방지하기 위한 철근량이 설계강도 만족 시의 소요철근량보다 크게 필요한 경우가 발생하고 있다.

철근콘크리트 세그먼트라이닝 부재는 축력과 휨모멘트를 동시에 받는 부재로서, 작용하중과 주변지반 조건에 따라 부재 내의 응력은 달라진다. 축력과 휨모멘트를 고려한 세그먼트라이닝의 균열검토법은 세그먼트라이닝 부재의 축력이 지배되는 압축파괴 단면으로 설계되는 경우로 제한하며, 휨 지배 단면인 인장파괴 단면으로 설계되는 경우는 기존 설계법대로 휨모멘트만을 고려한 균열검토 방법을 사용한다.

1) 세그먼트라이닝 부재의 파괴상태 검토

작용하중과 주변지반 조건에 따른 세그먼트라이닝의 축하중 P와 휨모멘트 M 및 구조조건(세그먼트라이닝 폭, 두께, 적용 철근량 등)으로부터 압축파괴 여부를 판단한다. 사용하중 P가 균형축하중 P_b를 초과하거나, $e = M/P$가 e_b 이하이면 압축파괴 단면으로 검토된다.

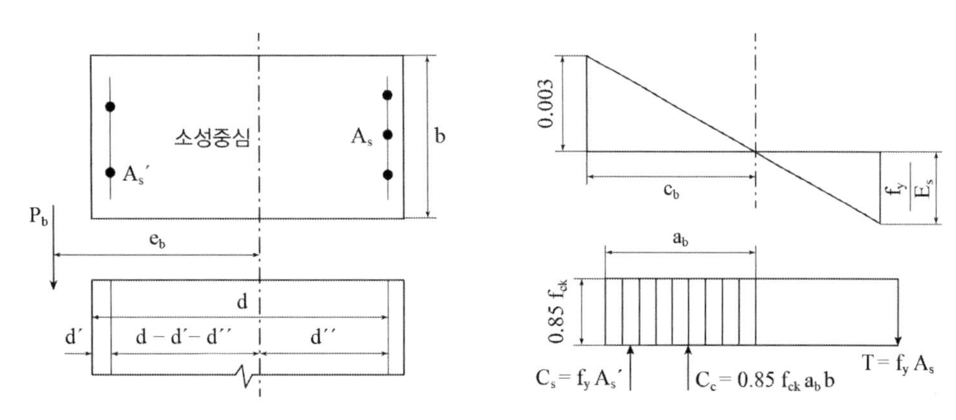

[그림 2.3.12] 균형파괴 상태의 부재

그림 2.3.12와 같은 세그먼트라이닝 단면이 균형상태에 있다면 변형률은 그림 2.3.12의 오른쪽 그림과 같이 될 것이므로, 중립축의 위치 c_b와 콘크리트 응력 사각형의 깊이 a_b는

$$c_b = \frac{0.003}{0.003 + f_y / E_s} \times d$$

$$a_b = \beta_1 c_b = \beta_1 \times \frac{0.003}{0.003 + f_y / E_s} \times d$$

작용하중의 합 $\sum V = 0$이므로

$$P_b = 0.85 f_{ck}\, a_b b + (f_y - 0.85 f_{ck}) A_s' - f_y A_s$$

소성중심(plastic centroid)에 대하여 $\sum M = 0$을 적용하면 $M_b = P_b \times e_b$이므로 균형철근비 e_b는

$$e_b = \frac{0.85 f_{ck} a_b b (d - d'' - \frac{a_b}{2}) + (f_y - 0.85 f_{ck}) A_{s'} (d - d' - d'') + f_y A_s d''}{P_b}$$

세그먼트라이닝 부재의 편심비 $e < e_b$인 경우에 부재는 압축파괴 단면으로 거동하므로 균열 검토 시 축력과 휨모멘트를 동시에 고려할 수 있다.

2) 축력과 휨모멘트를 고려한 세그먼트라이닝의 균열검토법

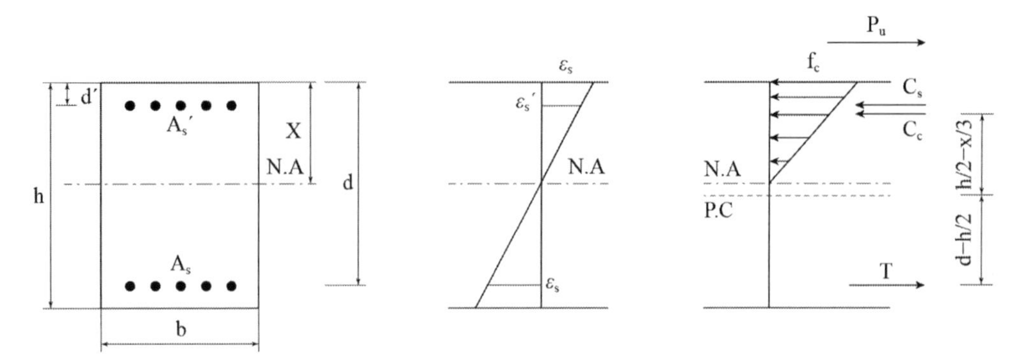

[그림 2.3.13] 세그먼트라이닝의 변형률 및 작용하중

단면의 폭을 b, 높이를 h, 철근 깊이를 d, 중립축 깊이를 x라고 하면, 발생 압축력 C는

$$C = \frac{1}{2}bxE_c\epsilon_c + A_sE_s\epsilon_c \times \frac{x-d'}{x}$$

발생 인장력 T는

$$T = A_sE_s\epsilon_s$$

이다. 발생 압축력과 발생 인장력은 아래와 같은 평형방정식을 만족시켜야 한다.

$$P_u = C - T$$
$$M_u = \frac{1}{2}bxE_c\epsilon_c \times \left(\frac{h}{2} - \frac{x}{3}\right) + A_sE_s\epsilon_c \times \left(\frac{x-d'}{x}\right) \times \left(\frac{h}{2} - d'\right) + T \times \left(d - \frac{h}{2}\right)$$

위 식의 비선형 연립방정식의 해를 구하면 중립축 깊이 x와 철근의 인장변형률 ϵ_s를 구할 수 있고, Hooke 법칙을 이용하여 철근의 응력 f_s를 구할 수 있다.

$$f_s = E_s \times \epsilon_s$$

앞의 식에서 구한 인장철근의 응력(f_s)을 콘크리트구조기준상의 균열검토식에 적용해 구한 값이 균열검토에서 산정한 철근의 최대중심간격 s이고, 주철근의 간격은 s보다 좁은 간격으로 배근해야 한다. f_s 산정 시 휨모멘트만 고려한 균열검토법과 축력과 휨모멘트를 고려한 균열검토법을 표 2.3.32에 비교하였다.

[표 2.3.32] 이수 사용 기준

구분	휨모멘트만 고려	축력과 휨모멘트 고려
단면 상태	인장파괴 단면 e ≥ eb	압축파괴 단면 e < eb
인장철근의 응력 산정식	$f_s = \frac{M}{\{A_s \times (d-x/3)\}}$	힘의 평형과 모멘트 평형식을 이용한 연립방정식에서 ϵ_s를 구한 후 $f_s = E_s \times \epsilon_s$
주철근 중심간격 s	$s = \min\left\{375\left(\frac{\kappa_{cr}}{f_s}\right) - 2.5c_c\ ,\ 300\left(\frac{\kappa_{cr}}{f_s}\right)\right\}$ 이하로 배근	

나. 강섬유보강 세그먼트라이닝

최근 해외의 세그먼트라이닝은 기존 RC세그먼트라이닝 적용에서 벗어나 강섬유보강 세그먼트라이닝을 적용한 사례가 있다. RC세그먼트라이닝은 철근과 세그먼트라이닝 외면 사이에 적정 피복두께를 확보해야 하므로 콘크리트로만 보강된 철근피복두께가 두꺼워 운반 중 모서리나 표면이 파손되는 경우가 많고, 잭추력 작용 시 이음부에서 깨지는 현상이 많이 발생한다. 강섬유보강 세그먼트라이닝은 인장재인 강섬유가 세그먼트라이닝 내부에서 외면까지 균등하게 분포하므로 운반 및 시공 중 파손이 적고 균열은 미소균열만이 발생한다.

[표 2.3.33] 강섬유보강 세그먼트라이닝의 장점

• 압축과 인장에서 모두 연성거동 확보 • 충격 및 피로에 저항성이 강하고 내구성이 좋음 • 파손(spalling)에 강함	• 사용하중 내에서 균열폭이 작게 발생함 • x, y, z 세 방향에 휨강성 확보

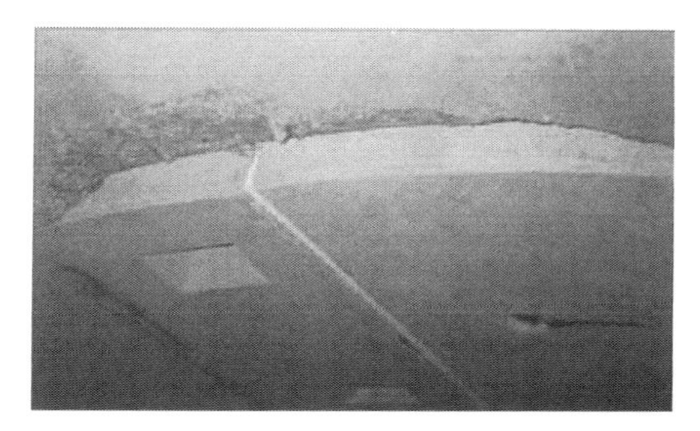
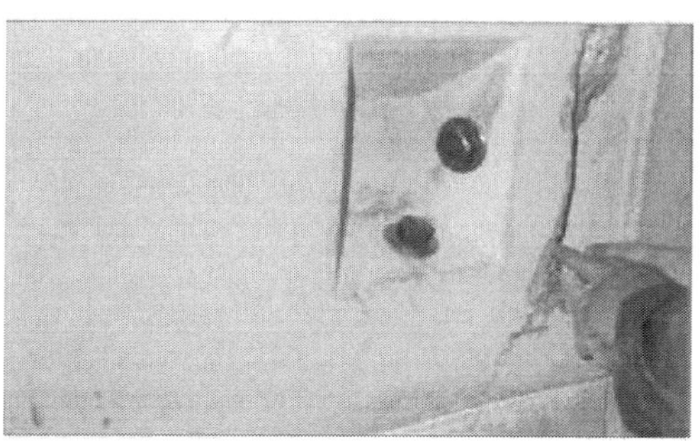

[그림 2.3.14] RC세그먼트라이닝의 파손사례

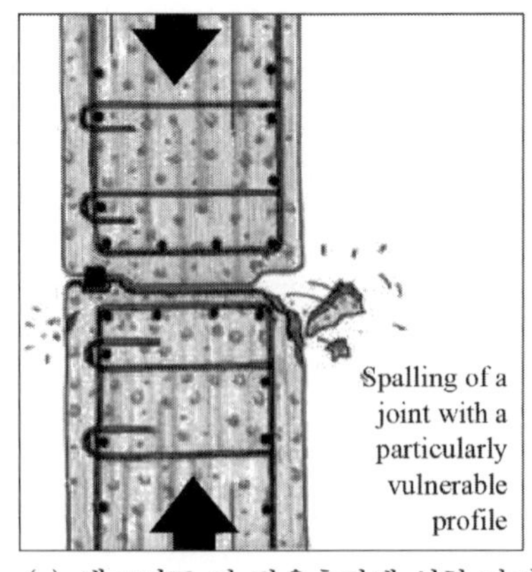

(a) 세그먼트 간 작용축력에 의한 파괴

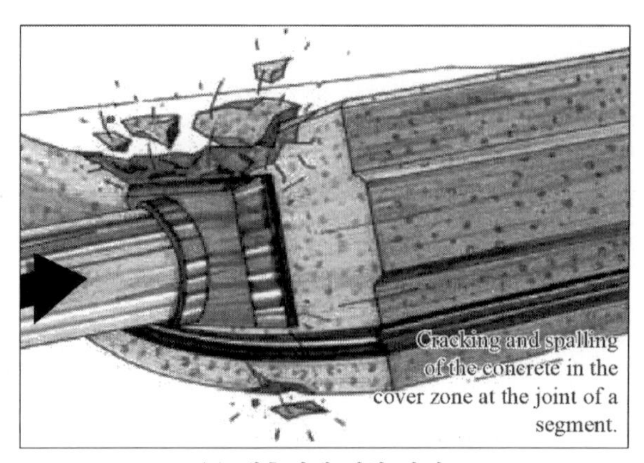

(b) 잭추력에 의한 파괴

[그림 2.3.15] RC세그먼트라이닝의 파손 메커니즘

(a) RC세그먼트라이닝

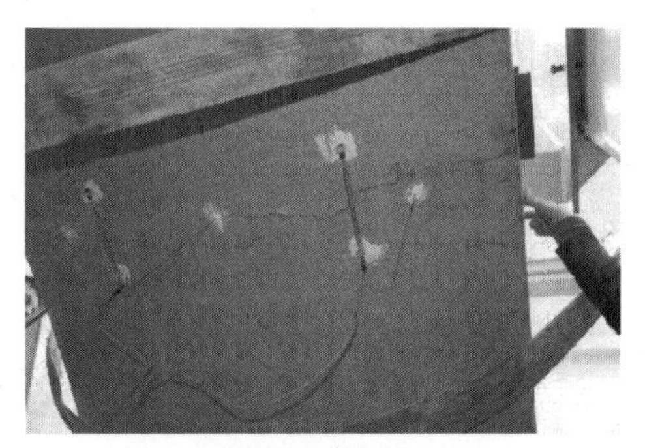

(b) 강섬유보강세그먼트라이닝

[그림 2.3.16] RC세그먼트라이닝과 강섬유보강 세그먼트라이닝의 재하시험 후 균열 비교

해외의 경우 양호한 암반지반에서 철근보강 없이 강섬유만 보강한 Full SFRC(Steel Fibre Reinforced Concrete) 세그먼트라이닝, 기존 철근보강에 강섬유만 추가보강한 사례가 일반적이었으나 최근 스페인의 바로셀로나 지하철 9호선 연장에서 외주면에 철근을 보강하고 내부는 강섬유를 보강한 Hybrid SFRC 세그먼트라이닝 적용사례도 있다.

해외에서 강섬유보강 세그먼트라이닝 설계 시 참고로 하는 지침 및 가이드라인은 다음과 같다.

- German concrete Association. DBV recommendation (1991), Design principles of steel fibre reinforced concrete for tunnel lining works.
- RILEM TC 162-TDF (2003), Test and design methods for steel fibre reinforced concrete, Materials and structures, vol.36 October 2003, pp.560-567

- TR63 (2007), Guidance for the Design of Steel-Fibre-Reinforced Concrete, Concrete Society Working Group, A cement and concrete industry publication
- CNR – National Research Council Advisory Committee on Technical Recommendations for Construction, CNR-DT 204/2006 (Nov, 2007), Guide for the Design and Construction of Fiber-Reinforced Concrete Structures.

[표 2.3.34] 강섬유보강 세그먼트라이닝 적용사례

국가	과업명	비고
덴마크	Heating tunnel connecting Amager island with the center of Copenhagen city	Full SFRC
영국	Channel Tunnel Rail Link	RC + SFRC
스위스	Oenzberg Tunnel(베른~취리히 노선)	Full SFRC, RC + SFRC
독일	Hofoldinger Stollen(상수도터널)	Full SFRC
	Wehrhahn Line in Dusseldord	Full SFRC
아랍에미레이트	STEP tunnel project in Abu Dhabi	Hybrid
호주	Gold Coast Desalination Tunnel	RC + SFRC
베네수엘라	Line 1 of the Valencia Metro	Hybrid
영국	Cross Rail Link	Full SFRC
스페인	Line 9 subway of Barcelona	Hybrid

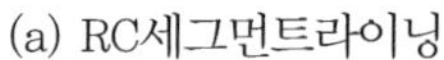

(a) RC세그먼트라이닝

(b) Hybrid 세그먼트라이닝

[그림 2.3.17] Hybrid 세그먼트라이닝

2.4 발진구 및 도달구 설계 시공

2.4.1 개요

작업구로서의 역할을 수행하는 발진구 및 도달구는 쉴드 TBM 굴진을 위한 발진 작업구, 터널 굴진이 완료된 후 쉴드 TBM장비의 회수를 위한 도달 작업구 및 터널 연장에 따라 장비의 점검 및 시공의 편의성 등을 목적으로 하는 중간 작업구 등이 있으며, 각 작업구별 주요 목적은 다음과 같다. 설치된 작업구는 공사 완료 후 환기구 또는 정거장으로 활용하는 경우가 일반적이며, 발진구의 종류 및 역할과 설계흐름도는 표 2.4.1과 같다.

[표 2.4.1] 발진구 종류 및 역할

		설계 흐름도
발진구	• 쉴드 TBM장비 반입 및 조립, 세그먼트 등의 재료 및 기계기구의 반입, 굴착토사의 반출, 작업원의 입출입 등을 위해 설치 • 쉴드 공사 기지 내에 설치되는 것이 일반적이다.	START ↓ 설계조건의 설정 • 환경조건 • 하중, 지반조건 등 ↓ 수직구의 형상 선정 • 내공치수 • 심도 등 ↓ 흙막이 형식의 선정 • 경제성 • 공기 • 시공성 • 구조 안전성 등 ↓ END
도달구	• 터널 종점에 쉴드 TBM 해체 및 반출을 위해 설치	
중간작업구	• 터널 중간에서 구조물 구축 또는 검사 및 대정비	
방향전환 작업구	• 1개의 쉴드 TBM 장비로 2개의 터널을 굴착하는 경우에 작업구 내에서 쉴드의 방향을 전환하기 위해 설치	

2.4.2 발진구 형상 및 치수

가. 필요 내공 치수

작업구의 필요 내공 치수는 다음 사항을 고려하여 결정한다.

① 쉴드 발진, 도달, 통과 및 방향 전환에 필요한 내공 치수 확보

② 재료, 굴착토사 반출 및 작업원의 입출입 등 시공에 필요한 내공 치수 확보

③ 터널 완성 후 그 용도상 필요한 내공 치수 확보

발진구 내공을 예로 들면 중소구경의 쉴드의 경우 쉴드기 양쪽에 각각 1.0m 정도의 여유를 두며, 전후에는 엔터런스 패킹, 지압벽과의 여유공간뿐만 아니라 초기굴진 시 굴착토사의 반출 또는 세그먼트의 반입 등 지속적인 작업에 필요한 공간을 확보하여야 한다.

쉴드 하부 여유는 용접 등의 쉴드 조립 작업공간과, 갱내의 배수 처리 공간을 고려하여 결정한다. (사)일본하수도협회에서 제공하는 하수도 쉴드의 발진·도달·방향 전환(회전) 입갱내공 치수의 표준 예를 그림 2.4.1~2.4.2 및 표 2.4.2~2.4.3과 같이 제시하고 있다. 이 표준은 K 세그먼트가 반경 방향 삽입 식으로 세그먼트 폭 750mm와 1,000mm의 시공을 대상으로 하고 있기 때문에 시공 조건이 다른 경우에는 그 조건에 따라 입갱의 형상 치수를 결정해야 한다.

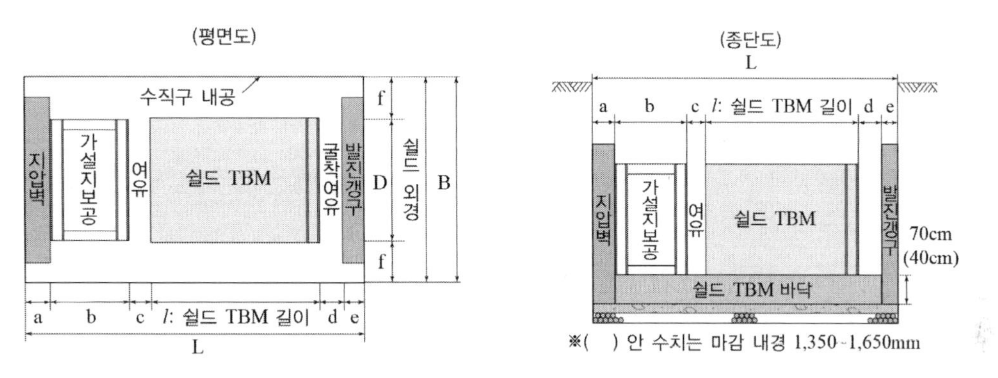

[그림 2.4.1] 발진구 표준도

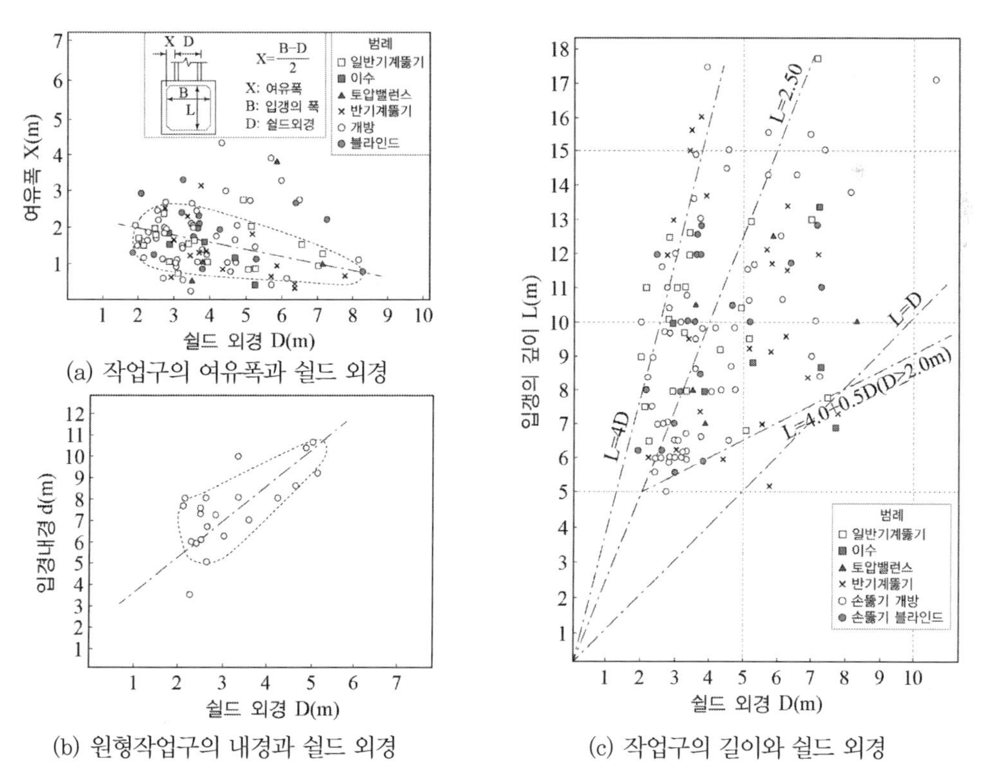

[그림 2.4.2] 일본 쉴드공사 시공실적 예

[표 2.4.2] 발진구 내공 표준 치수표(이수압식 쉴드 TBM)

세그먼트 외경	마무리 내경	길이 (L)								폭 (B)		
		지압벽 (a)	가지보공 (b)	여유 (c)	절단여유 (d)	발진갱구 (e)	a+b+c+d+e	쉴드기 연장 (ℓ)	계	쉴드기 외경(D)	쉴드기 설치 작업폭(f) × 2	계
2,000	1,350	500	1,500	200	600	400	3,200	4,530	7,800	2,130	1,000×2	4,200
2,150	1,500	500	2,000	200	600	400	3,700	4,900	8,600	2,280	1,000×2	4,300
2,350	1,650	500	2,000	200	600	400	3,700	4,920	8,700	2,480	1,000×2	4,500
2,550	1,800	500	2,000	200	600	400	3,700	5,050	8,800	2,680	1,000×2	4,700
2,750	2,000	500	2,000	200	600	400	3,700	5,120	8,900	2,880	1,000×2	4,900
2,950	2,200	500	2,000	200	600	500	3,700	5,130	8,900	3,080	1,000×2	5,100
3,150	2,400	500	2,000	200	700	500	3,900	5,150	9,100	3,280	1,000×2	5,300
3,350	2,600	500	2,000	200	700	500	3,900	5,250	9,200	3,480	1,000×2	5,500
3,550	2,800	500	2,000	200	700	500	3,900	5,330	9,300	3,680	1,100×2	5,900
3,800	3,000	600	2,000	300	800	500	4,200	5,330	9,600	3,930	1,100×2	6,200
4,050	3,250	600	2,000	300	800	500	4,200	5,510	9,800	4,180	1,100×2	6,400
4,300	3,500	600	2,000	300	900	600	4,400	5,540	10,000	4,430	1,100×2	6,700
4,550	3,750	600	2,000	300	900	600	4,400	5,660	10,100	4,680	1,100×2	6,900
4,800	4,000	600	2,000	300	900	600	4,400	5,690	10,100	4,930	1,100×2	7,200
5,100	4,250	600	2,000	300	900	600	4,400	5,740	10,200	5,240	1,100×2	7,500
5,400	4,500	600	2,000	300	1,000	700	4,600	5,870	10,500	5,540	1,100×2	7,800
5,700	4,750	600	2,200	400	1,000	700	5,000	6,090	11,100	5,840	1,100×2	8,100
6,000	5,000	600	2,200	400	1,000	700	5,000	6,380	11,400	6,140	1,100×2	8,400

i) 세그먼트 폭은 750mm(마무리 내경 1,350mm) 1,000mm(마무리 내경 1,500~5,000mm) 조건
ii) K 세그먼트는 반경 방향 삽입

[표 2.4.3] 발진구 내공치수표(이토압식 쉴드 TBM)

세그먼트 외경	마무리 내경	길이 (L)								폭 (B)		
		지압벽 (a)	가지보공 (b)	여유 (c)	절단 여유 (d)	발진갱구 (e)	a+b+c+d +e	쉴드기 연장(ℓ)	계	쉴드기 외경(D)	쉴드기 설치 작업폭(f)×2	계
2,000	1,350	500	1,500	200	600	300	3,100	4,490	7,600	2,130	1,000×2	4,200
2,150	1,500	500	2,000	200	600	300	3,600	4,930	8,600	2,280	1,000×2	4,300
2,350	1,650	500	2,000	200	600	300	3,600	4,950	8,600	2,480	1,000×2	4,500
2,550	1,800	500	2,000	200	600	300	3,600	5,070	8,700	2,680	1,000×2	4,700
2,750	2,000	500	2,000	200	600	300	3,600	5,140	8,800	2,880	1,000×2	4,900
2,950	2,200	500	2,000	200	600	300	3,600	5,160	8,800	3,080	1,000×2	5,100
3,150	2,400	500	2,000	200	700	300	3,700	5,170	8,900	3,280	1,000×2	5,300
3,350	2,600	500	2,000	200	700	300	3,700	5,290	9,000	3,480	1,000×2	5,500
3,550	2,800	500	2,000	200	700	300	3,700	5,390	9,100	3,680	1,100×2	5,900
3,800	3,000	600	2,000	200	800	400	4,000	5,440	9,500	3,930	1,100×2	6,200
4,050	3,250	600	2,000	200	800	400	4,000	5,540	9,600	4,180	1,100×2	6,400
4,300	3,500	600	2,000	200	900	400	4,100	5,620	9,800	4,430	1,100×2	6,700
4,550	3,750	600	2,000	200	900	400	4,100	5,630	9,800	4,680	1,100×2	6,900
4,800	4,000	600	2,000	300	900	500	4,300	5,720	10,100	4,930	1,100×2	7,200
5,100	4,250	600	2,000	300	900	500	4,300	5,820	10,200	5,240	1,100×2	7,500
5,400	4,500	600	2,000	300	900	500	4,300	5,850	10,200	5,540	1,100×2	7,800
5,700	4,750	600	2,200	400	1,000	500	4,800	6,070	10,900	5,840	1,100×2	8,100
6,000	5,000	600	2,200	400	1,000	500	4,800	6,450	11,300	6,140	1,100×2	8,400

i) 세그먼트 폭은 750mm(마무리 내경 1,350mm) 1,000mm(마무리 내경 1,500~5,000mm) 조건
ii) K 세그먼트는 반경 방향 삽입

나. 작업구의 형상

작업구의 필요 내공 치수를 결정한 후, 지반 조건, 굴착심도, 흙막이 벽의 종류, 흙막이 지보공, 주변의 토지 이용 상황, 경제성 등을 고려하여 작업구 형상을 결정한다. 작업구 형상은 사각형 또는 원형이 일반적이다. 굴착 심도가 얕은 경우에는 원형 단면에 비해 사공간이 적고, 흙막이 벽의 면적이나 굴착토량이 적어 경제성이 뛰어난 직사각형을 적용하는 경우가 많다. 한편, 굴착 심도가 깊은 경우에는 직사각형에 비해 구조적으로 안정적이고, 토류벽의 규모를 줄일 수 있는 원형 단면을 사용하는 것이 유리하다.

[표 2.4.4] 형상에 따른 작업구 비교

구분	직사각형	원형
개요도		
장점	• 사공간이 적고 유효면적이 넓다. • 초기굴진시공이 용이하다. • 대구경 쉴드공사에 유리하다.	• 작업구 지반조건이 나쁜 경우나 굴착깊이가 깊은 경우에 유리하다. • 안정성 및 경제성이 우수하다.
단점	• 연약지반지역에 시공이 어렵다. • 굴착지반이 깊은 경우 안정성 및 경제성이 떨어진다.	• 사공간이 많고 유효면적이 좁다. • 후방장비에 따라 보조터널이 필요하다. • 초기굴진 시 시공성이 떨어진다.

2.4.3 작업구 공법 선정

작업구의 시공공법에는 많은 종류가 적용되고 있는데, 안전성, 경제성, 환경 보전 등 각종 조건을 고려하고 현장에 가장 적합한 시공 방법을 선정하여야 한다. 특히 쉴드 공사는 도심지에서 적용하는 경우가 많아 주변 환경 조건이 공법을 선정하는 데 있어서 중요한 요소가 되며, 공사에 따른 소음, 진동, 지반 침하 및 지하수의 변화 등을 검토하여 적합한 공법을 선정하여야 한다.

일반적으로 사용되는 시공공법은 그림 2.4.3과 같다. 기성품 널말뚝 방식은 굴착 심도가 비교적 작은 경우에는 강널말뚝, 깊은 경우에는 강관 널말뚝 토류벽이 많이 채용되고 있다. 현장타설방식은 시추 심도가 작은 경우는 주열식(현장 타설 말뚝, 소일 몰탈) 지하 연속벽, 안정액 고화 지하 연속벽이 사용되고, 깊은 경우에는 지하 연속벽(RC, 강제) 또는 케이슨 공법이 사용되는 경향이 있다.

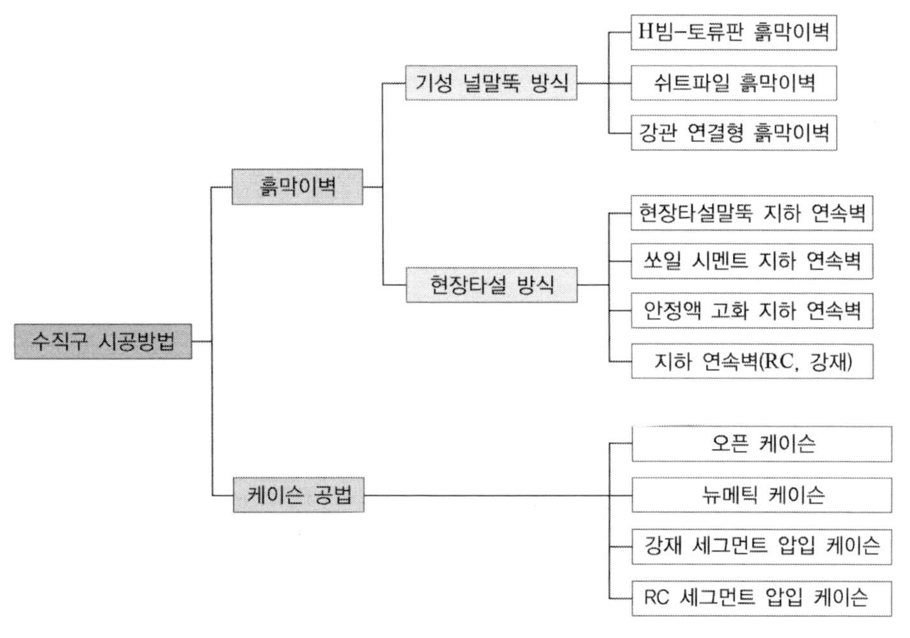

[그림 2.4.3] 작업구 시공공법

[표 2.4.5] 각종 수직구 시공방법의 구조와 특징(흙막이벽)

항목 \ 명칭		기성 널말뚝 방식			현장타설 흙막이벽 방식			
		H빔-토류판	쉬트파일	강관연결형	현장타설말뚝 지하연속벽	쏘일 시멘트 지하연속벽	안정액 고화 지하연속벽	지하연속벽(RC, 강재)
개요도		H형강 토류판	U형 쉬트파일		맞물림 배치: 주열식 접점배치: 주열식	오거굴착식: 주열 균일폭 굴착식		강재 지하연속벽 RC 지하연속벽
구조 개요		H형강말뚝을 1~2m 간격으로 지중에 타입하거나 천공하여 매입하고 굴착에 따라 말뚝 사이에 토류판을 삽입해가는 흙막이벽	U형, Z형, 직선형, H형 등 단면의 강판을 조인트부를 맞물리도록 연속하여 지중에 타입하는 흙막이벽	파이프 등 조인트를 가진 강관말뚝을 연속하여 지중에 타입하는 흙막이벽	현장타설 철근 콘크리트 말뚝이나 H형강 몰탈말뚝 연속적으로 타설하여 구축하는 흙막이벽 몰탈말뚝 대신 유동화 처리토, 성말뚝을 매입 등에 의해 직접 혹은 원위치 혼합쏘일시멘트 말뚝 내에 삽입하는 방법도 있다.	각종 오거나 체인커터 등을 이용하여 시멘트 용액을 원위치토와 혼합 교반한 굴착공에 H형강을 삽입하여 연속시키는 흙막이벽	벤토나이트나 폴리머 안정액을 사용하여, 굴착한 트렌치 속에 H형강이나 프리캐스트판 등을 삽입 후 안정액을 고화제 투입에 의해 직접고화, 혹은 몰탈, 유동화 처리토 등으로 치환/고화하여 연속시키는 흙막이벽	RC 지하연속벽은 벤토나이트나 폴리머 안정액을 사용하며, 굴착한 트렌치 속에 철근망을 삽입하고 콘크리트를 타설하여 지중에 철근콘크리트 벽을 구축해 연속시키는 흙막이벽 강재 지하연속벽은 철근망 대신 공장제작된 조인트를 가진 형강을 삽입한다.
특징	장점	가격이 저렴하다. 지중에 있는 소규모 매설물은 말뚝 간격을 변경하여 용이하게 대처할 수 있다.	지수성이 있는 흙막이 벽으로서는 가장 저렴하다. 재질이 균일하고 신뢰성도 높다.	강성이 높아 대규모 공사에도 적용할 수 있다. 재질이 균일하고 신뢰성도 높다. 지수성이 좋다.	강성이 비교적 높고 시가지 중규모 수직구 공사에 이용되는 경우가 많다. 소음 진동이 적다.	지수성이 좋다. 소음 진동이 적다. 강성은 현장타설 말뚝 지하연속벽과 동등 정도이며, 시가지 중규모 수직구 공사에 이용된다. 강관판 흙막이벽이나 RC지하연속벽에 비해 일반적으로 저렴하다.	지수성이 좋다. 소음· 진동이 적다. 지하연속벽에 비해 저렴하다. 강성은 지하연속벽에 비해 작으나, 천공정밀도가 좋아 대심도 차수벽 구축에 적용한다. 불필요한 안정액을 고화시켜 산업폐기물 감소와 현장발생토를 유효하게 이용할 수 있다.	지수성이 좋다. 소음 진동이 적다. 강성이 높아 대규모 공사나 중요 구조물이 근접된 공사, 연약지반 공사에 이용된다. 벽체는 본체 구조물의 일부로 이용 가능하다.
	단점	타입에 의한 소음·진동을 적게 하는 공법을 적용할 필요가 있다. 지수성이 불리하고 근입부가 불연속이므로 지하수위가 높은 지반, 연약한 지반 등에 적용 시에는 지하수위 저하 공법이나 지반개량 등 보조공법 병용이 필요하다.	타입에 의한 소음 진동을 적게 하는 공법을 적용할 필요가 있다. 소~중규모 공사로 제한된다. 강성이 작아 변형에 의한 주변 영향을 충분히 검토할 필요가 있다.	타입에 의한 소음 진동을 적게 하는 공법을 적용할 필요가 있다. 인발이 불가능하므로 존치하는 예가 많다. 비교적 고가이다.	지수성이 불리하므로 지수성을 요하는 경우에는 지수개량과 병용할 필요가 있다. 강관 흙막이 공법에 비해 공기, 공사비 측면에서 불리하다.	쏘일 시멘트는 원위치 토사의 종류에 따라 성능차가 발생하기 쉽다.	품질의 분산에 발생하기 쉽다.	공기 공사비 측면에서 불리하다. 배니수 처리가 필요하다. 작업대가 커진다. 강재 지하연속벽은 RC지하연속벽에 비해 고강도이므로 벽체 두께를 얇게 할 수 있으며, 작업 스페이스를 작게 하는 것이 가능하나, 적용 시 시공조건, 공사비 측면의 검토가 필요하다.

2.4.4 쉴드의 발진

발진 작업구의 시공이 완료된 후 작업구에 반입된 쉴드는 발진 갱구에서 지중으로 발진한다. 발진방식은 발진 직전에 가벽(흙막이 벽)을 철거하는 방법(이하, 가벽 철거 공법이라 한다.)과 쉴드로 직접 가벽을 절삭하는 방법(이하, 직접 절삭공법이라 한다.)이 있다. 이 쉴드 발진공은 쉴드시공 중에서도 가장 주의를 요하는 작업이다. 예를 들면 발진부 가벽 철거 시 이물질에 의한 커터 정지, 엔터런스 패킹, 갱구 콘크리트부 주변에서의 용수 및 토사 유출 등의 문제가 발생하기 쉽기 때문이다. 일반적으로 적용되는 발진방식은 그림 2.4.4와 같다.

① 가벽 철거 공법 : 지반 개량 등으로 인해 발진 갱구 전면 지반의 자립을 도모하면서 가벽을 철거하고 발진하는 방법(그림 2.4.4의 a~c)

② 직접 절삭 공법 : 발진부의 가벽을 쉴드기로 절삭 가능한 재료로 시공하여 직접 절삭하여 발진하는 방법(그림 2.4.4의 d)

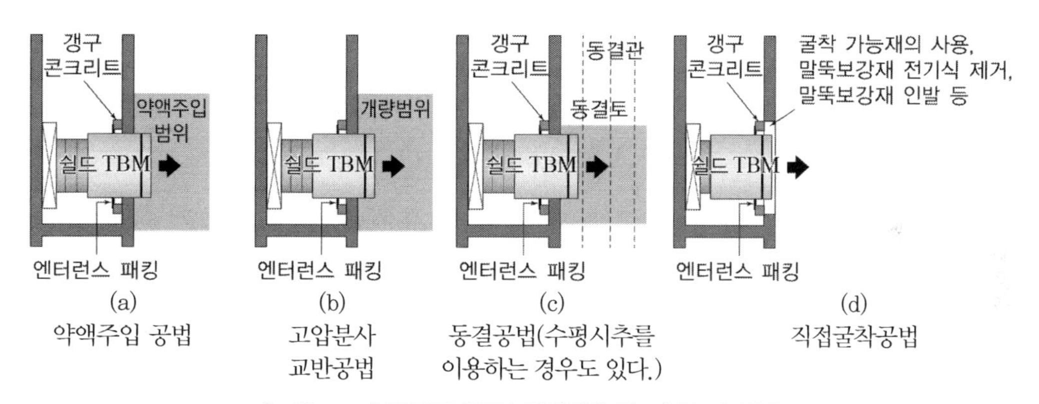

[그림 2.4.4] 발진구에서의 발진방법 및 지반보강 방법

발진 방법의 선정에 있어서는 시공의 안전성, 지반조건, 시공 환경 등을 고려하여 선정하여야 하는데, 중소구경 쉴드의 경우 ① 가벽 철거 공법이 주로 적용되며, 대단면과 고수압 조건에서는 직접 절삭 공법이 절반 정도의 공사에 사용되고 있다.

① 가벽 철거 공법의 경우 대단면과 대심도의 쉴드는 보조 공법으로 시공 정확성이나 개량체의 개량신뢰도가 높은 고압분사 교반공법을 적용하는 경우가 많으며, 고압분사 교반공법의 적용이 어려운 풍화암 이상의 양호한 지반조건일 경우 약액주입공법을 적용하는 것이 일반적이다. 특히 대심도·고수압의 경우 토사유출, 토사 붕괴의 가능성이 있으므로 사전에

발진구 내에서 시추조사 등을 통해 지반 개량 효과를 확인하는 것이 중요하다. 개량 후 불량 개소가 발견된 경우, 추가 주입을 실시하여 확실히 개선한 후 가벽의 철거를 실시한다.

② 직접 절삭 공법의 경우 절삭 성능에 직접적으로 관련된 쉴드 커터비트의 형상, 재질, 배치 등의 검토가 필요하다. 또한 엔터런스 패킹에 의해 갱구의 확실한 지수성능을 확보해야 한다. 이를 위해서는 엔터런스 패킹을 2단 이상으로 하고, 엔터런스 패킹과 지반 개량 등의 보조 공법을 병용하는 등의 방법을 적용한다(3.4.7절 참조).

쉴드의 발진 시에는 쉴드 추진속도와 추진력을 줄이고, 또한 챔버압도 낮은 조건에서 추진한다. 그리고 지반 개량 구간에 진입하면 서서히 챔버압을 상승시켜 개량 구간을 벗어나기 전에 관리 챔버압으로 올려 굴진한다. 또한 쉴드의 발진 시에는 가설세그먼트나 반력대가 쉴드의 추력 및 커터 토크에 의한 반력을 받게 되므로 가설세그먼트의 부상(浮上) 방지, 롤링 방지, 자재 반입 개구부의 변형 방지여부를 면밀히 살펴야 한다. 특히 가설 세그먼트의 진원도는 다음 세그먼트 복공의 시공 정밀도를 좌우하기 때문에 세심한 관리가 필요하다.

쉴드 테일이 엔터런스 패킹을 통과한 후에는 즉시 패킹 누름판을 세그먼트의 외주까지 밀어 고정하여, 엔터런스 패킹의 변형을 방지하여야 한다.

2.4.5 쉴드의 발진설비

쉴드의 주요 발진 시설로는 쉴드 받침대, 반력대 설비, 엔터런스 패킹 등이 있다(그림 2.4.5 참조).

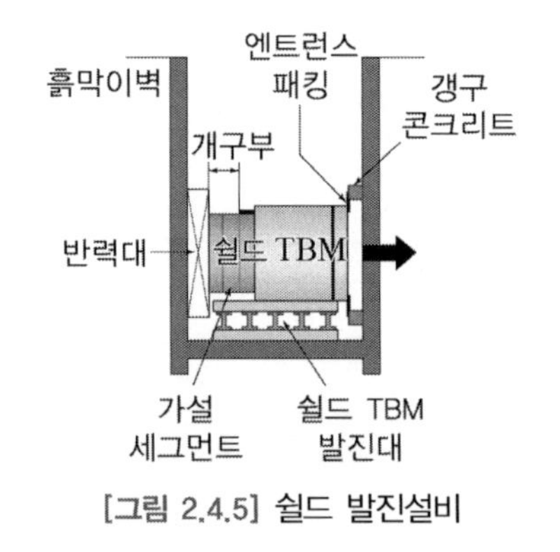

[그림 2.4.5] 쉴드 발진설비

가. 쉴드 받침대

쉴드 굴진기 발진용 받침대는 쉴드 굴진기를 지반에 관입시키기 위한 목적으로 제작되므로 설치 시부터 방향성 및 계획고를 정확히 맞춰 설치해야 한다. 즉, 받침대에 의해 발진정밀도가 결정되므로 정밀하게 제작하여야 한다.

또한 쉴드 굴진기의 조립이 받침대 위에서 이루어지며, 굴진기의 총 중량이 매우 크므로(통상 600톤 이상) 굴진기의 자중뿐만 아니라 굴진에 따른 여러 종류의 힘에 대해서도 충분히 견딜 수 있는 강도 및 구조를 가져야 한다. 초기굴진 시 커터헤드 부분이 무거워 발진 직후에 하향으로 가는 경향이 있으므로 이를 고려하여 설치한다. 발진갱구부 지반이 매우 연약하여 쉴드의 자중에 의한 침하가 예상되는 경우 쉴드 받침대의 높이를 미리 높게 설정하는 등의 조정을 할 수 있다. 장비 받침대의 설치 목적은 다음과 같다.

① 초기굴진 전 장비를 조립하기 위해 사용되며, 조립 후에는 쉴드터널 굴진을 위해 장비를 굴착 예정면으로 전방이동시키는 역할을 함
② 도달 굴진 후 도달부를 관통하여 나온 장비를 U-turn하여 하행선 발진부 갱문으로 이동시키는 역할을 함
③ 쉴드 장비 해체 시 장비 받침대로 사용

쉴드받침대 전경

(a) 쉴드 받침대 전경

쉴드장비 조립

(b) 쉴드 장비 조립

터널 굴진 전 갱문 막장 전방이동

(c) 터널 굴진 전 갱문 막장 전방이동

터널 관통 후 장비 거치

(d) 터널 관통 후 장비 거치

[그림 2.4.6] 쉴드받침대 설치 전경

나. 추진 반력대

쉴드를 발진시킬 때 쉴드의 추력을 뒤로 지압벽(흙막이 벽, 구조물 벽 등)에 전달하는 기능으로, 일반적으로 가설세그먼트, 반력대, 가설 세그먼트의 조립 시작 위치를 조정하는 강재 등으

로 구성된다. 반력대는 쉴드 추력에 의한 활동, 전도 및 자체 강성을 충분히 고려하여 설치하여야 하며, 반력대 설치구간에는 초기굴진 시 세그먼트 등 자재 및 버력을 반출하기 위한 작업대차의 통행공간이 마련되어야 한다. 반력대 설치순서는 그림 2.4.7과 같다.

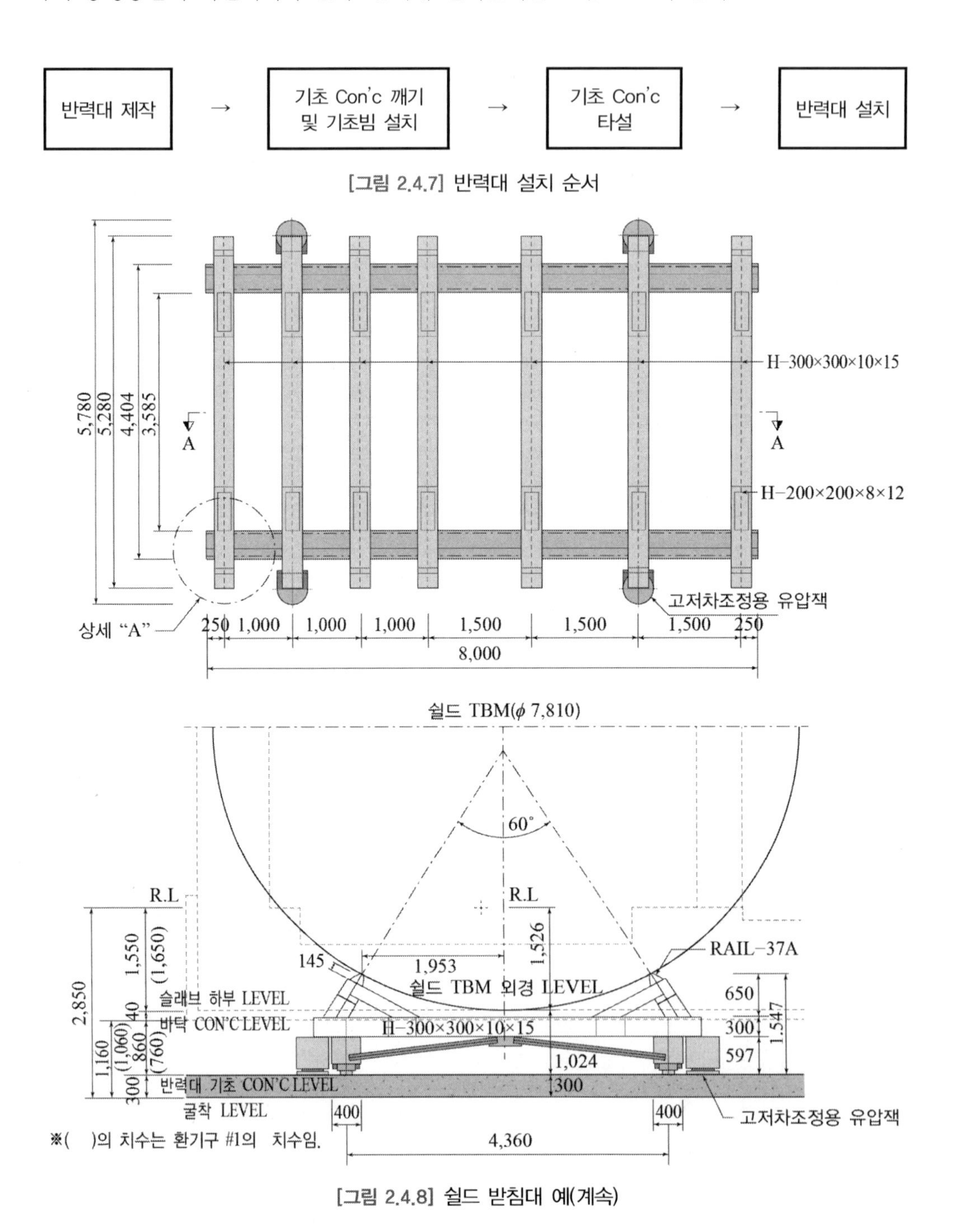

[그림 2.4.7] 반력대 설치 순서

[그림 2.4.8] 쉴드 받침대 예(계속)

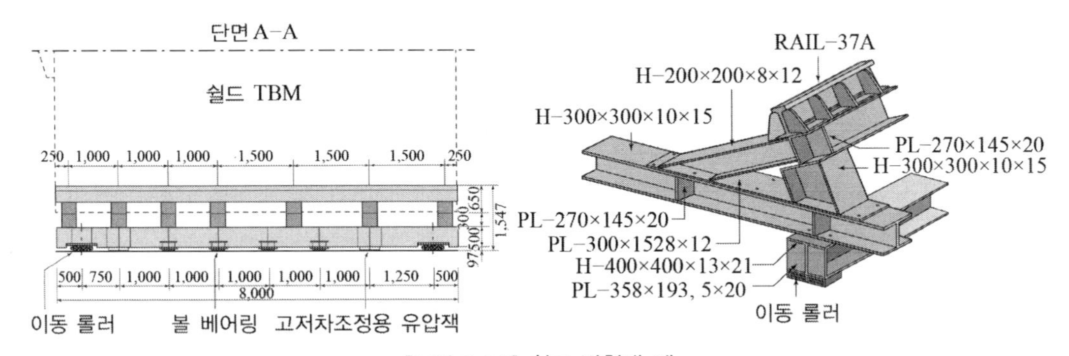

[그림 2.4.8] 쉴드 받침대 예

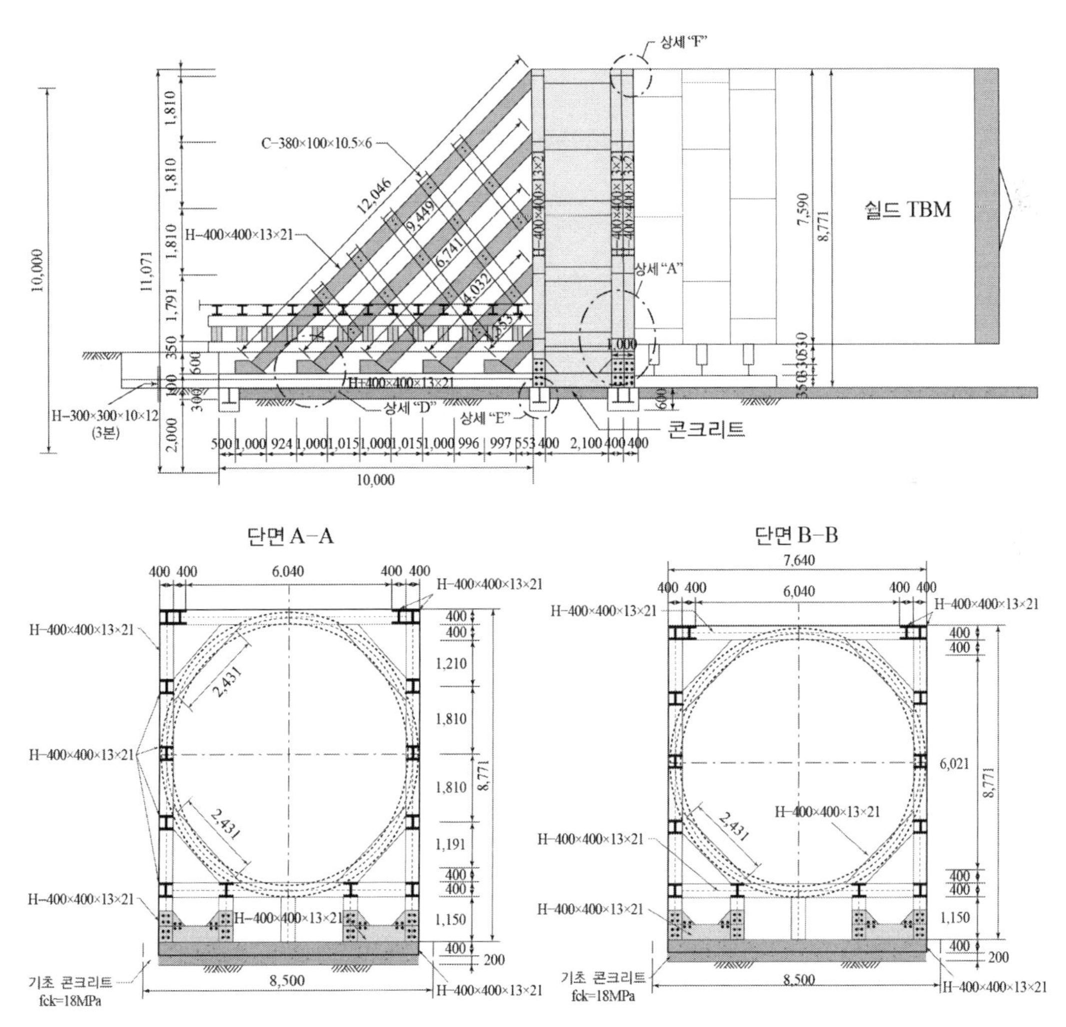

[그림 2.4.9] 반력대 설치 예

다. 반력대 구조안정성 검토

1) 구조검토 목적

쉴드 TBM 굴진을 진행하기에 앞서 쉴드 추력에 의한 반력대의 활동 및 전도에 대한 안정성을 검토하고, 필요시 구조적 보강을 통해 쉴드 TBM의 초기굴진 추력에 대한 반력대의 안정성을 확보하여 굴진이 원활히 진행될 수 있도록 하는 데 그 목적이 있다.

2) 주요 구조검토 항목

- 장비하중에 따른 각 부재의 안정성 검토
- 반력대의 외적 안정성(활동 및 전도 등) 검토

3) 주요 구조검토 예

장비 받침대 구조안정성 검토 예로서 서울지하철 ○○○공구에서 시행된 구조검토 사례를 들면 다음과 같다.

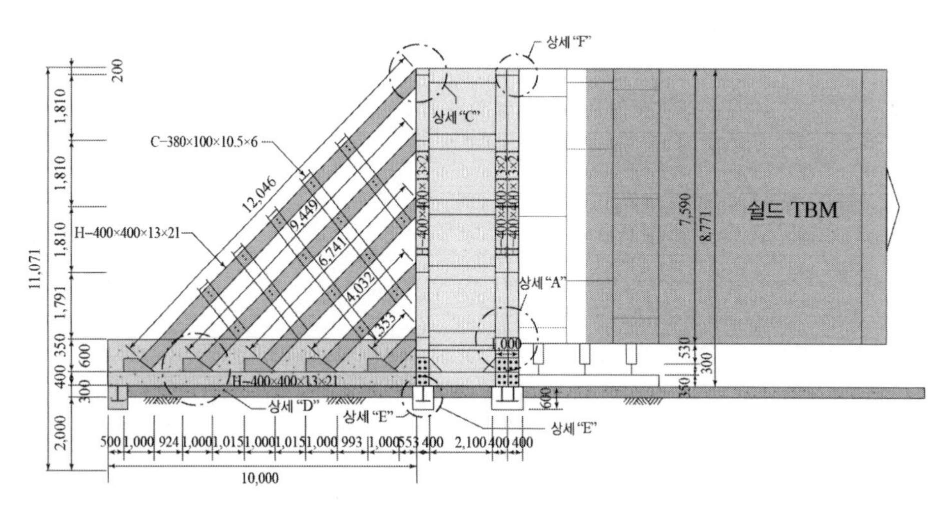

[그림 2.4.10] 부재 안정성 검토 단면

[표 2.4.6] 부재 응력 검토결과

전면부재 H-400×400×13×21	$f_s = 74.67MPa < f_{sa} = 207.12MPa$ ∴OK
	$\tau = 87.32Mpa < \tau_a = 120.00MPa$ ∴OK
중간 축부재 H-400×400×13×21	$f_c = 143.33MPa < f_{ca} = 188.67MPa$ ∴OK
후면부재 H-400×400×13×21	$f_s = 101.68MPa < f_{sa} = 209.91MPa$ ∴OK
	$\tau = 69.02MPa < \tau_a = 120.00MPa$ ∴OK
경사부재 H-400×400×13×21	$f_c = 130.42MPa < f_{ca} = 198.77MPa$ ∴OK

- 외적 안정성 검토 결과

외적 안정성 검토를 위하여 외력으로서는 굴진 시 추력을 사용하고, 내력으로서는 암반-콘크리트 면적 및 마찰계수, 암반 허용지지력, 콘크리트 및 암반 자중 등을 고려하여 다음의 조건으로 검토한다.

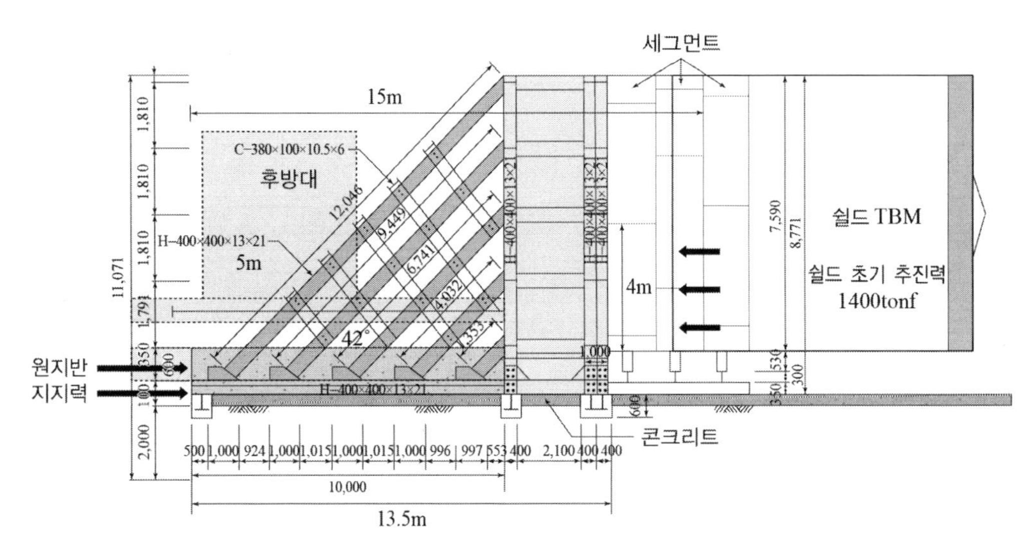

[그림 2.4.11] 쉴드 초기추진력 및 주요 내력 현황

[표 2.4.7] 검토조건

초기굴진 시 추력	1,400tonf	암반 허용지지력	105tonf/m^2 (구조물 기초 설계기준)
경사부재 설치각도	42°	콘크리트 단위중량	2.3tonf/m^3
반력대 기초판 면적	길이 13.5m×폭 6.8m	세그먼트 자중	24.6tonf (1링)
암반-콘크리트 마찰계수	0.6 (도로교 설계기준)	-	-

[표 2.4.8] 활동안정성 검토

콘크리트 저판의 자중	콘크리트 단위중량×길이×폭×높이=2.3×13.5×8.5×1.3=343.1tonf
H형 강재의 자중 합계	단위길이당 자중×전체길이 = 0.17×240 = 40.8tonf
세그먼트 자중	1링의 자중×개수 = 24.6×3 = 73.8tonf
후방대차 자중	6.5tonf
원지반 허용지지력	암반허용지지력×기초판 폭×기초판 높이=105×8.5×1.3=1160.3tonf
수평 저항력 합계	수직력 합계 × 마찰계수 + 허용지지력 = (343.1+40.8+73.8+6.5)× 0.6 + 1160.3 = 1438.8tonf > 1,400 tonf (굴진추력) OK

[표 2.4.9] 전도 안정성 검토

콘크리트 저판의 자중에 의한 저항 모멘트	콘크리트 저판 자중×저판 중심까지 거리 = 343.1 × 13.5/2 = 2315.9 tonf · m
H형 강재 자중에 의한 저항 모멘트	강재 자중×강재의 무게중심까지 거리 = 40.8 × 10 × 2/3 = 272 tonf · m
세그먼트 자중에 의한 저항 모멘트	세그먼트 자중×세그먼트까지 거리 = 73.8 × 15 = 1107 tonf · m
후방대차 자중에 의한 저항 모멘트	후방대차 자중×후방대차 무게중심까지 거리 = 6.5 × 5 / 2 = 16.25 tonf · m
저항 모멘트의 합계	2315.9 + 272 + 1107 + 16.25 = 3711.15 tonf · m
TBM 추력에 의해 발생하는 활동 모멘트	TBM 초기 추진력 × 추진력 작용 중심까지 거리 = 1400 × 4 / 2 = 2800 tonf · m
결 과	저항모멘트(3727.4 tonf · m) > 전도모멘트(2800 tonf · m) OK

라. 반력대 설치 시 주요 고려사항

1) 상향구배 조건에서의 장비 받침대 구배 및 반력대 기울기

- 시공조건 및 문제점 : 쉴드 TBM 터널 설계상 상향구배(S = 8‰)로 되어 있는 경우 장비 거치 및 반력대 기울기에 대한 고려가 필요하다. 이를 고려하지 않고 수평으로 거치하여 출발하는 경우 터널 입구에서 설계상 종단구배를 유지하는 데 어려움이 있다.
- 현장에서의 문제해결 방안 : 상향구배(S = 8‰)에 대하여 쉴드 장비의 무게중심을 고려하여 상향으로 가야 하지만 초기에 설계상의 종단구배를 유지하는 데 어려움이 있으므로 터널의 종단구배 +0.5°로 상향하여 장비의 굴진을 추진한다. 장비가 자리를 잡는 굴진 거리는 일반적으로 장비길이의 1.5~2.0배 정도이다. 약 24m부터 설계구배에 맞게 굴진이 가능하다. 또한, 초기굴진 시 커터헤드의 처짐방지를 위하여 쉴드잭의 하부만을 사용하여 운영한다.

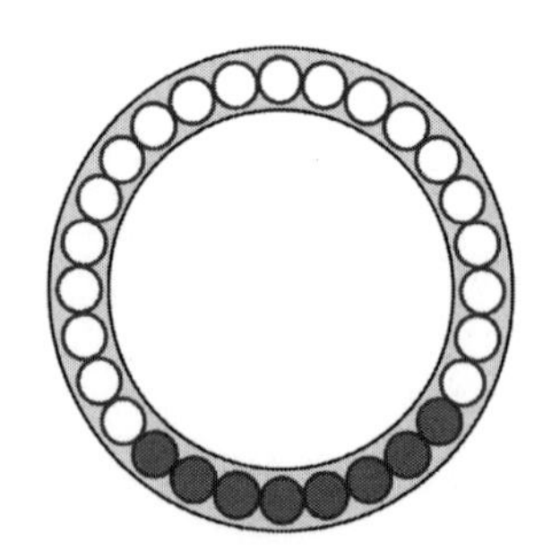
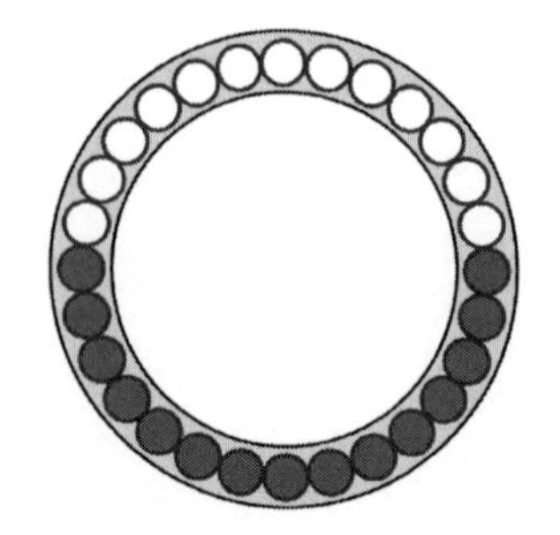

[그림 2.4.12] 처짐방지를 위한 쉴드잭 하부 운용

2) 갱구부가 곡선인 구간(R=300)에서의 장비 거치(921공구)

- 시공조건 및 문제점 : 곡선구간 발진부 초기굴진 시 중절잭을 사용하여 굴진하는 경우 편심 작용으로 가설 세그먼트 변형 및 쉴드장비 이탈이 우려됨
- 현장에서의 문제해결 방안 : 구심으로부터 1.2° 방향을 틀어 중절잭 사용없이 장비들의 1.5L(14m) 굴진하여 장비이탈을 방지함(시공여유치를 고려하여 1.2° 방향 조정함 / 구심으로부터 34mm 범위에서 초기굴진 시공함)

[그림 2.4.13] 921공구 평면노선 현황

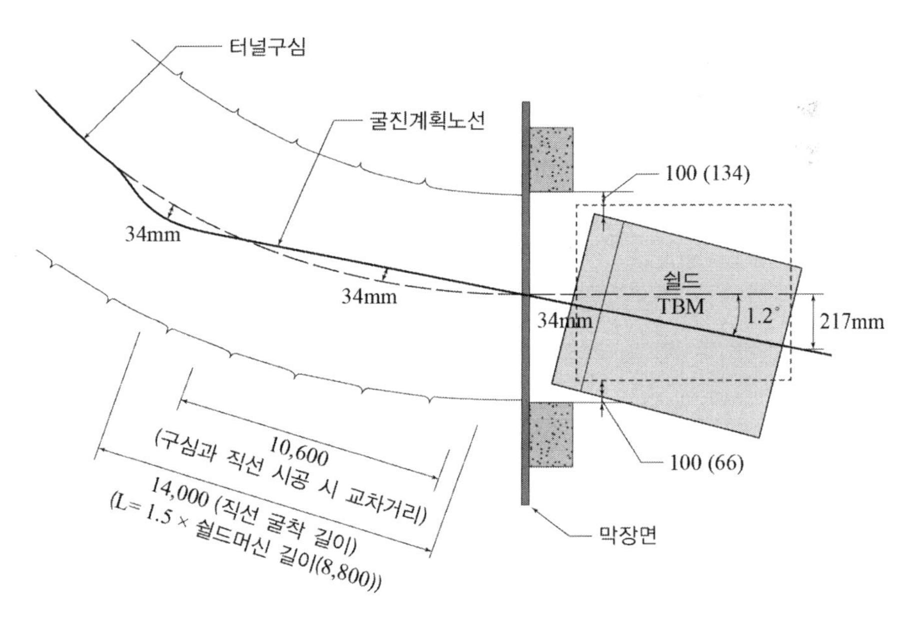

[그림 2.4.14] 발진부에서의 쉴드장비 거치 현황

3) 급곡선 구간 초기굴진 시 선형유지 및 종단구배(921공구)

- 시공조건 및 문제점 : 초기굴진 시 장비가 완전히 진입하기 전까지 선형변경이 어려우며 초기굴진 시 커터헤드 부분이 무겁고, 굴착경이 쉴드 본체보다 크기 때문에 발진 직후에 하향처짐 발생
- 현장에서의 문제해결 방안 : 장비의 1.5L(14m) 직선굴진 후 중절잭으로 곡선각도를 조절하여 굴진하고 테이퍼 세그먼트를 사용하여 선형을 유지하며, 비 거치할 때 굴진 전 쉴드장비를 상향으로 0.5° 들어올려 굴진하여 종단구배를 유지시킴

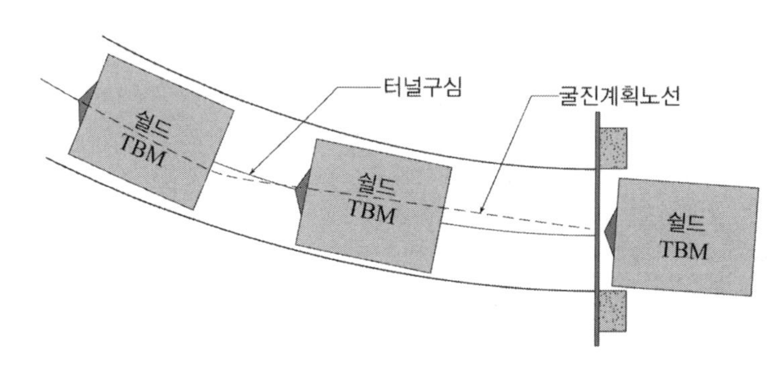

[그림 2.4.15] 쉴드 TBM 발진부 굴진방법(평면)

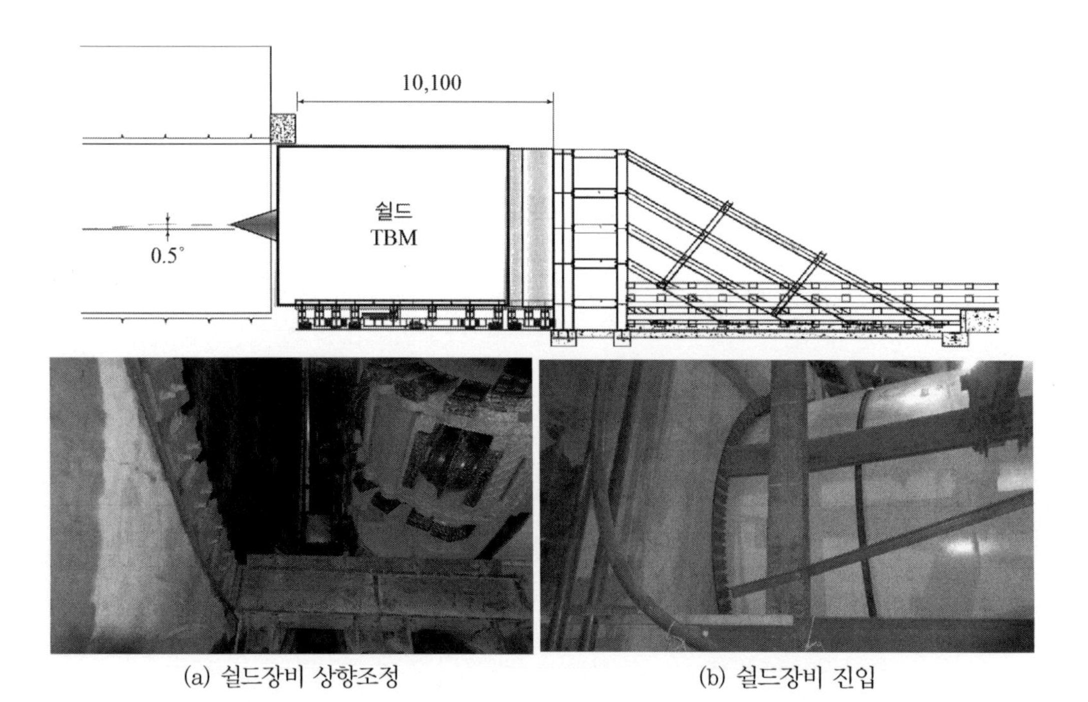

(a) 쉴드장비 상향조정 (b) 쉴드장비 진입

[그림 2.4.16] 쉴드 TBM 발진부에서의 장비 상향조정(0.5°)

마. 엔터런스 패킹

엔터런스 패킹은 발진 갱구에 설치되는 링 모양의 고무 패킹으로 쉴드 발진 시 발진 갱구와 쉴드 및 발진 갱구와 세그먼트 사이에서 지하수, 이수, 지반의 토사 등이 입갱내로 유입되는 것을 방지하고 또한 쉴드 테일이 통과 후 첫 번째 뒤채움 주입할 때 뒤채움 주입 재료가 발진구에 유출되는 것을 방지할 목적으로 사용된다.

그림 2.4.17에 표현된 엔터런스 패킹은 발진 갱구의 몸체 또는 갱구의 콘크리트에 미리 너트 및 강제 링을 묻어두고, 고무 패킹을 세팅한 후 가압하여 플레이트를 볼트로 조여 설치한 단면이다. 패킹의 반전(反轉)을 방지하는 슬라이드가 가능한 반전 방지판이 설치되어 쉴드 테일 통과 후 세그먼트의 외주까지 이 판을 슬라이드 시키는 슬라이딩식, 지하 수압이 높은 경우에 핀 구조를 가진 반전 방지 판을 이용하여 자동으로 패킹의 반전을 방지할 수 있는 플랩식이 적용된다. 입구 패킹의 설치 수는 시공 조건을 고려하여 결정하는데, 직접 절삭 공법에서는 2단 엔터런스 패킹이 많이 적용된다. 이 밖에 나일론 섬유로 보강하고 링 모양의 고무 튜브(슈퍼 패킹)를 이용하여 쉴드 매입 후 튜브에 공기 또는 오수를 넣어 부풀려 이 압력으로 지하수나 이수의 유입을 방지하는 방법도 있다.

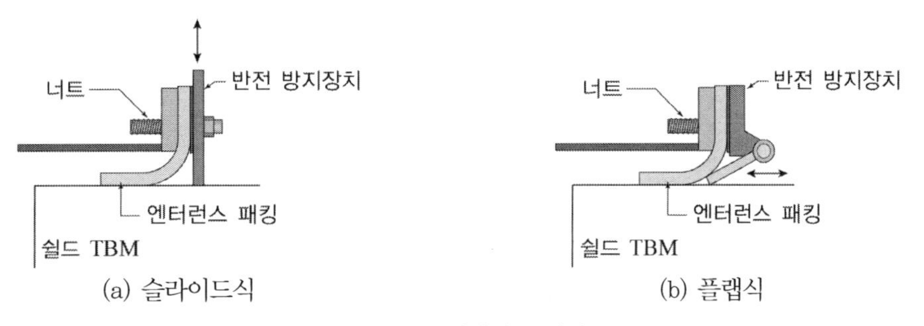

[그림 2.4.17] 엔터런스 패킹

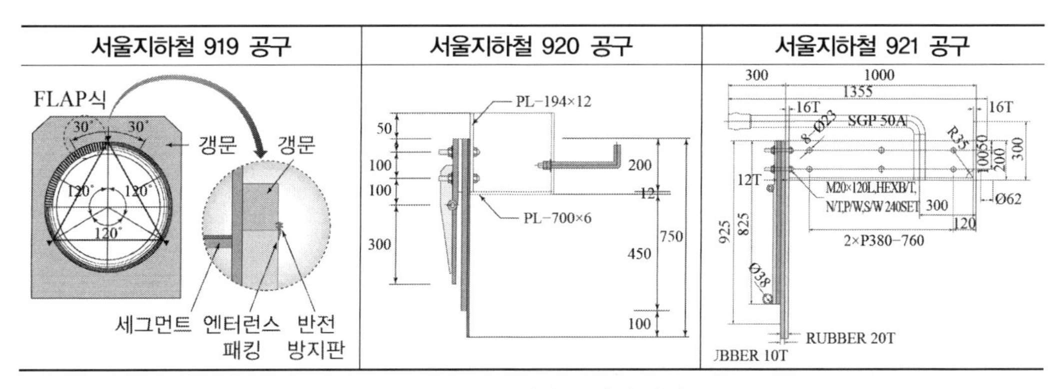

[그림 2.4.18] 엔터런스 패킹 상세도

2.4.6 쉴드의 도달설비

계획 선형을 따라 터널을 굴진한 쉴드를 도달 작업구에 미리 설치한 개구부까지 굴진한 후 쉴드 본체를 작업구에 인출하거나 혹은 도달벽의 소정의 위치로 굴진한 후 정지시키는 일련의 작업을 도달로 한다. 쉴드 기계를 인출한 예로는 지하철이나 지하도로처럼 상하선 터널을 필요로 하는 터널에서 쉴드 기계가 U턴하는 경우, 하수도 및 우수저류관 등의 직경이 다른 터널을 확대·축소 쉴드기를 사용하여 굴착하는 경우 등이 있다. 쉴드기의 회전 예는 그림 2.4.19와 같다.

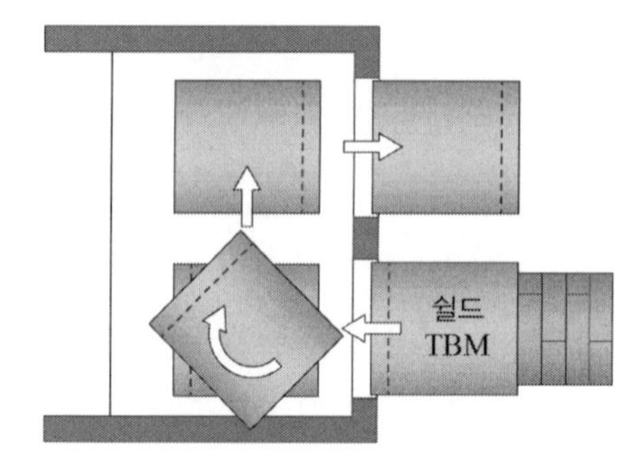

[그림 2.4.19] 도달 작업구에서의 장비 U턴

쉴드 도달 방법은 발진 방법과 마찬가지로 ① 가벽 철거 공법과 ② 직접 절삭 공법으로 분류할 수 있다. ①의 경우 가벽을 철거하는 시기에 따라 다음의 두 가지 방법을 생각할 수 있다. 그림 2.4.20은 쉴드 도달 방법의 예이다.

① 쉴드 도달 후 가벽을 철거한 다음 소정의 위치까지 다시 추진하는 방법
② 쉴드 도달하기 전에 가벽을 철거한 후 격벽을 설치하여 도달하는 방법

전자는 시공 방법이 간단하기 때문에 비교적 쉴드 직경이 작아 지하 수압이 낮은 경우에 적용한다. 재추진으로 쉴드와 지반 사이에서 지하수나 토사가 입갱에 유입될 수 있으므로 충분한 주의가 필요하다.

후자는 쉴드 직경이 큰 경우나 대심도로 지하수압이 높은 경우 적용하게 된다. 쉴드가 도달하기 전에 가벽 전면의 지반 개량을 실시하여 굴착면의 자립을 도모한 후 가벽을 철거하고 강재 등으로 격벽을 설치하고 개구부를 소일시멘트와 빈배합 몰탈 등으로 충전한다. 이 상태에서 쉴드를 도달시켜 쉴드 테일부 주변에 지수를 하고 나서 격벽을 철거한다. 이 방법은 도달구를 막은 채 쉴드를 소정의 위치까지 추진할 수 있으며 테일부의 지수 주입재가 입갱에 유입하지 않고 확실하게 지수 효과를 거둘 수 있기 때문에 안전한 시공이 가능하다.

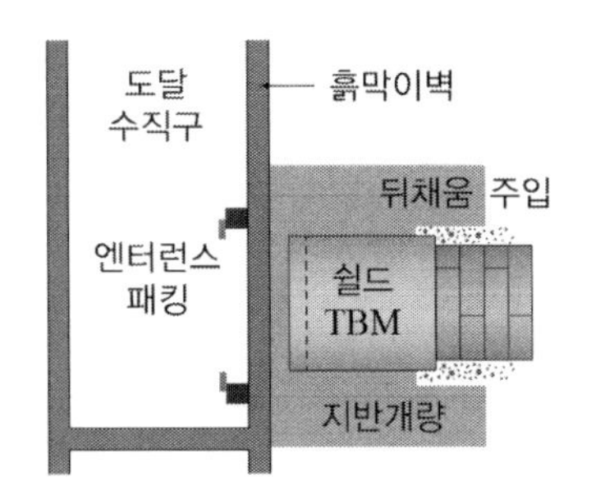

① 지반개량을 실시한 후 쉴드 TBM을 흙막이벽 직전까지 굴진한다.

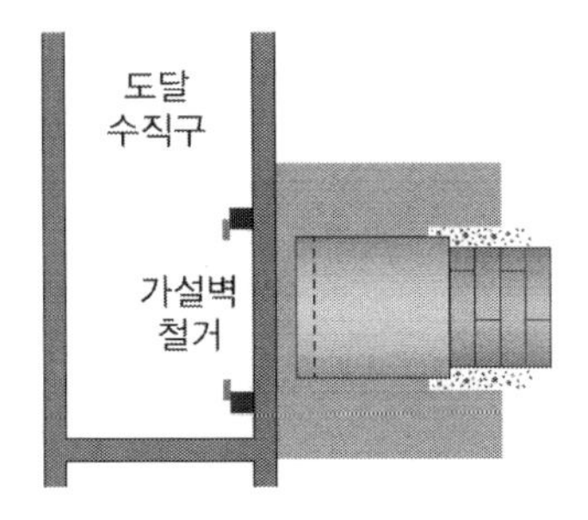

② 지반개량 효과를 확인한 후 가설벽을 철거한다.

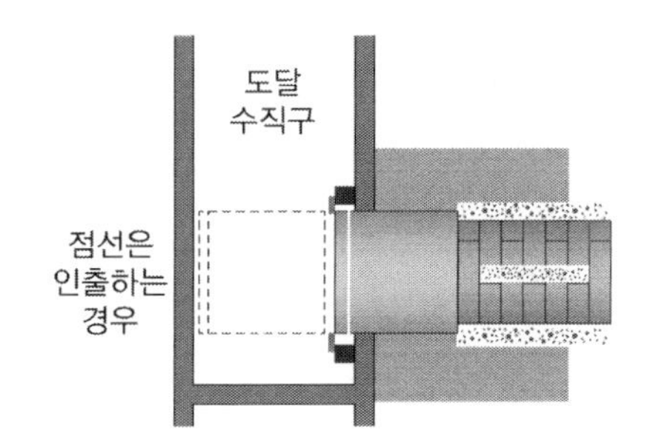

③ 쉴드 TBM을 다시 추진한다.

(a) 도달 후 가설벽을 철거하는 방법

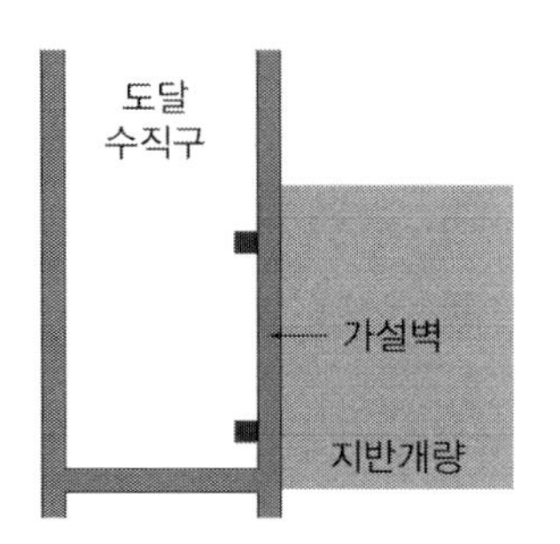

① 마감벽 전면 지반개량을 실시한다.

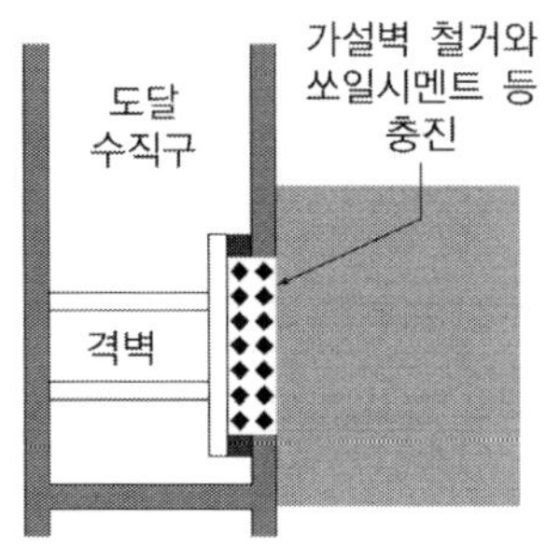

② 지반개량 효과를 확인한 후 격벽설치와 가설벽 철거·충진을 실시한다.

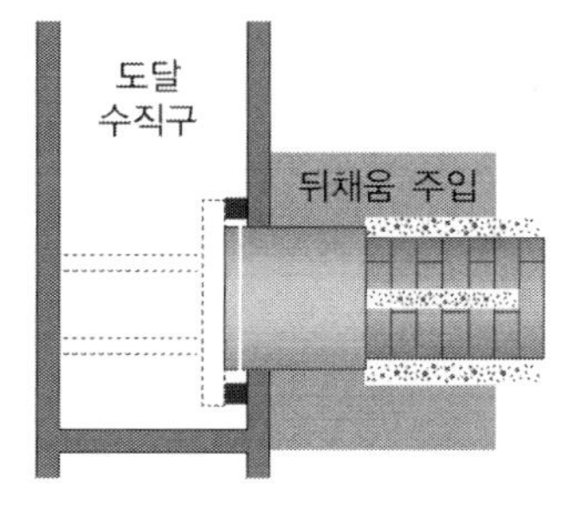

③ 도달 후 테일부 지수주입을 실시하고 격벽을 철거한다.

(b) 도달 전에 가설벽을 철거하는 방법

[그림 2.4.20] 쉴드 도달방법

2.4.7 발진 및 도달을 위한 보조공법

발진 및 도달을 위한 보조 공법은 토질 조건, 지하 수압, 쉴드 형식 및 외경 등을 고려하여 안전하고 경제적인 공법을 선정할 필요가 있다. 발진 방법 및 도달 방법의 개량 범위는 가벽 철거 공법과 직접 절삭 공법에 따라 달라진다.

가벽 철거 공법에 대한 지반 강화 및 지수 목적의 지반 개량 범위는 쉴드가 완전히 지반에 관입하고 뒤채움 주입 공법과 함께 지수할 수 있는 길이가 필요하다.

직접 절삭 공법의 경우 엔터런스 패킹의 지수성 등을 고려하여 지수성을 확보할 수 있는 개량 범위를 확보하여야 한다.

현재 쉴드 발진 및 도달을 위한 보조 공법으로 사용되고 있는 공법에는 약액 주입 공법, 고압 분사 교반 공법 및 동결 공법 등이 있으며, 이들은 단독 또는 조합하여 사용되고 있다. 주입재료 및 주입방법은 분포하고 있는 토질여건에 따라 선정하여야 한다.

가. 쉴드 발진 및 도달구에서의 적용 보조공법

1) 약액 주입 공법

주입 재료를 지반의 간극에 압입 고결시켜 지반의 지수성을 강화하고, 지반 강도의 증가를 도모하는 공법이다. 쉴드의 발진 및 도달에서는 터널 주변 지반의 투수성을 개량하고 터널 갱구부에서 지하수나 토사가 지하로 유입되는 것을 방지할 목적으로 사용된다.

2) 고압 분사 교반 공법

물 또는 경화재에 의해 지반을 절삭하고 절삭 부분의 토사와 주입재를 혼합 또는 치환하여 강도의 개량체를 형성하는 공법이다. 쉴드의 발진 및 도달에서는 가벽 외부에 개량 영역을 형성하고 가벽 철거 시 토압 및 수압에 저항하는 것을 목적으로 사용된다.

3) 동결 공법

국내에서는 거의 사용하지 않는 공법이나, 일본이나 유럽에서는 빈번히 사용되는 공법이다. 연약한 지반이나 지하수가 있는 지반을 일시적으로 동결 고화시켜 동토(凍土)가 가진 완벽한 차수성과 높은 강도를 가지는 차수벽 또는 내력벽을 구축하는 공법이다. 쉴드의 발진 및 도달에서는 특히 쉴드 단면이 큰 경우나 심도가 깊어 수압이 높은 경우 가벽 철거 시 좋은 개량체를 형성할 목적으로 사용된다.

나. 발진 및 도달 보조공법 설계

발진 및 도달 방호의 목적은 가벽 철거 시 지반의 안정 확보 및 지하수 유입 방지, 쉴드 주변부로의 지하수 및 토사 유입 방지, 작업구 주변의 지표면 및 지하 매설물 등의 영향 방지 등이다.

발진 및 도달 보호 공의 설계는 이러한 목적을 명확히 한 뒤, 토질 조건, 지하수위, 쉴드 형식, 토피고 및 작업 환경 등을 고려하여 보조 공법을 선정한다.

발진방호를 위한 지반 개량은 가벽을 철거할 때 절단 부분의 지반이 붕괴할 우려가 있는 경우에 실시한다. 또한 사질토에서 지하수위가 높은 경우에는 쉴드가 완전히 지반에 들어간 후 엔터런스부의 보강이 될 때까지의 문(門), 지하수의 유입을 방지할 수 있도록 쉴드기 길이+α의 범위의 개선이 필요하다. 또한 도달방호를 위한 개량 범위도 기본적으로 동일하다.

1) 약액주입 공법

약액 주입 공법은 지반의 지수성 또는 강도를 증가시키는 것 등을 목적으로 하는 공법이다. 주입재는 시멘트계를 사용하며, 약액으로는 물유리계 또는 동일 목적의 특정제품 약액을 사용한다. 토질 조건에 따른 주입공법의 기본 개념은

- 모래 지반 : 침투 주입을 시키는 것이 기본
- 점토 지반 : 투수계수가 10^{-4}cm/s 이하의 경우로 할렬주입이 기본이 된다.

굴착면의 자립과 용수방지를 위한 약액 주입 범위는 천단, 측벽부, 바닥부 두께를 구하고 발진에서는 삽입부의 길이, 도달부에서는 수용부 길이를 각각 구한다. 그림 2.4.21은 주입 범위의 개념도를 나타낸다.

발진부 = 절단부 + 삽입부 = 쉴드기 길이 + 2.0m

도달부 = 절단부 + 수입부 = 쉴드기 길이 + 3.0m

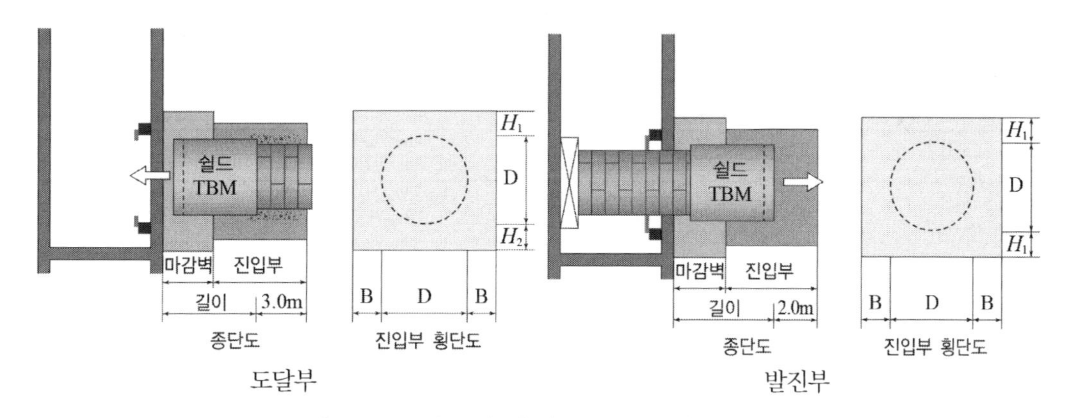

[그림 2.4.21] 도달 및 발진부 보강범위 개념도

쉴드가 발진할 때는 흙막이 벽을 절단 후, 지반으로 들어간다. 그때 막장의 자립과 용수방지를 위한 약액 주입 범위는 상단, 측면, 바닥 판의 두께를 각각 다음과 같이 구한다. 절단부의 범위는 계산결과와 경험적 개량범위 중 큰 값을 적용한다.

a) 터널 상부 두께의 계산(그림 2.4.21의 H_1)

터널을 굴착한 경우 주변에 발생하는 소성 영역에 근거한 개념의 그림 2.4.21 조건에서 다음 식으로부터 구한다.

$$\ln R + \frac{R \times \gamma_t}{2C'} = \frac{H \times \gamma_t}{2C'} + \ln a \quad \text{(식 2.4.1)}$$

γ_t : 흙의 단위체적중량(kN/m³)

C' : 개량토의 점착력(kN/m²)

H : 관로중심의 토피고(m)　　a : 쉴드굴착반경(m)

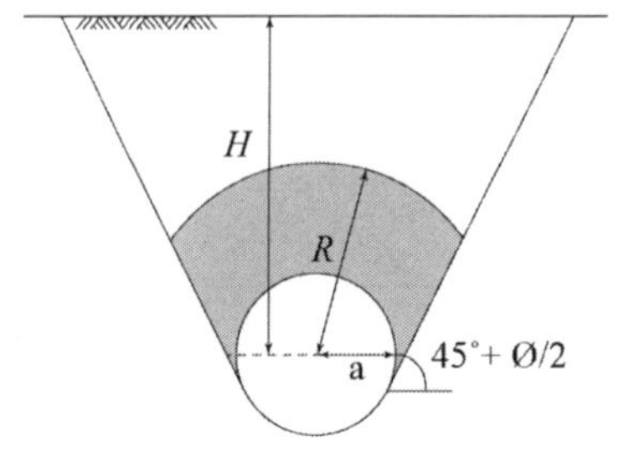

[그림 2.4.22] 상부보강 범위

식 2.4.1에서 R을 구하고, R－a에서 필요한 두께(H_1)를 구한다.

$$H_1 = F_s(R - a) \quad \text{(식 2.4.2)}$$

Fs : 안전율

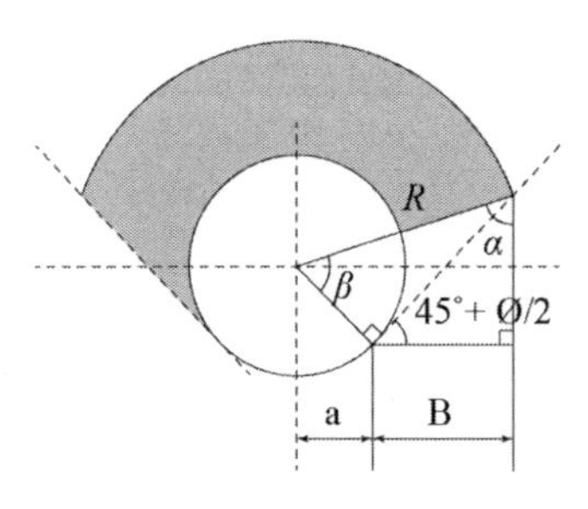

[그림 2.4.23] 측부보강 범위

b) 측부 두께의 계산(그림 2.4.21의 B)

쉴드 측부의 개량두께는 그림 2.4.23에 나타낸 방법을 이용하여 작도에 의해 구한다.

c) 저부두께의 계산(그림 2.4.21의 H_2)

개량체 저부에서 양압력(U), 개량토의 중량(W), 개량토의 전단응력(F)과의 평형식에서 구한다(그림 2.4.24).

$$F_s = \frac{W + F}{U} \quad \text{(식 2.4.3)}$$

d) 연장 방향의 두께의 계산(그림 2.4.21의 절단부)

발진부 막장 굴착면에 필요한 개량 길이는 막장 전면에 작용하는 토압·수압에 대해 개량토의 압축, 인장, 전단 응력으로 지지하는 것으로서 검토한다. 계산 결과와 최소 개량범위에서 큰 값을 적용한다.

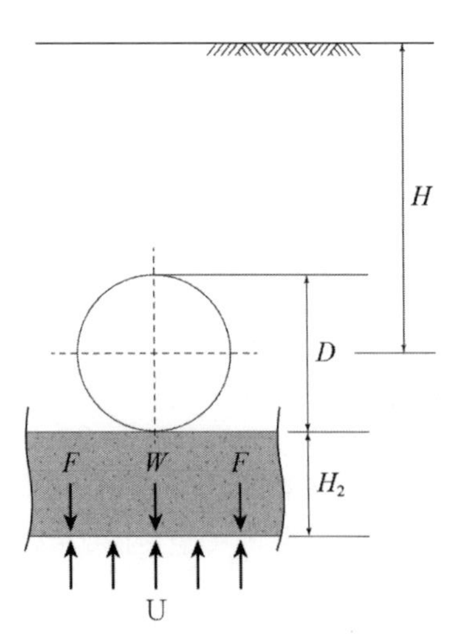

[그림 2.4.24] 바닥부보강 범위

$$F_s = \frac{F}{W} \qquad \text{(식 2.4.4)}$$

$$F = 1 \times C' \times L$$

$$W = (P_a + P_w) \times S$$

F : 개량토의 전단응력(kN/m²)
W : 토압과 수압의 총계
C' : 개량토의 점착력
L : 필요개량길이, S : 막장개방면적
P_a : 주동토압, P_w : 수압

2) 고압 분사 교반 공법

고압분사 교반공법은 공기와 액체의 힘으로 흙을 절단하여 지반을 개량하는 공법으로서, 지반 조건, 대상 토질, N값, 시공 심도를 고려하여 공법을 선정하는 것이 기본이지만, 또한 유효지름, 공사 목적, 규모, 공사 기간, 경제성을 고려한 공법의 특성을 충분히 고려하여 이중관, 삼중관 등의 로드형식, 분사압력 등을 선정한다.

개량 범위의 설계는 명확한 준거 기준이나 지침이 아니라 설계자의 판단에 맡겨져 있는 것이 현실이지만, 고압분사 그라우팅의 휨인장강도와 토압의 관계로부터 아래의 식으로 산정한다.

– 발진부

a) 굴진구간 절단부가 사질토인 경우

고압분사 공법에 의한 개량체는 다른 공법에 비해 고강도에서 균질하므로 콘크리트와 같은 구조재와 같이 취급하고, 절단부를 주변 자유지지의 원판으로 생각하여 휨 응력도에서 배면토압, 수압에 의해 파괴되지 않는 두께를 구한다.

$$t = F_s \sqrt{\frac{1.2wr^2}{\sigma_t}} \qquad \text{(식 2.4.5)}$$

w : 쉴드중심위치에서 토압과 수압의 총계
t : 필요개량길이
F_s : 안전율 1.5
r : 가벽의 개방반경
σ_t : 제트그라우트의 휨인장강도

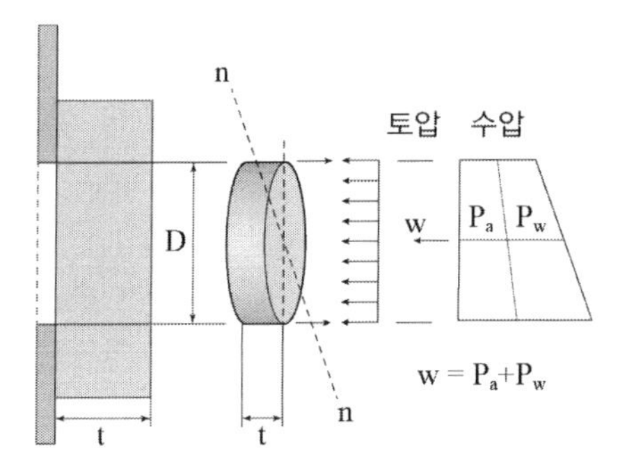

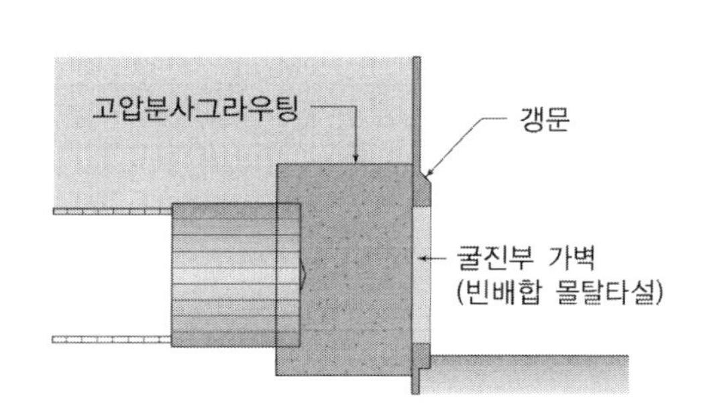

[그림 2.4.25] 사질토 지반에서의 보강 개념

고수압하에서 엔터런스 패킹이 수압을 저항할 수 없다고 판단되는 경우 쉴드기 길이 + 필요한 구간 길이(α)의 범위를 개량한다. 개량범위(α)는 전면에 작용하는 외력에서 초기굴진 시에 가하는 압력을 무시한 식 2.4.5로 계산한다. 그림 2.4.26은 개량 범위의 개념도를 나타낸 것으로서 개량 단면의 상부, 측부 및 저부 바닥부에 대해서는 약액 주입 공법과 같은 방법으로 계산한다. 국내 지하철의 경우 일반적으로 경제성을 고려하여 그림 2.4.26의 (c) 방법을 많이 사용하고 있다.

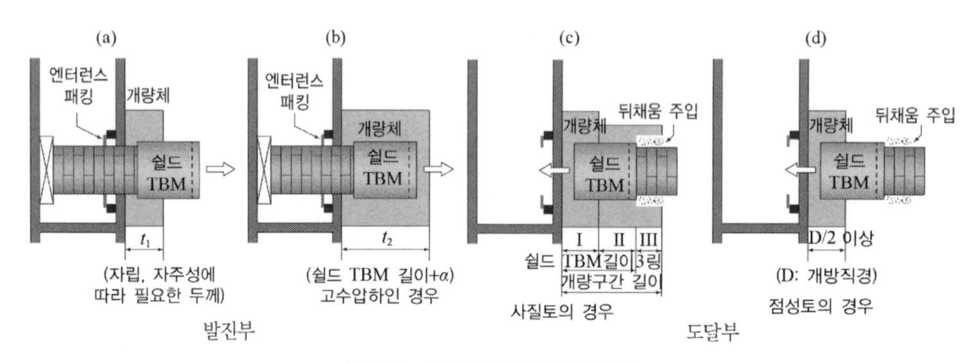

[그림 2.4.26] 개량범위 개념도

b) 절단부의 대상토가 점성토인 경우

쉴드 굴진을 위한 작업구 철거직경(D)를 반경으로 하는 원호 활동을 고려하여 개량체의 점착력으로 미끄럼 모멘트에 저항하는 것으로 한다. 이는 점토지반에서의 히빙안정성을 검토하는 방법과 동일한 개념이다. 그림 2.4.27의 O점을 지점으로 하는 모멘트의 평형에서 필요 개량 두께를 계산한다.

$$\theta = \frac{F_s \times M_d - M_r}{\Delta c \times D^2} \quad (rad) \qquad \text{(식 2.4.6)}$$

$$t = D \times \sin\theta$$

[그림 2.4.27] 바닥부보강 범위

M_d : 기동모멘트, M_r : 개량 전의 저항모멘트, △c : 개량 후의 증가점착력, t : 필요두께

개량 단면의 상부, 측부 및 바닥부 보강은 사질토의 보강영역 산정방법과 동일한 방법을 사용한다.

상기의 보강영역 산정방법은 지반조건마다의 특성을 고려한 계산방법이며, 쉴드 TBM 직경별 최소 보강범위는 표 2.4.10과 같다.

[표 2.4.10] 쉴드 TBM 직경에 따른 갱구부 최소 보강범위(상하좌우)

D	1≤ D<3	3≤ D<5	5≤ D<8	8≤ D<10	10≤ D<13
B	1.0	1.5	2.0	2.5	3.0
H_1	1.5	2.0	2.5	3.0	3.5
H_2	1.0	1.0	1.5	2.0	2.5

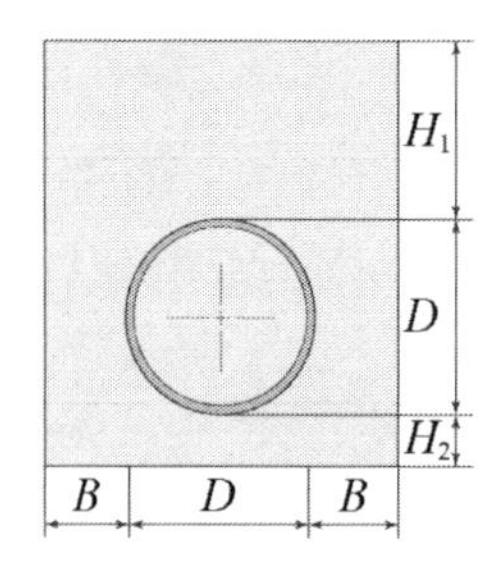

- 도달부

도달 시에 쉴드기 주위의 지반은 기계 굴착으로 교란된 상태이며, 이 부분을 통해 장비 테일부에서의 용수가 문제되는 경우가 많다. 따라서 보강필요 범위는 사질토의 경우 용수제어를 위한 것으로 하고 점성토의 경우 지반붕괴 제어를 위한 것으로 하여 아래와 같이 고려한다.

a) 절단부의 대상 토양이 사질토의 경우

그림 2.4.26에 나타나는 I~III의 범위를 개선하여야 하며, 설정 영역 I의 보강범위는 발진부와 동일하다. II 및 III에서는 지수성이 목적이 되기 때문에 F_s = 1.0 또는 최솟값 중 큰 값을 설계값으로 한다.

b) 절단부의 대상 토양이 점성토의 경우

지수성을 고려할 필요가 없는 지반에서 I구간만 보강한다. 필요 두께는 입갱의 설치 상황 등에 달려 있으며, 보통의 경우 D/2 (D : 개방 직경)의 두께를 확보해두면 좋다.

- 경험적 도달구 및 발진구 보강범위

도달구 및 발진구의 보강범위는 쉴드 장비 길이와 밀접한 관계가 있는 점을 고려하여 다음과 같이 선정이 가능하다.

a) 발진구 : 1.5 × 쉴드길이

b) 도달구 : 1.0 × 쉴드길이~1.2 × 쉴드길이

그러나 상기의 값은 지반강도 특성을 고려한 계산을 통하여 적정성을 검토 후 적용하여야 한다.

3) 서울지하철 9호선 발진부 및 도달부 보강공법 적용 현황

서울지하철 9호선의 경우 발진부 및 도달부 배면 지반이 토사인 경우에는 고압분사 공법 적용을 원칙으로 하였으며, 풍화암 이상의 지반조건에서는 고압분사 공법 적용이 어려우므로 약액주입방식으로 적용하였다.

[표 2.4.11] 서울지하철 9호선 발진부 및 도달부 보강공법

비 고		지반조건	발진부	도달부
919공구	환기구	충적층	t=13m(고압 4m+저압 9m)	t=10m(고압 4m+저압 6m)
	정거장	암 반	t=13m(저압그라우팅)	t=9m(저압그라우팅)
920공구	시점부	충적층+풍화암	t=13m(고압 4m+저압 9m)	t=10m(고압 4m+저압 6m)
	종점부	충적층+풍화토	t=13m(고압 4m+저압 9m)	t=10m(고압 4m+저압 6m)
921공구	시점부	충적층+기반암	t=12m(고압 4m+저압 8m)	t=12m(고압 4m+저압 8m)
	종점부	풍화암+연암	t=12m(저압그라우팅)	t=9m(저압그라우팅)

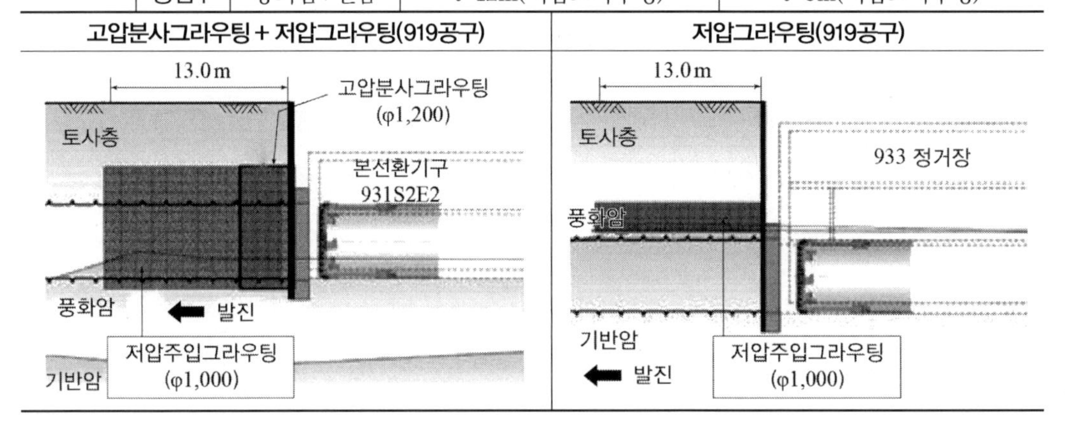

2.4.8 직접 절삭공법

직접 절삭공법은 쉴드 장비로 가벽을 직접 절삭하는 공법으로 국내에서는 적용예가 없는 공법이다. 그러나 직접 절삭하는 공법의 경우 가벽 철거 시 막장면 안정성을 확보하기 위한 지반개량 그라우팅이 필요 없는 장점이 있어 안정적이라는 장점이 있으므로 국내 설계·시공 시 적용성 검토가 필요한 공법이다. 특히 대구경 쉴드 TBM을 적용하는 조건의 대규모 굴착이 이루어지는 작업구의 경우 슬러리 월을 이용하여 작업구를 설치하는 경우가 있으며, 이 경우 슬러리 월을 철거하는 작업이 매우 번거롭기 때문에 직접 절삭공법의 적용은 매우 유리하게 된다.

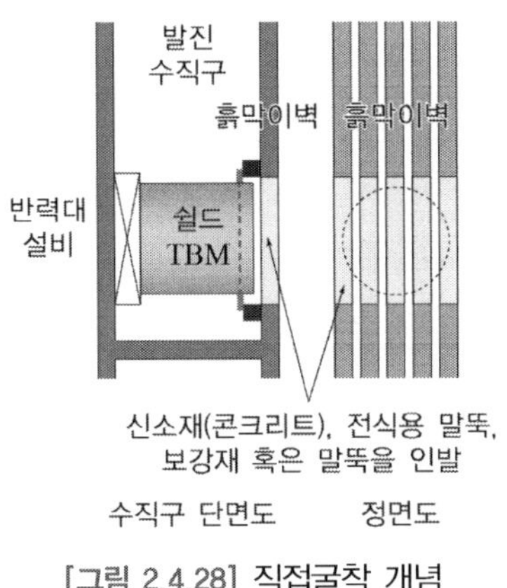

[그림 2.4.28] 직접굴착 개념

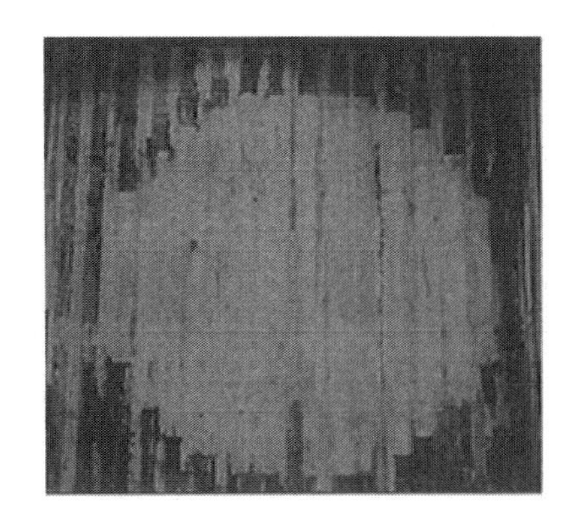

[그림 2.4.29] NOMST 공법 시공전경

쉴드 기계로 가벽을 직접 절삭하고 발진하는 공법은 그림 2.4.28과 같이 가벽의 구조를 쉴드 기로 절삭 가능한 재료로 사용하는 것이 가장 일반적이다. 쉴드 통과부 부분에 탄소 섬유, 아라미드 등의 섬유 강화 수지를 이용하여 철근을 대체하고 석회 자갈을 굵은 골재로 사용하여 절단하기 쉬운 고강도 콘크리트로 축조한 흙막이 벽을 쉴드 커터 비트에서 직접 절삭하면서 발진 또는 도달하는 공법으로서 일본에서는 NOMST(Novel Material Shield-cuttable Tunnel-wall System) 공법으로 불린다.

2.5 굴진 및 시공관리

2.5.1 초기굴진 및 본굴진

가. 개요

초기굴진이란 쉴드장비가 터널 내부로 진입하기 전 쉴드받침대, 쉴드장비 조립, 갱문 및 엔터런스, 반력대 및 가설세그먼트가 설치되어 굴진준비가 완료되고, 쉴드장비의 추진 반력이 지반과 세그먼트의 마찰저항을 상회하는 동안의 굴진 또는 후방설비가 터널 속으로 들어가기 전까지의 굴진을 말한다.

초기굴진은 본굴진 전 효율적인 굴진 및 작업이 이루어지게 하기 위해서 굴진관리정보(추력, 토크, 뒤채움 주입, 장비가동)를 수집하고 이를 정밀분석하여 굴진 시 발생할 수 있는 문제를 사전에 감지하여 대응하기 위한 목적도 가진다. 초기굴진 시는 작업구 내에 초기굴진 준비설비 등의 설치로 협소한 환경에서 후방설비의 설치, 버력 반출 및 자재 운반을 해야 하므로 굴진 전에 초기굴진계획도를 작성해 공정관리를 해야 한다.

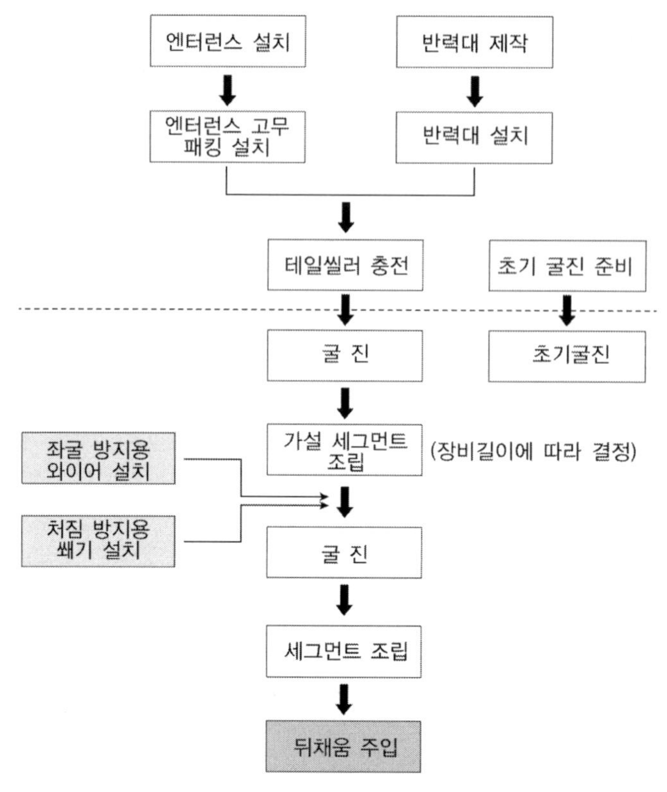

[그림 2.5.1] 초기굴진 순서

나. 초기굴진거리 산정

초기굴진거리의 산정은 쉴드 TBM 발진 시에 쉴드 잭의 추력에 의해 세그먼트 주변마찰저항으로 대응할 수 있는 거리 또는 쉴드 TBM 후방설비가 터널 내에 설치될 수 있는 거리 중 긴 것을 초기굴진거리로 한다.

1) 쉴드 추력에 의한 산정

• 쉴드 추력이란 쉴드 TBM이 굴진 시 발생하는 최소의 저항력을 상회할 수 있는 힘으로써

① 쉴드 TBM과 지반 간의 마찰저항 +

② 전면토압 +

③ 전면수압 +

④ 쉴드 TBM 후통 내부 표면과 세그먼트 사이의 마찰저항의 합

$$L_1 = T / F \ (m)$$

여기서, T : 쉴드 총추력 × 0.6

F : 세그먼트 1m당 마찰저항(t/m^2) = $\pi \cdot D \cdot f$(tonf/m)

여기서, D : 세그먼트 외경(m), L : 단위폭(m),

f : 세그먼트와 주변지반의 마찰저항(t/m^2)

2) 후방 설비에 의한 산정

L_2 = 쉴드장비길이 + 후방대차 길이

현장에서의 초기굴진거리 산정 예	
광차 사용 시	① 쉴드 추력에 의한 산정 L_1 = T / F (m) = 2969t / 47.627t/m = 62.36m 여기서, T : 쉴드 총추력× 0.5, F : 세그먼트 1m당 마찰저항(t/m), F = π × D × L × f(t/m^2) = π × 7.58 × 1.0 × 2.0 = 47.6 ton 여기서, D : 세그먼트 외경(m), L : 단위폭(m), f : 세그먼트와 주변지반의 마찰저항(t/m^2) ② 후방 설비에 의한 산정 L_2 = 쉴드장비길이 + 쉴드장비와 후방대차 사이 거리 + 후방대차 길이 + 레일 분기기 설치공간 = 8.8m + 12m + 54.5m + 19.7m = 95m ③ 초기굴진 연장 Max (①, ②) = 95m
연신 컨베이어 사용 시	① 쉴드 추력에 의한 산정 L_1 = T / F (m) = 39.8m 여기서, T : 쉴드 총추력 × 0.6, F : 세그먼트 1m당 마찰저항(t/m), F = π × D × L × f(t/m^2) = π × 7.13 × 1.0 × 3.5 = 78.4 ton 여기서, D : 세그먼트 외경(m), L : 단위폭(m), f : 세그먼트와 주변지반의 마찰저항(t/m^2) ② 후방 설비에 의한 산정 L_2 = 쉴드장비길이 + 후방대차 길이 + 연신스토리지 + 시공여유 = 9.7m + 62.5m + 89.1m + 8.7m = 170.0m ③ 초기굴진 연장 Max (①, ②) = 170.0m

다. 가설 세그먼트

1) 목적

가설세그먼트는 쉴드장비와 반력대 사이에서 쉴드 굴진을 위한 추력을 얻기 위해 가설로 설치하는 세그먼트이다. 쉴드 TBM이 장비 받침대에 거치되어 굴진 준비가 완료되면, 장비의 굴진에 따라 후통부에서 표준형 가설 세그먼트를 조립하여 쉴드장비가 터널 속으로 완전히 들어갈 때까지 설치되는 세그먼트를 말한다.

2) 설치 시 주의사항

정밀한 조립을 통하여 본 세그먼트가 진원을 유지할 수 있도록 하고, 쉴드 TBM 본체에서 빠져나오게 되면 자중에 의해 쉴드받침대 아래로 처짐현상(nose down)이 발생하므로 받침대와 세그먼트 사이에 받침목을 설치한다. 또한 쉴드 추력에 의해 세그먼트의 좌굴 및 이탈이 발생할 수 있으므로 가설 세그먼트를 매 링마다 와이어 로프로 단단히 고정시켜야 한다(대구경 쉴드 TBM의 경우 H-형강으로 지지하기도 함). 가설 세그먼트는 본굴진 시 해체하므로 수팽창성 지수재를 부착하지 않으며, 초기굴진 시 쉴드잭 사용 본 수 및 추진속도 등을 신중히 관리해야 한다.

와이어 설치	쐐기목 설치

3) 설치 순서도

1. 반력대 설치 및 장비거치

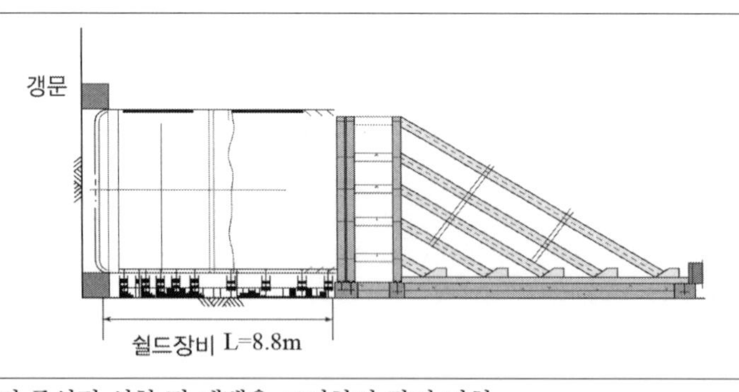

- 갱문 및 엔터런스 – 쉴드장비 중심점 선형 및 레벨을 고려하여 장비 거치
- 직선구간 거치 시 – 반력대와 쉴드장비 진행방향이 90°가 되도록 설치한다.
- 곡선구간 거치 시(서울지하철 921공구)
  – 초기굴진 시 R=300의 곡선구간을 굴진하여 편심작용에 의해 가설 세그먼트 변형 및 쉴드장비 이탈 우려가 있으므로 반력대 위치를 1.2° 틀어서 반력대 설치
- 쉴드장비 거치 시 장비 무게로 인해 장비 선단이 밑으로 쳐져 종단구배(레벨)를 유지하기 어려우므로 쉴드장비를 상향으로 0.5° 들어서 장비 거치

2. 가설 세그먼트 설치

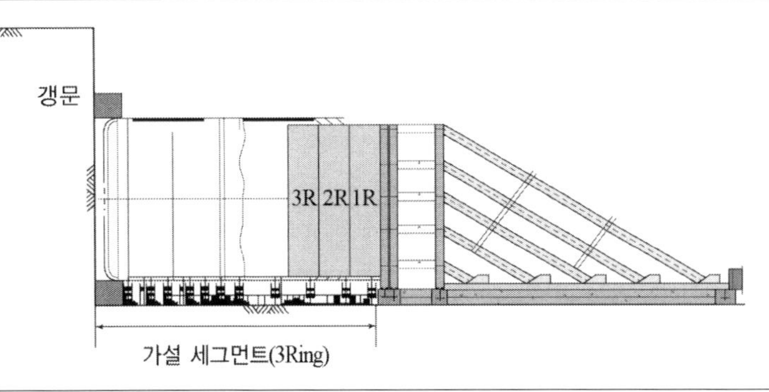

- 가설세그먼트 설치(표준형 세그먼트 설치, 2~3링)
  - 초기굴진 시 쉴드장비가 쉴드받침대 위에 거치되어 구속되는 부분이 없기 때문에 일정한 길이만큼 굴진이 진행되기 이전에는 이탈할 우려가 많다.

    따라서 2~3링(3~5m) 정도는 표준형 세그먼트를 설치한다.
- 세그먼트 좌굴, 처짐, 이탈 확인
- 초기굴진 준비

3. 초기굴진 시작

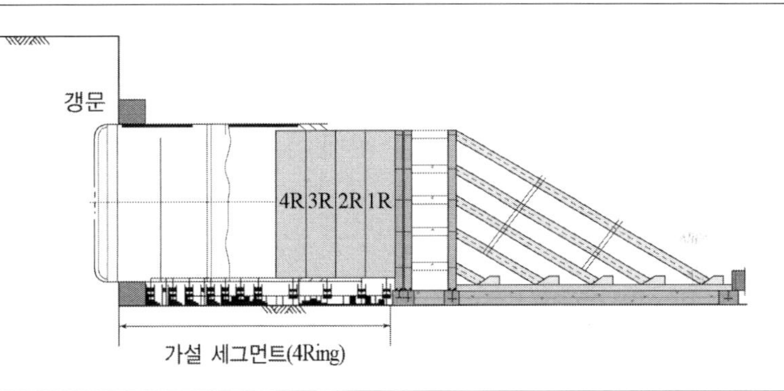

- 가설 세그먼트 4링째 초기굴진 시작
- 쉴드 추력 및 속도 관리
  - 반력대의 저항력(활동, 전도 및 자체강성) 이하로 추력관리 굴진하여 쉴드장비 이탈, 세그먼트 좌굴, 처짐, 이탈 및 반력대 파손방지
- 뒤채움 주입재 주입 없음

4. 가설 세그먼트 설치 완료

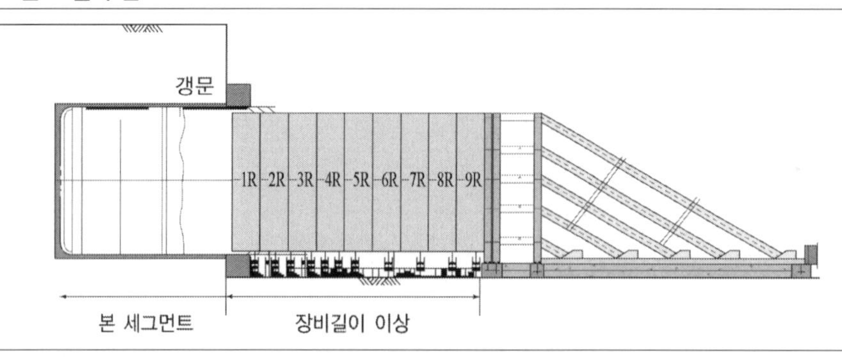

- 가설세그먼트 설치 완료(표준형 세그먼트 설치, 장비길이 이상)
- 세그먼트 좌굴, 처짐, 이탈 확인 / 선형 및 레벨 확인

조립전경

라. 초기굴진 시 주의점

- 쉴드장비 굴착 단면과 세그먼트 단면 사이에는 필연적으로 공극이 발생하므로, 쉴드 장비가 막장 진입 후 세그먼트 처짐이 생기지 않도록 테일부에서 세그먼트가 이탈하는 즉시 뒤채움 주입을 즉시 시행한다.
- 수직구에서 쉴드장비가 엔터런스를 통과하여 지반속으로 관입할 때 막장이 완전히 안정되기 전까지 뒤채움 관리를 철저히 시행한다. 수직구 상부 지반에서 지하수 및 토사가 수직구 내부로 유출되어 상부 지반의 침하가 발생할 경우 엔터런스 패킹(entrance packing)을 통해 2차 그라우팅을 시행한다.
- 초기굴진 시 세그먼트 및 각종자재의 운반은 대부분 인력으로 이루어지고, 수직구 내부가 협소하기 때문에 각종 위험요소가 산재하고 있으므로 작업 시 관리자 및 신호수 배치를 통하여 안전에 만전을 기한다.

• 지반 굴착 시 쉴드 커터헤드 회전력에 따라 쉴드머신이 롤링을 일으키기 쉬우므로, 가설 세그먼트나 가설 받침대 등은 와이어 로프로 단단히 고정시키고, 또한 추력 및 추진속도에 대하여 하향조정을 실시한다.

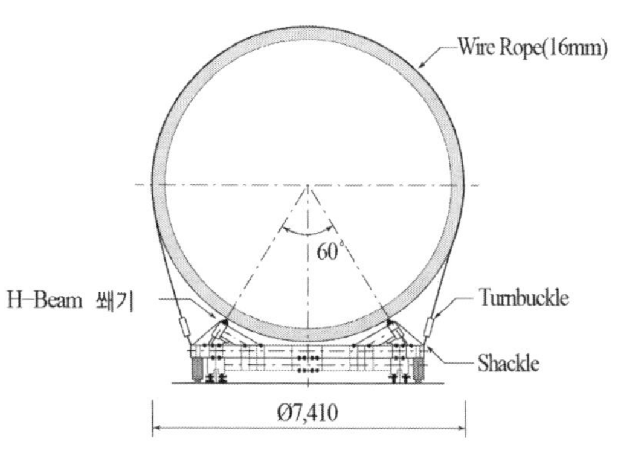

• 쉴드 TBM은 밀폐형으로 막장전방을 확인할 수 없으므로 굴진 시 발생하는 증상에 대해 다음과 같이 관리한다.

막장의 이상	증상	대책
지반 붕괴	토압의 불규칙적인 변화	적절한 토압 조절 및 관리
	굴착 배토량 증가	해당구간 빠른속도로 이탈
커터 마모	커터 토크치 상승	토압 및 지반 확인 후 커터 교체
지중 장애물	커터 토크치 상승	토압 및 지반 확인 후 제거
	전방 이상음 발생	
뒤채움주입재	배토색 변화	뒤채움 겔 타임 조정주입압 조정

마. 초기굴진 사이클 타임

1) 사이클 타임 분석(서울지하철 921공구)

구분	시간(분)	비고
총 굴진시간	782분(13시간)	굴진시작~버력처리~세그조립
- 순 굴진시간	155분(2.6시간)	쉴드 굴진속도 : 평균 7.7mm/min
- 세그조립시간	122분(2시간)	-
- 버력처리시간	505분(8.4시간)	컨베이어벨트 연장 전까지 토사함 1~2대 운용
- 휴식시간	180분(3시간)	점심·저녁·야간 식사시간
장비정비 및 슬라임 제거	354분(6.5시간)	-
레일 및 레일받침대 설치	90분(1.5시간)	-

- 1m당 소요시간 : $\frac{51일}{62.8m} = 0.812일/m$
- 1링(1.2m)당 소요시간 : 0.812일/m × 1.2m = 0.974일 = 23.4hr
- 초기굴진 사이클 타임
  - CT = Te + Tse + Tre + Etc

    (CT : 전체 Cycle-Time, Te : 굴착시간, Tse : 세그먼트 설치시간,

    Tre : 레일설치 시간, Etc : 장비점검, 식사, 교대, 갱내 슬라임 청소시간)
  - 23.4hr = 11hr + 2hr + 1.5hr + 8.9hr

(쉴드터널 굴진 : 평균 7.7mm/min) (세그먼트 조립) (레일 및 레일받침대 설치) (갱내슬라임청소 + 장비점검 + 교대 및 식사)

2) 초기굴진 시 발생되는 문제점 관리

- 초기굴진 시 굴진속도는 10mm/min 이하, 커터헤드는 1~2RPM으로 회전시켜 쉴드장비의 롤링현상을 방지하고, 추력은 평균 1,600ton으로 굴진 관리하였다.
- 세그먼트 호이스트가 연장 설치되지 않아 인력으로 운반하는 등 세그먼트 운반에 많은 시간이 소요되었다.
- 초기굴진 시에는 컨베이어벨트가 연장 설치되지 않고, 레일분기기 역시 설치되지 않아 토사함 1대로 버력반출하고 막장 재진입 시 많은 시간이 소요되었다. 초기굴진 시 복합지반층(점토 및 모래자갈층)을 굴진하는 경우 굴진과 동시에 뒤채움재를 주입하고 가능한 빨리 그 층을 벗어나야 하는데 토사함 버력반출 시 많은 시간이 소요될 경우 지반침하의 우려가 있으므로 현장에서는 최대한 빨리 레일 분기기와 컨베이어벨트를 설치하여 굴진효율을 높여야 한다.

초기굴진 시 쉴드터널 굴진(토사함 1대)	초기굴진 시 세그먼트 운반

바. 본굴진

쉴드 TBM 발진 이후, 지반의 뒤채움 주입층이 세그먼트를 통해 전달되는 쉴드 추력의 지지력(마찰력)을 확보하는 단계까지가 초기굴진, 그 이후의 굴진을 본굴진으로 총칭한다. 따라서 본굴진 시에는 후속설비가 모두 지하에 설치되어 굴착이 진행됨에 따라 설비가 연장되기 때문에 작업효율이 높아지게 되며, 연직갱 아래 공간이 확보되어 자재의 반출입이 용이하며, 굴진속도도 본래의 계획대로 시공이 진행되게 된다.

1) 본굴진 준비 시 검토사항

- 작업구, 대차의 구성, 기타설비 및 외부 사토장 준비
- 반력대 및 가설 세그먼트, 쉴드장비 받침대 철거
- 엔터런스 방수 및 본굴진용 작업장 설치
- 굴착버력 운반 대차(디젤기관차) 투입수(토압식 쉴드 TBM의 경우)
- 토사함 및 세그먼트 대차
- 커터 교체계획
- 취약구간(복합지층 및 구조물 하부 통과구간) 굴진계획
- 주·야간 사토반입이 가능한 사토장 선정

이외에도 세그먼트 1링당 사이클 타임과 연관된 굴착버력 운반용 대차(갱내버력 반출 시 대차를 사용할 경우)와 세그먼트 대차의 규격 및 대수에 따라 이것들이 교행할 수 있는 교행레일(레일 분기기)을 설치하여야 하며, 또한 반출되는 버력을 주·야간 처리할 수 있는 사토장이 사전에 섭외되어야 한다.

갱내 버력운반대차를 사용하지 않고 컨베이어벨트를 사용 시에는 쉴드장비에 장착되어 있는 세그먼트 호이스트의 크기에 따라 세그먼트 운반대차의 대수를 결정하고 이에 맞는 길이의 교행레일을 설치하면 된다. 이때는 세그먼트 설치에 소요되는 시간을 제외한 나머지 시간에는 굴진을 계속할 수 있으므로(경우에 따라 배관 연결시간이 포함되어야 함) 기타 후방의 설비도 적절히 준비되어야 한다.

2) 본굴진 시의 사이클 타임

- 터널준비공, 초기굴진, 도달굴진 및 쉴드장비 해체 등의 공종을 제외한 나머지 공사기간(T)을 쉴드터널 본굴진 연장(L)으로 나누면 터널 1m당 소요시간이 산출되며, 이것을 세그먼트 1링당 길이로 환산하면 세그먼트 1링당 사이클 타임이 산출된다.

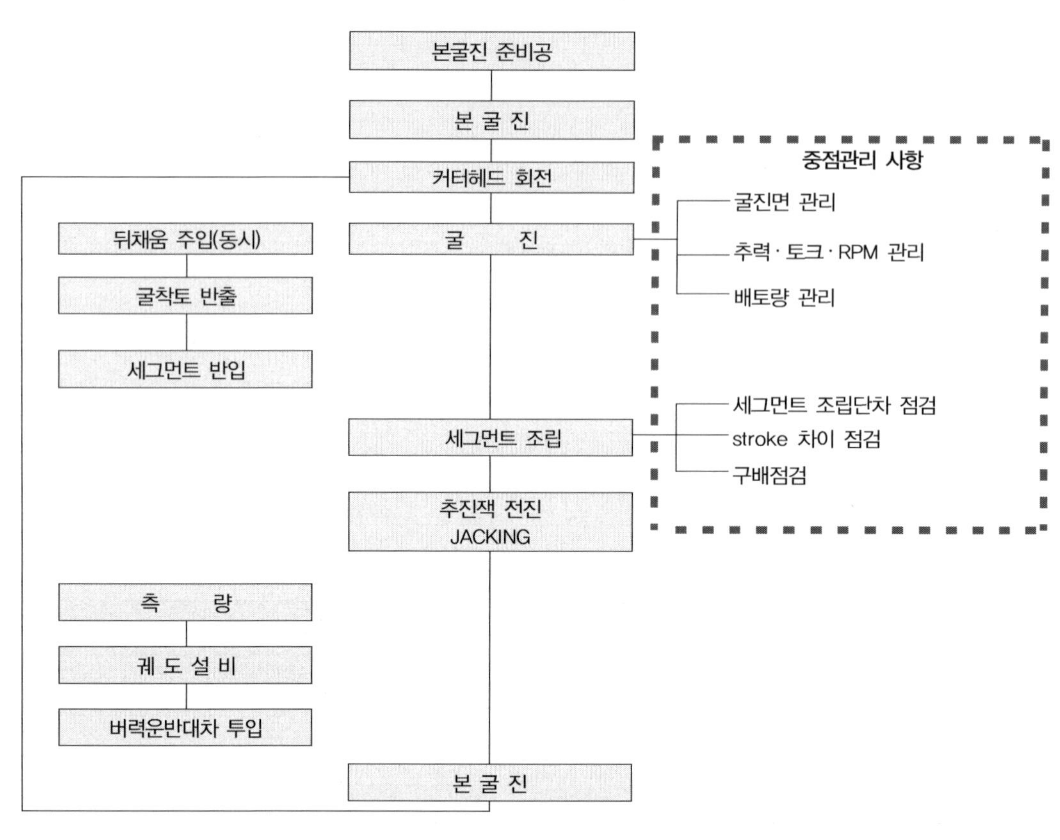

[그림 2.5.2] 본굴진 순서

이렇게 산출된 1링당 소요시간 내에서 굴진, 운반, 세그먼트 조립 및 뒤채움 등의 공종 소요시간이 분할되도록 짜맞추어 필요한 시설 등을 추가 또는 삭제하면 본굴진의 사이클 타임이 완성된다.

[표 2.5.1] 본굴진 사이클 타임 분석 예(서울지하철 921공구 : 터널 직경 7,580mm)

구분	시간 (분)	비고
총 굴진시간	149분	굴진 시작~버력 처리~세그조립
– 순 굴진시간	73분(1.2시간)	쉴드 굴진속도 : 평균 10mm/min
– 세그먼트 조립시간	76분(1.3시간)	세그먼트 호이스트 연장 설치
– 버력처리시간	20분(0.3시간)	컨베이어벨트 연장, 레일분기기 설치, 토사함 14대 운용
휴식시간	120분	점심·야간 식사시간
장비정비 및 슬라임 제거	1,171분	지하수 과다구간
레일 및 레일받침대 설치	–	–

• 쉴드터널 추진현황

– 2012년 12월 6일 : 쉴드터널 굴진시작

– 2013년 2월 14일 : 컨베이어벨트 연장 완료, 본굴진 시작

– 본굴진 기간 : 2013년 2월 14일~현재

· 세그먼트 설치 : 550링

· 쉴드터널 굴진 : 666.4m

· 굴진일 : 300일

· 실 굴진일 : 187일(커터 교체 5회 44일 + 갱내 차수 그라우팅 및 지반 보강 34일 + 명절 및 공휴일 11일 + 조명탑 해체 24일)

• 1m당 소요시간 : $\frac{187\text{일}}{666.4m} = 0.281\text{일}/m$

• 1링(1.2m)당 소요시간 : 0.281일/m × 1.2m = 0.337일 = 8.1hr

• 본굴진의 사이클 타임

– CT = T_e + T_{se} + T_{re} + E_{tc}

(CT : 전체 Cycle-Time, T_e : 굴착시간, T_{se} : 세그먼트 설치시간, T_{re} : 레일설치 시간, E_{tc} : 장비점검, 식사, 교대, 갱내 슬라임 청소시간)

– 8.1hr = 2hr (쉴드터널 굴진 : 평균 10mm/min) + 1hr (세그먼트 조립) + 1.1hr (레일 및 레일받침대 설치) + 4hr (갱내슬라임청소 + 장비점검 + 교대 및 식사)

사. 본굴진 관리

쉴드 TBM 굴진속도는 지반조건 외에 커터헤드 면판의 개구율, 회전속도, 커터헤드 형상 및 추진력에 따라 차이가 많이 발생한다. 특히 지반에 따라 굴진속도를 적합하게 결정하고 굴진해야 하는데 복합지층과 같은 연약지반에서는 가능한 빨리 통과하면서 뒤채움 주입을 충실히 하여 지반침하를 방지해야 하나, 복합 지반 구간에서는 디스크 링 탈락으로 인한 굴진속도 저하문제가 발생하기도 한다.

또한 연약지반에서 지하수가 과다 유출되는 경우 토압 및 배토량 관리 어려움으로 지반침하가 발생하기도 한다. 공기를 가압하면서 막장안정제에 황토와 같은 첨가제를 주입하여 챔버내부와 스크류컨베이어 내부를 충만시키고 압축시켜 막장면을 지지하고 지수효과를 얻는 굴진을 하는 경우 챔버 내부로의 지하수 유입을 차단하여 지반침하를 방지하면서 안전하게 굴진할 수 있으나 압밀굴진으로 인한 개구부 폐색으로 굴진속도가 저하되고 커터헤드 폐색으로 편마모가 발생하여 커터교환 계획이 당초와 변경되거나 게이지커터 마모로 장비협착 문제가 발생하기도

한다. 이처럼 토질에 따른 적합한 굴진속도를 산정하는 것은 매우 어려우며, 토질별 설계 굴진속도와는 달리 실제 굴진속도는 상이한 차이가 있어 당초 공정관리와 맞지 않는 부분이 있다. 따라서 굴진속도는 현장의 경험적 방법과 시공사례를 반영하여 산정해야 한다. 다음은 토질별 설계 굴진속도 및 이에 따른 공정계획을 나타낸 것이다.

1) 굴진계획

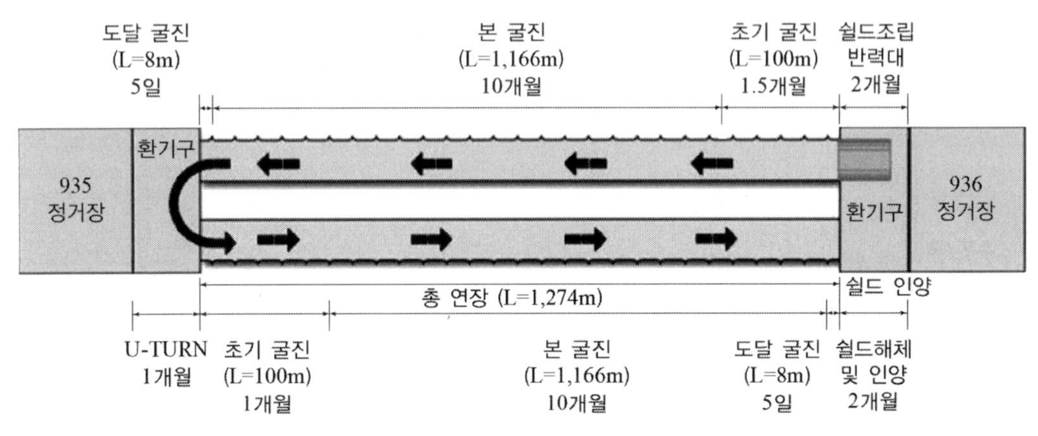

[그림 2.5.3] 굴진계획 예(921공구)

2) 굴진속도

구 분		설 계	시 공	비 고
지층별 굴진속도 (실시설계)	풍화토/암	9.2m/일	4.1m/일	
	기반암	7.6m/일	4.6m/일	
	복합지층	5.5m/일	3.6m/일	
공정별 굴진속도	초기굴진(L=76m)	3.9m/일	1.8m/일	76m 굴진완료
	본굴진(L=1,190m)	7.8m/일	5.1m/일	742.8m 굴진 중
	도달굴진(L=8m)	3.9m/일	-	
평균 굴진장		7.8m/일	4.1m/일	

아. 추력

1) 개요

추력은 쉴드 TBM 굴진 시 발생하는 쉴드 TBM과 지반간 의 마찰저항 + 전면토압 + 전면수압 + 쉴드 TBM 후통 내부 표면과 세그먼트 사이의 마찰저항력을 상회할 수 있는 힘으로써 지반의 조건, 쉴드의 형식, 여굴의 발생여부, 사행수정의 유무, 터널의 선형 등에 의해 달라지게 되므로 추력의 크기와 쉴드방향을 조절할 수 있는 쉴드 잭을 적정하게 사용하여 추진시켜야 한다. 쉴드를 추진시킬 때는 피칭, 요잉 및 롤링의 발생을 억제하도록 조절해야 하고, 세그먼트 등 후방구조물을 손상시키지 않도록 하기 위하여 1본당 잭 추력을 적정하게 유지하도록 하고 쉴드의 소요추력은 전 잭을 사용하여 얻어야 한다. 곡선부, 경사변환부, 사행수정을 위해서 일부 잭만을 사용하여야 하는 경우에도 가능한 한 많은 수의 잭을 사용하여야 한다.

[표 2.5.2] 선형 조건에 따른 추진잭 운용

구분	좌향 굴진 시	우향 굴진 시	비고
쉴드 TBM	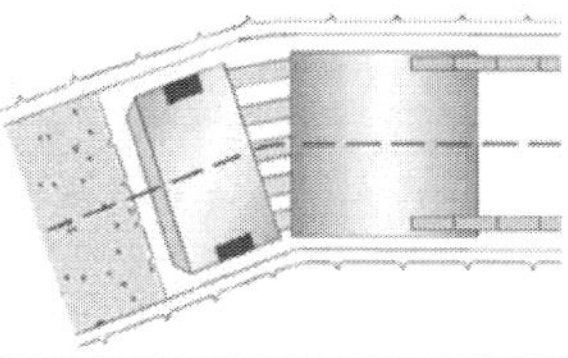	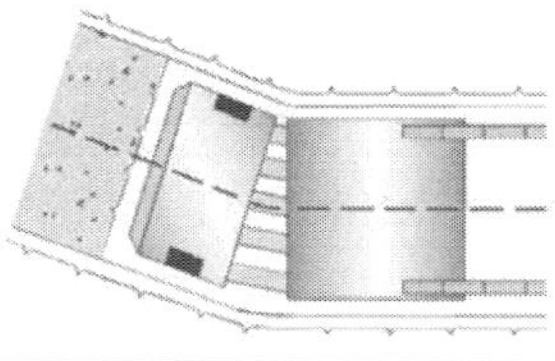	
쉴드잭 운용	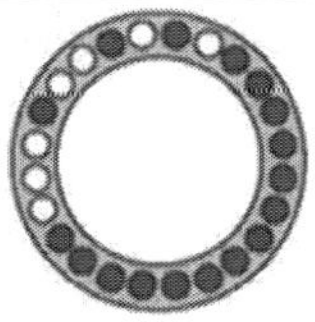	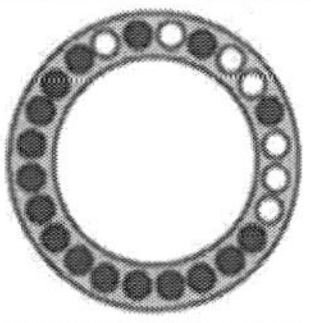	
굴진방법	오른쪽 쉴드잭 사용	왼쪽 쉴드잭 사용	

2) 추력관리

① 이토압식 쉴드 TBM

가) 쉴드의 추진에 따른 원만한 배토가 이루어질 수 있도록 토압과 굴착량을 측정하여 굴착속도를 조정하여야 하며, 커터헤드의 회전속도와 추력의 크기도 파악하여 막장유지관리를 실시하여야 한다.

나) 지하수의 유출이 많은 모래 자갈층에서는 적정한 첨가제를 주입하여 챔버 내부에 버력을 충만시켜 지수효과를 얻으면서 양호한 시공성을 확보하여야 하며, 버력의 반출은 터널단면의 크기, 터널길이, 1회 추진 시의 버력량, 사이클 타임 등을 검토하여 그 최적방법을 결정하여야 한다.

② 이수식 쉴드 TBM

가) 이수에 의한 굴착 막장의 유지 및 버력반출시스템은 시공성을 고려하여 자동화 체계로 운용되도록 하여야 한다.

나) 사용되는 이수의 농도, 밀도, 비중, 점성, 이수압 등은 토압, 지하수 압력 등을 고려하여

설정하여야 한다.

다) 이수와 버력은 이수분리장치를 통하여 완전히 분리될 수 있도록 하여야 하며 터널 단면 크기, 터널길이, 1회 추진 시의 버력량, 사이클 타임 등을 검토하여 이수 분리장치의 용량을 결정하여야 한다.

3) 커터헤드의 R.P.M 및 토크

커터헤드의 R.P.M(Revolution Per Minute)은 분당 커터헤드의 회전수를 나타내는 것으로 커터헤드의 회전 모멘트(힘 × 팔 길이)에 따라 추력이 결정된다. 쉴드터널 굴진 시 오른쪽 회전과 왼쪽 회전을 균등하게 하여 굴진하며, 토크는 최대토크치의 70% 이상을 넘으면 메인베어링에 무리한 힘이 가해져 손상을 입을 수 있으므로 일반적으로 50% 내외로 토크치를 관리한다.

암질이 단단할수록 커터헤드의 회전수는 높아져야 하며 커터헤드의 회전수가 높을수록 최대 회전력은 감소하게 된다. 커터헤드가 회전하기 위해서는 암반 굴진면에서 디스크커터의 회전 등으로 마찰 저항력을 극복할 수 있을 만큼 토크가 충분히 커야 한다.

2.5.2 챔버압 관리

가. 개요

도심지 터널에서 지표침하를 최소화함과 동시에 터널 안정성을 확보하기 위한 방법으로 적용되는 쉴드 TBM 터널에서 막장압 관리는 매우 주요한 인자가 된다. 막장압 관리는 챔버 내에

[표 2.5.3] 지층조건별 굴진 Mode 변화 조건

Close Mode	Open Mode
• 지반조건이 불량하고 지하수의 유입이 많아 막장자립이 곤란할 경우 • 커터헤드 전면부 챔버를 토사로 채워 굴진토사의 압력으로 막장을 지지 → 막장붕괴 및 지반침하 방지	• 지반조건이 양호하고 지하수 유입이 적을 경우 • 챔버 내부에 토사를 절반정도만 채워 굴진
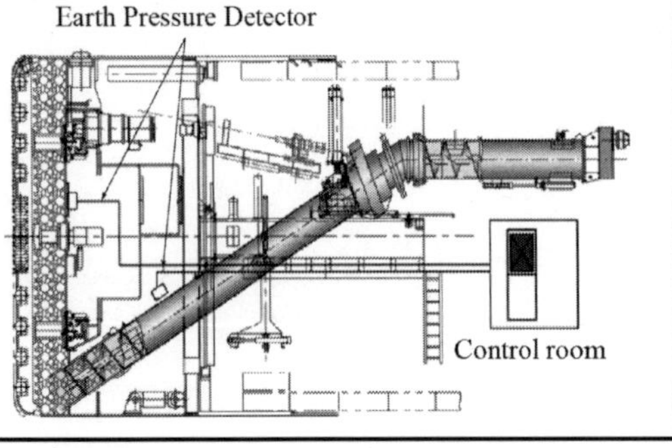 Earth Pressure Detector Control room	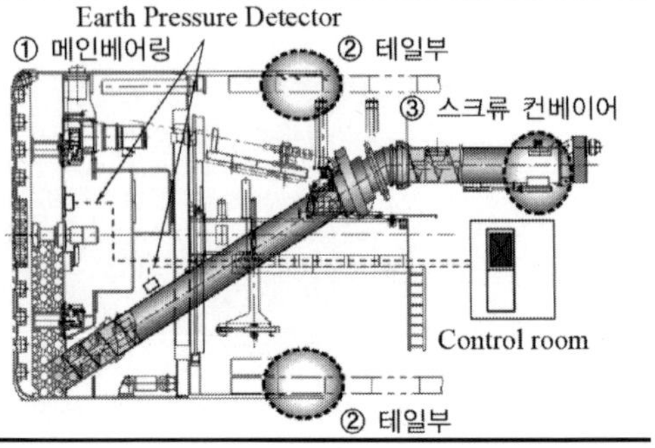 Earth Pressure Detector ① 메인베어링 ② 테일부 ③ 스크류 컨베이어 Control room ② 테일부

압력을 가하는지 여부에 따라 일차적으로 Close Mode 및 Open Mode로 구분되며, 이는 굴착지반 및 지하수 조건에 따라 표 2.5.3과 같이 달리 적용하게 된다.

챔버압을 관리한다는 의미는 Close Mode로 굴진을 진행하는 것으로, 막장 토압 관리가 양호하다면 토사의 유입과 추진을 병행할 수 있음에 따라 막장의 붕괴를 방지하고 지반변형을 적게 할 수 있으나, 토압이 일정하게 유지되지 못한다면 막장이 붕괴하거나 지반붕락의 우려가 있게 된다.

나. 이론적 챔버압 산정방법

챔버압은 막장에서 가해지는 토압과 밀접한 관계가 있는데, 작용되는 토압조건에 따라 예비토압을 추가하여 챔버압으로 산정하며, 굴착면에 따른 토압이 변동됨을 고려하여 관리상한값과 관리하한값을 선정하고 챔버압을 지속적으로 관리하게 된다.

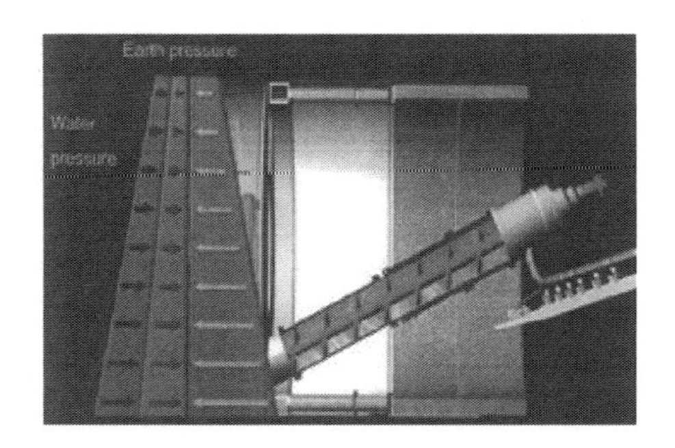

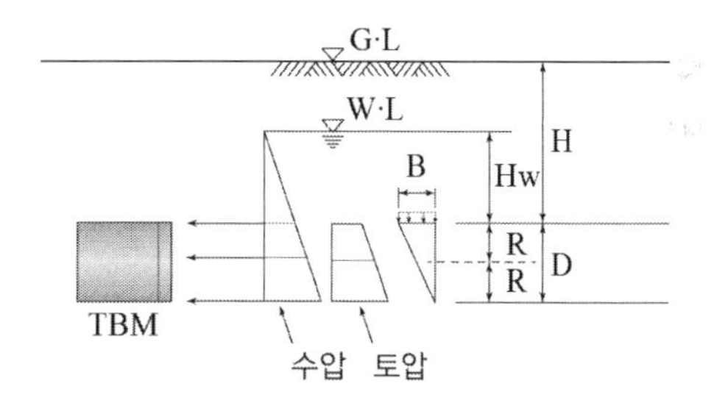

[그림 2.5.4] 막장전방 토압 및 챔버압 관계 개요도

토압은 3가지 분류되며, 변위 방향에 따라 수동, 정지 및 주동토압으로 분류되고, 수동토압은 압축(compression)변형, 정지토압은 변위가 없는 상태이며, 주동토압은 이완(relaxation)변형된 상태의 토압을 의미한다.

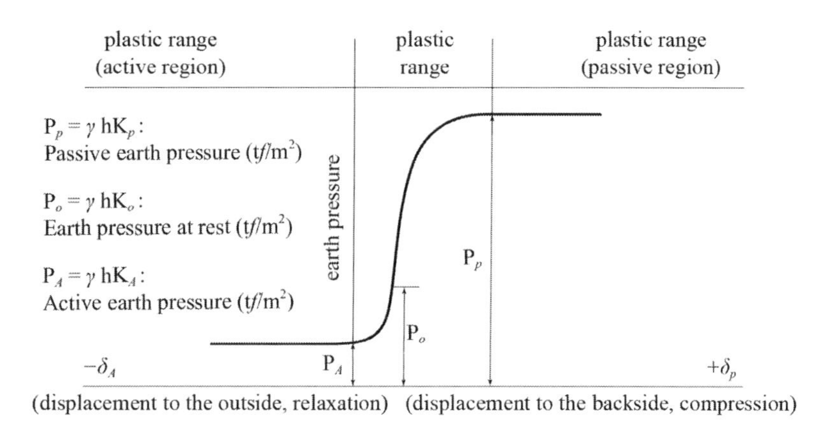

[그림 2.5.5] 토압 및 변위 관계(Reda, 1994)

챔버압은 막장면 토압상태에 따라 달라지게 되는데, 수동토압의 경우 그 이상의 챔버압을 가할 경우 지반융기가 발생됨에 따라 (-) 예비토압을 적용하며, 정지 및 주동토압의 경우 (+) 예비토압을 적용하게 된다.

- 챔버압(P+ΔP) = 막장면 토압 ± 예비토압(표 3.5.4 참조)
  - 막장면 토압이 수동토압인 경우 : (-) 예비토압 적용
  - 막장면 토압이 정지토압 또는 주동토압인 경우 : (+) 예비토압 적용

이론적 방법에 의한 챔버압 계산 방법(그림 3.5.6 참조)은 Terzaghi 토압이론에 의한 것으로서, 이론적 토압산정 결과와 실제 토압과의 차이를 극복하기 위하여 경험적 방법에 의한 챔버압 산정 방법도 제시되어 있다.

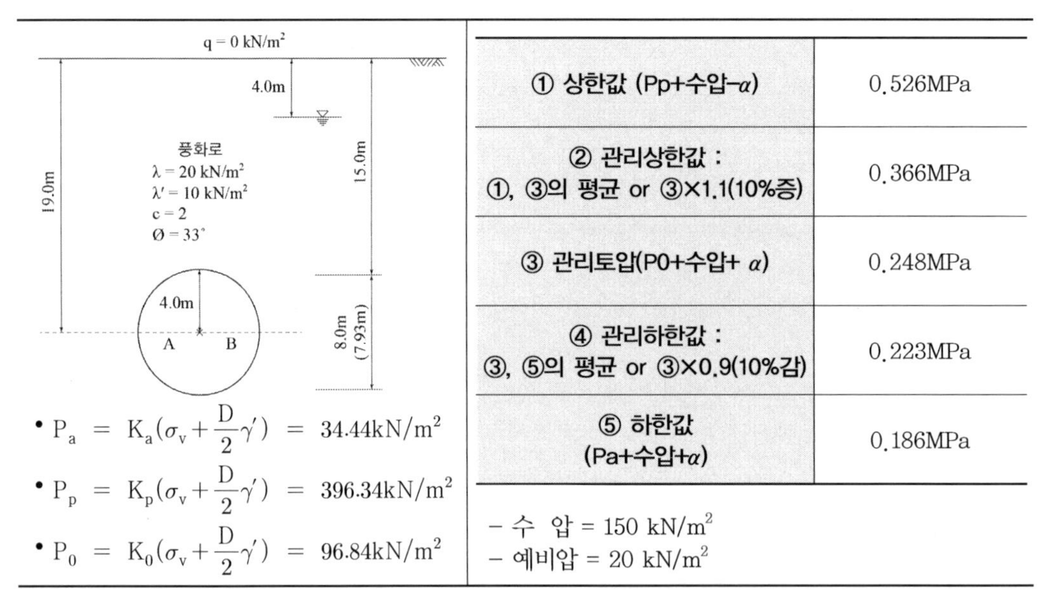

[그림 2.5.6] 이론적 챔버압 산정 예

[표 2.5.4] 현장에서의 적정 챔버압 산정 방법 예

$K_a \cdot \sigma'_v + \sigma_w + 20kPa$	• Broere(2001), Dutch Onderground Bowen(COB)
$K_o \cdot \sigma'_v + \sigma_w + 10 \sim 20kPa$	• 국내에 적용중인 장비 제작사 의견

다. 현장 적정 챔버압 선정 예

일본 Kanayasu et al(1995)가 일본에서 적용된 이토압식 쉴드 TBM 및 이수압 쉴드 TBM 적용 시의 지층조건에 따른 챔버압 적용 사례는 표 2.5.5와 같다.

[표 2.5.5] 이토압식 및 이수압 쉴드 TBM의 챔버압 적용 예

장비	직경(m)	굴착토 종류	적용 챔버압
이토압식	7.45	soft silt	정지토압
	8.21	sandy soil, cohesive soil	정지토압 + 수압 + 20kPa
	5.54	fine sand	정지토압 + 수압 + Var.[1]
	4.93	sandy soil, cohesive soil	정지토압 + 30~50kPa
	2.48	gravel, bedrock, cohesive soil	정지토압 + 수압
	7.78	gravel, cohesive soil	주동토압 + 수압
	7.35	soft soil	정지토압 + 10kPa
	5.86	soft cohesive soil	정지토압 + 20kPa
이수식	6.63	gravel	수압 + 10~20kPa
	7.04	cohesive soil	정지토압
	6.84	soft cohesive soil, diluvial, sandy soil	주동토압 + 수압 + 20kPa(최대)
	7.45	sandy soil, cohesive soil, gravel	수압 + 30kPa
	10.00	sandy soil, cohesive soil, gravel	수압 + 40~80kPa
	7.45	sandy soil	이완토압[2] + 수압 + Var.[1]
	10.58	sansy soil, cohesive soil	주동토압 + 수압 + 20kPa
	7.25	sandy soil, gravel, soft cohesive soil	수압 + 30kPa

* 1) Var. : fluctuating pressure, 2) 이완토압 : loose earth pressure

2.5.3 이토압식 쉴드 TBM의 굴진 및 배토관리

가. 개요

토압식 쉴드 공법은 소성유동화된 굴착 토사를 커터 챔버 내에 충진시키고 스크류 컨베이어 등에 의한 챔버 내의 압력을 제어하며 막장의 안정을 도모하는 것을 기본으로 한 공법이다.

굴착 관리에서는 막장의 토압 관리 및 굴삭 토사에 첨가제 관리(소성 유동화의 관리)가 중요하지만, 배토량 관리도 중요한 항목으로 된다(그림 2.5.7 참조).

나. 이토압식 쉴드 TBM의 막장 안정

토압식 쉴드의 막장 안정 기구의 특징으로는

① 굴착한 토사에 첨가제를 더해 커터헤드 내에서 강제 교반·혼합하고, 소성 유동성과 지수성을 가진 이토(泥土)로 개량한다(토압쉴드에서는 교반하는 것만으로, 첨가제는 사용하지 않음).

② 이토를 챔버 및 스크류 컨베이어 내에 채우고, 쉴드 잭 추력으로 이토를 가압하여 막장의 토압 및 수압에 저항한다.

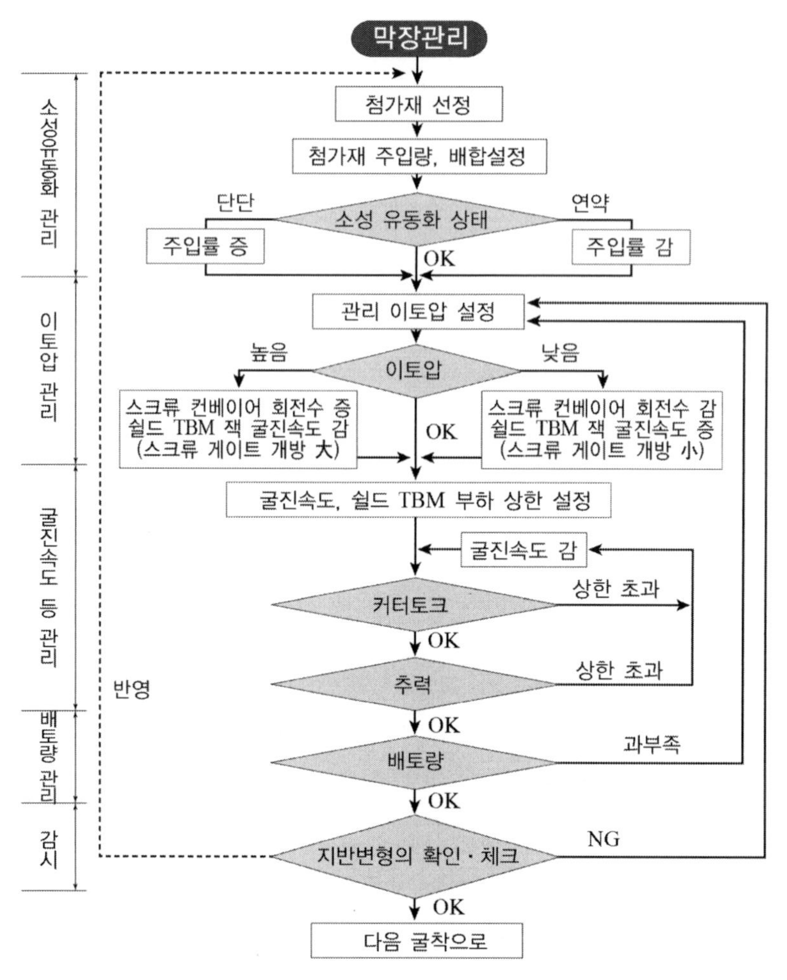

[그림 2.5.7] 이토압식 쉴드 TBM 굴진관리 흐름도

따라서 이토압이 막장에 균등하게 작용하고, 막장의 안정이 확보된 상태에서 굴착 토사가 원활히 배토되기 위해서는 이토가 소성 유동성과 지수성을 확보할 수 있도록 관리할 필요가 있다.

굴착 토사 중 30% 정도의 미세립분이 함유되어 마찰 입도 분포가 양호한 경우에는 교반만으로 이토의 소성 유동성을 확보할 수 있지만, 모래와 자갈 등이 많은 경우나 입도 분포가 나쁜 경우는 벤토나이트, 점토 등의 첨가제를 굴착 토사 내에 주입하고 혼합하여, 입도 분포를 조정하고 양호한 이토로 개량을 하여야 한다. 기포나 고분자 재료를 첨가하여 이토의 특성을 개량해 굴착하는 경우도 있는데, 특히 입도 분포가 나쁜 경우에는 기포나 고분자 물질만으로는 충분한 개량 효과를 얻을 수 없는 것이 있어, 이 경우에는 벤토나이트, 점토 등의 첨가제를 병용하여 첨가하기도 한다.

다. 첨가제 종류 및 관리

1) 첨가제의 역할

토압식 쉴드터널 공법으로 연약지반이나 토사층 굴착 시 막장(전면부)의 붕괴를 방지하기 위해 쉴드장비 전면부(챔버)에 물이나 수용성 고분자를 주재료로 만들어진 폴리머 계통의 첨가제를 첨가하여 굴착된 흙과 교반, 압을 가하여 막장(전면부)의 붕괴를 방지하게 된다.

첨가제는 굴착된 토사를 소성유동화 시켜 스크류 컨베이어로 배출 시 굴착토의 배출을 용이하게 하며, 윤활작용으로 커터헤드의 롤러 커터, 비트 커터 마모를 줄여주는 역할을 한다.

또한 재료분리현상을 막아 지수성을 높이며, 커터헤드 면판 미세버력(점토질)의 부착을 억제하여 개구부의 폐색을 방지한다.

[표 2.5.6] 첨가제의 역할

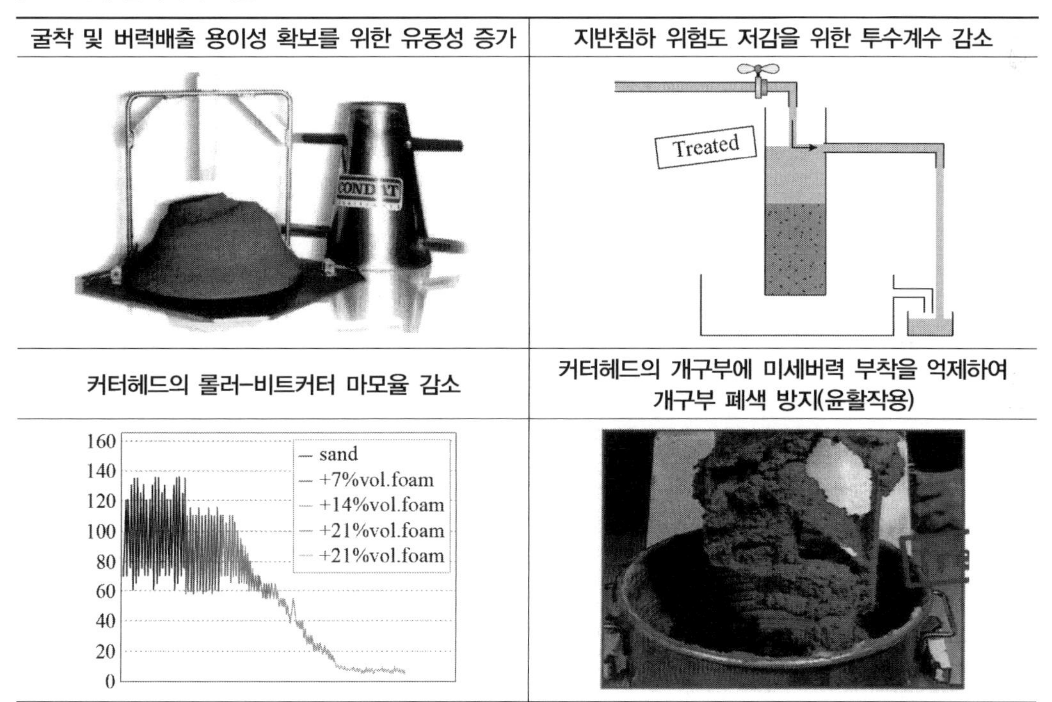

[표 2.5.7] 첨가제 종류 및 사용이력(계속)

구분	폴리머	점토	벤토나이트	황토
주성분	Poly acrylic amide	Kaolinite	Montmorillonite	Kaolinite
비표면적	– (액상)	9~15m^2/g	40~80m^2/g	9~15m^2/g
팽 윤 도	–	2~4mL/2g	14~30mL/2g	4~6mL/2g

[표 2.5.7] 첨가제 종류 및 사용이력

구분	폴리머	점토	벤토나이트	황토
흡수율	1200%	200%	600%	400%
입자크기	액상	0.002~0.004mm	0.002~0.004mm	0.002~0.004mm
경제성	양호	불리	불리	불리
환경성	무해함	무해함	건설오니	무해함
사용실적	서울지하철(920,921) 인천지하철704 인천공항철도	한강하저통신구	서울지하철909 (이수식)	-

2) 첨가제의 관리

① 첨가제의 성상

첨가제에는 지반의 토질과 굴착 토사의 반송 방식에 적합한 것을 선정할 필요가 있다. 첨가제로서 필요한 성질은 유동성이 있어 굴착 토사와 혼합되기 쉬우며 재료분리를 일으키지 않고, 무공해인 점 등이다. 일반적으로 이용되는 첨가제는 광물계, 계면활성제계, 고흡수성 수지계, 수용성 고분자계의 4가지로 대별된다(그림 2.5.8 참조).

이들 재료는 단독 또는 조합하여 이용되는 경우가 많으며, 각각의 첨가제별 주요 특성은 다음과 같다.

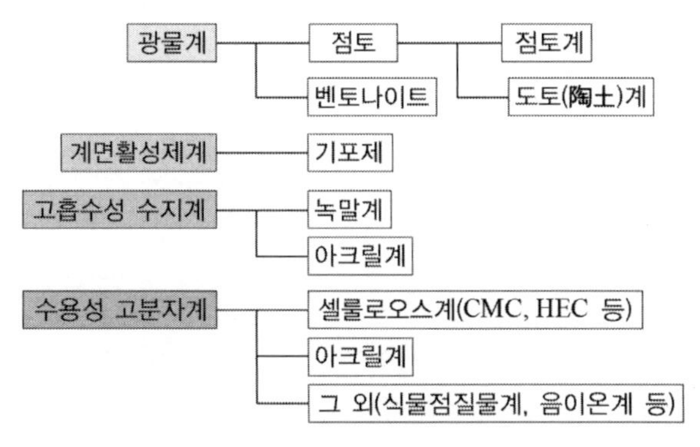

[그림 2.5.8] 첨가제의 종류

가) 광물계

굴착 토사가 유동성과 지수성을 가진 양호한 이토가 되기 위해서는 미세립자분이 필요하다. 이것을 점토, 벤토나이트 등을 주재료로 사용하는 것이 광물계 첨가제이다. 사용 실적이 가장 많으며 저렴한 반면, 점토의 경우 점성안정성이 낮으며, 굴착 토사가 액상상태를 나타내는 등의 단점이 있다.

나) 계면 활성제계

특수 기포제와 압축 공기로 만들어진 기포를 넣는 것이 계면 활성제 계열의 첨가제이다. 굴착토의 유동성과 지수성을 개선할 뿐 아니라, 굴착 토사의 커터 비트 등에 부착을 방지하고, 또 기포 자체는 기포를 제거한 후 처리가 용이한 첨가 재료이다.

다) 고흡수성 수지계

고흡수성 수지는 물에 접촉하면 순식간에 흡수하여 겔 상태가 되는 고분자 화합물이다. 물을 흡수해도 물에는 용해하지 않고 수용액 중에 분산하기 위해 지하수에 의한 희석이 없는 고수압 조건하에서 분발 방지 등에 큰 효과를 발휘한다. 그러나 염분 농도가 높은 바닷물과 금속 이온을 다량 포함한 지반 또는 강알칼리, 약산성의 지반에서는 흡수 능력이 저하되는 경향이 있다.

라) 수용성 고분자계

수용성 고분자계 재료는 물에 용해된 경우 점조성을 띠는 화합물이다. 다양한 재료가 개발되어 있지만, 그 핵심 원료로는 셀룰로오스계와 아크릴계 및 기타(식물 점액계, 음이온계 등)로 대별된다. 점성을 증가시키는 성질이나, 접착성이 뛰어난 재료가 많고 굴착 토사의 유동성과 지수성을 개선하고 펌프 압송성이 우수하다. 또, 굴착 토사 처리가 용이하도록 분해처리재를 살포하여 겔(gel)화할 수 있는 재료도 개발되고 있다.

② 소성 유동화 관리

굴착 토사의 소성 유동화는, 토압식 쉴드 공법의 가장 중요한 요소이며, 챔버 내 토사의 소성 유동화를 항상 파악하고, 쉴드의 제어에 피드백할 필요가 있다. 챔버 내 토사의 소성 유동 상태를 파악하는 방법으로는, 아래와 같은 방법이 일반적으로 이용되고 있다.

가) 배토성상에 따른 관리

육안관찰 및 샘플링한 토사의 슬럼프 시험 등에 의한 챔버 내 토사의 유동화 상태를 파악하는 방법이다. 슬럼프의 관리치는 굴착한 토질 및 첨가제의 성상과 펌프 압송 방식의 채용 여부에 따라 다르며 사질 지반에서 대체로 10～15cm 정도로 관리하는 것이 일반적 수치이다. 그러나 이는 토질특성(입도분포특성)에 따라 그 값을 달리하므로 현장별로 매 링(일반적으로 2～3링 정도에 측정)마다 슬럼프치를 기록관리한 후, 첨가제의 적정 농도 및 배합관리를 수행하여야 하며, 2cm 정도의 낮은 슬럼프치를 보이는 경우도 있다.

[그림 2.5.9] 적정 슬럼프 유지여부 확인을 위한 슬럼프치 시험 전경

나) 스크류 컨베이어 효율에 의한 관리

스크류 컨베이어의 회전수로부터 얻어지는 배토량과 굴진속도에서 얻어지는 배토량을 상호 비교하여 굴착 토사의 유동화 상태를 추정하는 방법이다. 일반적으로 챔버 내 토사의 소성 유동성이 좋고 순조로운 굴진인 경우에 상기 2가지 인자는 높은 상관을 보인다.

다) 쉴드의 기계 부하에 의한 관리

커터압, 커터 토크, 스크류 컨베이어의 토크 등 기계 부하의 경시적 변화에 의해 추정하는 방법이다. 어떤 방법도 챔버 내의 소성 유동 상태를 정성적으로 판단하고 있을 뿐이며, 관리 기술자가 지금까지 길러 온 경험에 의한 것이 많다. 실제로는 초기굴진의 상황이나 지반 변상의 결과 등에 의해 굴착토의 최적성상이나 그 허용 범위를 정하여 관리할 필요가 있다.

최근에는 챔버 내에 토사의 상태를 계측하는 장치를 설치하고 굴착 토사의 소성 유동 상태의 계측과 유체 해석을 이용해 굴착 토사의 소성 유동성을 정량적으로 평가하는 방법을 조합한 토사 유동 관리 기술도 개발되고 있다.

3) 첨가제의 투입량

이토압식에 적용하는 첨가제 투입량은 대상지반의 입도분포 특성에 의하여 결정되는 다음의 경험식으로 계산이 가능하며, 제시된 식은 계면활성제계(기포)를 사용한 조건에서 적용가능한 공식이다.

$$Q(\%) = \frac{2}{\alpha}\{(60 - 4 \times X^{0.8})\} + \{(80 - 3.3 \times Y^{0.8}) + \{(90 - 2.7 \times Z^{0.8})$$

여기서 α : 균등계수 Uc에 의한 계수 $U_c < 4$ $\alpha = 1.6$,

$4 \leq U_c < 15 \alpha = 1.2$

$15 \leq U_c$ $\alpha = 1.0$

X : 0.075mm 입경 통과 중량 백분율(%), $4 \times X^{0.8} > 60$일 때 60으로 적용

Y : 0.42mm 입경 통과 중량 백분율(%), $3.3 \times Y^{0.8} > 80$일 때 80으로 적용

Z : 2.0mm 입경 통과 중량 백분율(%), $2.7 \times Z^{0.8} > 90$일 때 90으로 적용

* 주입량 Q값이 20 이하의 값이 나오는 경우에는 20%로 적용한다.

[표 2.5.8] 첨가제 투입량 산정 결과 예

구분	Uc	α	X	Y	Z	Q(%)	투입량
점토(CH, CL)	13~20	1.0~1.2	55~96	96~98	100	0	20%
실트질 모래	20	1.0	25~45	80~92	98	0	20%
자갈 포함 실트질 모래	15	1.0	15	70	96	12.5	20%

– 배토량과 첨가제 주입량과의 관계

세그먼트 1링당의 굴착량은 여굴이 없는 조건에서 굴착면적으로 계산이 가능하다. 이 경우 굴착토량은 첨가제 주입량에 따른 배토량과 토량환산계수를 사용하여 관리상한 및 하한치를 선정하여 관리하게 된다.

[표 2.5.9] 세그먼트 1링당 배토용량 관리기준치 산정관리(서울지하철 919공구)

이론 굴착토량	폴리머 주입량	관리 상한치
$70.6m^3$ (세그먼트 1링당 굴착부피)	$14.1m^3$ (굴착토량의 20%)	$98.8m^3$ (토량환산계수 1.2 고려 시)

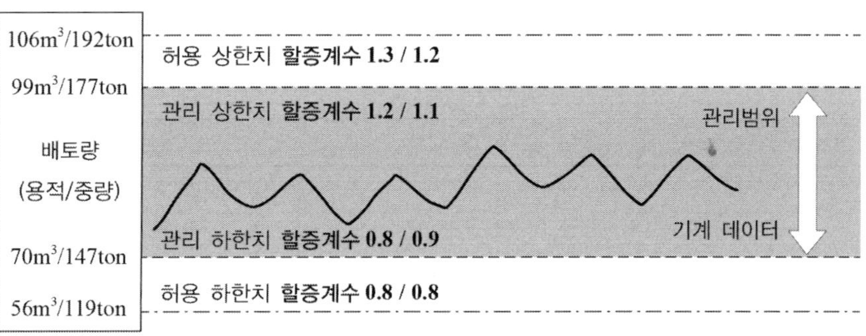

라. 배토관리

1) 배토량 관리

굴진작업을 통해 발생되는 버력은 쉴드의 추진력에 의해 가압되고 토압이 막장 전체에 작용하여 굴진면의 안정을 확보하므로 버력의 배토관리는 매우 중요하다. 특히 세그먼트 1링당 발생되는 버력량 이상의 과굴착 여부, 그에 따른 지반침하 발생여부 등을 확인하여야 하기 때문에 배토량 관리는 매우 주요한 시공관리 항목 중 하나이다.

[표 2.5.10] 배토량 측정 방법(계속)

형식	토사반출방법		계측방법	유의점
후방계측식	토사함		• 궤도 적산 하중 계측 · 로드셀	• 토사함에 흙이 부착한 채로 측정되어 오차가 큼
			• 매달기 하중 계측 · 로드셀	• 운반 시에 벨트 컨베이어나 토사함으로부터 흘러 넘침
			• 토사함 대수의 용량 계측	• 토사 성질과 상태에 의해서 변화
막장부 계측식	토사 hopper 계측식		• 토사 호퍼의 기초기둥에 하중계를 설치	• 굴진중은 잔토빼기를 할 수 없음
	계측벨콘트롤	중량식	• 벨트 컨베이어 아래에 중량계를 설치해, 중량을 계측	• 토사의 성질과 상태나 맥동에 의해서 격차가 있음 • 액상의 것은 유실
		초음파식	• 정속으로 움직이는 벨트컨베이어상에 복수의 초음파 계측점을 설치해 배토단면을 계측	• 센서 설치수에 의해 측정치 상이 • 벨트컨베이어상의 조밀한 토사가 있으면 오차 발생
		레이저광식	• 정속으로 움직이는 벨트컨베이어상에 복수의 레이저 광 계측점을 설치해, 배토단면을 계측	• 정밀도가 좋은 단면 형상을 읽어낼 수 있지만, 토질에 의해서 반사성이 달라 오차 발생
	펌프압송식		• 슬러지 펌프의 피스톤 운동 횟수에 의한 계측	• 굴착토의 성질과 상태에 의해서 계측치에 격차 발생
	스크류 회전계측식		• 스크류 회전수를 측정	• 스크류 컨베이어 내 토사의 밀도 격차에 의해 오차 발생
	배토관 방식	전자 유량계식	• 배토 입구에 전자 유량계를 설치해 유량을 계측	• 배토의 유속이 작으면 정밀도 저하
		초음파 도플러(Doppler)식	• 관외로부터 초음파를 발신해 도플러 효과에 의해 유량을 계측	• 배토의 유속이 작으면 정밀도 저하
		비저항치 계측식	• 저항치 계측 물질을 흙에 혼입해 전기적으로 유속을 계측	• 혼입물의 유동 상황이 토사와 동일하지 않으면 오차가 큼

[표 2.5.10] 배토량 측정 방법

형식	토사반출방법		계측방법	유의점
막장부 계측식	배토관 방식	롤러 카운트식	• 배도입구에 롤러 회전계를 설치해 회전수를 측정	• 배토의 성질과 상태에 크게 좌우
		배토관의 토압계측식	• 배토관 내에 2점의 압력 센서를 설치하고 토압차를 계측해 유량 산출	• 압력센서의 설치장소에 의해 오차 발생(토질의 변화에 의한 보정 필요)

국내에서 적용되고 있는 배토방식은 스크류 컨베이어 회전수 측정에 의한 배토량 측정, 레이져 케너에 의한 용적 측정방식, 토사함 대수에 의한 용적산출 방식, 인양장비 무게 측정, 덤프트럭 중량측정에 의한 방식 등이 검토·적용되고 있으며, 주요 특성은 다음과 같다.

[표 2.5.11] 국내 지하철 현장에서 적용되고 있는 배토량 측정 방법별 특성

측정장치	신뢰도			검토결과
	배출토 손실	측정 오차	경과시간	
스크류컨베이어	없음	매우 많음	즉시	• 배출토 상태에 따라 오차가 심함
스캐너	거의 없음	매우 많음	즉시	• 배출토 상태에 따라 오차가 심함
토사함	거의 없음	± 4~5% (목측오차)	10' 이내	• 배출토 상태와 상관없이 오차가 거의 없음. • 토사함 1대 발생량으로 굴진량과 즉시 비교 가능
인양장비측정	많음	높음	30'~2h	• 배출토의 손실이 많고 측정 데이터를 굴진량과 즉시 비교하기 어려움
덤프트럭	아주 많음	높음	1h~1day	• 배출토의 손실이 매우 많고 측정 데이터를 굴진량과 비교 불가능

스크류 컨베이어	스캐너	토사함	덤프트럭
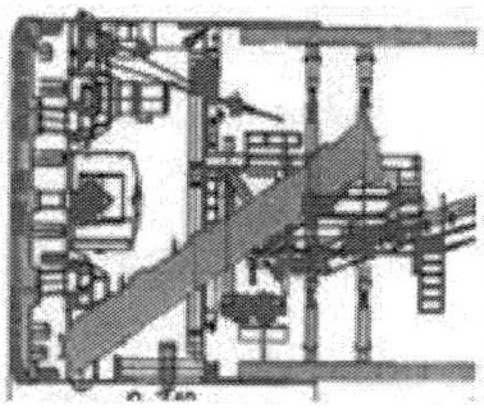			

• 배토량 관리 신뢰도 향상 방안

- 여러 배토량 측정방법을 복수로 적용하여 상호비교
- 신뢰도가 제일 높은 토사함 측정방법을 적용하며, 신뢰도를 보다 향상시키기 위하여 토사함 내부에 10등분으로 표척을 설치
  (배토량이 10% 이상 과다 배출 시 원인분석을 통하여 터널상부 지표변위 최소화 유도)

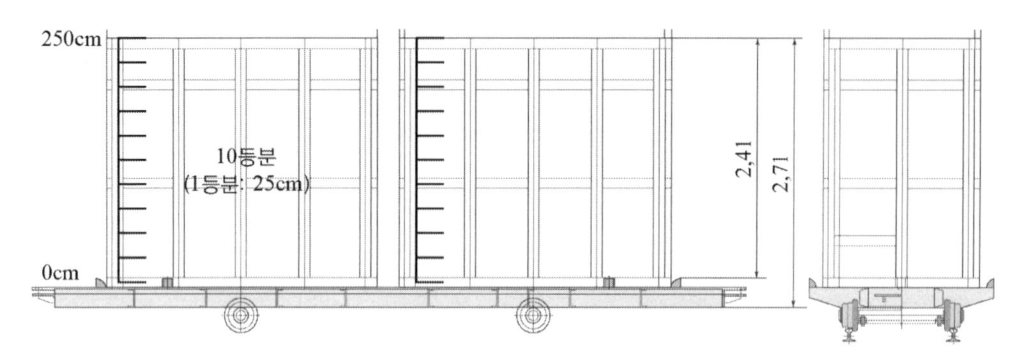

[그림 2.5.10] 토사함 내부 표척 설치도(서울지하철 919, 920, 921)

2) 배토처리 설비

원활한 배토관리를 위해서는 작업구 내에 설치되는 갱외 버력처리 설비에 대한 처리능력을 검토·계획하고 반출되는 배토량에 대한 집중관리가 필요하다. 버력처리 설비의 능력은 버력처리 방식에 따라 다르므로 쉴드 TBM의 최대굴진을 예측해 처리능력을 충분히 검토해야 한다.

[표 2.5.12] 버력처리 설비 종류

구분	개요도	장단점
덤핑장 + 버킷크레인	• 덤핑장의 버력을 별도의 횡갱에 위치한 백호 장비를 이용해 버킷에 적재하고 크레인을 이용하여 지상에 반출하는 방식	• 적용사례가 많음 • 넓은 버력 적치장소 필요 • 백호 작업공간을 확보해야 함
수직버킷 컨베이어	• 수직으로 달린 체인에 버킷을 붙여 작업구 내에서 버력을 적재하고 버킷은 그대로 수평상태를 유지하면서 호퍼까지 수직수평 이동하며 호퍼상에서 반전해 연속적으로 버력을 반출하는 방식	• 연속적으로 반출이 가능 • 작업구 내의 호퍼가 필요 • 연직갱의 심도가 깊을 경우 효율이 떨어짐
광차 직접인양	• 버력을 실은 광차를 호이스트를 이용하여 직접 인양해 지상의 호퍼에 보관 후 반출하는 방식	• 연직갱내 덤핑 공간 필요 • 상대적으로 안전문제에 취약
펌프 압송방식	• 쉴드 TBM 장비의 컨베이어와 연결된 압송시스템(압송펌프+압송관)에 의해 지상부까지 자동 반출되는 시스템	• 연속적 버력 반출이 가능 • 특수 분류 플랜트가 필요 • 폐색이 발생할 수 있음 • 작업구 공간을 최소화할 수 있음

[표 2.5.13] 서울지하철 9호선에서의 공구별 버력처리 설비적용 예

구분	919공구	920공구	921공구
버력처리 설비	수직버킷 컨베이어	광차 직접인양	광차 직접인양

3) 사토장 선정 및 관리

굴착된 버력을 반출하기 위해서는 적정한 사토장을 선정하여 원활한 사토 반출이 이루어질 수 있도록 하여야 하나, 일반적으로 지하철에 적용되는 쉴드 TBM 터널은 도심지에 위치함에 따라 사토장 선정이 매우 어려운 상황이다.

쉴드 TBM 굴착을 통해 반출되는 버력은 사토장으로 반출되기 전 토사 피트(pit)에 임시 야적된다. 토사 PIT에 야적된 버력은 사전 승인을 득한 사토장으로 주기적으로 반출되어야 하며, 사토 반출이 지연될 시 쉴드 굴진을 진행할 수 없으므로 주의 깊게 관리하여야 한다.

[표 2.5.14] 사토장 선정 및 관리방안

1	• 사토 반출 시 덤프의 방진 덮개 사용 / 과적 방지 • 현장 내 제한속도 준수 / 신호수 배치
2	• 비산먼지 발생 억제를 위한 세륜시설, 고압살수기 운영
3	• 반출 토사의 토양 오염물질 포함 여부에 대한 주기적 시험 실시
4	• 사토증 관리(승인 사토장으로의 반출 여부)

4) 함수율이 높은 버력의 외부 반출 시 함수율 저하방법

쉴드터널 굴진 후 발생하는 고함수의 버력은 함수율이 높아 죽탕상태이다. 사토처리를 위해 사토장 이동 시 도로에 흘러내려 민원문제가 발생하기도 하고, 사토장에서는 함수율이 높은 사토를 받지 않아 굴진이 중지가 되는 경우도 많다. 이처럼 사토처리는 쉴드터널 공사 시 가장 중요한 공종 중 하나로 버력의 함수율을 낮추기 위해 현장에서는 다음과 같이 2가지 방법을 사용하고 있다.

① 고화제에 의한 저하방법

- 주성분 : 폴리카르복실계 고흡수성 특수물질
- 외관 : 분말형 미백색 미립자
- 표준사용량 : 유동성 잔토 1m^{3}당 1~6kg
- 터널 굴진 후 반출되는 유동성이 있는 고함수의 버력을 고화제를 이용하여 고화시켜 사토 운반을 용이하게 하고 사토장으로 반출시키기 위해 사용하였다. 하지만 사용결과, 고화제에 의한 함수율 저하는 거의 효과가 없었다. 주 · 야간으로 사토를 반출하기 때문에 고화제가 화학반응을 일으켜 함수율을 낮출 시간적 여유도 없이 현장에서의 사토반출량은 일 평균 약 40여 대의 덤프트럭으로 고함수의 버력을 반출(약 520m^3)시키는 데 많은 양의 버력을 고화제를 이용하여 처리하기에는 너무 양이 많았고, 고화제의 투입도 많아 현장 투입비

가 증가하는 문제가 발생하였다.

[그림 2.5.11] 토사피트 내 고함수의 버력

[그림 2.5.12] 고화제 살포

② 필터프레스에 의한 함수율 저하방법

터널 굴진 후 발생한 고함수 버력토의 부유물(콜로이드)에 압력을 가해 필터로 통과시켜 함수율을 낮추기 위한 설비인 필터프레스를 설치하여 버력의 함수율을 낮춰 사토를 반출하고 있다. 굴진 후 사토 반출 전까지 지상 토사피트에 임시 보관하는데 시간이 경과되면 비중이 큰 토립자는 침전하고, 비중이 가벼운 부유물(콜로이드)은 오탁수 처리시설 및 필터프레스로 이동시킨다. 함수율 저하 효과는 크지만 소량의 버력만을 처리가능하며, 처리 시간이 길다는 단점이 있다.

따라서 물의 음극(-)에서 양극(+)으로 흐르는 전기적 성질을 이용한 탈수 장치 등을 개발 · 상용화 시켜 고함수의 버력을 처리하는 일이 필요할 것이다.

(a) 필터프레스 전경

(b) 토사피트

(c) 필터프레스 수조

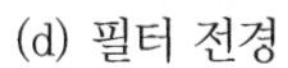

(d) 필터 전경

(e) 토사 케이크 형태의 버력

[그림 2.5.13] 필터프레스 전경

• 서울지하철 919공구의 버력처리 설비 개요

- 연신컨베이어 벨트를 활용한 버력 반출

개요		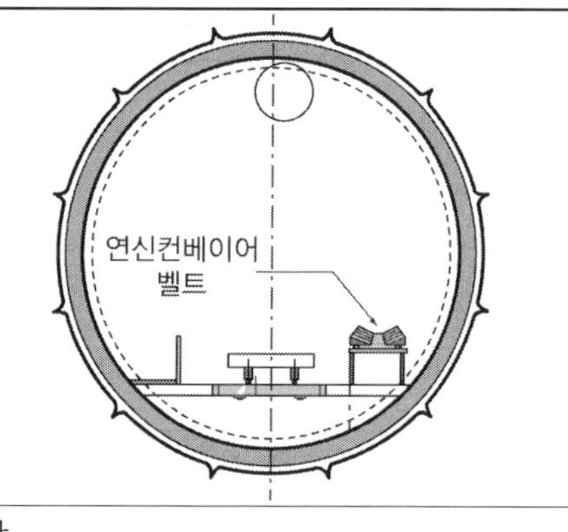
특징	- 연신컨베이어 벨트 적용 시 작업장 내 매연 저감 - 토사 반출 시 컨베이어 벨트를 통하여 운반하므로 반출속도가 빨라 공기 단축 효과 증대	

밸트 컨베이어 현황(현재 현장 적용 연신컨베이어 추후 투입 예정)		

- 갱외 버력운반

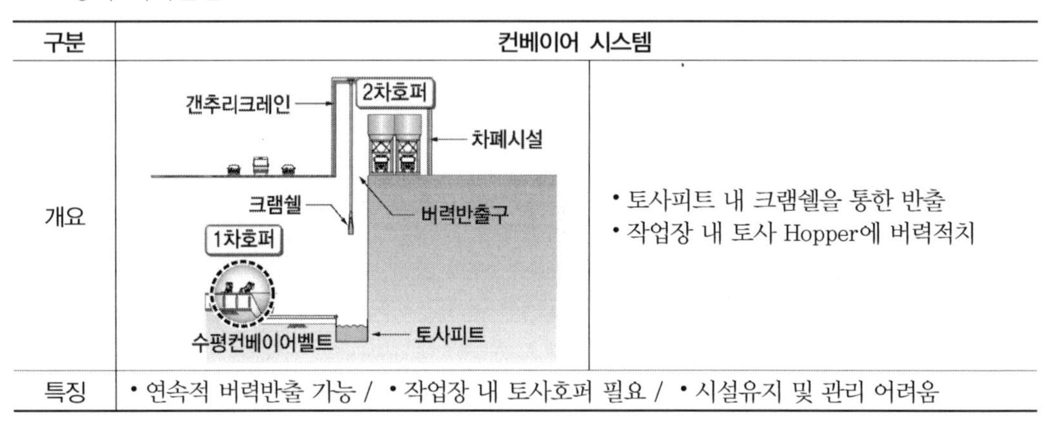

구분	컨베이어 시스템	
개요		• 토사피트 내 크램쉘을 통한 반출 • 작업장 내 토사 Hopper에 버력적치
특징	• 연속적 버력반출 가능 / • 작업장 내 토사호퍼 필요 / • 시설유지 및 관리 어려움	

• 서울지하철 920, 921공구의 버력처리 설비 개요

- 광차(토사함)에 의한 직접운반

[표 2.5.15] 버력처리 과정

1단계	쉴드 TBM 굴진을 통해 굴착된 버력이 챔버를 채움(첨가제 혼합)
2단계	스크류 컨베이어를 통해 챔버 내 버력을 벨트 컨베이어로 전달
3단계	토사함까지 벨트 컨베이어를 통해 버력 이동
4단계	토사함은 디젤 Locomotive로 수직구까지 이동
5단계	문형 크레인으로 토사함을 토사 피트까지 이동
6단계	Side Dumping 방식으로 토사 피트에 덤핑
7단계	백호로 덤프트럭에 상차
8단계	덤프트럭으로 사토장 반출

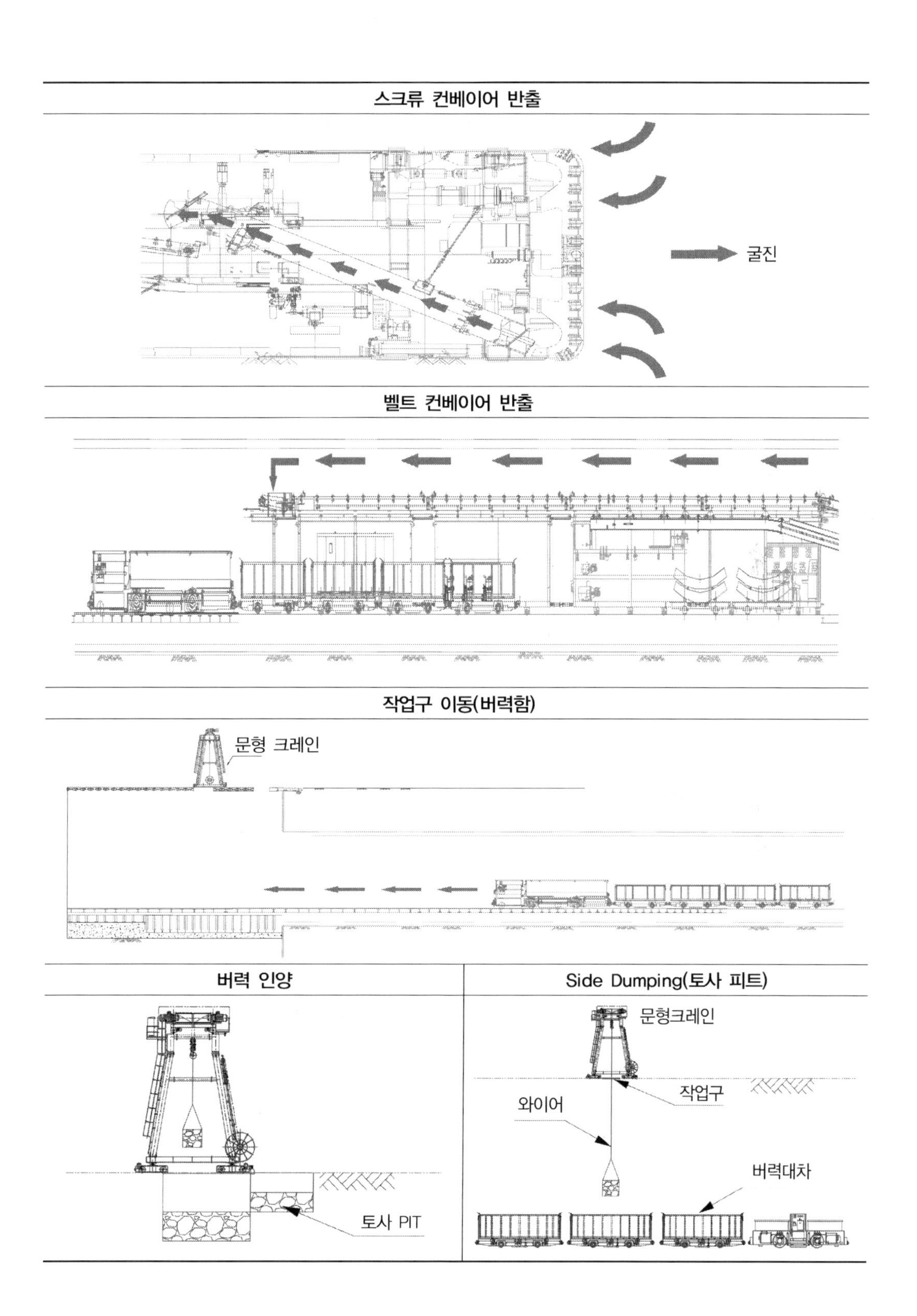
스크류 컨베이어 반출
굴진
벨트 컨베이어 반출
작업구 이동(버력함)
문형 크레인
버력 인양
토사 PIT
Side Dumping(토사 피트)
문형크레인
작업구
와이어
버력대차

상차 및 외부반출	
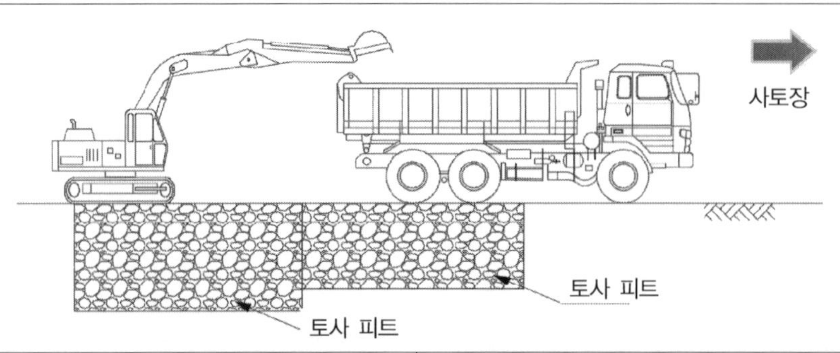 	

스크류 컨베이어 반출	벨트 컨베이어 반출

작업구 이동	버력 인양

Side Dumping(토사 피트)	상차 및 외부 반출

- 갱외 버력운반

<table>
<tr><th>구분</th><th colspan="2">광차+문형크레인</th></tr>
<tr><td>개요</td><td>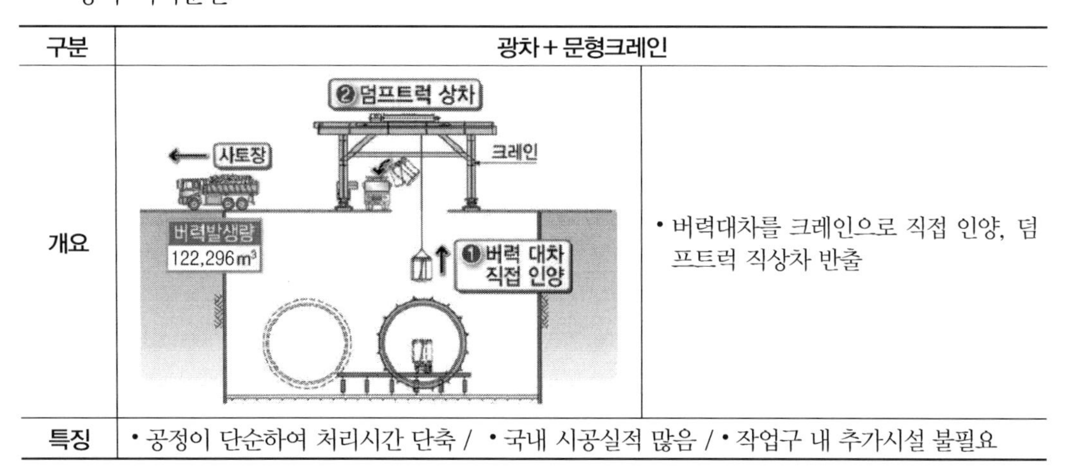
</td><td>• 버력대차를 크레인으로 직접 인양, 덤프트럭 직상차 반출</td></tr>
<tr><td>특징</td><td colspan="2">• 공정이 단순하여 처리시간 단축 / • 국내 시공실적 많음 / • 작업구 내 추가시설 불필요</td></tr>
</table>

마. 서울지하철 919, 920, 921에서의 첨가제 및 배토관리 예

1) 서울지하철 919

[표 2.5.16] 서울지하철 919, 920 및 921공구에서의 첨가제 적용 사례(계속)

<table>
<tr><td rowspan="10">919 공구</td><td colspan="6">- 첨가제별 특성 분석</td></tr>
<tr><th>구분</th><th colspan="2">1안 : 계면활성제(기포)</th><th colspan="2">2안 수용성 고분자계(폴리머)</th><th>3안 폴리머+기포(첨가제)</th></tr>
<tr><td rowspan="2">적용 지반 및 주입 효과</td><td>사질 지반</td><td>간극수 치환으로 침강 방지 및 유동성 증가</td><td>사질 지반</td><td>끈적끈적한 Gel의 작용으로 유동성 증가</td><td rowspan="2">폴리머+기포 동시주입 시 시너지 효과를 기대</td></tr>
<tr><td>점토 지반</td><td>계면 활성제로 챔버 내 부착 방지</td><td>점토 지반</td><td>토립자 단립화로 챔버 내 부착 방지하고 커터 토크 및 추력 감소</td></tr>
<tr><td>주입량</td><td colspan="2">토질과 지하수 유입상태에 따라 변동(약 2~5%)</td><td colspan="2">점토 0.05~0.1%
사질토 0.1~0.2%
모래 자갈층 0.2~0.4%</td><td>토질과 지하수 유입상태에 따라 변동</td></tr>
<tr><td>장점</td><td colspan="2">미세한 기포가 토립자 중의 간극수와 치환하여 지수성 향상</td><td colspan="2">점성 및 보수성이 높아 막장 분발 방지 및 유동성 확보</td><td>벤토나이트를 제외한 가장 안정적인 방법이며 폐기물 처리 비용이 발생하지 않음</td></tr>
<tr><td>단점</td><td colspan="2">모래·자갈층에 지하수 과다 유입 시 기능 감소(기포첨가제 투입)</td><td colspan="2">미세립자 부족 시 스크류 컨베이어 내 침강 발생</td><td>폴리머 주입 시설 외 별도의 기포 주입 시설 필요</td></tr>
<tr><td>적용</td><td colspan="2"></td><td colspan="2"></td><td>○</td></tr>
<tr><td>검토 의견</td><td colspan="5">• 모래·자갈층으로 지하수 과다 유입 시 막장붕락으로 인한 침하를 방지하기 위하여 굴착토에 대한 유동성 및 지수성을 확보하고자 폴리머와 기포를 동시주입
• 벤토나이트 사용 시 막장은 가장 안정적이나, 별도의 폐기물 처리비가 발생하여 미사용</td></tr>
</table>

[표 2.5.16] 서울지하철 919, 920 및 921공구에서의 첨가제 적용 사례(계속)

919 공구

※ 첨가제별 상세 특성

계면활성제

- 막장 혹은 챔버 내에 특수 기포제로 만들어진 기포를 주입하면서 굴진하는 공법으로 치밀하고 안정된 기포가 굴삭토의 유동성과 지수성을 향상시키며 챔버 내에 부착을 방지하므로 빠른 굴진이 가능토록 한다.
- 낮은 사용 농도에서도 기포력이 뛰어나며, 미세한 거품을 형성하므로 지수성이 뛰어나 굴삭을 용이하게 하며 분발을 방지한다.
- 특수하게 배합된 물질에 의해 굴삭토의 유동성을 높여주므로 챔버 내의 폐쇄가 없으며 커터나 스크류 컨베이어의 토크를 감소시켜 준다.
- 계면활성작용에 의해 점토질 지반 굴삭 시에 발생하기 쉬운 쉴드면, 챔버 내면에 굴삭토 부착을 방지하여 굴진속도를 빠르게 향상시켜 준다.

기포력 시험 (기포 발생량)

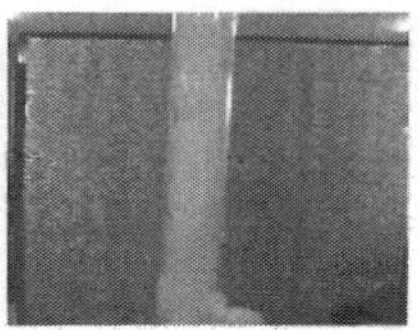

침강 속도 실험 (구슬낙하속도)

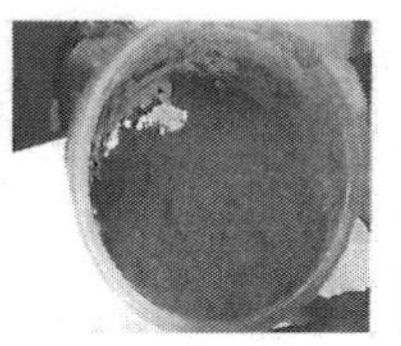

기포혼합 상태

기포소멸 상태 (배토 용이)

- 사용량은 지층 토질과 지하수 유입상태에 따라 폼의 농도를 2~10%로 조절하여 사용
- 사용방법
  ① Foamer를 맑은 물에 2~10%로 굴삭지반의 상황에 따라 적절히 희석 교반한다.
  ② 콤프레셔의 압축공기와 기포제를 동시에 압송하여 발포시킨다. 이때 공기량과 기포제량을 조절함으로써 기포의 상태를 조절할 수 있다.
  ③ 지하수가 많이 유입되는 모래 자갈층 지반의 경우 기포첨가제를 첨가하면 기포의 점성과 유지력을 강화시킬 수 있으며 지수성을 향상시킬 수 있다.

폴리머

- 폴리머는 증점 효과와 보호피막 기능에 의한 보수성이 높아 막장 내의 분발을 방지하고 챔버와 커터에 굴삭토의 부착을 방지하며 적당한 유동성 상태로 굴삭토의 배출을 용이하게 한다.
- 특징
  ① 액체 상태이므로 용해가 용이하다.
  ② 고농도이므로 소량 사용으로도 높은 점도를 얻을 수 있어 챔버 내의 토압을 일정하게 유지하며 막장 내의 붕괴를 방지한다.
  ③ 점토·실트층에서 굴착 시에는 토립자의 단립화와 윤활 작용으로 챔버와 커터에 굴삭토가 부착하는 것을 막아주며, 커터의 토크와 추력을 감소시켜 준다.
  ④ 모래 자갈층의 경우 점조한 Gel의 작용으로 유동성을 향상시켜 장거리 구간의 펌프 토사 압송을 가능하게 한다.
- 사용량

구분	사용 농도 비교	
	벤토나이트	폴리머
점토, 세사 실트층	0~5%	0.05~0.1%
세사, 사질토층	5~7%	0.1~0.2%
모래, 자갈층	6~9%	0.2~0.4%

- 사용 방법
  조제조에 물을 넣고 교반하면서 폴리머를 소량씩 투입하여 사용
  (당 현장은 벤토나이트를 사용하지 않음)

[표 2.5.16] 서울지하철 919, 920 및 921공구에서의 첨가제 적용 사례(계속)

919 공구

※ 첨가제별 역할

종류	주성분	역할
기포	계면 활성제계	• 미세 기포가 토립자 중 간극수와 치환하여 지수성 향상 • 침강방지 및 유동성 증가
폴리머	수용성 고분자계	• 점조한 Gel의 작용으로 유동성 증가 • 토립자 단립화로 챔버 내 부착 방지하고 커터 토크 및 추력 감소
황토 (Mud)	벤토나이트+ 셀룰로저계 고분자	• 챔버 내 토압 및 이수 주입압으로 막장 안정 • 커터 마모량은 다소 감소하나 커터토크 및 장비부하 증가

- 주입량과 배합관리

시료	기포	폴리머	기포＋폴리머
모래·자갈 : 1,200L 물 : 300L	모래·자갈 : 1,200L 물 : 300L 기포 : 300L	모래·자갈 : 1,200L 물 : 300L 폴리머 : 350L	모래·자갈 : 1,200L 물 : 300L 폴리머 : 100L 기포 : 300L
	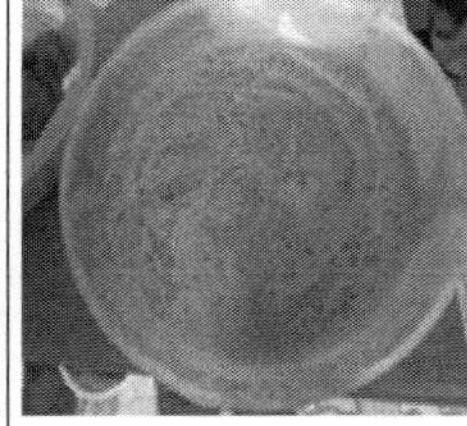		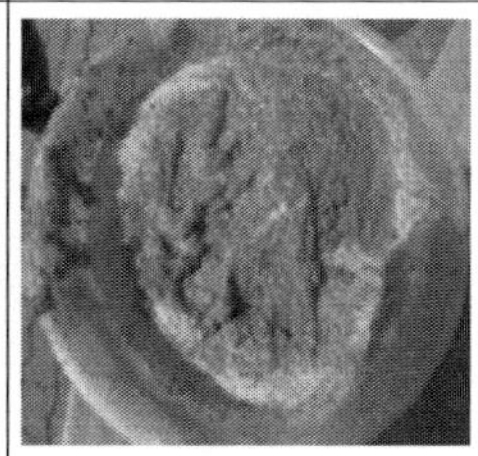

* 막장유입 지하수량 계산 시 약 20% 정도로 계산

- 주입재 투입계획

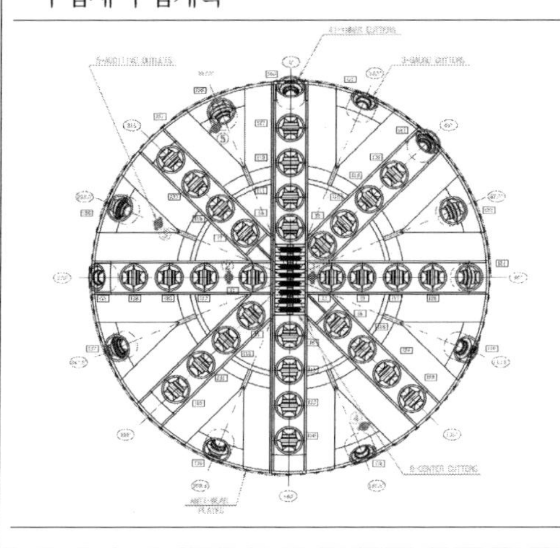

- 막장 주입구 5개소에 기포 3라인, 폴리머 2라인을 사용한다.
  (배출토 상태에 따라 위치변경 가능)

[표 2.5.16] 서울지하철 919, 920 및 921공구에서의 첨가제 적용 사례(계속)

919 공구

- 주입재 투입 순서
  - ①, ③, ④번 주입구로부터 기포/ ②,⑤번 주입구로부터 폴리머 주입

- 주입재 투입량 산정

[기포 및 폴리머 주입량]-삼성 시험실 산출

폴리머 농도 : 0.1%

토사 $1m^3$ 주입률(폴리머) : 6.7%

토사 $1m^3$ 주입률(기포) : 20.0%

[폴리머 주입량]

$47m^2$(장비 단면적)×0.015m(추정굴진속도)×6.7%(주입률)

= $0.047m^3/min$

47L ÷ 2 Line = 23.5L/min(1Line)

[기포 주입량]

$47m^2$(장비 단면적)×0.015m(추정굴진속도)×20.0%(주입률)

= $0.141m^3/min$

$0.141m^3$ ÷ 3 Line = $0.047m^3/min$(1Line)

(굴진상태, 토사상태에 의해서 농도, 주입량 등을 변경한다.)

920 공구

- 첨가제별 특성 분석

구분		1안	2안	3안
주입재료		폴리머 + 물	점토 + 폴리머 + 물	벤토나이트 + 폴리머 + 물
첨가제		폴리머 : 4L	점토 + 폴리머 (28L + 1L)	벤토나이트 + 폴리머 (21L + 1L)
물		996L	971L	978L
농도		0.4%	혼합액(1~5%), 폴리머(0.1%)	혼합액(1~5%), 폴리머(0.1%)
AIR 압력		정수압 + 20~30Kpa	정수압 + 20~30Kpa	정수압 + 20~30Kpa
주입량		$14.66m^3/m$	$7.3m^3/m$	$7.3m^3/m$
장단점	지반안정성	보통	보통	가장 큼
	폐색 가능성	농도가 높을 시	가장 큼	적음
	시공성	간편	보통	보통
	환경영향	없음	없음	검토 필요

- 자문회의 결과
  - 벤토나이트 + 폴리머(0.1%)를 첨가하는 것이 효과가 우수하나, 벤트나이트가 첨가된 배출토는 건설오니로써, 처리 시 비용적 측면, 환경 영향적 측면을 고려하였을 때 현장에 적용하기에 어려운 점이 있다. 따라서 시험적으로 벤토나이트 첨가 시의 배출토 특성을 분석하여 막장첨가제 개선안 선정을 위한 배합시험의 기준으로 삼는다.

[표 2.5.16] 서울지하철 919, 920 및 921공구에서의 첨가제 적용 사례(계속)

920 공구

벤토나이트 첨가 시의 배출토 특성분석	
함수비	15%(지하수 + 첨가제의 수량)
입 도	굵은골재 30%, 잔골재40%, 석분 30%
슬럼프	1.5~4.0cm(지하수 배출량에 따라 변동)
첨가제	벤토나이트(3%) + 폴리머(0.1%) + 물(96.9%)

- 배출토 입도분석결과

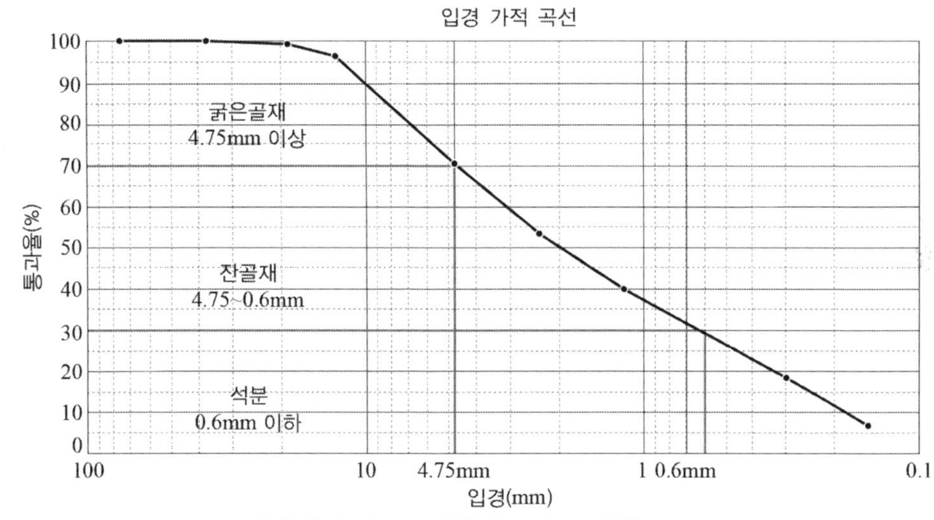

굵은골재 : 30% / 잔골재 : 40% / 석분 : 30%

- 시험용 시료제작

기타 불순물이 섞이지 않은 시료를 채취하여 배출토와 유사한 입도로 시험용시료를 제작하고 그 시험용 시료에 대한 첨가제 배합시험을 실시한다.

[시험용 시료(20kg 기준) : 굵은골재 6kg(30%), 잔골재 8kg(40%), 석분 6kg(30%)]

- 시험용 시료에 대한 첨가제

1배합 : 폴리머(0.4%) 첨가제			
시험용 시료			첨가제
굵은골재	잔골재	석분	폴리머 + 물
30%	40%	30%	폴리머 0.024L + 물 5.976L
배합시험폴리머(0.4%) 혼합액			

[표 2.5.16] 서울지하철 919, 920 및 921공구에서의 첨가제 적용 사례(계속)

920 공구

2배합 : 황토(3%) + 폴리머(0.1%) 첨가제

시험용 시료			첨가제
굵은골재	잔골재	석분	황토 + 폴리머
30%	40%	30%	황토 0.454kg + 폴리머 0.003L + 물 2.543L

황토(3%) + 폴리머(0.1%)혼합액 배합시험

3배합 : 벤토(3%) + 폴리머(0.1%) 첨가제

시험용 시료			첨가제
굵은골재	잔골재	석분	벤토 + 폴리머
30%	40%	30%	벤토 0.454kg + 폴리머 0.003L + 물 2.543L

벤토(3%) + 폴리머(0.1%)혼합액 배합시험

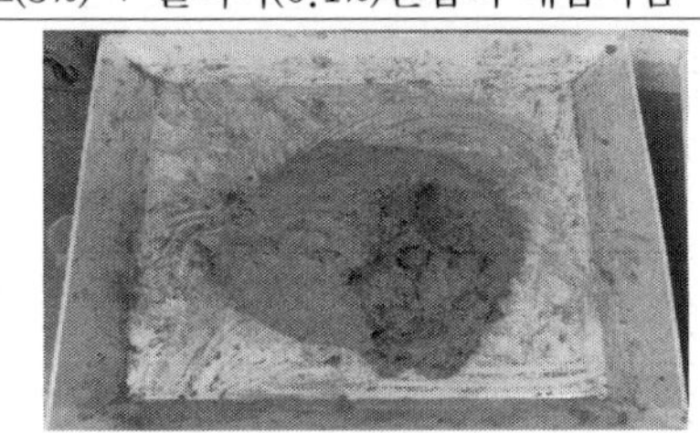

– 배합시험결과 및 첨가제 선정(개선안)

구분		1배합 폴리머 0.4%	2배합 황토(3%) + 폴리머(0.1%)	3배합 벤토(3%) + 폴리머(0.1%)
첨가제 (첨가제/시료)		30%	15%	15%
배합비		시험용 시료 20kg + 폴리머 0.024L + 물 5.976L	시험용 시료 20kg + 황토 0.454kg + 폴리머 0.003L + 물 2.543L	시험용 시료 20kg + 벤토 0.454kg + 폴리머 0.003L + 물 2.543L
시험결과	슬럼프	20mm	15mm	15mm
	재료 분리 저항성	불량 (골재 및 물 등이 응집되지 않고 분리됨)	양호	양호
환 경		문제 없음	문제 없음	건설폐기물 중 건설오니로 환경상 저촉 문제가 있음
선정(안)			◎	

[표 2.5.16] 서울지하철 919, 920 및 921공구에서의 첨가제 적용 사례(계속)

– 개선안에 대한 적정투입량 결정

첨가액의 적정한 투입량을 결정하기 위해 제2배합 [황토(3%)+폴리머(0.1%)] 혼합액을 배합비 2%씩 증가시켜 시료의 변화상태를 관찰하여 투입량을 결정한다.

첨가제 투입량 대비 Slump 관계 곡선

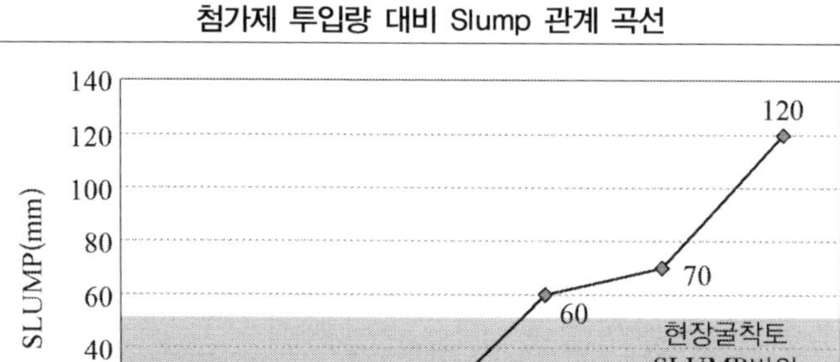

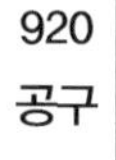
920 공구

– 개선안에 대한 적정투입량 결정

배합비 10%, 12%(표준시료 20kg에 황토(3%) + 폴리머(0.1%) 혼합액 2L, 2.4L)

시험결과 : Slump Test 결과 처짐 없음

배합비 14%(표준시료 20kg에 황토(3%) + 폴리머(0.1%) 혼합액 2.8L)

시험결과 : Slump Test결과 15mm의 처짐이 발생 및 재료분리저항성 양호함

[표 2.5.16] 서울지하철 919, 920 및 921공구에서의 첨가제 적용 사례(계속)

<table>
<tr><td rowspan="10">920 공구</td><td colspan="2">배합비 16%(표준시료 20kg에 황토(3%) + 폴리머(0.1%) 혼합액 3.2L)</td></tr>
<tr><td colspan="2">시험결과 : Slump Test결과 60mm의 처짐이 발생 및 재료분리저항성 양호함</td></tr>
<tr><td></td><td></td></tr>
<tr><td colspan="2">배합비 18%(표준시료 20kg에 황토(3%) + 폴리머(0.1%) 혼합액 3.6L)</td></tr>
<tr><td colspan="2">시험결과 : Slump Test결과 70mm의 처짐이 발생 및 재료분리저항성 양호함</td></tr>
<tr><td></td><td></td></tr>
<tr><td colspan="2">배합비 20%(표준시료 20kg에 황토(3%) + 폴리머(0.1%)혼합액 4.0L)</td></tr>
<tr><td colspan="2">시험결과 : Slump Test결과 120mm의 처짐이 발생 및 재료분리저항성 양호함</td></tr>
<tr><td></td><td></td></tr>
<tr><td colspan="2">- 쉴드 TBM의 작업성을 고려하고, 굴진중 급격히 변화하는 지하수 유출에 대비하며, 외부 사토 반출 시 수분함량 과다로 사토 반입이 곤란한 점 등을 감안할 때, 배합비 14~18%가 적절한 것으로 사료된다. 다만, 지하수 유출량이 과소 및 점토성분이 포함된 풍화암의 과소출현에 따라 첨가제를 조절할 필요가 있다.
- 제1배합(폴리머)은 골재 및 물이 분리되어 재료분리 저항성이 없고, 제3배합(벤토 + 폴리머)은 환경성에서 불리함에 따라, 제2배합의 첨가제(황토 + 폴리머)로 선정하여 시공하였다.
① 황토 + 폴리머 첨가제를 투입하면
② 시공성, 안전성 및 환경성 등에 유리할 것으로 판단되며
③ 70링에 대하여 제2배합으로 시험시공하면서,
④ 쉴드 TBM 장비의 토크, 추력, 챔버 내 압력 및 배토상태 등을 면밀히 관찰하고
⑤ 지하수 유출량에 따라 첨가량을 조정하면서 굴진한 결과 무난히 굴진되었다.</td></tr>
</table>

[표 2.5.16] 서울지하철 919, 920 및 921공구에서의 첨가제 적용 사례(계속)

921 공구

– 첨가제 산정

구분	폴리머 주입재	MUD 주입재
형상	갱내첨가재저장조 발포 장치 주입 통제실 광차 주입유니트	지상설비 콤푸레샤 슬러리 주입통제실 갱내슬러리저장조 광차 주입유니트 유량계
주성분	• 수용성 고분자계	• 벤토나이트 + 셀룰로저계 고분자
환경성	• 유기고분자 물질로써 독성이 없고 소량을 사용하므로 토양오염 미발생	• 벤토나이트 혼입으로 환경오염이 예상되며 폐기물 발생으로 인한 처리비 과다 발생
지수성	• 토압조절이 용이하여 지수성이 양호하며, 굴착토의 단립화가 가능	• 지하수 유무에 상관없이 첨가제의 배합 및 주입율로 조정하여 대응
토압 관리	• 챔버 내 균질화된 굴착토로 막장 안정	• 챔버 내 토압 및 이수 주입압으로 막장안정
장비 적용성	• 고분자 물질의 윤활작용에 의해 면판 및 커터비트의 마모감소	• 마모량은 다소 감소하나 커터토크 및 장비 부하 증가
설비	• 액체상태의 물질로써 비교적 간단한 교반 장치로 작업이 가능	• 벤토나이트 적용에 대한 추가 설비로 다소 복잡하고 대용량의 설비 필요
배토 처리	• 굴착토의 소성유동화로 배토처리가 용이하며 컨베이어에 부착이 없어 장거리 압송 가능	• 배토 시 소성유동화 상태이며 벤토나이트 사용으로 이수분리 필요
선정	◎	
분석 결과	• 터널굴진 시 폴리머 적용으로 막장안정 및 배토능력 향상과 버력 뭉침 및 비트 마모 최소화	

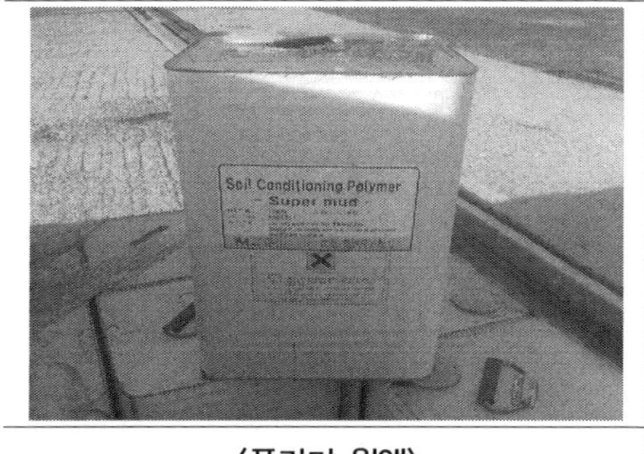

〈폴리머 원액〉

〈폴리머 교반 토사〉

[표 2.5.16] 서울지하철 919, 920 및 921공구에서의 첨가제 적용 사례(계속)

921 공구

- 폴리머 주입 계통도

(폴리머 + 물) → (혼합)

(폴리머 + 물) → (공급)

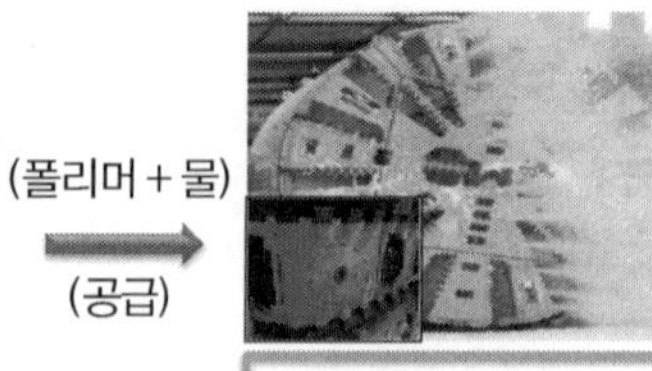

폴리머 혼합 탱크	폴리머 공급 탱크	쉴드 커터헤드 폴리머 배출구

- 폴리머 공급설비(후방대차 폴리머대차)

설비명	규격	수량	비고
혼합 탱크	1.5m^3	1Set	고속 믹서
보관 및 공급 탱크	5m^3	3대	15m^3
공급 펌프	0.63m^3/min	2대	1.26m^3/min

- 폴리머 공급설비(후방대차 폴리머대차)
  굴착토사를 소성유동성과 불투수성을 가진 양호한 버력배출을 하기 위해 필요한 폴리머의 주입량은 굴착토량의 약 30% 정도인 18m^3(폴리머 + 물)를 매 링마다 주입한다.
- 배합비
  (1) 혼합액 100kg당 기준 : 물 99.7kg, 폴리머 0.3kg(원액 0.3%)
  (2) 1Ring당(1.2m) 기준

굴 착 토	혼 합 액		비 고
60m^3 ($\frac{\pi}{4}\times 7.93^2 \times 1.2$)	물	17,946kg	혼합액량 : 18m^3 (60×0.3=18m^3)
	폴리머 원액	54kg	

※ 921공구 현장은 폴리머 시험배합(0.2%, 0.3%, 0.4%)을 하여 토질상태 및 지하수량에 따라 폴리머 혼합액 농도 및 양을 조절하여 시공 중에 있다.
- 현장실험을 통한 폴리머 적정 농도 산정

폴리머 배합시험	
시험목적	• E.P.B 공법으로 시공되는 서울지하철 921공구 쉴드터널의 폴리머(막장안정제) 사용 농도별 배토상태를 실험하여 주입 적정 농도를 산정하고자 함
시료채취	• 935정거장 종점부 쉴드구간 발진부 굴착토 – 사질토 상태에 자갈이 섞여 있음 – 비중 : 2.71g/cm^3 – 함수율 : 9%
시험방법	• 굴삭토사를 1L용기에 담고 농도별로 준비된 polymer용액을 100L, 200L, 300L 순서로 투입하여 교반한 후, 슬럼프치를 측정하고 polymer용액이 혼합된 토사의 상태를 관찰한다.

[표 2.5.16] 서울지하철 919, 920 및 921공구에서의 첨가제 적용 사례(계속)

921 공구

- 농도별 폴리머 배합량

농 도	재료	1배합(100mL)	2배합(200mL)	3배합(300mL)	비 고
0.2%	폴리머	0.2mL	0.4mL	0.6mL	
	물	99.8mL	199.6mL	299.4mL	
0.3%	폴리머	0.3mL	0.6mL	0.9mL	
	물	99.7mL	199.4mL	299.1mL	
0.4%	폴리머	0.4mL	0.8mL	1.2mL	
	물	99.6mL	199.2mL	298.8mL	

- 시험결과(폴리머 0.2%)
  - 슬럼프 : 0mm(혼합용액 부족으로 혼합불가 및 유동성 없음)
  - 슬럼프 : 30mm(혼합용액 부족으로 혼합불가 및 유동성 없음)
  - 슬럼프 : 95mm(물분리 현상 심함)
- 시험결과(폴리머 0.3%)
  - 슬럼프 : 8mm(혼합용액 부족으로 혼합불가 및 유동성 없음)
  - 슬럼프 : 22mm(유동성이 부족하여 배토가 부적당한 상태임)
  - 슬럼프 : 34mm(유동성 및 수분리 상태 양호 → 배토/반출이 적당한 상태임)
- 시험결과(폴리머 0.4%)
  - 슬럼프 : 6mm(혼합용액 부족으로 혼합불가 및 유동성 없음)
  - 슬럼프 : 20mm(혼합용액 부족으로 혼합불가 및 유동성 없음)
  - 슬럼프 : 측정불가(물분리 현상 심함)
- 배합시험 슬럼프량

농도 \ 폴리머액		100mL	200mL	300mL	비 고
0.2%	슬럼프	0mm	30mm	95mm	
0.3%	슬럼프	8mm	22mm	34mm	
0.4%	슬럼프	6mm	20mm	측정불가	

- 현장적용 폴리머 농도배합시험 결과

서울지하철 921공구 폴리머 농도배합시험 결과, 폴리머 0.3% 농도의 혼합액을 토사 $1m^3$당 300mL 정도 사용하는 것이 유동성과 배토상태가 최적인 것으로 판단되어 위 배합을 현장 적용배합으로 선정하였으나, 폴리머 농도는 지반 및 지하수유입량에 따라 폴리머 농도 및 양을 조절하면서 시공 중에 있다.

[표 2.5.16] 서울지하철 919, 920 및 921공구에서의 첨가제 적용 사례(계속)

921 공구

- 배합시험 결과(0.2% 농도 폴리머 혼합액 사용)

100mL	200mL	300mL

• 슬럼프 : 0mm • 폴리머혼합액 부족으로 유동성 없음 • 챔버 내부 폐색 우려	• 슬럼프 : 30mm • 폴리머혼합액 부족으로 유동성 다소 없음 • 챔버 내부 폐색 우려	• 슬럼프 : 95mm • 유동성이 매우 큼 • 물 분리현상 심각 (막장 불안정 우려)

- 배합시험 결과(0.3% 농도 폴리머 혼합액 사용)

100mL	200mL	300mL
	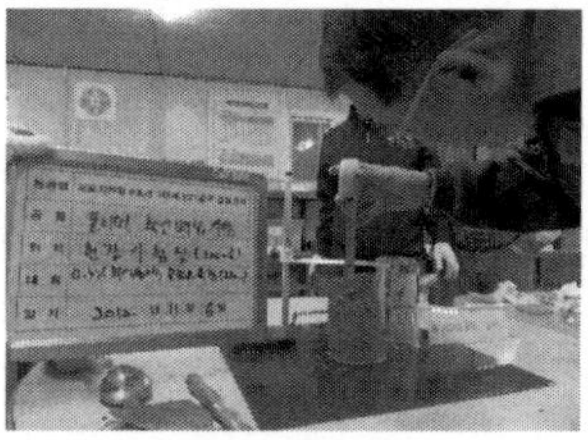	
• 슬럼프 : 8mm • 폴리머혼합액 부족으로 유동성 없음 • 챔버 내부 폐색 우려	• 슬럼프 : 22mm • 유동성이 부족 • 배토 시 버력배출이 부적합한 상태	• 슬럼프 : 34mm • 유동성 양호 • 수분분리 양호 • 버력 배출이 적당한 상태

- 배합시험 결과(0.4% 농도 폴리머 혼합액 사용)

100mL	200mL	300mL

• 슬럼프 : 6mm • 폴리머혼합액 부족으로 유동성 없음 • 배토 불량	• 슬럼프 : 20mm • 폴리머혼합액 부족으로 유동성 없음 • 배토 불량	• 슬럼프 : 측정불가 • 물 분리현상 심각 (막장 불안정 우려)

[표 2.5.16] 서울지하철 919, 920 및 921공구에서의 첨가제 적용 사례(계속)

구분		
921 공구	- 시료채취 및 배합시험 준비	
	배합시험용 시료채취	**폴리머 농도별 희석용액 준비**
		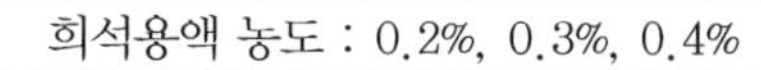
	935정거장 쉴드발진부	희석용액 농도 : 0.2%, 0.3%, 0.4%
	폴리머 배합시험용 토사 체가름 작업	**토사 밀도시험 및 표면수 측정**
		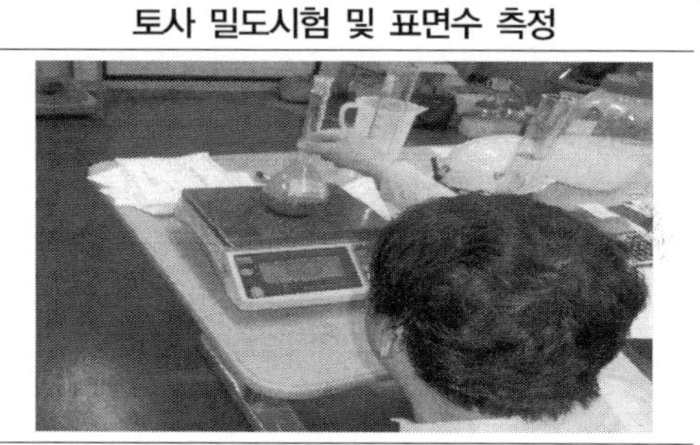
	921공구 현장 품질실험실	시료채취용 토사
	폴리머 0.2% 혼합용액 100mL 배합시험	**폴리머 0.2% 혼합용액 200mL 배합시험**

	슬럼프 측정결과 : 0mm	슬럼프 측정결과 : 30mm
	폴리머 0.2% 혼합용액 300mL 배합시험	**폴리머 0.3% 혼합용액 100mL 배합시험**

	슬럼프 측정결과 : 95mm	슬럼프 측정결과 : 8mm

[표 2.5.16] 서울지하철 919, 920 및 921공구에서의 첨가제 적용 사례(계속)

구분		
921 공구	**폴리머 0.3% 혼합용액 200mL 배합시험**	**폴리머 0.3% 혼합용액 300mL 배합시험** 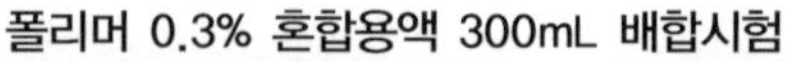

	슬럼프 측정결과 : 22mm	슬럼프 측정결과 : 34mm
	폴리머 0.4% 혼합용액 100mL 배합시험	**폴리머 0.4% 혼합용액 200mL 배합시험**
	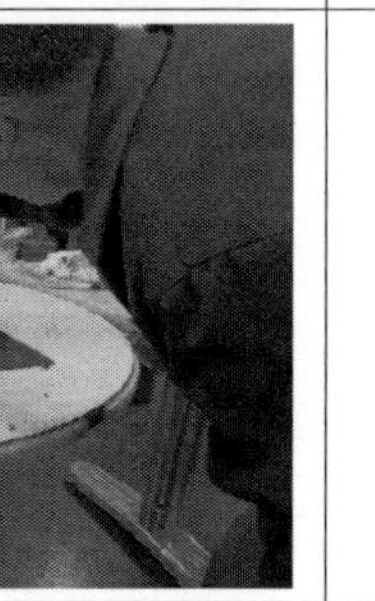	
	슬럼프 측정결과 : 6mm	슬럼프 측정결과 : 20mm
	폴리머 0.4% 혼합용액 300mL 배합시험	
		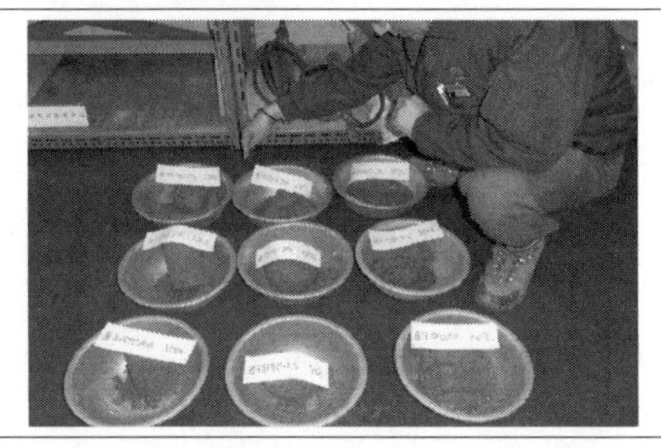
	슬럼프 측정결과 : 측정불가	배합시험 슬럼프 측정 후 시료상태 확인
	- 폴리머 폐기물 검사성적서 921공구 쉴드터널 굴진 시 사용되는 폴리머의 폐기물 공정시험 의뢰결과, 토양오염을 일으키는 「폐기물관리법 시행규칙」 지정 폐기물에 함유된 유해물질이 불검출되어, 사토처리 시 문제가 없음을 확인하였다.	

[표 2.5.16] 서울지하철 919, 920 및 921공구에서의 첨가제 적용 사례

921 공구

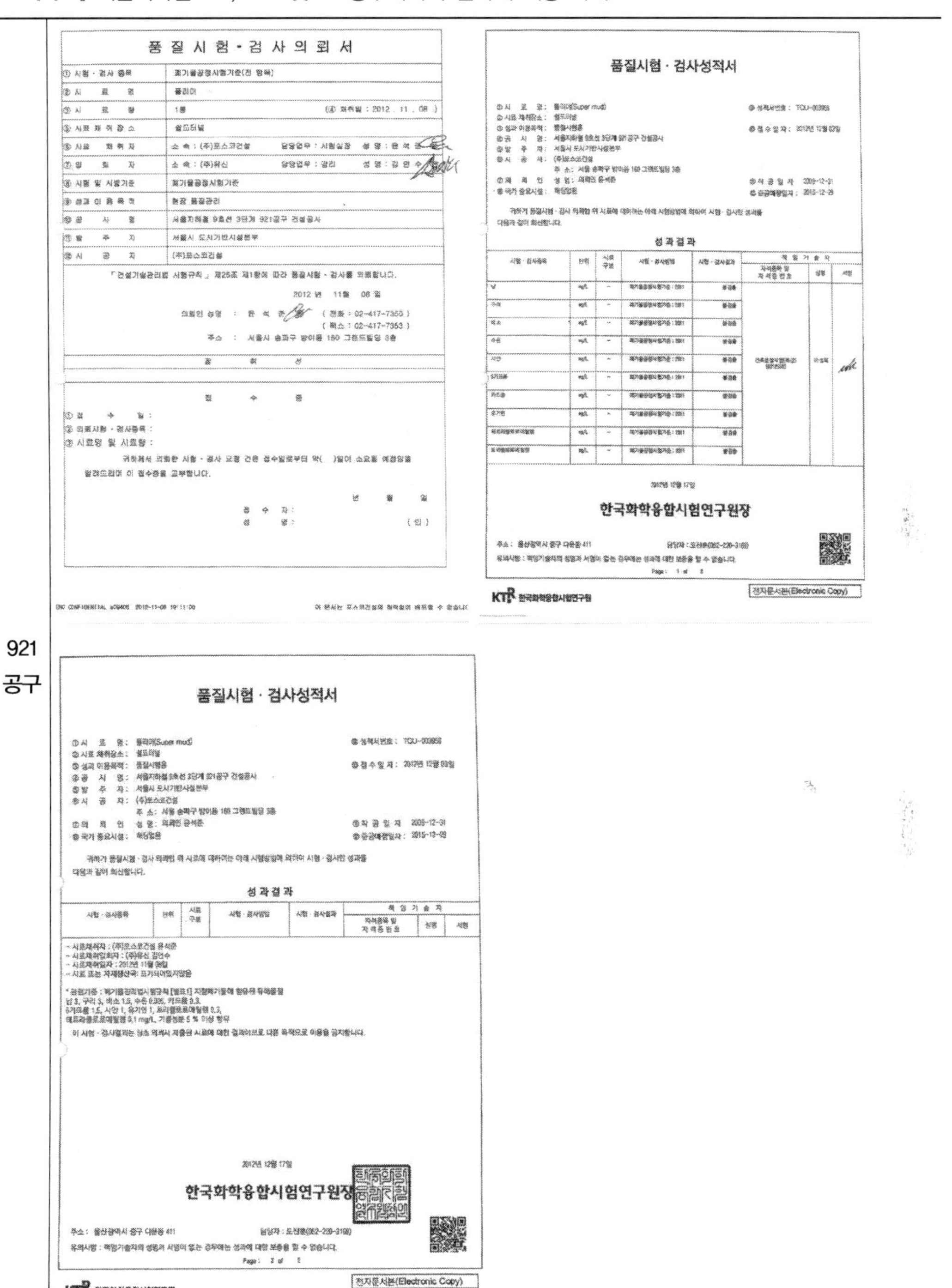

품질시험·검사의뢰서

① 시험·검사 종목	폐기물공정시험기준(전 항목)
② 시료명	폴리머
③ 시료량	1종 (④ 채취일 : 2012. 11. 08.)
⑤ 시료채취장소	쉴드터널
⑥ 시료채취자	소속 : (주)포스코건설 담당업무 : 시험실장 성명 : 윤석준
⑦ 입회자	소속 : (주)유신 담당업무 : 감리 성명 : 김연수
⑧ 시험 및 시방기준	폐기물공정시험기준
⑨ 성과 이용목적	현장 품질관리
⑩ 공사명	서울지하철 9호선 3단계 921공구 건설공사
⑪ 발주자	서울시 도시기반시설본부
⑫ 시공자	(주)포스코건설

「건설기술관리법 시행규칙」 제25조 제1항에 따라 품질시험·검사를 의뢰합니다.

2012 년 11 월 08 일

의뢰인 성명 : 윤 석 준 (전화 : 02-417-7350)
(팩스 : 02-417-7353)
주소 : 서울시 송파구 방이동 180 그랜드빌딩 8층

절 취 선

접 수 증

① 접수일 :
② 의뢰시험·검사종목 :
③ 시료명 및 시료량 :

귀하께서 의뢰한 시험·검사 요청 건은 접수일로부터 약( )일이 소요될 예정임을 알려드리며 이 접수증을 교부합니다.

년 월 일

접수자 :
성명 : (인)

품질시험·검사성적서

① 시료명 : 폴리머(Super mud)
② 시료채취장소 : 쉴드터널
③ 성과 이용목적 : 품질시험용
④ 공사명 : 서울지하철 9호선 3단계 921공구 건설공사
⑤ 발주자 : 서울시 도시기반시설본부
⑥ 시공자 : (주)포스코건설
주소 : 서울 송파구 방이동 180 그랜드빌딩 8층
⑦ 의뢰인 성명 : 의뢰인 윤석준
⑧ 국가 중요시설 : 해당없음

성과결과

시험·검사종목	단위	시료구분	시험·검사방법	시험·검사결과	책임기술자: 자격종목 및 자격증번호	책임기술자: 성명	책임기술자: 서명

2012년 12월 17일

한국화학융합시험연구원장

KTR 한국화학융합시험연구원

전자문서본(Electronic Copy)

품질시험·검사성적서

① 시료명 : 폴리머(Super mud)
② 시료채취장소 : 쉴드터널
③ 성과 이용목적 : 품질시험용
④ 공사명 : 서울지하철 9호선 3단계 921공구 건설공사
⑤ 발주자 : 서울시 도시기반시설본부
⑥ 시공자 : (주)포스코건설
주소 : 서울 송파구 방이동 180 그랜드빌딩 3층
⑦ 의뢰인 성명 : 의뢰인 윤석준
⑧ 국가 중요시설 : 해당없음

성과결과

시험·검사종목	단위	시료구분	시험·검사방법	시험·검사결과	책임기술자: 자격종목 및 자격증번호	책임기술자: 성명	책임기술자: 서명

- 시료채취자 : (주)포스코건설 윤석준
- 시료채취입회자 : (주)유신 김연수
- 시료채취일자 : 2012년 11월 08일

2012년 12월 17일

한국화학융합시험연구원장

Page : 2 of 2

KTR 한국화학융합시험연구원

전자문서본(Electronic Copy)

2.5.4 이수식 쉴드 TBM의 굴진 및 배토관리

가. 개요

이수식 쉴드는 커터 챔버 내에 이수를 충전하여 이수의 압력으로 막장에 이막 또는 침투 지역을 형성하여 막장의 안정을 도모하는 것을 기본으로 한 공법이다. 이수식 쉴드의 시스템 개요도는 그림 2.5.14와 같다.

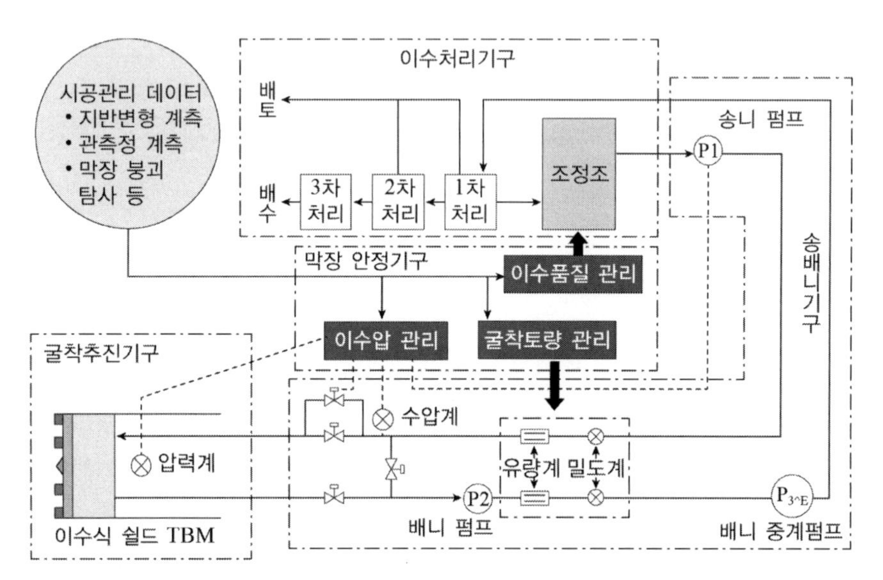

[그림 2.5.14] 이수식 쉴드 TBM 공법 개요도

나. 이수식 쉴드 TBM의 막장 안정

이수식 쉴드의 막장 안정 기구는 다음과 같다.

① 유체 수송 펌프의 회전수를 조정하고 커터 챔버 내의 이수에 압력을 주는 이수압력에 의한 막장의 토압 및 수압에 대항한다.

② 막장면에 불투수성의 이막을 형성하고 이수압력을 막장면에 유효하게 작용한다(그림 2.5.15 참조).

③ 지반에 이수의 침투에 의해 이수내 세립분이 지반 틈새에 들어가서 지반의 강도를 증가시킨다.

이수식 쉴드의 막장 안정이 성립하기 위한 굴착 관리 항목은, 이수압력의 관리, 이수의 품질관리, 막장의 안정 상태를 판단하는 굴착 토량 관리 항목이 중심이 된다. 또 막장의 안정 상태는 지반 변상 계측, 막장 붕괴 탐사 등 시공관리 데이터를 첨가하고 종합적으로 판단한다. 이수식 쉴드의 굴착 관리 흐름은 그림 2.5.16과 같다.

구분	Type-1	Type-2	Type-3
개요도	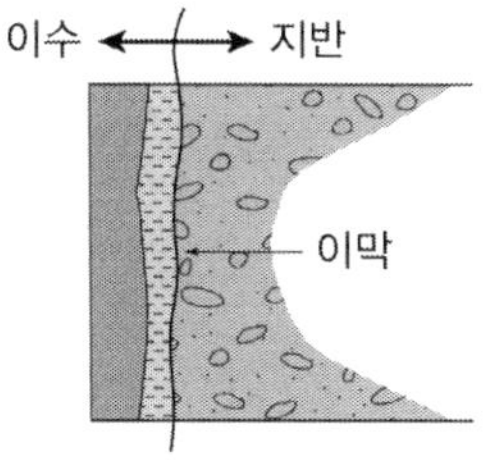 이수 ↔ 지반, 이막	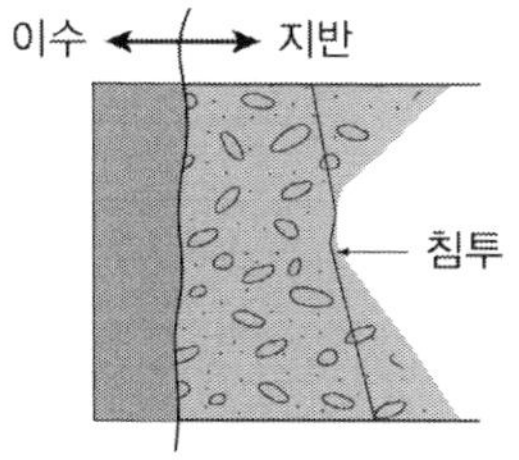 이수 ↔ 지반, 침투	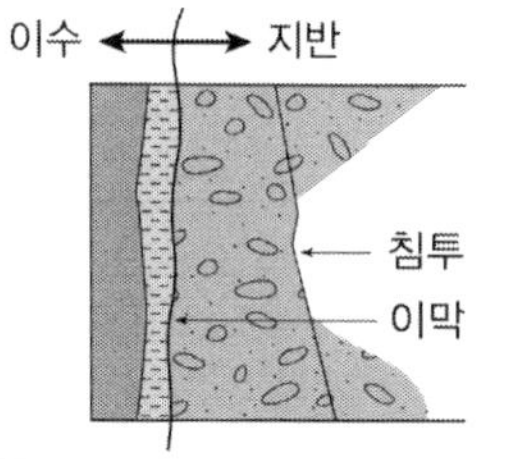 이수 ↔ 지반, 침투, 이막
특징	이수의 침투가 거의 없고 이막만 형성	지반의 간극이 커서 이수는 침투할 뿐 이막형성 없음	이수가 침투하면서 이막 형성

[그림 2.5.15] 이수식 쉴드 TBM 막장면에서의 이막 형성 형태(by Müller)

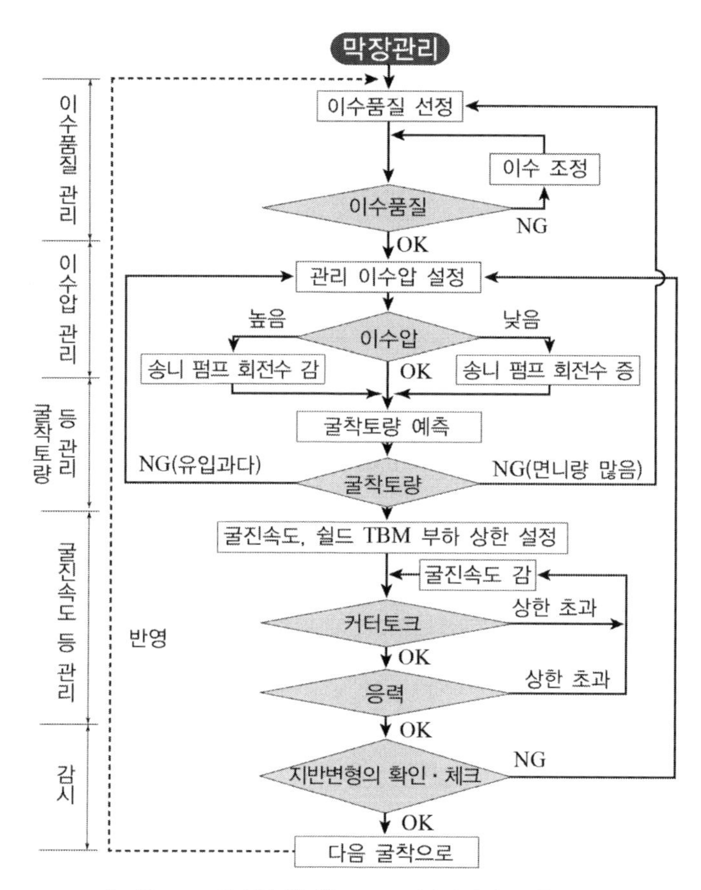

[그림 2.5.16] 이수식 쉴드 TBM 굴진관리 흐름도

이수압력은 막장에 작용하는 토압 + 수압보다 약간 높게(20~50kPa) 선정하는 게 일반적이다. 이 때문에 굴착 관리에서는 이수의 품질과 이수압력 및 굴삭 토량의 관리가 중요하며, 여기에서는 이수압력의 관리 및 굴삭 토량 관리에 대해 서술한다.

다. 이수압의 관리

1) 굴진 시

쉴드의 격벽에 배치되는 수압계에 의해 막장 수압을 측정하고, 그것이 목표 값이 되도록 수압 조절기에 의한 송니 펌프(P_1)의 회전수를 변경해 압력 제어를 하게 된다. 굴진 때 발생하는 배니관 폐색에 따른 급격한 압력 상승을 피하기 위해 압력 조정 밸브나 워터 해머 완충 장치를 설치하기도 한다.

2) 쉴드 정지 시

이수의 지반 침투 등에 의해 이수압이 저하되게 되지만, 송니관 밸브가 닫혀 있어 이수의 추가 투입이 되지 않게 된다. 이 때문에 1~2인치 정도의 파이프에 의한 바이 패스 회로를 마련하고, 이 회로의 막장 압력 조정 밸브를 개폐하도록 조절한다.

라. 굴착토량의 관리

1) 계측과 관리

이수식 쉴드는 막장을 볼 수 없기 때문에 송배니관에 설치된 유량계와 밀도계의 계측에서 굴착 토량 관리를 하는 방법이 채용되고 있다. 관리 항목은 그림 2.5.17과 같이, 추진에 따른 굴착량(배니유량과 송니유량의 차이), 건사량(배니건사량과 송니건사량의 차이)의 2개이다.

이들 계측 값만으로 여굴량이나 막장 붕괴의 여부를 판정하기 어렵고, 통계 기법을 이용해 굴착토량을 판단한다. 이 결점을 보충하기 위해 막장 탐사 장치에 의한 계측을 병용하는 것도 방법이 될 수 있다. 이 방법에는 검지봉에 의한 직접 탐지법과 초음파 등에 의한 간접적 탐지법이 있지만 실제 상황에서는 정밀도에 문제가 있다. 그러나 후자의 방법은 탐사 장치의 정밀도 정도 향상에 의해, 장래적으로는 굴착토량 관리의 주류로 되는 것이 기대되는 방법이다.

2) 굴착량

굴착체적은 카피커터 등에서 여굴이 없다는 가정하에 다음의 식으로 나타낼 수 있다.

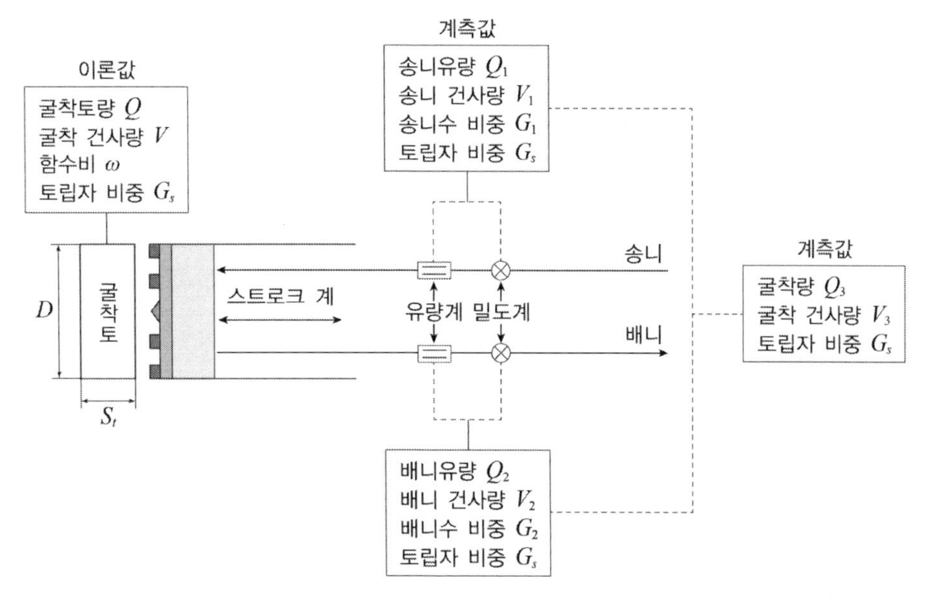

[그림 2.5.17] 이수식 쉴드 TBM에서의 굴착토량 관리

$$Q = \frac{\pi}{4} \cdot D^2 \cdot S_t$$

Q : 계산굴착체적(m^3), D : 쉴드 외경(m), St : 굴진 스트로크(m)

한편, 계측에 의한 굴진 스트로크당 굴착 체적은 다음 식에서 나타난다.

$$Q_3 = Q_2 - Q_1$$

Q_1 : 송니유량(m^3), Q_2 : 배니유량(m^3), Q_3 : 굴착체적(m^3)

Q와 Q_3의 상호비교를 통해 지반내로의 이수침투 상태(이수 또는 이수 중의 물이 지반에 침투한 상태에서 $Q > Q_3$)나, 용수상태(이수압력이 낮아서 지반의 지하수가 유입된 상태에서 $Q < Q_3$)의 판정이 가능하다. 일반적으로 원활한 굴착이 수행되는 경우에는 지반내로의 이수침투 상태로 계측되는 경우가 일반적이다.

3) 건사량

건사량은 지반 또는 송배니수에서 차지하는 토립자의 부피이다. 토립자의 비중은 송니수에서든 배니수에서든 모두 동일하다는 가정하에 다음 식으로 나타낼 수 있다.

$$V = Q \cdot \frac{100}{G_s w + 100}$$

G_s : 토립자의 진비중, w : 지반의 함수비(%)

계측에 의한 건사량은 다음 식에서 나타난다.

$$\begin{aligned} V_3 &= V_2 - V_1 \\ &= \frac{1}{G_s - 1}(G_2 - 1) \cdot Q_2 - (G_1 - 1) \cdot Q_1 \end{aligned}$$

V_1 : 송니건사량(m^3), V_2 : 배니건사량(m^3), V_3 : 굴착건사량(m^3)

G_1 : 송니수비중(m^3), G_2 : 배니수비중

상기 식은 추진 스트로크당의 값이며, 실제로는 순간의 계측치를 적분하여 산출한다.

V와 V_3의 상호비교에 의해 지반내로의 이수침투 상태인가, 여굴상태($V < V_3$)인가의 판정이 가능하다.

4) 굴착토량 관리 시의 유의점

종래, 이수식 쉴드의 굴착토량 관리에서의 오차는 계기 오차가 그 주된 것으로 알려졌으나, 이하의 원인에 의해서도 건사량 등에서 오차가 발생하므로 유의할 필요가 있다.

① 송니비중의 변화

② 지반내로의 이수 침투에 따른 건사량의 변화(면수인 경우 영향 없음)

③ 토립자 비중의 변화

④ 굴진 시간의 변화

2.5.5 복합지층에서의 디스크커터 관리

가. 개요

쉴드 TBM의 굴착효율을 높이는 가장 주요한 인자중 하나는 면판에 설치되어 있는 비트 및 디스크커터이다. 커터헤드는 토사용 및 암반 대응용으로 구분되는데, 토사 커터헤드는 스포크형, 면판형 및 프레임형의 3종류로 구분되고, 암반 대응용 커터헤드의 형상은 돔 형식의 커터헤드를 사용한다.

[표 2.5.17] 지층조건에 따른 커터헤드 적용

토사용 커터헤드			암반용 커터헤드
스포크형	면판형	프레임형	돔형

* 커터헤드 개구율(Opening ratio) : $\omega_o = \dfrac{A_s}{A_r}$	A_s : 커터헤드 개구부의 전체면적 A_r : 커터헤드의 면적

* 개구율은 보통 10~30%의 범위이며, 토압식 쉴드 TBM의 개구율은 이수식보다 큼
* 점착성이 큰 점토성 지반에서는 개구율을 증가시키는 것이 바람직하나, 붕괴 위험이 큰 경우에는 개구율에 대한 심도 있는 검토가 필요
* 만일 지반의 붕괴 위험이 매우 크며 지하수위가 터널 상부에 위치하는 경우에는 조정실에서 조정이 가능한 개구부 개폐장치가 장착되도록 하는 것도 중요한 설계사항이 됨
* 터널의 상부는 연약지반 또는 모래 · 자갈 등이 충적된 충적층이고 하부는 연암 및 경암 등이 분포하는 복합지반의 터널로서 토사용과 암반용의 특성을 동시에 갖는 커터헤드(비트 + 디스크커터)의 장착이 필요

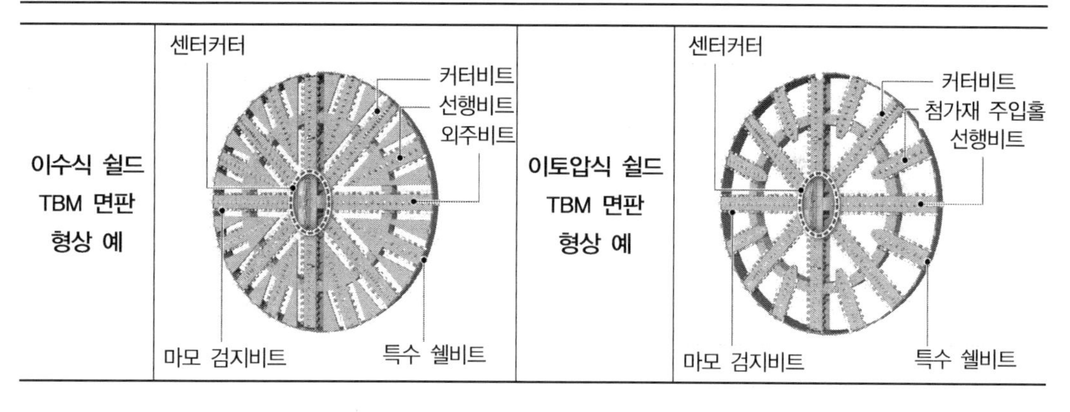

커터헤드에 장착되는 굴착도구는 커터비트(cutter bit 또는 drag pick)와 암반을 굴착하기 위한 디스크커터(disk cutter 또는 roller cutter)로 구분되며, 복합지층 조건에서는 두 가지 굴착도구를 모두 겸비한 커터헤드가 적용되게 된다.

굴착도구는 모두 소모품이며, 쉴드 TBM 직접 공사비의 10~15%를 차지하는 중요 부품이므로 효율적 관리가 필요하다.

[표 2.5.18] 지반조건에 따른 장착 굴착도구

구분	지반조건	굴착도구
1	• 굴착이 용이한 토사지반 – 비점착성 또는 점착성이 낮은 모래, 자갈 등	– 커터비트
2	• 굴착 용이도가 보통인 토사지반 – 모래, 자갈 – 실트, 점토	– 커터비트, 절삭날 – 커터비트, 연결핀, 센터커터
3	• 굴착이 어려운 토사지반 – 범주 1 및 범주 2와 유사하나, 입자크기가 63mm 이상이며, 0.01~0.1m^3의 암석이 포함 – 범주 1 및 범주 2와 유사하나, 0.1~1m^3의 호박돌이 포함	– 커터비트, 디스크커터 및 소형의 파쇄기(crusher) – 커터비트, 디스크커터 및 대형의 파쇄기(crusher)
4	• 굴착 용이한 토사지반 – 풍화암 또는 연암 – 연암이상 및 비점착성 / 점착성 토사	– 커터비트, 디스크커터
5	• 굴착이 어려운 암반	– 디스크커터

디스크커터(싱글 및 더블)	커터비트	파쇄기(crusher)

1) 토사용 커터비트

① 토사용 커터비트는 Teeth 비트, Shell 비트, 스크래퍼 비트로 구분하는데, Teeth 비트 및 Shell 비트는 지반조건에 따라 구함각(scoop angle)과 토피각(clearance angle)에 의한 형상, 재질에 따라 배치한다.

② 스크래퍼 비트는 고결 점성토 지반에 사용하고, 좁은 형상의 커터비트는 자갈이나 풍화대 지반에 적용하는 것이 일반적이다.

③ 일본 지반공학회(1997)에서는 커터비트의 마모량이 8~13mm가 되면 커터비트를 교환해야 한다고 추천하고 있으며, 커터헤드 내에 마모량을 감지할 수 있는 마모검지비트를 장착하는 것이 일반적이다.

[표 2.5.19] 토사용 커터비트 종류

구분	비트 형상
Scraper bit	
Shell bit	
Cutter bit	

2) 디스크커터(disc cutter 또는 roller cutter)

① 복합지반 및 암반용 쉴드 TBM에서의 암반을 절삭하는 굴착도구이다.

② 디스크커터는 12~20인치까지 크기가 다양한데 지하철 쉴드 TBM의 경우 17인치 이상의 디스크커터를 사용하는 것이 일반적이며, 대형 지름의 커터링 적용으로 큰 추력에도 견딜 수 있게 되어 굴진효율과 굴진속도가 더욱 향상되고 있다(표 2.5.21 참조).
디스크커터의 구조는 암반을 절삭하는 Cutter ring, 디스크커터의 최대 허용하중을 결정하는 Roller bearing을 포함하여 Cutter hub, Shaft 등으로 구성된다(표 2.5.20 참조).

③ 디스크커터의 간격은 절삭 효율 및 에너지 효율을 극대화하기 위해 인접한 디스크커터와 동일한 궤적을 돌지 않도록 설치하는 것이 일반적이다.

[표 2.5.20] 디스크커터의 구조 및 링 크기에 따른 종류

디스크커터의 주요 구조	디스크커터에 사용되는 커터링

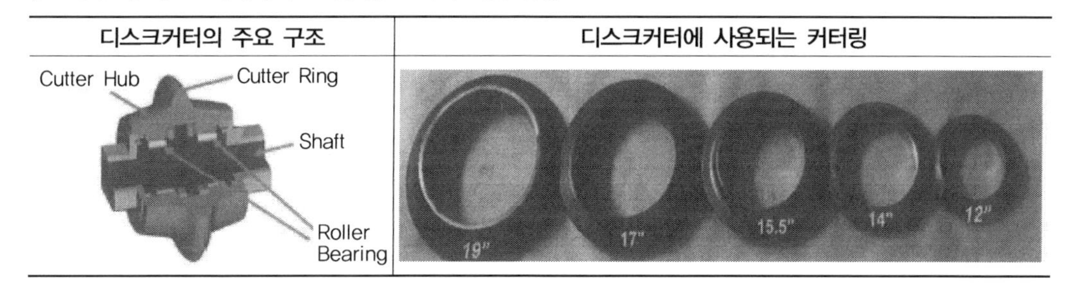

[표 2.5.21] 디스크커터 직경별 최대 지지력 및 간격

디스크커터 직경		디스크커터의 최대 지지력(KN)				디스크커터 간격 (mm)
mm	inch	NTNU (1998)	Palmieli (제작사)	Seri (전문업체)	일본	
356	14	140~160	200	160	–	60~65
394	15.5	180~200	250	180	180	60~65
432	17	220~240	250	222	220	65~75
483	19	280~300	300	300	320	75~90

[표 2.5.22] 커터 종류 및 9호선 공구별 장착현황

구분		디스크커터		커터비트(드래그 비트)
		트윈 디스크커터	싱글 디스크커터	
형 상				
부착위치		커터헤더 중심부	중간부 및 가장자리	면판 전체
지반조건		풍화암, 연암, 경암		충적층, 풍화토
9호선 커터 현황	919공구	4개	48개	112개
	920공구	4개	53개	128개
	921공구	4개	51개	176개

[표 2.5.23] 920공구 헤드커터 및 비트, 디스크커터 배치 현황(계속)

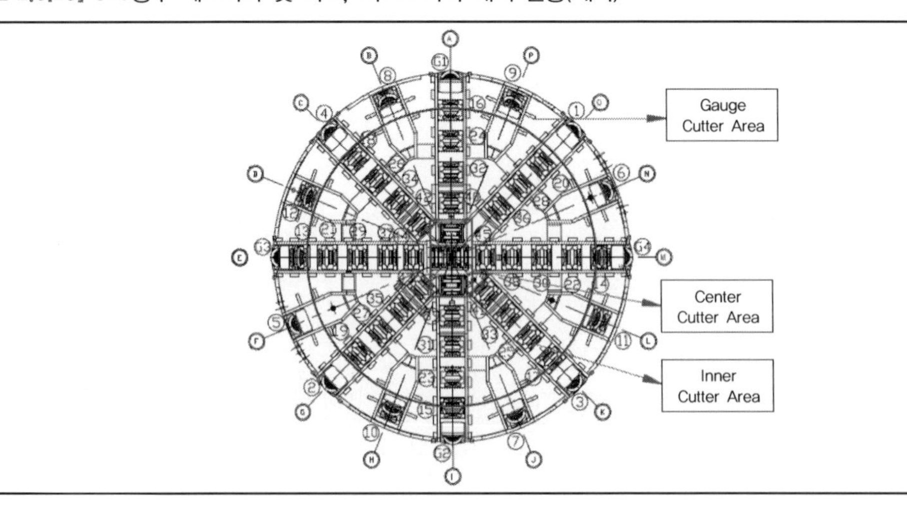

[표 2.5.23] 920공구 헤드커터 및 비트, 디스크커터 배치 현황

커터	사이즈	수량
gauge cutter	17인치	19개(G1, G2, G3, G4, 1~15)
inner cutter	17인치	30개(16~45)
center cutter	17인치	8개(센터1~8)
bit		128개

나. 국내 시방서 및 관련기준 현황 분석

[표 2.5.24] 커터헤드 계획(건설교통부 터널 시방서, 2023)

시방서 주요 항목	시방서 내용
굴착기구	• 커터헤드 형식, 지지방식 및 구동성능을 결정 시 TBM의 종류, 지반조건, 선형조건, 시공조건 등을 고려하여야 함 • 커터와 비트의 마모율, 교환주기, 방법 및 수량 산정 시에는 굴착 지반의 압축강도, 인장강도, 경도, 석영함유율 등을 고려하여야 함
점검 및 커터교환	• TBM 장비의 특성에 적합하도록 수시점검, 일일점검, 주간점검, 월간점검 등으로 구분한 계획을 수립하고 정기적으로 점검하여야 함 • TBM 장비의 굴진효율이 떨어지기 전에 커터 또는 비트를 교환하여야 함 • 안전성이 확보되는 조건에서 커터의 점검 및 교환 작업을 실시하여야 함

[표 2.5.25] 커터헤드 계획((사)한국터널공학회 터널설계기준, 2009)

설계기준 주요 항목	설계기준 내용
계 획	• 토질과 암질에 따른 커터의 적정 교체시기 등도 함께 고려하여야 함
커터헤드 설계 시 고려사항	• 커터헤드는 지반 조건에 적합하고, 시공연장, 선형, 시공 조건 등을 고려하여 기능을 발휘할 수 있는 것으로 선정하여야 함 • 커터헤드는 커터의 굴착성능 예측자료와 굴착대상 지반특성을 고려하여, 각각의 커터에 유사한 부하가 분배되도록 커터의 개수, 커터의 적정 간격 및 위치 등을 고려 • 굴착대상 지반의 상태에 따라 디스크커터 혹은 커터비트를 선정하거나 이들을 혼용하여 사용하는 것을 고려하여야 함 • 디스크커터의 선정 시 굴착대상 암석의 압축강도, 인장강도, 경도, 석영 함유량, 커터의 마모도 등을 고려하여야 함 • 디스크커터의 크기는 터널의 굴착직경, 암석의 강도 등을 고려하여 결정하여야 하며, 선정된 커터에 대하여 사전에 선형절삭시험 등을 수행하여 성능 평가를 실시하는 것을 검토

[표 2.5.26] 커터헤드 계획 분석결과

관련 시방항목 및 설계기준 분석결과	대책 및 개선방안
• 지반조건 및 시공현황에 적합한 커터 및 비트의 선정 및 배열에 대한 일반적인 기준이 제시되어 있음 • 설계 시 고려사항에 대한 일반적인 내용만 기술되어 있기 때문에 정량적인 커터 및 비트의 선정과 관련된 기준은 제시되어 있지 않음 • 커터헤드는 커터의 굴착성능 예측자료와 굴착대상 지반특성을 고려하여 선정	• 정량적 디스크 마모율 사전평가(KICT, NTNU, CSM 방법 이용)가 필요하며, 디스크커터 비정상 마모 방지방안 수립 필요 • 게이지커터에 의한 최적 교환시기 선정 수시확인 방안 수립 필요 • 일반적으로 커터헤드 설계는 장비 제작사에 의존하고 있으나, 기존 사례분석을 통한 적정 커터헤드 설계 방향 및 적정 재질의 커터 사용방안 수립필요

다. 현황 및 실태

디스크커터의 마모는 암반의 강도, 구성하는 광물의 성분, 터널 막장의 지반구성 등의 요인으로 발생하는 것이 일반적이며, 복합지반의 경우 토사 및 암반 등 동시 굴착함으로써 커터헤드 회전 시 암반층 충격으로 디스크커터 마모 과다 및 굴진효율 저하가 다수 발생한다.

1) 복합지반에서의 커터 토크 상향 및 하향 조절관리 경험 부족으로 디스크커터의 편마모, 링 탈락 다수 발생

[표 2.5.27] 구간별 복합지층 현황(920공구의 경우) – 석영 함유율 37.9%

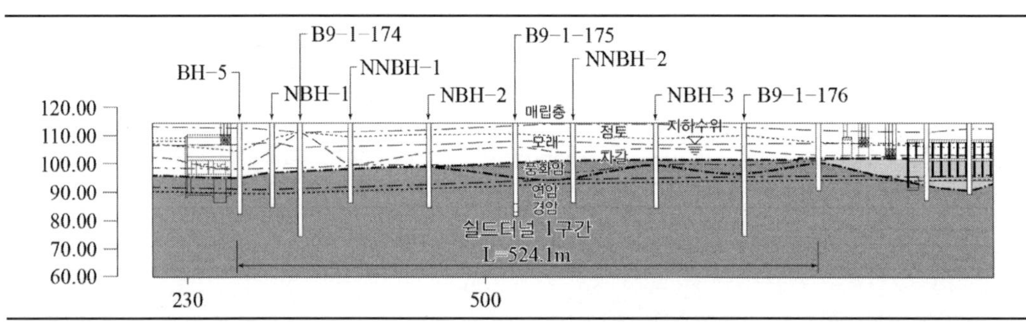

구분	Sta.35k270~35k390	Sta.35k390~35k430	Sta.35k430~35k794
지반 구성	지반 구성 연, 경암 (편마암) 7.89m	풍화암 0.5~3.5m 연, 경암 (편마암) 4.39~7.39m	충적층 (모래+자갈) 0.5~3.5m 풍화암 연 암 (편마암) 4.39~7.39m
연장(m)	120	40	364
일축압축강도 (MPa)	10.6~67.8	10.6~67.8	10.6~62.2

[표 2.5.28] 복합 지반에서의 디스크커터 손상 원인

복합지층에서의 디스크커터 궤적상 굴삭 지층 변화	정상마모와 비정상 마모 디스크커터 현황
Disc Cutter, Sand, Clay, Bed rock, Impact Load, 883~1,400kg/cm², 1st Impact Load (1st rotation), 2nd Impact Load (2nd rotation)	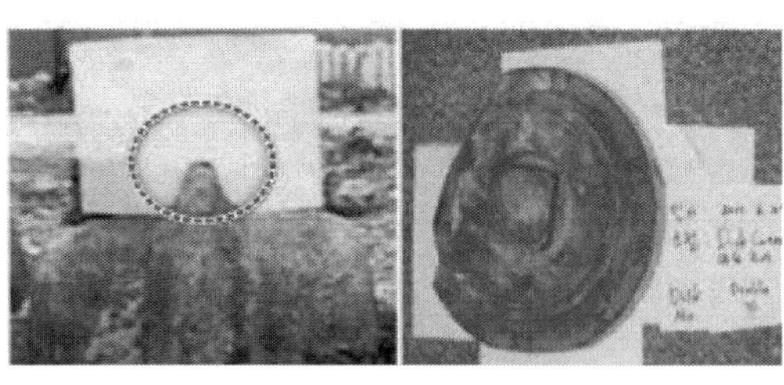

* 복합지층에서 커터헤드 회전 시 점토(clay) 및 모래(sand) 굴삭하다가 기반암(bed rock)에 충돌
* 그 충격으로 디스크커터의 실, 너트, 베어링 손상 및 하우징 변형

2) 설계 시와 시공 시의 굴진율 및 커터 마모율 차이 실태

① 설계 시 굴진율 및 마모율 분석

- 과업구간 중 NBH-3번의 터널 통과구간의 시료를 TBM 분석모델(CSM 모델, NTNU모델, KICT모델)을 이용하여 쉴드 TBM 굴진율을 분석한 예는 다음과 같다.

[표 2.5.29] TBM 분석모델별 가동률 및 굴진율

구분	CSM	NTNU	KICT
순 관입률(m/hr)	1.13	1.25	1.13
작업 시간(hr/week)	108	108	108
가동률(%)	30	30	30
굴진율(m/month)	146	162	146

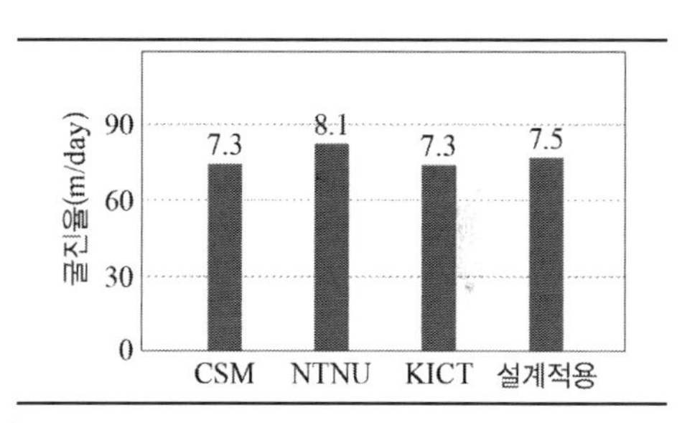

- CSM, NTNU, KICT 세가지 모델의 굴진율 평균값인 151m/month를 한 달 작업일수 20일을 기준으로 7.5m/day(1일 1.5m×5링 적용)의 설계 굴진율을 적용

  ▶ (146+162+146)/3 = 151m/month

  ▶ 설계 적용 굴진율 : 151m/month ÷ 20day ≒ 7.5m/day (1일 1.5m×5링 적용)

- 커터 마모율

  터널 굴착 시 커터의 교체시기 분석을 위해 모델분석을 통한 커터 마모율 분석을 수행

[표 2.5.30] 커터 마모율 분석

구분	일축압축강도 (MPa)	간접인장강도 (MPa)	NTNU 시험				
			S20	SJ	AVS	DRI	CLI
NBH-3 (송파성당 앞)	85.0	6.9	36.5	1.2	6.0	26.0	7.5

* S20 : 취성도 시험
* SJ : Siever's J-value Test
* AVS : NTNU 마모시험

*DRI : Drilling Rate Index
*CLI : Cutter Life Index

당 현장 설계 시 적용된 DRI와 CLI를 NTNU 모델에서 제시하는 아래 표에 대입하면 Drillability는 "Very low", "Low"로 매우 낮음 상태를 보인다.

[표 2.5.31] Category intervals for drillability indices

Category	DRI	BWI	CLI
Extremely low	−25	−10	< 5
Very low	26~32	11~20	5.0~5.9
Low	33~42	21~30	6.0~7.9
Medium	43~57	31~44	8.0~14.9
High	58~69	45~55	15.0~34
Very High	70~82	56~69	35~74
Extremely High	82~	70~	≥ 75

[표 2.5.32] 단위 관입률(I) 산정을 위한 인자 선정

k_{ekv}	M_{ekv}	i_0	RPM
2.46	230kN/cutter	8.5mm/rev	2.45

* k_{ekv} : 등가 균열 인자
* M_{ekv} : 등가추력
* i_0 : 추력과 등가 균열인자의 함수인 기본 관입량

$$I = i_0 \cdot RPM \cdot \left(\frac{60}{1000}\right) = 8.5 \times 2.45 \times \frac{60}{1000} = 1.25(m/hr)$$

[표 2.5.33] 커터링 평균 수명(H_h, H_m) 산정을 위한 인자

CLI	H_0	k_D	k_Q	k_{RPM}	N_{tbm}	N_0	k_N
7.5	35.56	1.536	1.14	2.59	53	51	1.04

*H_0 : 기본 평균 커터 링 수명
*k_D : TBM 직경에 따른 커터 링 수명의 보정계수
*k_Q : 석영함유량에 따른 커터 링 수명의 보정계수
*k_{RPM} : 커터헤드 RPM에 따른 보정계수
*N_{tbm} : TBM 지름
*N_0 : 평균커터 개수
*k_N : 커터 개수 차이에 따른 보정계수

$$\because H_h = (H_0 \cdot k_D \cdot k_Q \cdot k_{RPM} \cdot k_N)/N_{tbm}$$
$$= (35.56 \times 1.536 \times 1.14 \times 2.59 \times 1.04)/53 = 3.17\ hr/cutter$$
$$\because H_m = H_h \cdot I$$
$$= 3.17 \times 1.19 = 3.77\ m/cutter$$

*I 는 NTNU모델과 KICT모델의 평균값 적용

∴ 설계 커터 마모율은 위의 산정방식에 근거하여 3.77m/cutter를 적용

*H_h, H_m은 커터헤드 또는 터널에 대한 평균 커터 소모량을 나타내는데, $H_m = 3.77\ m/cutter$란 터널연장 3.77m 굴착 시 커터헤드에 장착된 모든 커터의 총 평균마모량이 하나의 커터링에 해당한다는 것을 의미한다.

② 시공 시 굴진율 및 마모율 분석

- 시공 중 디스크커터 교체현황

[표 2.5.34] 복합지층 굴진 시의 커터 교체 현황(920공구의 경우)(계속)

구분		1차 교환	2차 교환	3차 교환	4차 교환	5차 교환
일 자		2012.10.11	2012.12.02	2012.12.30	2013.02.26	2013.04.18
굴진 연장		20m(8링)	44m(37링)	56m(75링)	40m(103링)	80m(157링)
통과지반 (상부)		연암	연암	연암	풍화암	충적층 (모래,자갈)
위치별 교환현황	gauge	5개 (정상마모)	10개 (편마모 2개) (정상마모 8개)	8개 (정상마모)	15개 (정상마모 13개) (편마모 1개) (링파손 1개)	19개 (정상마모 10개) (편마모 4개) (링파손 5개)
	face	26개(편마모)	5개(정상마모)	8개 (정상마모 4개) (편마모 1개) (링탈락 3개)	12개 (정상마모 11개) (편마모 1개)	30개 (정상마모 6개) (편마모 14개) (링파손 10개)
	center	2개 (편마모)		4개 (링파손)		
	계	33개	15개	20개	27개	49개

[표 2.5.34] 복합지층 굴진 시의 커터 교체 현황(920공구의 경우)

구분		6차 교환	7차 교환	8차 교환	9차 교환	계
일자		2013.05.25	2013.06.18	2013.07.17	2013.08.17	-
굴진 연장		76m(207링)	55.5m(247링)	25m(261링)	32.5m(283링)	-
통과지반 (상부)		충적층 (모래, 자갈)	충적층 (모래, 자갈)	충적층 (모래, 자갈)	충적층 (모래, 자갈)	-
위치별 교환현황	gauge	편마모(4개) 정상마모(6개) 링파손(9개)	편마모(1개) 정상마모(6개) 링파손(4개)	정상마모(9개) 링파손(10개)	링파손(18개) 편마모(1개)	정상마모(65개) 편마모(13개) 링파손(47개)
	face	편마모(3개)	편마모(3개) 정상마모(11개) 링파손(2개)	정상마모(7개) 링파손(12개)	정상마모(13개) 링파손(2개)	정상마모(57개) 편마모(48개) 링파손(29개)
	center	편마모(2개)				편마모(4개) 링파손(4개)
	계	24개	27개	38개	34개	267개

정상마모 | 비정상적인 편마모 | 링파손

정상마모 | 비정상적인 편마모 | 링탈락

- 굴진율

쉴드터널 1구간 상선 429m를 굴진한 결과

기본 관입량(Io) = v/R.P.M = 5.75mm/rev

· 1분당 굴진속도(v)= 10

· 커터헤드 R.P.M = 1.74

∴ 단위 관입률(순 관입률) I = Io · R.P.M · (60/1000)

$= 5.75 \times 1.74 \times (60/1000) = 0.60(m/hr)$

∴ 굴진율(m/week) = 순관입률 × 가동률(%) × 작업시간(hr/week)/100

= 0.60 × 18.28(%) × 108/100

= 11.85(m/week)

- 커터 마모율

커터 마모율 = 굴진연장(429m)/커터 마모량(267개)

= 429/267 = 1.607m/cutter

[표 2.5.35] 굴진율 및 커터 마모율 비교(설계 대비 실 시공)

구분		설계	실 시공
분당 굴진속도(mm/min)		20.8	10
RPM(rev/min)		2.45	1.74
기본관입량(mm/rev)		8.5	5.75
순관입률(m/hr)		1.25	0.60
가동률(%)		30	18.28
작업시간(hr/week)		108	108
굴진율	주당	40.48	11.85
	일당	7.50	2.37
커터마모율(m/cutter)		3.77	1.607

- 굴진율 및 커터마모율에 대하여 설계 대비 실시공을 비교한 결과 여러 가지 데이터에서 차이가 나는 것을 확인할 수 있었음

가동률 12.16%, 주당 작업일수 5일, 주당 작업시간 108시간 및 월간 작업일수 20일 등을 적용하고, 총 429m를 굴진하면서 총 9회 267개의 커터를 교환하였는바,

□ 굴진율 = 2.37m/day(≒1.58링/일)이며,

※ 굴진율(m/week) = 순관입률(m/hr) × 가동률(%) × 작업시간(hr/week)

0.6 × 18.28(%) × 108/100 = 11.85(m/week)

11.85(m/week) / 5(day/week)=2.37m/day

∴굴진율 = 2.37 m/day(1일 1.5m × 1.58링)

□ 커터마모율 = 1.60m/cutter로 나타남

※ 커터마모율(m/cutter) = 굴진연장(m) / 커터마모량(개 = cutter)

429m/267개(cutter) = 1.607 ≒ 1.6m/cutter

∴커터마모율 = 1.6m/cutter

- 이는 설계대비 주당굴진율은 29.3%와 커터마모율은 42.6%로서 상당한 차이를 보이고 있음

③ 굴진율 및 커터 마모율 상이원인 분석

- 당초설계는 NTNU 모델 및 KICT모델을 사용하여 굴진율 및 커터 마모율을 산정하였으나, 세계적으로 NTNU모델을 제외한 TBM제작사와 관련 연구기관이 보유한 핵심기술은 공개되지 않고 있으며, 따라서 NTNU 모델에서 활용되고 있는 DRI(천공속도지수)와 CLI(커터수명지수) 등을 적용할 경우
  - ○ 지반의 조건이 고려되지 않고
  - ○ TBM과 디스크커터의 직경만 고려하여 산출되며
  - ○ 주로 Open TBM에서만 적용이 가능한 자료로서
  - ○ 편마모나 파손 없는 정마모 상태로 굴진시 결과 값이라는 문제가 있고,
- 서울지하철 920공구의 터널이 통과하는 부분은 지하수위가 높고 대부분이 복합지반으로서, 터널의 상부는 모래와 자갈이 혼재하는 충적층이며, 중간부분은 약간(전혀 없는 경우도 있음)의 풍화암이 분포하고, 하부는 연·경암이 분포하고 있어,
  - ○ 막장의 안정을 위해 Closed Mode로 굴진해야 하므로 커터의 마모가 크며(내·외측 모두 마찰 발생),
  - ○ 상부 충적층 지반을 통과하다가 하부 암반과의 경계에서의 충격으로 커터 링이 깨지는 현상 발생(깨진 커터 링 조각은 또 다른 커터 링에 충돌하면서 추가적인 파손 원인이 됨)
  - ○상·하부 지반의 강도 등의 차이로 디스크커터가 정상적인 회전 불가능으로 편마모 발생
- 디스크커터의 마모 및 파손되는 상황을 수시로 TBM 챔버를 열고 확인하여야만 교체 적기에 교체하여 추가적인 피해를 줄일 수 있으나, 터널상부의 불리한 여건으로 적기에 확인 및 교체가 불가능하여 손상 및 파손이 과중해진 것으로 판단된다.

라. 개선사항

1) 복합지반에 적합한 디스크커터로 교체

① 복합지반 조건에서의 TBM 굴착 시 디스크커터 주요 트러블

- 커터링의 비정상적 편마모
- 굴착면 내, 토사 및 연경암이 동시에 분포하여 굴착하는 경우 커터헤드 회전에 의한 디스크커터의 연경암 충격으로 Hub 파손 – 링파손 및 링탈락

  (※ 터널 상부의 지장물 여건으로 주기적이고 지속적인 링교체 어려움이 가중되어 손상 및

파손 과중)

- 냉간합금강을 사용함에 따라 인성(Toughness) 부족으로 복합지반에서 굴착시 연·경암 충격 저항력 부족

[표 2.5.36] 복합지반에 적합한 디스크커터 형식 및 재질 변경

구분	당초	변경
형상	21 Hub (SCM4) Ø432(17" DIA) Ø261	②27 ① Ø436② Ø270 ③
	허브와 디스크커터 분리형 사용	허브와 디스크커터 일체형 사용
재료	SKD11(냉합금강)	SKD61(열간합금강)
경도	HRC 58~60	HRC 55
링두께	21mm	27mm
개선결과	40~50m 굴진 시 디스크커터 교체	60~70m 굴진 시 디스크커터 교체

* SKD 11종은 현장의 연암강도 이상의 높은 강도를 가지고 있으나, 복합지층 굴진에 따른 링탈락 및 편마모의 발생이 빈번하여 굴진효율이 떨어짐
* SKD 61종은 인성이 커서 충격에 강하기 때문에 복합지층 굴진으로 발생되는 링 탈락 및 편마모에 강한 장점을 가짐
* 재질이 변경되어 발생되는 마모율 저감을 위하여 두께를 21mm에서 27mm로, 허브외경을 ϕ261mm에서 ϕ270mm로 외형을 키워 커터의 수명을 연장할 수 있도록 함

② 커터헤드 중앙부 4개의 트윈 디스크커터를 제외하고 모든 싱글 디스크커터는 일체형으로 교체

2) 디스크커터 교체시기

암반을 굴삭하는 17인치 디스크커터의 커터링 깊이는 25mm 정도로서 정상마모인 경우 보통 15~17mm 정도가 되면 교체한다.

그러나 당 현장의 경우 터널상부의 조건이 불리하여 수시로 챔버를 열 수 없으므로, 적절한 안전조치를 취한 후 챔버를 열었을 때, 15~17mm 이하로 마모되었더라도 미리 교환을 하여 다음번 게이지커터 교환 시기까지 굴진할 수 있도록 하였다.

즉, 제일 마모도가 큰 게이지커터가 적당량 마모되어 굴진속도가 저감될 때, 안전조치를 하고 챔버를 열면 게이지커터만 교체하지 않고 나머지 페이스커터 및 센터커터도 다음 게이지커터

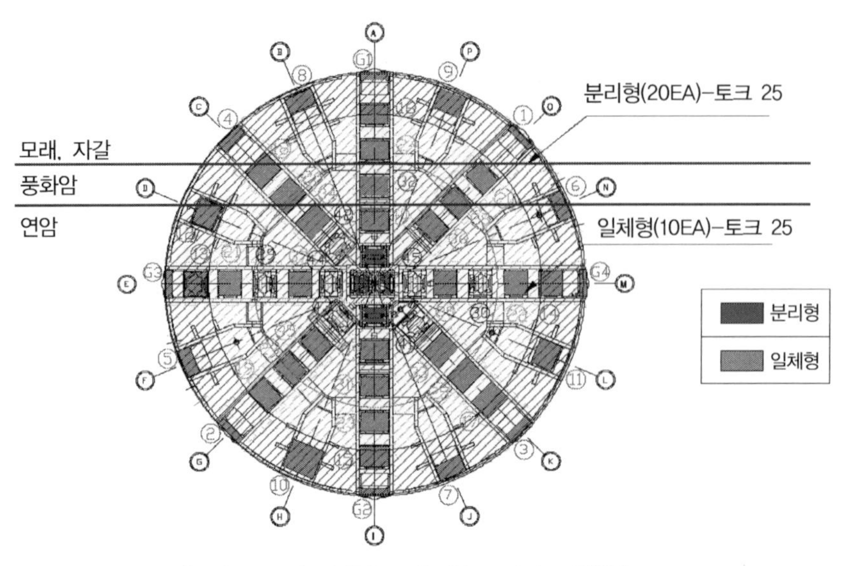

[그림 2.5.18] 커터헤드 내 디스크커터 교체현황

교환 시기를 감안하여 일부 선 교체하는 방식으로 운영하는 것이 효율적이었다.

① 지반조건에 따라 커터 토크 상향·하향 조절 관리

[표 2.5.37] 지반조건별 커터 토크 조건에 따른 굴진효율

토크가 큰 경우	- 디스크커터 회전 어려움으로 편마모 발생
토크가 작은 경우	- 회전력(rolling force)을 발휘 못해 지반파쇄 불가

② 복합지반 굴진 시 커터 마모 현상 제어를 위한 토크치 조절

- 동일 굴착면 내 토사 및 연경암이 공존하는 경우 연경암 굴진 시 충격으로 편마모 발생과 링 탈락 빈번히 발생
- 충격 완화를 위하여 당초 30N·m의 토크치를 25N·m로 하향 적용

3) 커터교환 작업 시 안전조치 강화

디스크커터 교환을 위한 장비 정지 시 용수 발생, 침하 등이 예상되는 지층조건인 경우 TBM 장비 선정 시 커터 교환을 위한 별도 시스템 도입이 필요하다. 막장자립이 양호한 암반구간의 경우 커터 마모 및 교환이 수시로 가능하고, 모래 및 자갈지반 구간 내에서 커터 교체를 해야 하는 경우 교체 시 챔버압이 없는 상태이므로 굴착면 자립이 불가하고 지하수 용출의 우려가

있으므로 커터 교체를 위한 안전조치 수립하여야 한다.

[표 2.5.38] 현장에서의 막장면 안정성 간이 판정법(터널 계획고가 지하수 상부에 있는 경우)

지반상태	분류방법	
	상대밀도(Dr)	세립분 함유율(Fc)
막장안정상태	$D_r > 80\%$	$F_c > 10\%$
막장붕괴 가능 지반	$D_r < 80\%$	$F_c < 10\%$
막장 자립성이 현저히 낮은 지반		

* 터널 계획고가 지하수위 하부에 있는 토사지반의 경우 막장안정성 확보 어려움
* 상대밀도는 설계 시 지반조사 표준관입시험 결과로부터 추정
* 세립분 함유율은 현장 체분석 결과에 의해 평가

① 지상보강 그라우팅

- 쉴드 TBM Center Line을 기준으로 커터헤드 전후로 2.5m, 좌우측으로 5m씩 그라우팅 범위를 잡아 가로, 세로(10m, 5m)의 작업장을 점용하여 그라우팅 작업을 실시한다.
- 그라우팅 공법은 지하수에 의한 용탈 억제로 내구성이 우수하고, 겔 형성 시간이 빨라 유수에 유입되어도 희석이 거의 되지 않으면서 높은 조기강도를 얻을 수 있는 공법을 적용한다(920공구의 경우 CSS 그라우팅 공법을 적용).
- 주입공은 주입범위 1,200mm, 천공간격은 1,000mm를 표준으로 하여 중첩되게 시공하였으며, 천공 작업 시 발생할 수 있는 지장물 손괴에 대비하여, 사전 지장물 조사 시 천공 유도관을 매설하여 안전한 천공작업이 진행될 수 있도록 한다.
  주입압은 평균 0~5kg/m^{2}의 범위 내로 하며, 주입압이 5kg/m^2 이상이면 주입 레벨을 올린다(각 레벨 간 높이 차 : 50cm). 겔타임은 현장 조건에 맞게 조정하여 적용하되 8~15초 범위 내에서 조정하여 주입한다.

② 갱내 보강 그라우팅

- 지하수 유출이 많을 경우, 지상그라우팅이 종료된 후에 갱내에서 보강 그라우팅을 실시한다.
- 지하수 유입이 많은 구간이기 때문에 겔타임이 짧아 주입재의 이탈을 최소화 할 수 있는 급결형 그라우트 재료를 사용한다.
- 모래·자갈에 균일하게 그라우트 재료가 침투되어 차수성이 확볼 될 수 있도록 용액형 그라우트 재료를 선정한다.
- 갱내 그라우팅 작업임을 감안할 때, 쉴드 장비와 그라우트 재료와의 부착 저항성을 고려하

여 고강도 그라우팅 공법을 배제한다.

- 그라우팅의 주입은 거더부 상부 인젝션 파이프와 챔버 중앙 prove drill 홀을 이용하여 실시한다.

[표 2.5.39] 이디스크커터 교체 시 그라우팅 사례(서울지하철 920공구)

구분	지상보강 그라우팅	갱내 그라우팅(지하수 유출과다의 경우)
목적	지반보강 및 차수	차수(TBM 후방으로의 유입수 차단)
최소 보강 범위	커터헤드 전후로 2.5m(총 5.0m) 좌우측으로 5.0m (서울지하철 9호선 사례) 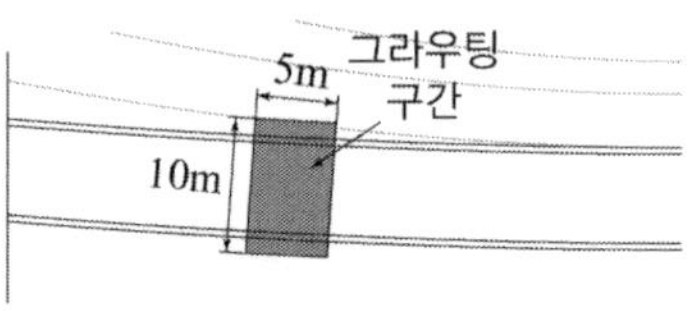 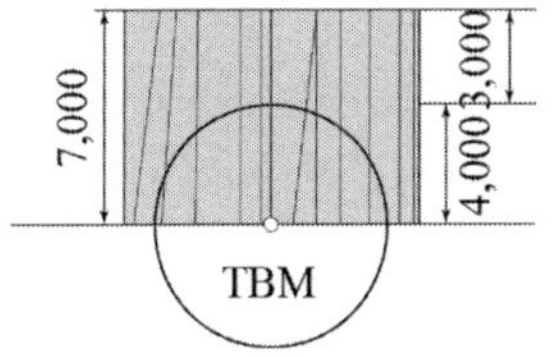 5m 그라우팅 구간 10m 7,000 3,000 4,000 TBM	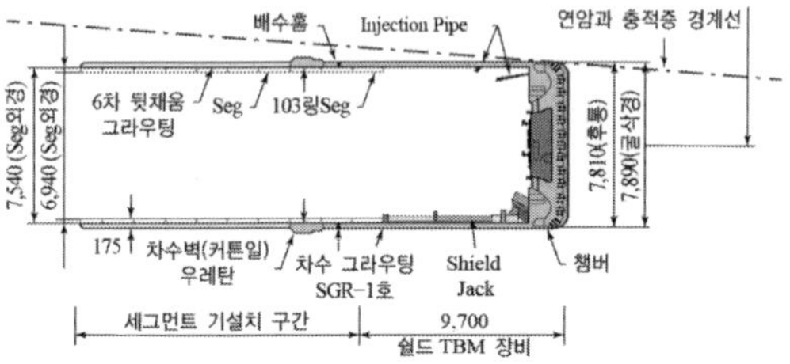 배수홈 Injection Pipe 연암과 충적층 경계선 6차 뒷채움 그라우팅 Seg 103링Seg 7,540(Seg외경) 6,940(Seg내경) 7,810(후통) 7,890(굴삭경) 175 차수벽(커튼월) 우레탄 차수 그라우팅 SGR-1호 Shield Jack 챔버 세그먼트 기설치 구간 9,700 쉴드 TBM 장비 - 그라우팅 순서 후방 링에서 커튼월 선시공 장비 스킨 플레이트 외부 공극 채움 라우팅(prove drill 이용) 챔버 내 벨브 이용 지수 확인
그라우팅 요구조건	현장 지층조건에 따라 차등적용	- 그라우팅 주입압력 5~6kg/cm^2 (최대 8kg/cm^2 이내 관리)

4) 커터 마모도 조사를 통한 디스크커터 교체작업 실시

① 챔버 내 버력 제거

- 지상보강 그라우팅이 종료된 후, 커터교체를 위해 챔버 내부 버력을 제거한다.
- 챔버 내부 버력의 제거는 스크류 컨베이어 회전을 통해 챔버의 2/3 정도를 비운다. 챔버 버력제거가 완료되면, 안전시설물을 설치하고 챔버 내부 지층상황을 확인한다.

② 커터 마모도 조사

- 챔버 내부 버력 제거 후 커터교체 작업을 위한 공간 확보가 마무리되면, 커터 마모도 조사를 실시한다.
- 커터마모도 조사를 통해 마모 유형 및 마모정도를 파악하고 조사 결과에 따라 커터 교체 수량을 결정한다.

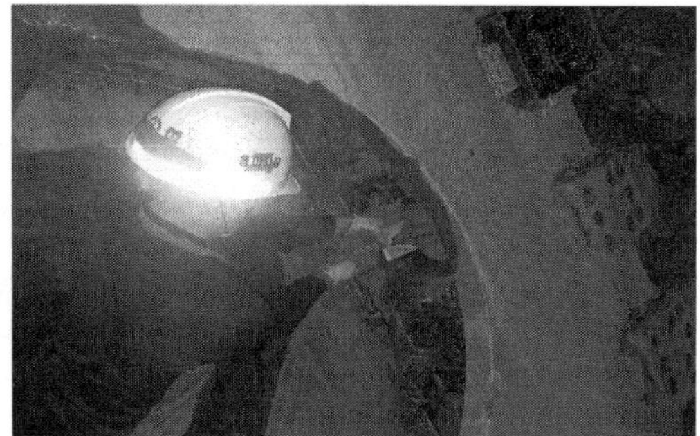

[그림 2.5.19] 커터 마모도 조사

③ 커터 교환 실시

- 커터교환 작업은 순수 인력작업으로 진행되며, 교체하여야 할 커터의 분리는 커터 주변 버력정리를 실시한 후, 커터고정 브라켓을 제거하고 실시한다.
- 챔버 내·외부로의 커터 이동은 전동 윈치와 체인블럭을 이용하여 이동시킨다(디스크커터 중량 : 싱글 디스크 커터 ≒ 120kg, 더블 디스크 커터 ≒ 250kg).

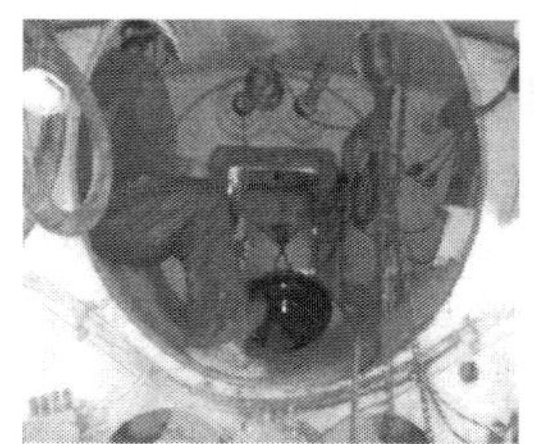

[그림 2.5.20] 커터이동 및 교환

2.5.6 세그먼트 시공관리

가. 개요

쉴드터널의 세그먼트라이닝은 공장 제작 후 현장에서 조립되어 사용하중을 받기 전까지 지속적인 시공관리가 필요하다. 세그먼트라이닝의 시공관리는 세그먼트의 적절한 수급 및 적치계획에 대한 부분과 세그먼트라이닝 제작에서 설치 후까지 우각부나 이음부 파손, 누수 등 시공불량 관리까지 고려하여야 한다.

도심에서 이루어지는 쉴드 TBM 공법의 특성상 세그먼트라이닝을 적치할 수 있는 야적장 크기가 제한적이기 때문에 현장 쉴드 TBM의 굴진속도, 공장에서 세그먼트라이닝의 제작속도 및 현장 야적장 크기를 고려해 세그먼트라이닝의 적절한 적치계획이 수립되어야 한다. 공사 중 발생하는 세그먼트의 국부적인 파손이나 균열, 세그먼트 간 벌어짐은 세그먼트라이닝의 구조적 안정성에는 영향을 미치지 않지만 미관상 좋지 않고 터널 내 누수를 유발할 수도 있다. 쉴드터널은 상시 수압을 받는 비배수 개념임에 따라 기존 시공완료 후 누수발생 시 보수가 어렵고, 세그먼트 유지관리에 추가 비용이 발생하게 된다.

[표 2.5.40] 세그먼트라이닝 시공불량 사례

세그먼트 시공오차	볼트구멍 발생	세그먼트 주입공 파손	세그먼트 교차부 파손
시공오차 (Offset) 시공오차 (Gap)		세그먼트 파손 발생	
		-	
• 조립 시 세그먼트 간 벌어짐 발생	• 볼트 체결력 저하 및 이음볼트공 손상	• 이렉터 조작 시 콘크리트와 주입공 사이 파손 발생	• 세그먼트 조립과정에서 모서리부 파손 발생

세그먼트라이닝 운반 시부터 이렉터 작업시까지 모서리 부분 파손에 유의하고, 세그먼트 조립시 매 링마다 단차 정밀측정관리로 균열발생을 제어해야 한다. 또한 이음부 연결볼트 체결불량 및 세그먼트 주입공 파손으로 누수가 발생할 수 있으므로 이음부 관리 및 이렉터 작업 시 세그먼트 주입공이 파손되지 않도록 사전 검토가 필요하다.

나. 세그먼트의 운반 및 조립

1) 세그먼트의 적치

세그먼트를 야적장에 적치할 때는 작업의 안전성, 효율성을 고려해 세그먼트 적치 면적이나 하역 설비 등을 효율적으로 배치하여야 하고, 세그먼트 본체나 씰재(방수재)가 손상되거나 부식되지 않도록 적절한 안전대책을 수립할 필요가 있다. 세그먼트는 적치 시 내면을 위로 해서 쌓아올리는 것이 일반적이다. 이때, 세그먼트의 전도나 세그먼트 간 접촉에 의한 파손을 방지하기 위해 세그먼트를 목재 위에 얹고, 세그먼트 사이에도 목재 등을 끼워서 전도 및 파손을 방지한다.

콘크리트계 세그먼트는 중량이 크기 때문에 가벼운 접촉에도 세그먼트 모서리가 파손되기 쉬우므로 취급 시 주의하여야 한다. 세그먼트의 이음부에는 방수용 씰재를 배치하지만 일반적으로 세그먼트를 터널 내부로 이송하기 전에 작업장에서 배치한다. 이때, 빗물에 의한 팽창이나 장기간의 직사광선에 의해 열화가 발생할 수 있으므로 씰재 부착 후 옥외에 적치하는 경우 천막 등을 이용해 보호해야 한다.

2) 세그먼트의 운반 및 취급

세그먼트의 운반 및 취급 시 모서리가 파손되기 쉽기 때문에 세그먼트 본체나 씰재가 손상되지 않도록 주의가 필요하다. 세그먼트를 운반 및 조립 시 조립위치나 세그먼트의 중량 때문에 세그먼트에 큰 휨모멘트가 작용하는 경우가 있으므로 매 위치에서 검토가 필요하다.

3) 세그먼트 링 조립

세그먼트는 쉴드 굴진 완료 후, 쉴드 후미부에서 링 모양으로 조립한다. 조립 시 특별한 경우를 제외하고 인접링과 이음부를 지그재그로 조립한다. 그러나 사행 수정이나 곡선 시공 시 부득이하게 이음이 맞닿게 직선으로 조립이 되는 경우가 있으나, 인접 링간의 이음 효과를 얻기 위해서는 가능한 직선 조립을 피하도록 하여야 한다.

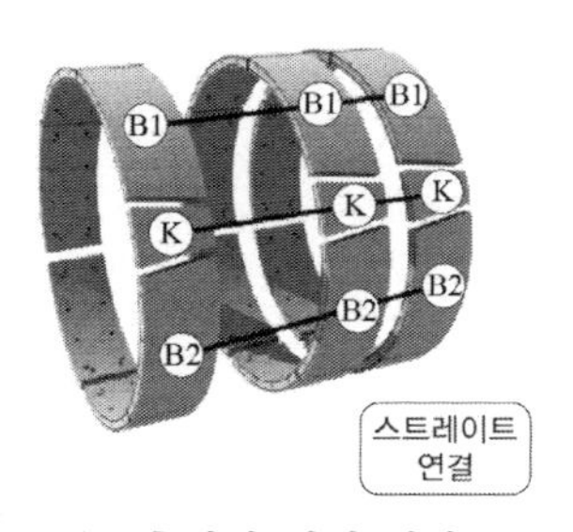

(a) 축방향 일렬 배치

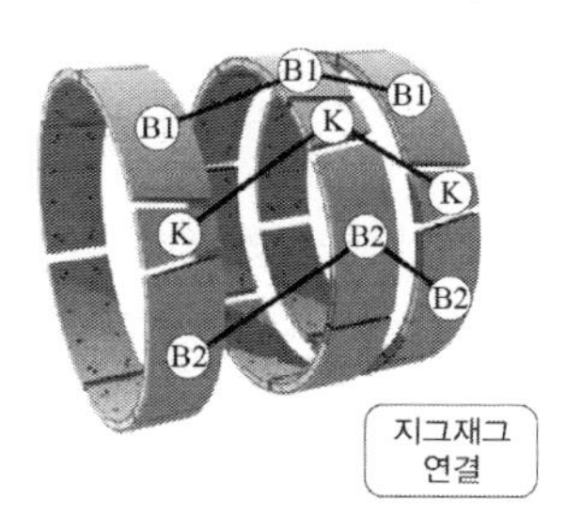

(b) 지그재그 배치

[그림 2.5.21] 세그먼트 배열 개요도

① 세그먼트의 조립순서

세그먼트는 조립 전 쉴드 후미에 적치되는데 이때 세그먼트의 이음 사이에 이물질이 끼지 않도록 쉴드 내 청소를 할 필요가 있다. 세그먼트는 일반적으로 하부의 A 세그먼트에서 좌우 양쪽에 번갈아 조립하고 그 후 B 세그먼트, 마지막으로 K 세그먼트가 조립된다.

② 세그먼트의 조립 절차

㉠ 쉴드 잭 회수

㉡ 이렉터로 세그먼트 인양 및 보조잭에 의한 고정

㉢ 이렉터 선회 및 회전으로 임시 위치 결정

㉣ 이렉터 정밀조작에 의한 세그먼트 위치 결정

㉤ 볼트 체결

㉥ 쉴드 잭 인발

③ 세그먼트 조립위치와 쉴드 잭의 조작

세그먼트 조립 시에는 세그먼트 조립 위치의 쉴드 잭을 회수하고, 이렉터로 세그먼트를 조립한다. 이때, 필요 이상으로 많은 쉴드 잭을 회수하게 되면 쉴드기가 기울어지거나 굴착면의 챔버압에 의해 쉴드기가 후퇴할 수 있고, 굴착면의 불안정 및 세그먼트 조립 공간의 확보도 어려워질 수가 있다. 즉, 쉴드 잭은 세그먼트의 조립 순서에 따라 조립 위치의 쉴드 잭만 세그먼트 조립 전 회수 및 조립 후 인발해야 한다.

④ 이음 볼트의 체결

세그먼트를 이렉터로 제 위치에 설치한 후 볼트를 체결한다. 볼트는 세그먼트 간 연결 볼트를 먼저 체결 후 링간 연결 볼트를 체결하는 것이 일반적인 순서이다. 볼트 체결작업은 높은 곳에서 이루어지는 경우가 많고 이렉터와 근접하여 작업하므로 주의가 필요하다.

⑤ K세그먼트의 조립방법

K세그먼트는 B세그먼트 사이에 삽입하기 때문에, 세그먼트의 손상, 씰재의 손상이 발생하지 않도록 주의하여 정확하게 조립할 필요가 있다. K세그먼트를 정확히 설치하기 위해서는 B세그먼트까지의 조립을 정밀하게 하는 것이 중요하다. K세그먼트는 크게 반경방향 삽입형과 축방향 삽입형의 2가지가 있지만 일반적으로 작용하중에 구조적으로 안정한 축방향 삽입형이 많이 적용되고 있다. 반경방향 삽입형 K세그먼트는 사다리꼴 형상의 모양 때문에 K세그먼트가 아래쪽으로 돌출될 수 있고 세그먼트 링에 축방향력이 작용하면 돌출부 편차가 더 커질 수 있기 때문에 주의가 필요하다. 축방향 삽입형 K세그먼트의 경우에는 축방향으로 돌출되는 경향이 있다. 그리고 축방향 K세그먼트 삽입 시 연결공간을 확보하여야 하기 때문에 쉴드기 후미부의 길이가 길어진다. 일반적으로 쉴드 잭의 스트로크 길이는 세그먼트 폭의 1/3~1/2 정도로 여유(50~100mm 정도)를 고려하고 있다.

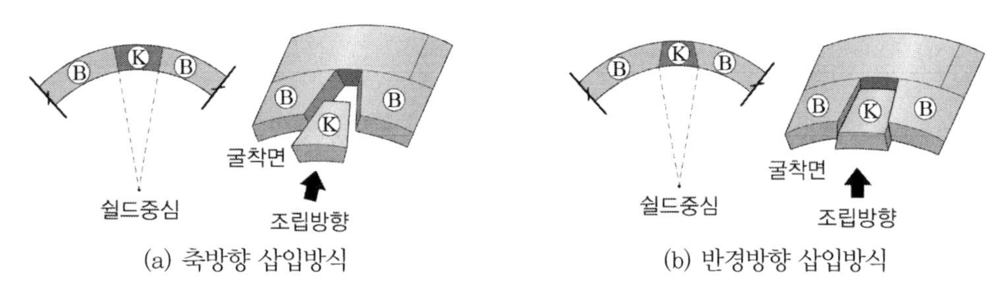

(a) 축방향 삽입방식

(b) 반경방향 삽입방식

[그림 2.5.22] K형세그먼트 삽입방식

⑥ 링 조립 후 볼트의 재체결

1링의 세그먼트를 모두 조립한 후 모든 쉴드 잭으로 세그먼트를 고정시킨 상태에서 볼트를 충분히 조인다. 또한, 굴진 중 쉴드의 추력이나 지반하중, 수압 등에 의한 세그먼트 링의 축방향력으로 인한 변형으로 볼트가 이완될 수 있기 때문에 쉴드 잭 추력의 영향이 없는 위치까지 굴진 후 토크렌치 등으로 소정의 토크까지 다시 조여준다. 볼트를 재체결하는 위치는 터널의 외경, 세그먼트의 종류, 터널의 선형, 지반조건 등에 따라 달라지지만 일반적으로는 쉴드 후미에서 10~50m 떨어진 위치에서 하는 경우가 많다.

4) 세그먼트 링 형상의 보존

원형 쉴드터널의 경우, 세그먼트 링을 진원으로 조립하고, 이 조립상태를 유지하는 것은 터널의 완성도 확보, 시공속도와 지수성의 향상 및 지반침하의 억제 등의 이유로 중요하다. 세그먼트 링이 쉴드 후미를 벗어난 후, 뒤채움재가 경화될 때까지는 진원유지장치를 이용하는 것이 효과적인 단면이 비교적 큰 쉴드 터널의 경우에는 잭 등을 이용한 진원유지장치를 이용해 진원을 유지하는 수단으로 사용할 수 있다.

[그림 2.5.23] 진원유지장치

5) 세그먼트 조립 오차와 관리

세그먼트의 조립 시에 오차나 벌어짐이 발생하면 조립 중의 세그먼트와 인접한 세그먼트의 우각부가 점 접촉 또는 선 접촉하고 있는 상황이다. 이 상태에서 잭 추력이 작용하면 세그먼트에서는 균열이나 손상이 발생할 수 있다. 그래서 세그먼트의 조립 시 연결면을 정밀하게 맞추고 볼트를 충분히 죄어서 세그먼트의 오차나 벌어짐이 없도록 하는 것이 중요하다.

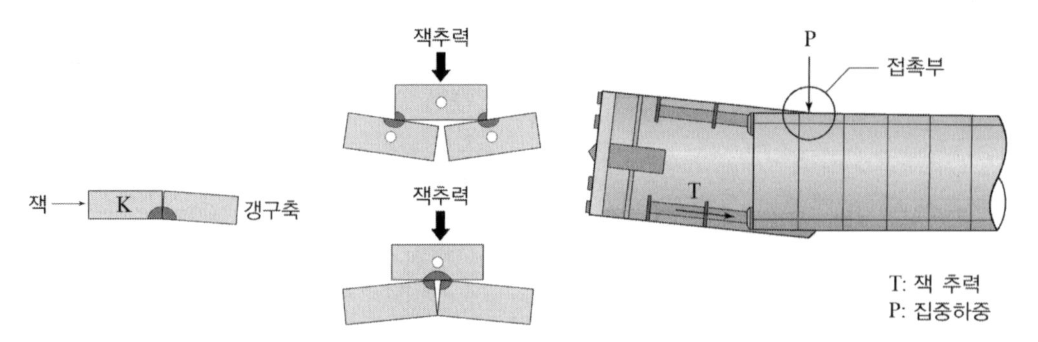

[그림 2.5.24] 균열이나 벌어짐에 의한 세그먼트 손상　[그림 2.5.25] 쉴드기와 세그먼트라이닝의 어긋남

그리고 세그먼트 링이 진원이 되지 않으면 세그먼트에 다양한 오류가 생기는 경우가 많다. 세그먼트의 진원도는 항상 체크하는 것이 중요하다. 조립 직후의 세그먼트 진원도는 쉴드 장비 등과의 저촉으로 직접 측정이 어려운 경우가 많다. 그래서 테일 클리어런스(쉴드 스킨플레이트와 세그먼트의 사이)를 측정함으로써 간접적으로 측정하는 것이 일반적이지만, 레이저 측정계로 측정하는 방법도 있다.

또한 쉴드기의 방향과 세그먼트의 방향이 크게 다르면 쉴드기 후미에서 세그먼트와 쉴드기가 맞닿는 현상이 나타나며 세그먼트에 손상이나 변형이 발생한다. 최근에는 장거리 고속 시공 및 원가절감을 위해 세그먼트 폭을 크게 하는 경우가 많아지고 있지만, 이러한 경우에는 일반적인 세그먼트 폭을 사용할 경우와 비교해 쉴드기와 세그먼트의 접촉이 발생하는 위험이 높아진다. 이를 방지하기 위해서는, 굴진 전 곡선반경과 세그먼트 폭에 따른 쉴드 방향제어에 대한 구체적인 검토를 실시하고, 충분한 터널의 선형관리와 쉴드기의 방향제어 관리 및 각 링별 테일 클리어런스 측정이 필요하다. 세그먼트에 손상이나 변형을 일으킬 수 있는 시공오차가 발생한 경우에는 쉴드 잭과 중절 잭을 사용하고 일시적으로 쉴드기의 방향을 변화시키거나 곡선부 세그먼트의 테이퍼링 비율을 변경하여 시공오차를 줄일 수 있도록 한다.

다. 쉴드터널 시공관리 개선사항

1) 세그먼트 시공오차 관리

매 링 굴진 시마다 정밀자를 활용하여 세그먼트 간 단차를 정밀하게 측정한다. 정밀한 시공관리를 위해 세그먼트 간 단차는 기준치를 5mm 이하로 관리한다.

2) 지수재 연결방법 및 위치개선

- 연결방법 : 경사절단한 후 사선으로 부착하여 접착면적을 증가시킨다. 맞대기 이음을 지양한다.
- 연결부 : 진행방향면(압축을 받는 면)에서 연결을 원칙으로 한다.

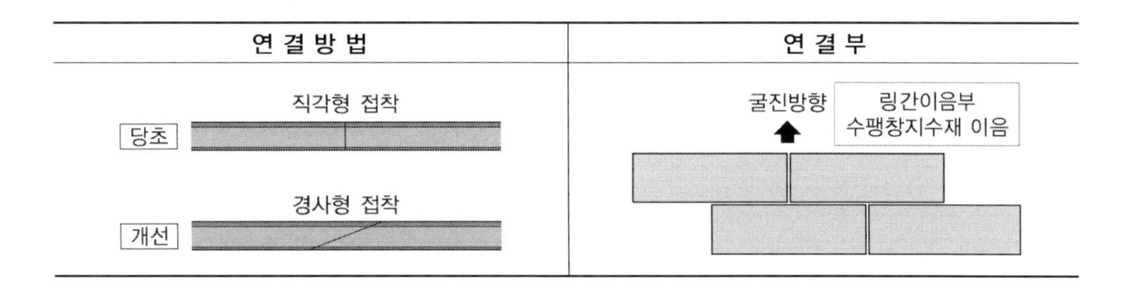

3) 연결볼트 누수 방지 방안

연결볼트 파손 시 누수가 발생할 우려가 있으므로 볼트 토크를 관리하고 수팽창성지수재 설치(곡볼트 편측설치의 경우 3중설치 : 상단 2개, 하단 1개)로 품질관리를 강화한다.

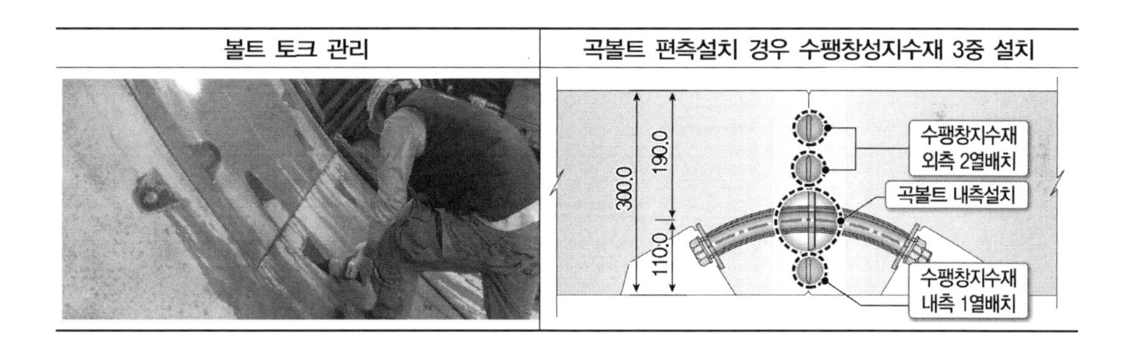

4) 주입공 파손 방지 방안

세그먼트 주입공 파손 시 누수가 발생할 수 있으므로 주입공 검측관리를 강화하고 파손 시 즉시 보수한다.

라. 세그먼트라이닝 운반 및 적치 시 시공관리(서울지하철 9호선 3단계 919~921 현장)

세그먼트의 제작	세그먼트의 운반	세그먼트 하차

• 쉴드터널 일진량에 예비량을 고려하여 40링 항시 비치	• 세그먼트 중량 : 240kN/링 • 250kN 트레일러 1링씩 운반	• 세그먼트 2piece 최대 중량 : 80kN • 150kN 문형크레인 이용 하차
• 운반 차량 적재함 바닥 및 세그먼트 사이에 충격 흡수용 목재를 설치 • 운반 시 차량 요동으로 세그먼트 파손이 없도록 결속하여 운반		

1) 세그먼트 적치계획

구분	세그먼트 적치계획	
적 치 량	• 일진량 : 4.5~6.0m/day(1.5m×3~4링)	• 세그먼트 최소 2일분 7링 적치
적 치 장	• 지상 작업장 내 여유공간을 활용	• 재조립시 작업공간으로 활용
세그먼트 적치방법	• 적치장에 문형크레인을 설치하여 안전하고 효율적으로 적재 • 허용 적치높이를 고려 손상 방지 • 세그먼트 변형이 없도록 조심하게 취급하고, 저장 바닥 및 세그먼트 사이에 충격 흡수용 목재를 일직선이 되도록 설치	

2) 구간별 세그먼트 배치 계획

직선 구간 세그먼트 배치

S	S	S	S	S	S	S	S	S	S	S	S	S	S	S	S

사행수정으로 인한 테이퍼 세그먼트 10% 적용

	적용구간
상선	① 34km 622.155~34km 993.221 ② 33km 752.752~33km 831.156
하선	③ 33km 752.752~33km 831.156 ④ 34km 633.016~35km 004.242

R=1,000 구간 세그먼트 배치

S	T	S	T	S	T	S	T	S	T	S	T	S	T	S	T

표준세그먼트와 테이퍼와의 비 1:1

	적용구간
상선	⑪ 34km 993.221~35km 054.164
하선	⑫ 35km 004.242~35km 065.967

R=1,100 구간 세그먼트 배치	
S T S T S T S S S T S T S T S T	
표준세그먼트와 테이퍼와의 비 9:7	
적용구간	
상선	⑤ 34km 294.273~34km 622.155 ⑥ 33km 831.156~34km 064.936
하선	⑦ 33km 831.156~34km 068.157 ⑧ 34km 633.016~35km 004.242

R=1,400 구간 세그먼트 배치	
S S T S S T S S T S S T S S T S	
표준세그먼트와 테이퍼와의 비 2:1	
적용구간	
상선	⑨ 33km 695.200~33km 752.752
하선	⑩ 33km 695.200~33km 752.752

3) 세그먼트 반입 및 조립

세그먼트 반입

세그먼트 반입

세그먼트 투입

세그먼트 조립 전경

세그먼트 운반

세그먼트 O-Ring 및 곡볼트 체결

4) 세그먼트 누수

- 세그먼트 조립 시 단차발생 및 진원 미확보(편심에 의한 균열 발생)
- 세그먼트 곡볼트 O-ring의 변형(곡볼트 부위 누수)
- 뒤채움 부족(지하수 과다 유입구간)

① 누수 원인에 따른 보수 보강방법 및 순서

- 1단계) 볼트부 패킹교환 : 세그먼트 연결 곡볼트 체결 시 너트회전에 의한 O-ring이 변형되어 곡볼트부 누수가 발생하며, O-ring 교체를 통하여 지수효과를 낼 수 있으나, 시공 후 곡볼트 해체가 불가능한 곳은 교환에 어려움 있다.
- 2단계) 뒤채움 추가 주입 : 지하수 과다 유입구간은 뒤채움 주입 시공 후 최소 30m 이상 이격거리 확보 및 누수부위는 2차, 3차 뒤채움 주입을 실시한다.
- 3단계) 누수 보수 약액 주입 : 누수 및 균열은 터널 내부에서 세그먼트 배면의 누수경로를 파악하고 우선 우레탄 주입하여 누수부위를 막고 에폭시약액을 주입하여 균열을 보강한다.

② 누수 대책

가) 세그먼트 O-ring 변형방지 와셔 규격 변경

당 초	변 경
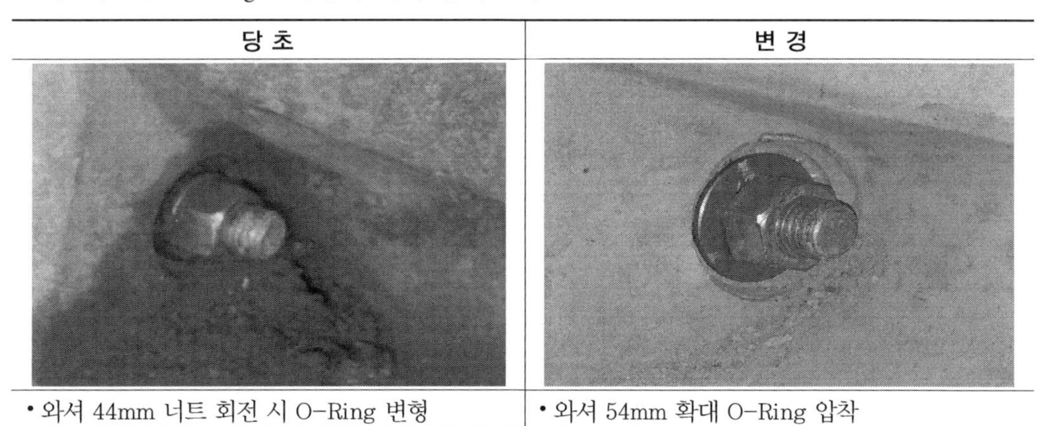	
• 와셔 44mm 너트 회전 시 O-Ring 변형	• 와셔 54mm 확대 O-Ring 압착

나) 세그먼트 O-ring 우레탄 주입

곡볼트 해체 가능할 경우 곡볼트 전·후 우레탄을 도포하여 체결한다.

시공 전	시공 후

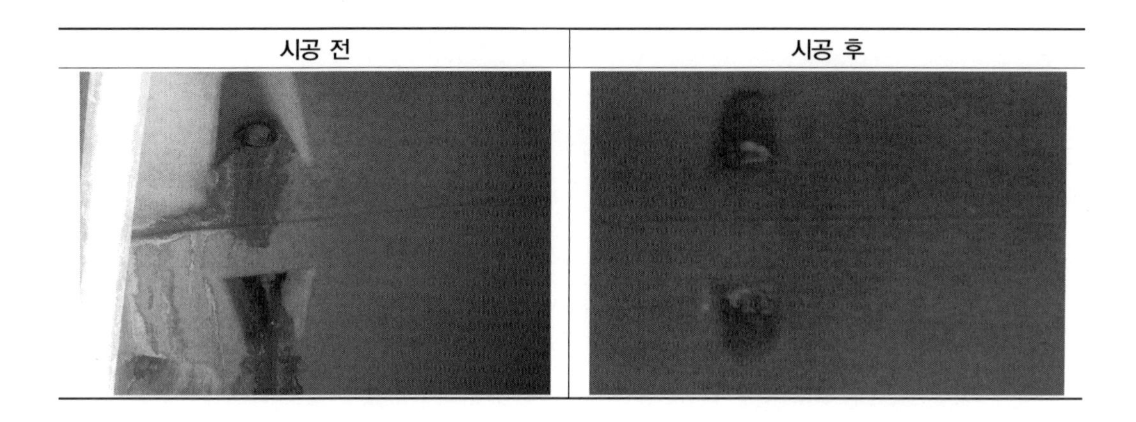

다) 뒤채움 추가 주입

구분	동시주입(굴진 중)	후방주입(2차, 3차)
개요도	동시주입 파이프, 시멘트계 가소성 뒤채움주입재, 세그먼트, A액, B액	추가충진, 뒤채움재, 주입홀, 주입관, 세그먼트, 굴착방향, 주입장치
특징	• 주입압과 주입량 동시 확인 → 절리발달구간 굴진 시 여굴 발생 → 뒤채움압력(토압+수압+0.1~0.2kg/cm^2)	• 누수부위 추가 주입 실시 • 최소이격거리 30M 확보 (과다주입 시 쉴드 TBM 뒤채움으로 Jamming 발생)

라) 우레탄 주입

천공 → 패커 삽입 → 주입기 준비 → 주입 시작 → 주입 완료 → 패커 제거

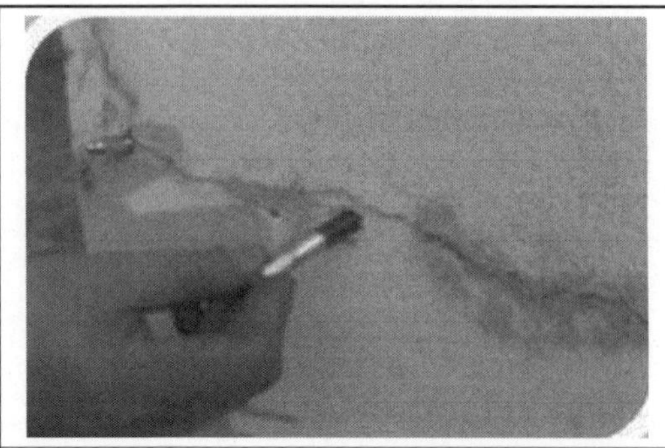

천공 : 천공드릴(ϕ10)로 20cm 이하 간격으로 천공한다.	패커 삽입 : 천공 구멍의 먼지를 에어로 제거한 후 패커를 삽입한다.

우레탄 발포지수제 주입 준비

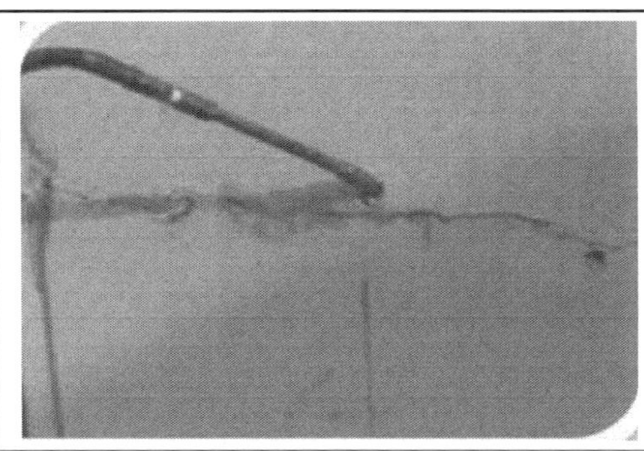

주입시작 : 20cm 이하 간격으로 세로균열부터, 가로 균열은 좌우 끝에서 중간으로 이동하면서 주입한다.

주입완료

패커 제거

시공사진

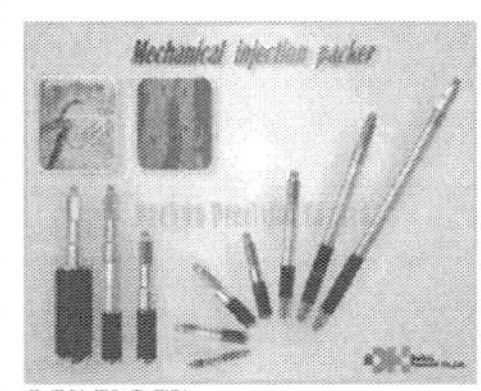

① 고압 주입용 패커

② 폴리우레탄 수지를 주입하기 위한 주입 장비

주입기구

5) 세그먼트 균열 보수대책

① 세그먼트 파손부위 보수용 배합 예

구분	단위	시멘트		잔골재	Sika dur 35	
		조강시멘트	백색시멘트		주재	경화재
배합비		1	1	3.3	1	0.5
배합량	g	300	300	1000	300	150

② 균열부 보수약액(에폭시) 주입

- 시공순서 : 균열조사 및 면처리 → 균열부위 씰링 → 좌대부착 → 에폭시 주입
  주입재 : DH-200W(습식 에폭시주입제)

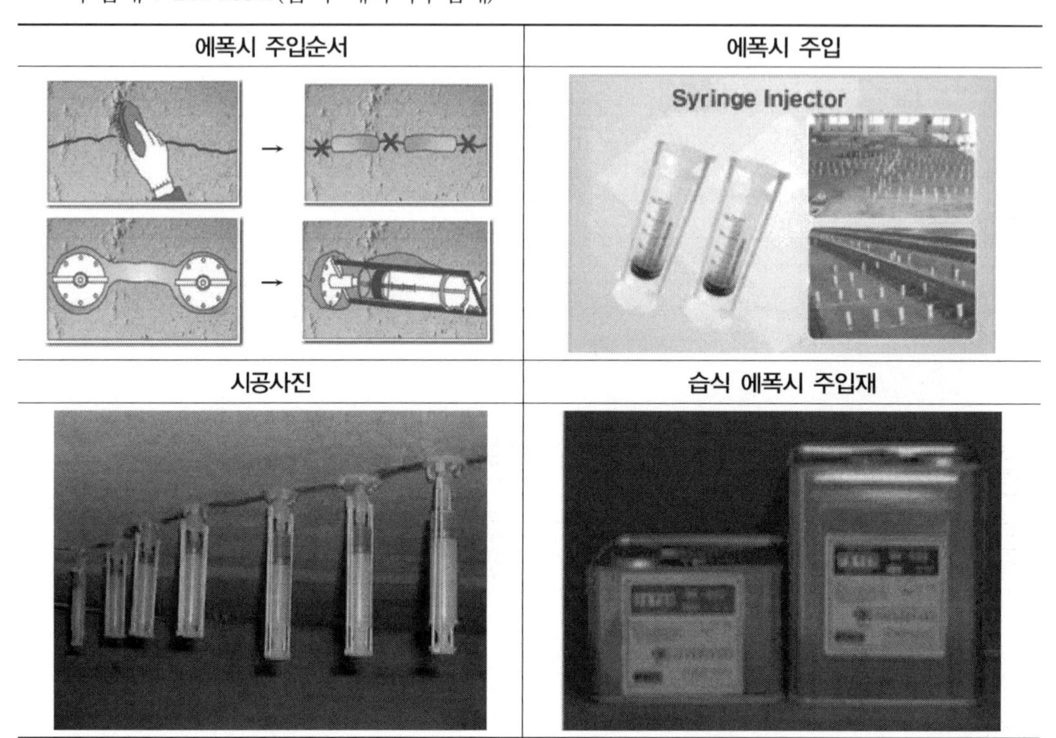

6) 급곡선구간 시공관리(서울지하철 9호선 3단계 921공구)

① 세그먼트 설계현황

- 당초 세그먼트 폭은 1.5m였으나 급곡선구간 시공성 개선을 위해 1.2m로 축소
- 세그먼트 조립 및 연결부의 확인이 용이한 펀테이퍼형을 도입하여 시공성 향상

구분		기본계획	실시설계
개요도		1.5m 1.5m • 평면곡선(R=280)+세그먼트폭(1.5m)	1.2m 1.2m • 평면곡선(R=300)+세그먼트폭(1.2m)
테이퍼량	R410	56.4mm	45.0mm
	R300	75.2mm	60.0mm

② 세그먼트 시공

• 곡선반경 R 250까지 굴진 가능한 쉴드기로 터널 굴진

구분	R 250	R 300	R 410	적 용
Tail clearance(TC)	20mm	19mm	18mm	25mm
Articulating angle(θ)	±0.6°	±0.4°	±0.36°	O.K
Over-cutting(OC)	40mm	40mm	40mm	O.K

• 921공구 쉴드장비 중절잭
- 역할 : 쉴드장비의 선형 및 레벨조절
- 개수 : 18개
- 추력 : 255ton × 18 = 4590ton
- 중절각도 : ±0.6°
- 중절스트로크 : 200mm
- 곡선구간 시공 시 R=410구간 : ±0.3°
  R=410구간 : ±0.4°

③ 테이퍼형 세그먼트 조립

가) 테이퍼량 선정

• 급곡선 반경(R=300, 410)을 고려한 테이퍼량 선정으로 시공성 향상

국외 세그먼트 폭 사례

• 일본 터널표준시방서(쉴드편) : 0.3~1.2m
- 콘크리트제 : 0.9m 이상이 일반적
- 최근 1.0~1.5m 적용

• 유럽 등
- 터널연장 2km 이하 : 1.2~1.8m
- 터널연장 3~5km : 2.0m 이상

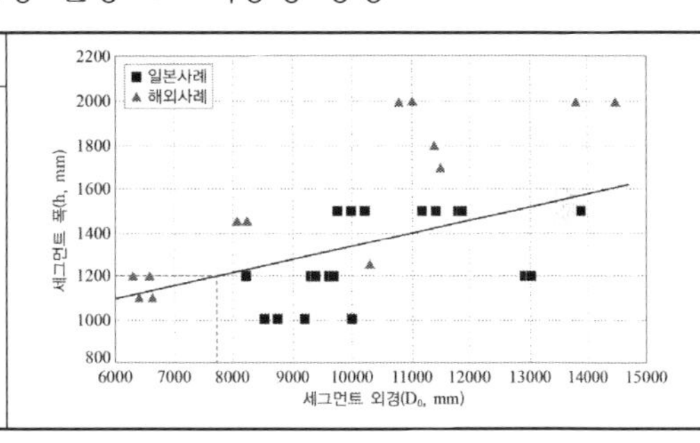

편 테이퍼량 산정

• 테이퍼량 $\Delta(mm) = \dfrac{D0(ns \times bs + nt \times btc)}{nt \times R}$

• 여기서 R : 곡선반경(mm)
  D0 : 세그먼트 외경(mm)
  bs : 보통 링 폭(mm)
  btc : 테이퍼 링의 센터폭(mm)
  ns : 보통 링 수
  nt : 테이퍼 링 수

최대폭
세그먼트 외경
최소폭

구분	R = 300	R = 410
테이퍼량	60mm	45mm

나) 테이퍼형 세그먼트 적용 비율

세그먼트는 표준형과 테이퍼형이 있는데 곡선구간에서는 표준형과 테이퍼형을 아래 표와 같이 조합하여 시공하였다.

구분	표준형	테이퍼형	비 고
직선	20	1	사행보정용
R=300	1	2	-
R=410	1	1	-

다) 급곡선 시공관리

시공 전 R=300구간, 직선구간, R=400구간에 대해 세그먼트 배치를 시뮬레이션 분석하여 시공관리를 시행하였다.

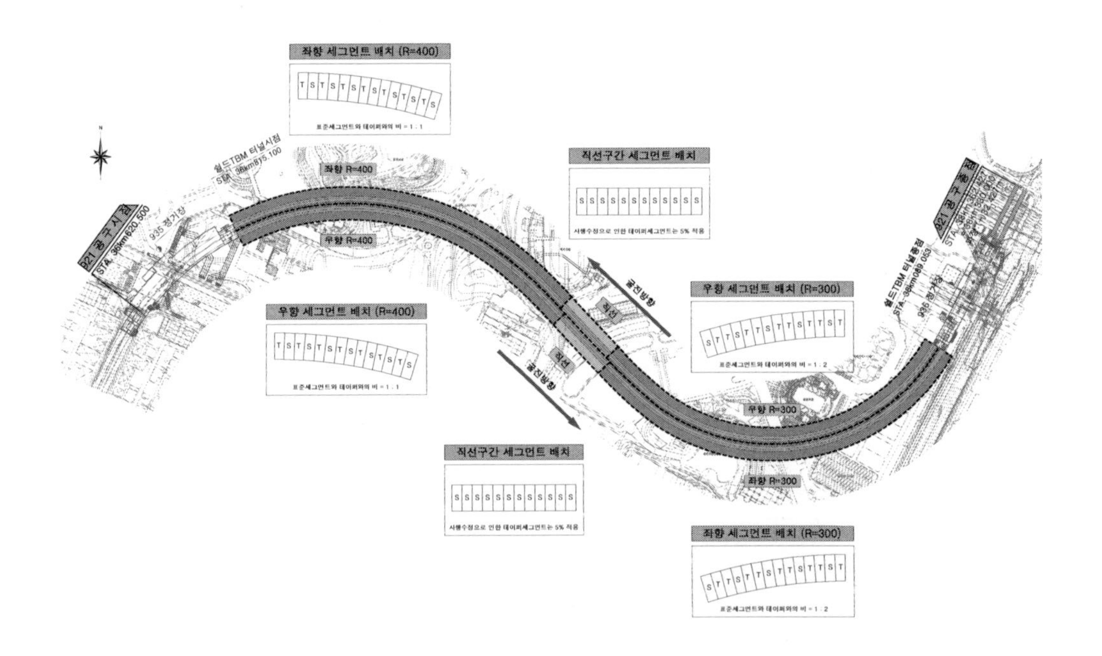

- R=410 구간 세그먼트 시공계획
  - 표준형과 테이퍼형 세그먼트 설치 시뮬레이션 결과 표준형과 테이퍼형을 1 : 1 비율로 시공할 경우 당초 설계와 최대 5mm의 시공오차 확인
  - R=410 구간 시공 중 클리어런스 미확보 시 표준형과 테이퍼형 비율을 반드시 1 : 1로 맞추는 것이 아니라 비율을 조정하여 클리어런스 확보 후 쉴드터널 시공

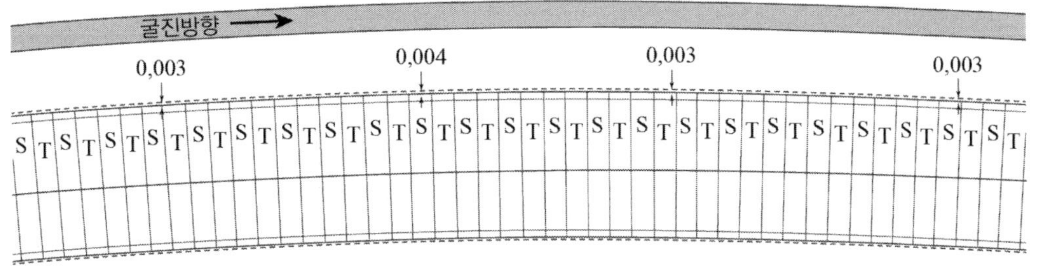

• 직선구간 세그먼트 시공계획

- 표준형과 테이퍼형 세그먼트 설치 비율을 20:1로 조립하는 경우 당초 설계와 최대 4mm의 시공오차 확인
- 직선구간에서의 테이퍼형 세그먼트는 사행보정용으로 사용

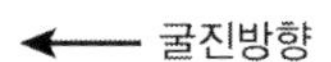

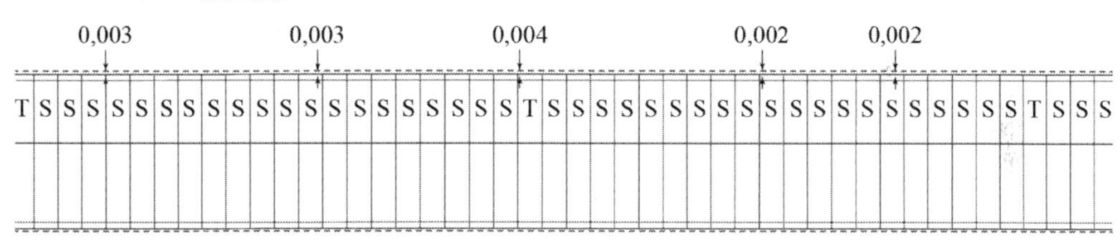

• R=300 구간 세그먼트 시공계획

- 표준형과 테이퍼형 세그먼트 설치 비율을 1 : 2로 조립하는 경우 당초 설계와 최대 5mm의 시공오차 확인
- R=300의 급곡선 구간 시공 중 클리어런스가 미 확보되었을 때, 표준형 : 테이퍼형 비율을

1 : 2가 아닌 1 : 3의 비율로 시공

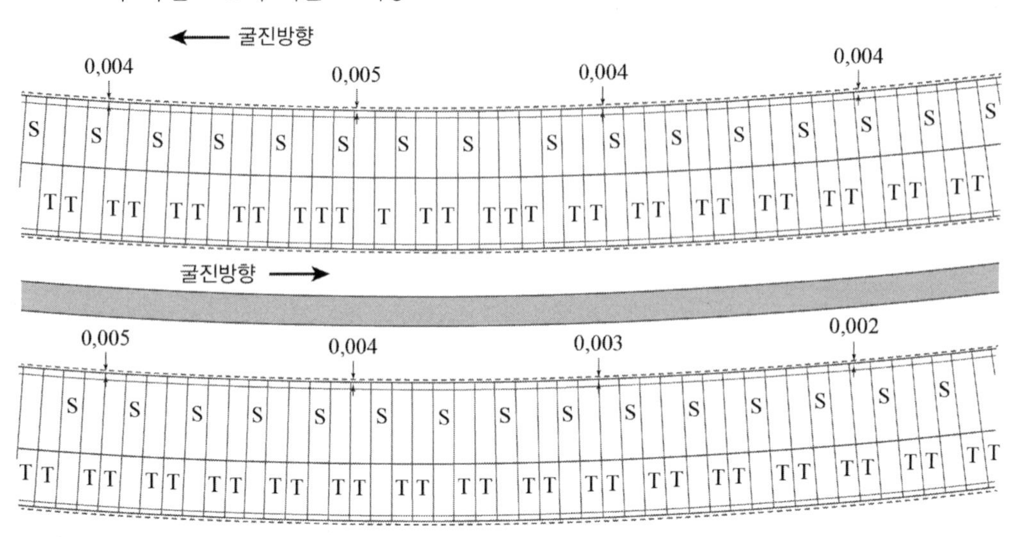

라) 세그먼트 시공오차

• 시공여유 현황(R=300, 외측보도일 경우)

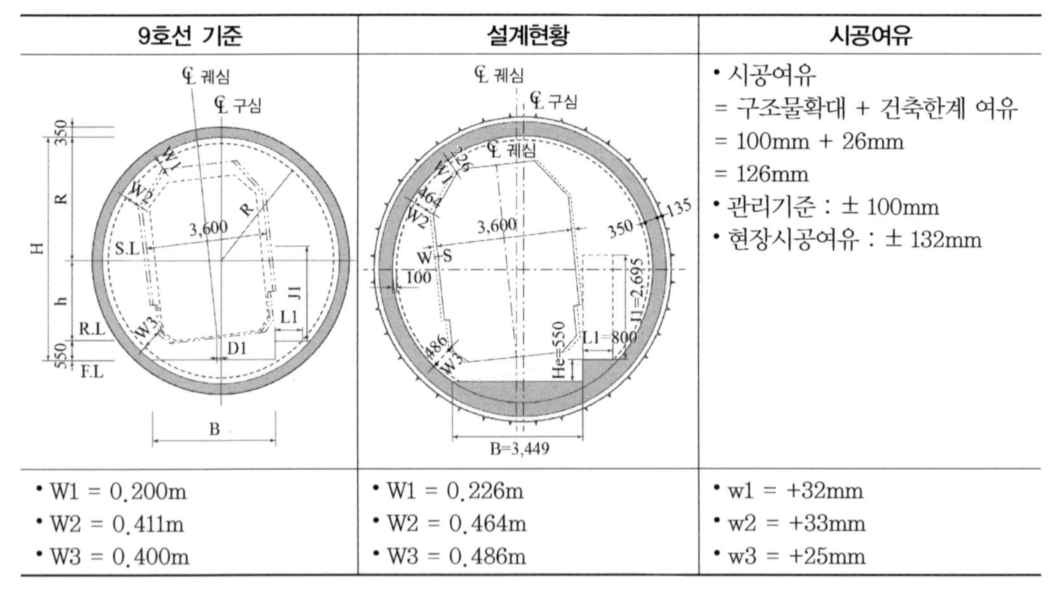

9호선 기준	설계현황	시공여유
℄ 궤심 ℄ 구심 350, R, H, h, 550 W1, W2, W3, R 3,600 S.L, R.L, F.L J1, L1, D1 B	℄ 궤심 ℄ 구심 ℄ 궤심 W1, 226, 464, W2, 486, W3 3,600 350, 135 W·S, 100 J1=2,695 He=550, L1=800 B=3,449	• 시공여유 = 구조물확대 + 건축한계 여유 = 100mm + 26mm = 126mm • 관리기준 : ± 100mm • 현장시공여유 : ± 132mm
• W1 = 0.200m • W2 = 0.411m • W3 = 0.400m	• W1 = 0.226m • W2 = 0.464m • W3 = 0.486m	• w1 = +32mm • w2 = +33mm • w3 = +25mm

• 주 1회 5링 간격으로 설치된 세그먼트 중심선 측량실시 중

• 중심선 측량결과

- 최대오차 : 평면오차 47mm, 수준오차 41mm 관리기준치 이내로 시공 중 확인

2.5.7 뒤채움 주입관리

가. 목적

쉴드 굴진에 따라 굴착면과 세그먼트 외주면 사이에 공극(tail void)이 발생하게 되는데 이 공극에 충진재를 주입하는 작업을 뒤채움 주입 작업이라 하며, 테일 보이드에 신속하고 확실하게 충전시킴으로써 지반의 변형방지, 세그먼트 누수방지, 세그먼트 조기 안정성을 확보한다.

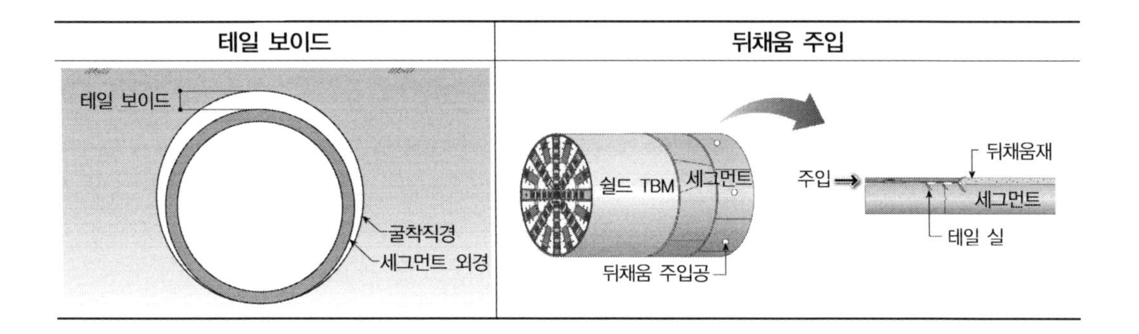

1) 뒤채움 주입의 기대효과

① 지반이완에 의한 붕괴 또는 침하방지

② 공극을 채워 투수계수를 현저히 떨어뜨림으로써 누수 방지효과 기대

③ 쉴드 잭 추력을 원 지반에 전달, 세그먼트의 손상이나 변위에 따라 사행의 발생을 방지하고 잭 추력의 세그먼트 링에 대한 영향 범위 축소를 기대

나. 주입방법 및 주입량

1) 주입방법

구분	동시주입	반동시주입
개요	주입 파이프 주입 세그먼트 테일 실	세그먼트 테일 실 주입
	• 테일 보이드 발생과 동시에 주입 • 테일 보이드 허용 안 함	• 그라우트 주입공이 쉴드테일에서 이탈과 동시에 주입
특징	• 쉴드추진 시 쉴드 테일부 주입 • 지반침하 억제, 시공용이	• 지반침하 발생, 시공 용이 • 작업공정이 복잡

구분	즉시주입	후방주입
개요	세그먼트 테일 실 주입	굴진 쉴드 테일 세그먼트 주입
	• 1링 굴진 완료후 주입 • 굴착 사이클에 포함	• 2~3링 굴진 후 후방 뒤채움 주입 • 굴착 사이클과 무관하게 후방에서 주입
특징	• 연약지반에서 침하 억제력 저하 • 암반이 양호한 경우 적용	• 시공성 우수 • 암반조건이 좋은 경우 적용 • 테일 보이드 확보가 어려움

① 토사 및 복합지반 조건에서 상부지반의 침하가 우려되는 경우는 테일 보이드 내 침하를 최소화하기 위해 지반침하 억제에 효율적인 동시주입 방법을 원칙으로 한다.

② 동시주입 시 주입파이프 직경이 작기 때문에 배관막힘 방지를 위하여 주기적인 배관파이프 청소 등 유지관리가 필요하다. 배관막힘 방지를 위해 매링(1링)마다 즉시 청소를 실시한다.

③ 2차 주입(후방 주입) : 1차 주입재 주입 후 미충전부의 완전 충전과 주입 재료의 체적 감소분의 보충 및 차수 효과를 높이기 위해서 실시하며, 세그먼트에 설치된 뒤채움 주입홀을 철근 등으로 세그먼트 외부와 지층 간격을 확인하여 미충전부위를 2차 주입한다.

뒤채움재 2차 주입

2) 주입관리 방법

① 뒤채움 주입관리방법은 주입압력에 의한 관리방법과 주입량에 의한 관리방법으로 구분하

며, 압력관리는 설정 압력을 항상 유지하도록 하는 방법이므로 압력 유지를 위한 주입량은 일정하지 않다. 주입량 관리는 주입 시 주변지반으로의 유출 등 여러 가지 원인에 의해 일정하지 않으므로 어느 한쪽만으로는 불충분하며 양측을 종합적으로 관리하여야 한다.

② 세그먼트 조립 후 1차 주입 시에 미충전부가 발생하거나 쉴드 TBM의 추력에 의해 세그먼트와 지반 사이에 틈이 발생하는 경우에는 2차 주입을 수행하여야 한다.

③ 뒤채움 주입관리 항목에는 주입압, 주입량, 겔타임, 강도 등이 있으며 주입압과 주입량은 동시에 관리한다. 주입량을 확보하면서 주입하고 주입압이 급상승하는 등의 이상징후를 나타내면 유량을 조절한다.

④ 뒤채움 주입 시 과다압력은 지반과 세그먼트의 변형 또는 K세그먼트의 볼트를 절단시킬 수 있으므로 압력관리를 철저히 하여야 한다.

⑤ 2액성 가소성 Type의 주입재료를 사용하는 경우는 겔타임의 선정이 중요하며 겔타임을 극단적으로 작게 하면 주입압의 상승이나 주입관 폐색이 발생할 수 있으므로 주의가 필요하다.

3) 뒤채움 주입압 관리

주입압 관리는 주입압력을 항상 일정하게 유지하는 방법으로, 토압식의 경우에는 지상의 주입 설비에서 뒤채움 위치까지 압송할 수 있는 최소 압력으로 보통은 막장압 + 0.1~0.2MPa 이내에서 관리한다. 주입 최대압은 0.3MPa 이내에서 관리하며 세그먼트를 변형시키거나 key 세그먼트 볼트를 절단하는 경우도 있으므로 세심한 주의를 요구한다.

4) 뒤채움 주입량 관리

주입량은 쉴드 TBM 후미의 공극크기, 주입재의 지반에 대한 침투성, 지반의 투수성, 여굴 등을 고려하여 결정한다.

$$Q = \pi/4(D_s^2 - D_o^2) \times \alpha \times \beta$$

여기서, Q : 뒤채움 주입량(1m당)

D_s : 굴착외경

D_o : 세그먼트 외경

α : 토질 주입재에 따른 주입률 계수

β : 손실에 따른 주입률 계수

- 토질, 주입재별 주입률 : α

구분	보통 토질	연약토	고결점토	모래자갈
가소성 고결 Type	1.3	1.6	1.2	1.6

- 선형에 따른 주입률 : β

곡선반경 (m)	300m 이상 400m 미만	400m 이상 600m 미만	600m 이상 800m 미만	800m 이상 1000m 미만
계수 β	1.8	1.7	1.6	1.5

매 링마다 주입압과 주입량 관리감독 및 기록을 실시하여 설계량보다 크게 상이한 값이 체크될 경우 확인 확행(유량게이지 필독관리) 후 작업을 진행한다.

다. 재료 및 배합

1) 개요

뒤채움 재료는 사용재료의 특성에 따라 무기계(시멘트계, 비시멘트계)와 유기계(발포계)로 구분되고 주입상태에 따라 현탁액형 일액성 뒤채움재료(몰탈, 시멘트 벤토나이트)와 이액성 뒤채움재료(고결성 또는 가소성형 물유리계, 알루미늄계)로 구분된다.

2) 재료선정

쉴드 굴진과 동시에 진행되는 뒤채움은 쉴드 굴착 시 초기강도 발현으로 지반 반력확보 및 1차 지수효과를 기대할 수 있으며, 테일 보이드에 의한 지반의 변형을 경감하고 세그먼트에 조기안정 및 누수방지를 도모하기 위해서 굴착대상 지반조건에 적합한 주입방법과 재료를 결정하는 것이 중요하다.

3) 재료의 조건

① 충전성 우수, 테일 보이드 외에는 유동(막장 내 누출이나 불필요한 주변지반 유실)이 없을 것
② 유동성이 좋고 재료분리가 적을 것
③ 주입 시에 지하수에 의한 희석이 없을 것
④ 재료분리 없이 장거리 압송이 가능, 충전 후 초기에 균일하고 상당한 강도를 가질 것
⑤ 무공해로 가격이 경제적일 것

⑥ 경화 후의 체적 감소가 없고 투수성이 적을 것

4) 뒤채움 주입재 비교선정

구분	가소성 주입재	몰탈 주입재
개요	• 가소성 시멘트계 재료 사용 • 펌프로 주입	• 시멘트 몰탈계 재료 사용 • 펌프로 투입
장단점	• 재료 분리가 적음 • 지하수 영향 적음 • 조기강도가 높음	• 시공성 및 충전성 우수 • 경제성 우수 • 용출수 구간 적용 곤란

5) 공구별 주입재

액체와 고체의 중간영역을 갖는 가소성 재료를 이용하여 주입하는 공법으로, 주입 시 지하수에 의한 유실을 최소화하고 한정된 영역에만 주입을 가능하게 한다.

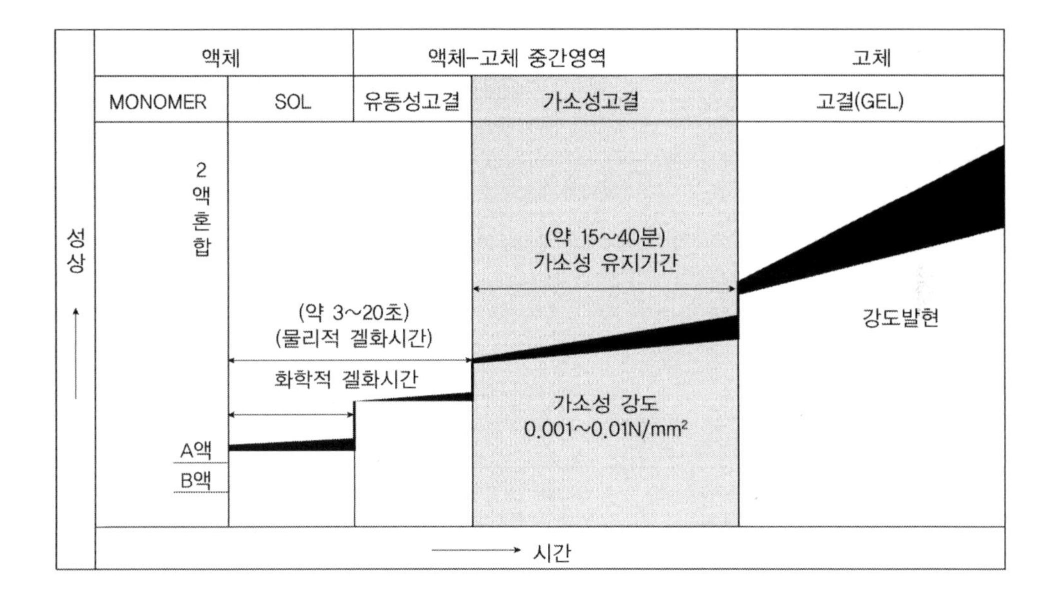

919 ~ 921공구	가소성 주입재

6) 설계배합비(1m^{3}당)

	A액(1,000L)				B액
919 공구	시멘트(kg)	벤토나이트(kg)	안정제(kg) -폴리머	물(kg)	급결제(L) -규산
	350	52.5	3.5	750	80
920 공구	A액				B액
	시멘트(kg)	벤토나이트(kg)	안정액(kg)	물(L)	급결제(L)
	350	52.5	3.5	750	70
921 공구	A액				B액
	시멘트(kg)	벤토나이트(kg)	안정액(kg)	물(L)	급결제(L)
	350	52.5	3.5	750	70

라. 주입 플랜트 및 주입 계통도

플랜트 전경

사일로(시멘트) 및 A액 저장 탱크

믹서(아지데이터)

B액(규산) 펌프 및 저장 탱크

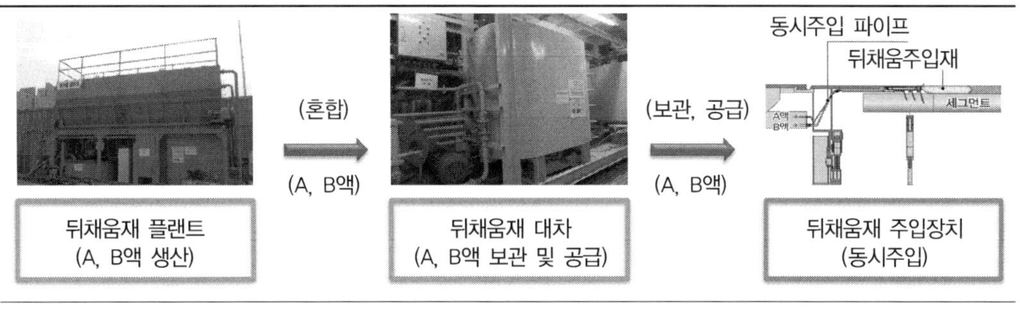

주입 과정

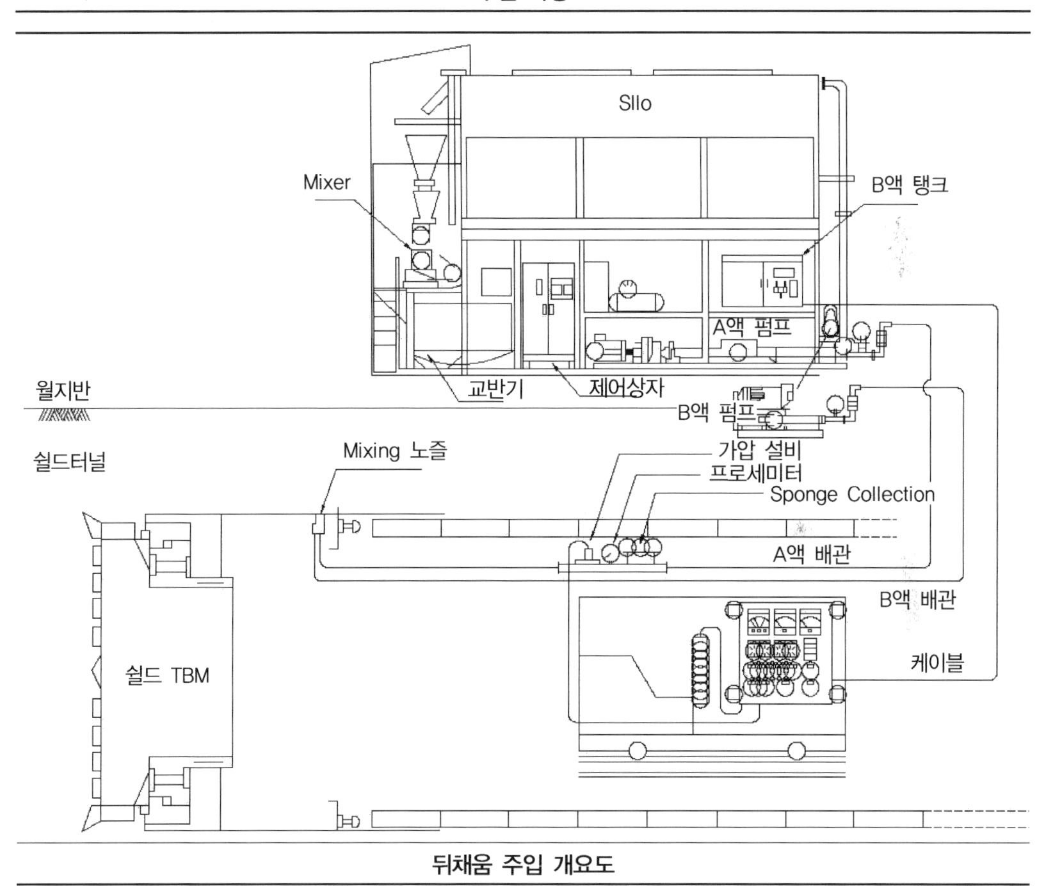

뒤채움 주입 개요도

마. 기준강도 및 품질관리

1) 기준강도

뒤채움 주입재 설계의 시방배합에서 기준강도는 국내외 문헌 및 각종자료를 검토한 결과 안전측으로 다음과 같으며, 현장배합 시 주입재료의 선택 및 시험은 현장상황을 면밀히 검토한 후 공사감독관과의 협의를 통하여 시방배합의 기준강도를 재설정하여 적용하여야 한다.

구분	일축압축강도(MPa)	
일반구간	1시간	28일
	0.02~0.05	2
주요구간	1시간	28일
	0.1~0.15	3

2) 품질관리

- 쉴드 공사의 뒤채움 주입공은 품질관리상 매우 중요하므로 사용재료는 충분한 소요품질을 갖추어야 하며 정기적으로 그 품질을 확인하여야 한다.
- 주입재의 압축강도, Flow치, 점성, 겔 타임 및 블리딩율 등은 필히 정기적으로 그 품질을 확인하여야 한다.
- 주입된 뒤채움재의 코아를 채취하여 주입두께, 상황, 강도 등을 확인하여 품질관리에 만전을 기하여야 한다.

바. 뒤채움 주입효과 검증

1) GPR 탐사 테스트(Ground Penetrating Radar 검사)

세그먼트 배면 공동을 확인할 수 있는 방법으로, 기술자의 기능도에 따라 신뢰성이 달라지는 방법이다. 철근배근 간격이 조밀한 구조물에는 전자파 속도 차이로 정밀도가 다소 떨어지나 철근이 배근되지 않는 이렉터홀을 이용하여 세그먼트라이닝 배면 공동 체크에 사용되기도 한다.

2) 세그먼트 그라우팅 홀 이용 내시경 확인 방법

10시 방향과 2시 방향의 세그먼트 홀을 드릴로 천공하여 내시경 삽입 후 충진 여부 확인이 가능하나, 터널 공용 중 천공홀에서 누수발생 우려가 있으므로 품질관리 및 유지관리에 주의하여야 한다.

3) 유량게이지 확인 체크 방법

1링마다 오피실(기계실) 유량게이지를 확인하여 1링당 충진량을 확인 및 기록관리한다.

사. 뒤채움재 겔타임 선정(921공구)

구분	가소성 주입재	몰탈주입	콩자갈 + 시멘트밀크
목적	• 현장여건에 맞는 적정한 뒤채움재의 겔타임을 선정하여 쉴드 TBM 후미 공극으로 인한 지반의 변형 방지와 세그먼트에서의 누수 방지, 세그먼트의 조기 안정성 확보를 위함		
시방기준	• 당 현장의 뒤채움 주입재에 대한 겔타임의 기준은 제시되지 않아 국내외 현장 사례에 따라 적용		
국내외 사례 조사	• 대상 현장 선정 조건 : 지층 상태, 장비 형식, 뒤채움 주입방식이 동일		

공사명		장비형식	지반상태	뒤채움 주입방식	겔타임 적용현황
당현장	서울지하철 921공구	E.P.B Type	토사층+암(충적층)	동시주입	16.5초
국 외	싱가포르 지하철 913공구	E.P.B Type	토사층+암(충적층)	동시주입	14~17초
국 내	서울지하철 920공구	E.P.B Type	토사층+암(충적층)	동시주입	20초
	서울지하철 909공구	Slurry Type	토사층+암(충적층)	동시주입	상온에서 8~15초 이내, 20℃ 이상에서 20초 이내
	공항철도 2-5B공구	E.P.B Type	토사층+암(풍화토)	동시주입	-
	분당선 복선전철 제3공구	E.P.B Type	암	반동시주입	상온 20℃일 경우 20초 이내
	서울지하철 703공구	E.P.B Type	풍화대	동시주입	상온 20℃일 경우 20초 이내
	서울지하철 704공구	E.P.B Type	풍화대	반동시주입	-
	부산지하철 230공구	Slurry Type	토사층+암(풍화층)	동시주입	-
	광주지하철	E.P.B Type	토사층+암(점토층)	반동시주입	-

겔타임 시험결과

시험항목		단위	싱가포르 지하철 913공구 현장 Test 결과		서울지하철 921공구 현장 Test 결과			비고
			실내시험	Sample test	시방기준	실내시험	Sample test	
겔 타 임		sec	14~17	-	-	16.52	-	
압축강도	1시간 후	kPa	274.5		200.0	480		
	3시간 후	kPa	659.2	764		820		
	6시간 후	kPa	957.2			1,360		
	28일 후	kPa	2,418.2		2,000	3,520		
블리딩		%	0	-	0	0		

검토결과

- 뒤채움재에 대한 시험결과 겔타임은 16.52초로 측정되었으며, 압축강도는 3,520kPa(28일 강도)로 시방기준 이상 측정되었음
- 서울지하철 921공구 현장과 동일한 조건(지반, 장비형식, 뒤채움 주입방식)에서 효과적인 뒤채움을 시행하고 있는 싱가포르 지하철 913공구의 시공사례를 조사한 결과 겔타임은 14~17초를 적용하여 시행 중이므로 921공구 현장에서도 14~17초를 적용하는 것이 적정한 것으로 판단됨

아. 세그먼트 뒤채움재 시험(919공구)

세그먼트 뒷채움재 확인 배합 보고서

삼성건설㈜, 쌍용건설㈜, 매일종합개발㈜

서울지하철 9호선 3단계 919공구 건설공사

1. 배 합 일 자 : 2012년 11월 02일　　　2. 압축강도(1시간) : 2012년 11월 02일

3. 압축강도(28일) : 2012년 11월 30일

4. 사용재료

재료명	공급업체	제품명	비 고
시멘트	성신양회(주)	포틀랜트시멘트 1종	
벤토나이트	한국수드케미	MONTIGEL-F	
안정제	맥테크	MAK-SG	
급결재	㈜티피	규산소다 3호	

5. 뒷채움재 배합비

구분		A 액				B 액	비고
NO.	용량	시멘트(kg)	벤토나이트(kg)	안정제(kg)	물(ℓ)	급결제(ℓ)	
시방배합	1㎥	350	52.5	3.5	750	70~100	
1배합	1㎥	350	52.5	3.5	750	70	1000.03
	2ℓ	0.7	0.105	0.007	1.5	0.14	
2배합	1㎥	350	52.5	3.5	750	80	1010.03
	2ℓ	0.7	0.105	0.007	1.5	0.16	
3배합	1㎥	350	52.5	3.5	750	90	1020.03
	2ℓ	0.7	0.105	0.007	1.5	0.18	
4배합	1㎥	350	52.5	3.5	750	100	1030.03
	2ℓ	0.7	0.105	0.007	1.5	0.2	

7. 시험결과

구분	온도(℃)	Flow(초)	Gel-Time(초)	Bleeding(%) : 1시간	압축강도(Mpa) 1시간	압축강도(Mpa) 28일	비고
기준	-	-	20초이내	5% 이내	0.02~0.05	2	일반구간
					0.1~0.15	3	주요구간
1배합	18.60℃	3.44초	8.69초	2.0%	0.09MPa	2.16MPa	1. 링계수 : 146.13 2. 단면적 : 1962.5㎠
2배합	18.70℃	-	9.30초	-	0.10MPa	2.76MPa	
3배합	18.60℃	-	10.58초	-	0.26MPa	3.23MPa	
4배합	18.70℃	-	12.53초	-	0.36MPa	3.47MPa	

삼성건설㈜, 쌍용건설㈜, 매일종합개발㈜

서울지하철 9호선 3단계 919공구 건설공사

세그먼트 뒷채움재 압축강도시험

시 료 종 류 :	세그먼트 뒷채움재 확인배합	시료채취일 :	2012년 11월 2일
시 험 일 자 (1시간) :	2012년 11월 2일	시험일자(28일) :	2012년 11월 30일
		Prving Ring 계수 :	146.13
공시체 크기 :	50 × 100	단 면 적 :	1962.5㎟

1. 1배합

시료 번호	시료 채취일	양생 시간	시험일자	DialGage 읽음값	하중(N)	압축강도 (N/㎟)	시료 번호	시료 채취일	양생 시간	시험일자	DialGage 읽음값	하중(N)	압축강도 (N/㎟)
1	11월 2일	1 hrs.	11월 2일	1.5	219	0.11	1	11월 2일	28일	11월 30일	20	2923	1.49
2	"	"	"	1	146	0.07	2	"	"	"	34	4968	2.53
3	"	"	"	1	146	0.07	3	"	"	"	33	4822	2.46
평균						0.08	평균						2.16

2. 2배합

시료 번호	시료 채취일	양생 시간	시험일자	DialGage 읽음값	하중(N)	압축강도 (N/㎟)	시료 번호	시료 채취일	양생 시간	시험일자	DialGage 읽음값	하중(N)	압축강도 (N/㎟)
1	11월 2일	1 hrs.	11월 2일	2	292	0.15	1	11월 2일	28일	11월 30일	39	5699	2.90
2	"	"	"	1	146	0.07	2	"	"	"	40	5846	2.98
3	"	"	"	1	146	0.07	3	"	"	"	32	4676	2.38
평균						0.10	평균						2.76

3. 3배합

시료 번호	시료 채취일	양생 시간	시험일자	DialGage 읽음값	하중(N)	압축강도 (N/㎟)	시료 번호	시료 채취일	양생 시간	시험일자	DialGage 읽음값	하중(N)	압축강도 (N/㎟)
1	11월 2일	1 hrs.	11월 2일	3	438	0.22	1	11월 2일	28일	11월 30일	45	6576	3.35
2	"	"	"	3.5	511	0.26	2	"	"	"	45	6576	3.35
3	"	"	"	4	585	0.30	3	"	"	"	40	5846	2.98
평균						0.26	평균						3.23

4. 4배합

시료 번호	시료 채취일	양생 시간	시험일자	DialGage 읽음값	하중(N)	압축강도 (N/㎟)	시료 번호	시료 채취일	양생 시간	시험일자	DialGage 읽음값	하중(N)	압축강도 (N/㎟)
1	11월 2일	1 hrs.	11월 2일	5	731	0.37	1	11월 2일	28일	11월 30일	49	7160	3.65
2	"	"	"	5	731	0.37	2	"	"	"	42	6137	3.13
3	"	"	"	4.5	658	0.34	3	"	"	"	49	7160	3.65
평균						0.36	평균						3.47

비 고 :

세그먼트 뒷채움용 주입재 블링딩 및 FLOW 시험성과표

삼성건설㈜, 쌍용건설㈜, 매일종합개발㈜

서울지하철 9호선 3단계 919공구 건설공사

시험번호 : - 시험일자 : 2012년 11월 02일

위 치 : 세그먼트 뒷채움 주입재 확인배합

1. 배합비 (A액)

구 분	시멘트(kg)	벤토나이트(kg)	안정제(kg)	물(ℓ)	비 고
1㎥ 기준	350 kg	52.5 kg	3.5 kg	750 ℓ	
2ℓ 기준	700 g	105 g	5.6 g	1.5 ℓ	

2. FLOW 시험

1회	2회	평 균	비 고
3.45초	3.42초	3.44초	

3. BLEEDING 시험

$$1\text{시간 경과한 때의 블링딩율}(\%) = \frac{1\text{시간 경과후의 블링딩량}(B)}{\text{시료의 체적}} \times 100 = \frac{5\ m\ell}{250\ m\ell} \times 100 = 2.0\%$$

- 특기시항

일본 TEC사 기준 제시 : 5% 이내

판 정	

4. 사진대지

FLOW 시험	BLEEDING 시험
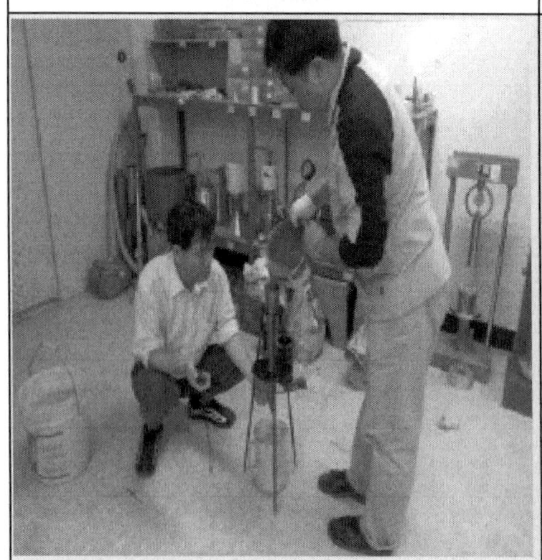	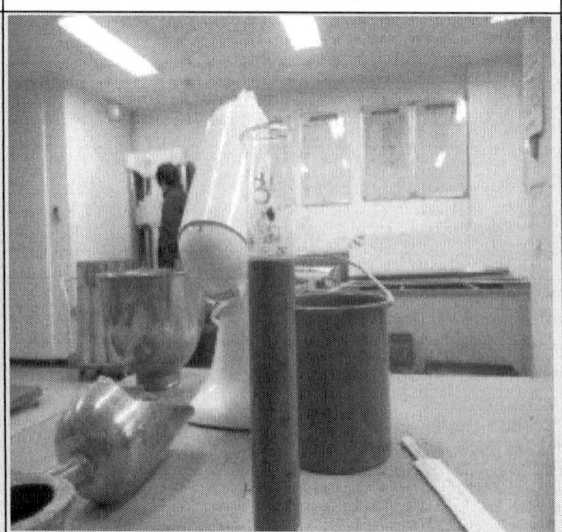

삼성건설㈜, 쌍용건설㈜, 매일종합개발㈜

서울지하철 9호선 3단계 919공구 건설공사

쉴드TBM용 세그먼트 뒷채움재 겔TIME 및 호모겔 압축강도시험

공 사 명 : 서울지하철 9호선 3단계 919공구 건설공사

시 료 종 류 :	세그먼트 뒷채움재	시료 채취일 :	2013년 5월 6일
시료채취장소 :	933정거장 좌측 발진구 뒷채움재 주입 No.47-49(12.32㎡)	시험일자(1시간) :	2013년 5월 6일
		시험일자 (28일) :	2013년 6월 3일
시 험 번 호 :	9919 - 04 - 467 - 겔TIME - 045 9919 - 04 - 467 - 겔강도(1시간) - 045 9919 - 04 - 467 - 겔강도(28일) - 045	Prving Ring 계수 :	146.13
공시체 크기 :	50 × 100	단 면 적 :	1962.5㎟

배 합 비

A액					B액
시멘트	벤토나이트	안정제	물	비고	규 산
350 kg	62.5 kg	3.5 kg	750 L		100L
계		930 L		계	100 L

겔 화 시 간 : 16.24 초 (기준치 : 10-20초)

시료번호	시료 채취일	양생시간	시험일자	DialGage 읽음값	하중(N)	압축강도 (N/㎟)
1	5월 6일	1 hrs.	5월 6일	6	877	0.45
2	〃	〃	〃	4	586	0.30
3	〃	〃	〃	5	731	0.37
평균						0.37

시료번호	시료 채취일	양생시간	시험일자	DialGage 읽음값	하중(N)	압축강도 (N/㎟)
1	5월 6일	28일	6월 3일	51	7453	3.80
2	〃	〃	〃	47	6868	3.50
3	〃	〃	〃	47	6868	3.50
평균						3.60

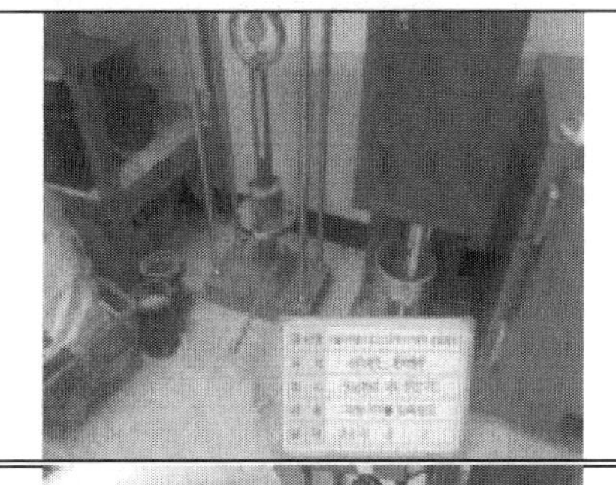

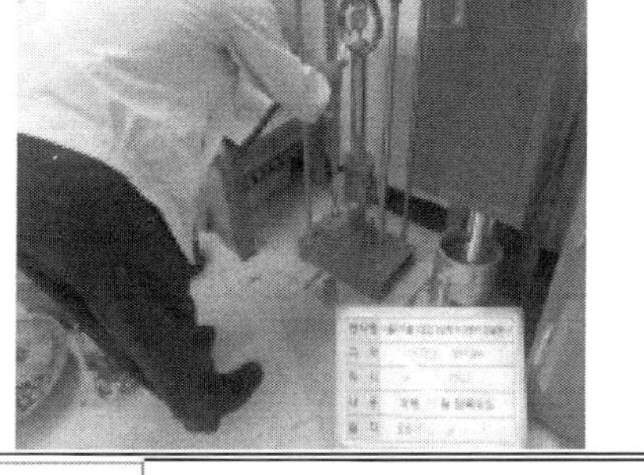

비 고 : 시방서 기준

구 분	일축압축강도(MPa)	
	1시간	28일
일반구간	0.02 ~ 0.05	2
주요구간	0.1 ~ 0.15	3

2.5.8 방수관리

가. 개요

1) 누수제어의 필요성

쉴드 TBM 터널은 상시 수압을 받는 비배수 조건의 구조물이지만, 공법 특성상 다수의 세그먼트 볼트 이음부가 있어 시공관리 부실 시 누수가 발생될 수 있다.

특수굴착터널(쉴드터널) 성능평가기준 및 유지관리 매뉴얼 개발(한국시설안전공단, 2013)에서 조사한 바에 따르면, 국내 최초의 하저 쉴드 터널인 부산지하철 하저 쉴드 터널(준공 2002년)의 의하면 세그먼트 볼트이음부에서 다수의 누수가 발생된 상황을 확인한 바 있다.

[표 2.5.41] 부산지하철 수영강 하저통과구간 누수조사 현황(한국시설안전공단)

구분		
터널현황	• 용도 : 지하철 터널 • 터널규모 : 단선(내공 7.1m)	• 세그먼트 구조 : 6+1(Key 세그먼트) • 준공년도 : 2005년
누수현황	누수현황	보수 시 고려사항
	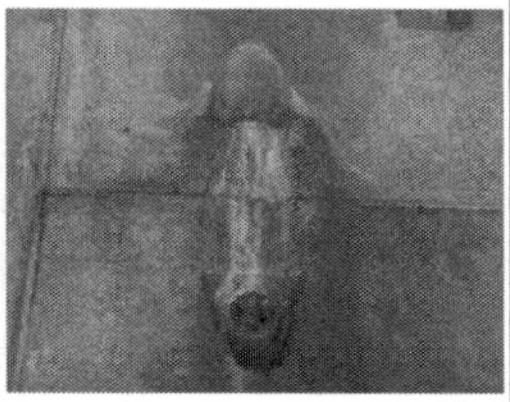	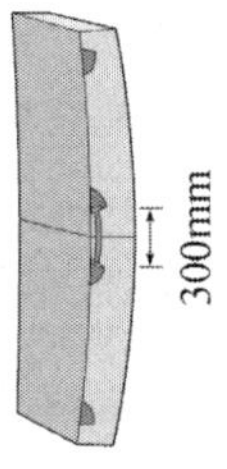 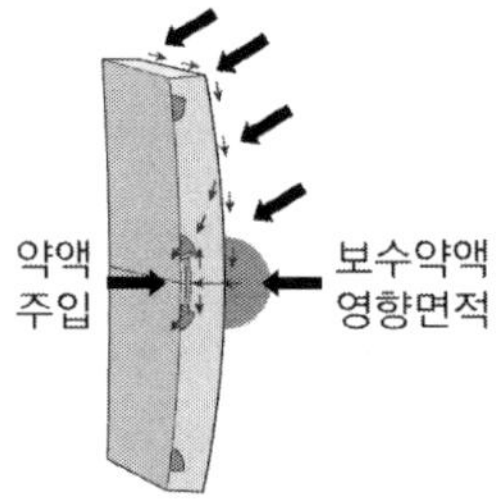 300mm 약액 주입 보수약액 영향면적
누수원인	• 세그먼트 배면 뒤채움 충진 부족으로 공동이 존재하며, 이를 통하여 지하수 누수 • 세그먼트 이음부, 볼트부를 통한 지하수 누수	① 구조적으로 해체 불가 ② 볼트 부식으로 해체 어려움 ③ 외부수압으로 약액주입의 한계 존재
보수방법	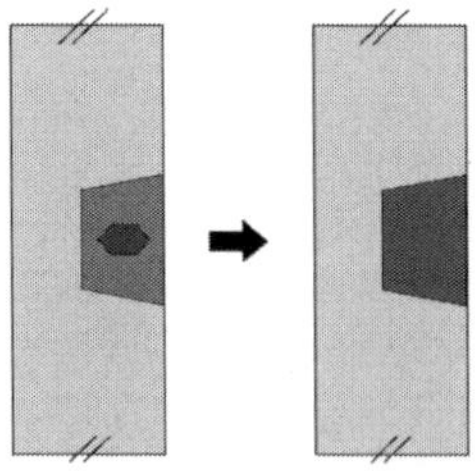 [볼트부 캡핑을 통한 보수 실시] 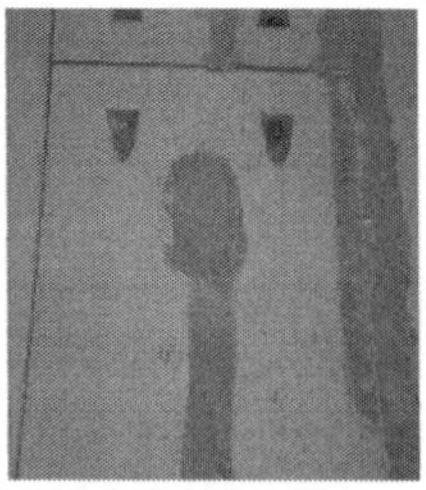 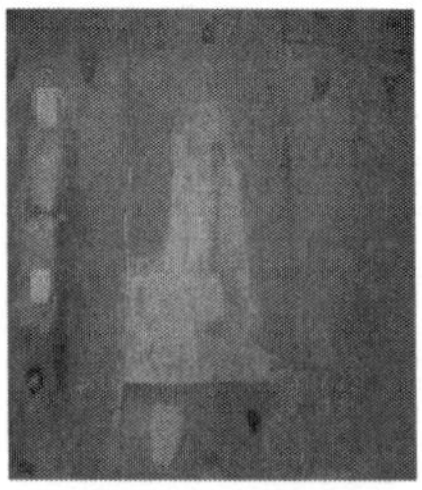	
	① 녹제거 후 방청방수 처리 ② 홈 표면에 프라이머 도포	③ 볼트부의 홈을 무수축 모르타르로 손비빔하여 밀실 채움 → 보수 후 1년 6개월 동안 경과 확인 후 누수 미발생 확인

세그먼트의 경우 NATM 터널 라이닝과 달리 부분 보수가 매우 어려운 상황임에 따라 누수 제어를 위한 각별한 주의가 요구된다.

2) 세그먼트에서의 방수 시스템

① 세그먼트에서의 지하수 침투경로는 뒤채움 주입층, 세그먼트, 내부 콘크리트 라이닝의 3단계로 이루어진다.

뒤채움 주입은 차수에 효과적인 방법 중 하나이나, 균일한 품질관리가 곤란하여 설계단계에서 차수효과는 고려하지 않는 것을 원칙으로 한다.

내부 2차라이닝은 세그먼트 이음부 방수기술이 미흡했던 과거에는 적용되었으나, 현재에는 차수목적으로는 거의 적용되지 않는다. 다만, 수로의 경우에는 표면의 조도계수를 향상시키기 위하여 적용되는 경우도 있다.

② 최근에 설계 및 시공되는 쉴드 TBM의 세그먼트 방수설계는 이음부 방수, 코킹방수, 볼트공 방수, 뒤채움 주입공 방수에 의한 경우가 대부분이다.

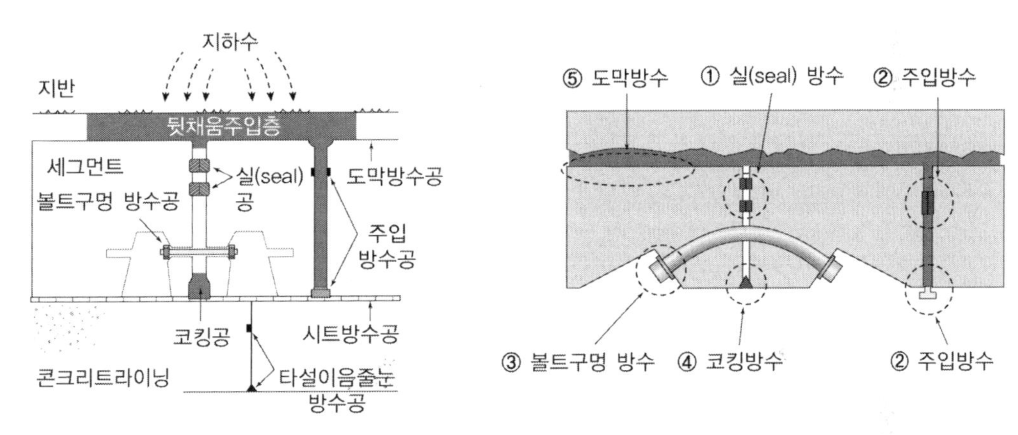

[그림 2.5.26] 세그먼트의 라이닝 방수공 모식도 및 방수 시스템

③ 실재(개스킹) 방수

가) 실재방수는 세그먼트라이닝의 방수에 가장 중요한 것으로 수팽창성지수재와 개스킷 방수방식이 있다. 수팽창성 지수재는 주로 일본에서 많이 적용되고 있으며, 개스킷 방식은 유럽에서 많이 적용되고 있다.

나) 실재는 다음과 같은 사항을 만족하여야 한다.

- 탄성재로서 쉴드 추력, 세그먼트의 변형 및 수압에 대한 수밀성을 확보해야 한다(특히 최대수압에 대해 2.5 이상의 안전율 확보 필요).
- 볼트 체결력에 견디어야 하며, 세그먼트 조립작업에 악영향을 미쳐서는 안 된다.
- 실재 호간 및 세그먼트와의 접착성이 있어야 한다.
- 내후성, 내약품성이 우수해야 한다.

국내에서는 실재 및 개스킷 방수를 주로 사용하며, 각 공법의 특징은 다음과 같다.

[표 2.5.42] 세그먼트 방수재료별 특성

구분	수팽창성 지수재 방수	개스킷 방수
공법 개요	• 세그먼트 이음면에 실재를 부착 또는 도포하여 이음부를 방수 • 수압이 높은 경우 2줄 시공 • 세그먼트에는 폭 20~30mm, 두께 2~3mm 정도의 홈 설치 • 수팽창 고무의 팽창 이용	• 정교한 단면형상으로 이음면이나 홈에 부착 • 세그먼트 저장, 운반, 설치 및 운영 중에도 개스킷이 보호되도록 주의해야 함 • 탄성고무의 압축성에 의해 방수
재질	• 수팽창성 고무 : 합성고무	• 고무재료 : 탄성고무(EPDM)
장단점	• Key 세그먼트 형식에 주로 사용 • 시공오차에 따른 누수 가능성이 적음 • 부착 시 밀림 현상 적음 • 완전 팽창 전 그라우팅 주입 불가 • 개스킷에 비해 팽창고무의 내구성에 문제가 있음 • 팽창고무의 강도가 작아 고수압 작용 시 파손 우려	• 균등분할 형식의 세그먼트에서 주로 적용 • 부착 즉시 Sealing 역할 • 내구성이 우수함 • 세그먼트 조립 시 지수재 밀림현상 발생가능성 높음 • 시공오차 발생 시 누수가 지속될 우려가 있음
국내 실적	• 국내 대부분의 전력·통신구 공사 • 광주 및 부산지하철에 적용 • 서울지하철 9호선 909, 919, 920, 921공구	• 신당-한남 전력구

[표 2.5.43] 수팽창 지수재 종류 및 특성(계속)

구분	중심하부 삽입 일체형	단부 배치형	일반형
개요도	수팽창 지수재 (에테르형 폴리우레탄) 비팽창부 본드코팅 (EPDM 고무) 4	비팽창 고무부 수팽창 지수재	수팽창 지수재
특성	• 수팽창 고무의 팽창성에 의해 2중 방수 • 세그먼트 이음면에 실재를 부착 또는 도포하여 이음부를 방수 • 팽창고무 중심 하단부에 비팽창 고무가 일체화된 복합형 지수제품 사용	• 수팽창 고무의 팽창성에 의해 2중 방수 • 세그먼트 이음면에 실재를 부착 또는 도포하여 이음부를 방수 • 팽창고무 양측단부에 비팽창 고무가 일체화된 복합형 지수제품 사용	• 수팽창 고무의 팽창성에 의해 2중 방수 • 세그먼트 이음면에 실재를 부착 또는 도포하여 이음부를 방수

[표 2.5.43] 수팽창 지수재 종류 및 특성

구분	중심하부 삽입 일체형	단부 배치형	일반형
경제성	4,000원/m	4,000원/m	3,000원/m
장점	• 비팽창 고무부에 의한 내구성 증대 • 조립 시 압축력 향상에 따른 내수압 증가 • 팽창방향을 상하로 유도하여 지수성능 향상과 지수재의 외부 돌출 방지 • 조립과 동시에 물과 접촉하여 수팽창 효과가 발휘되면서 비팽창부가 중심에서 좌우방향의 팽창을 억제 • 상부 측단부를 모따기를 하여 지수재의 코너 접착력을 증대하고, 조립 시 지수재의 마찰력을 감소하여 조립이 원활	• 비팽창부에 의한 팽창제의 용출을 방지하여 내구성 증대 • 팽창방향을 상하로 유도하여 지수성능의 향상과 지수재의 외부 돌출 방지	• 가격이 저렴하여 우수 • 조립과 동시에 물과 접촉하여 수팽창 효과가 발휘
단점	-	• 비팽창 고무부가 물의 접촉을 차단하여 초기 수팽창 효과가 지연됨	• 팽창방향이 상하좌우로 불규칙하게 유도되어 지수재의 외부돌출 및 이탈가능

④ 2열 방수 특성

2열 실재방수는 1열에 비해 공사비가 높은 단점은 있으나, 시공 및 운영 중 다음과 같은 많은 장점이 있기 때문에 단면이 큰 터널에서는 적극적으로 반영할 필요가 있다.

- 세그먼트의 취급과 링조립 중 손상 위험도 감소
- 세그먼트의 조립오차 발생 시 방수성 유지(그림 2.5.27 참조)
- 터널 내부 화재 시 내측 실재가 손상되는 경우 외측 실재에 의한 방수성 유지

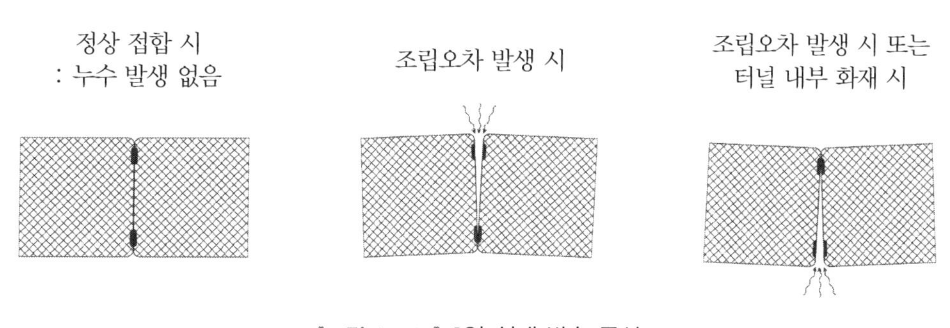

[그림 2.5.27] 2열 실재 방수 특성

⑤ 코킹 방수

지수재로 완전방수가 되지 않고 터널 완성 후 누수 발생의 가능성이 있는 세그먼트 이음줄눈에 코킹재를 충진하여 방수한다. 2열 실재 방수가 적용되는 세그먼트에는 생략할 수도 있다.

⑥ 볼트공 방수

볼트공 방수는 볼트구멍과 워셔 사이에 링 모양의 패킹을 삽입하여 체결 시 볼트구멍에서의 누수를 방지하며 재질은 주로 합성고무나 합성수지계가 사용된다.

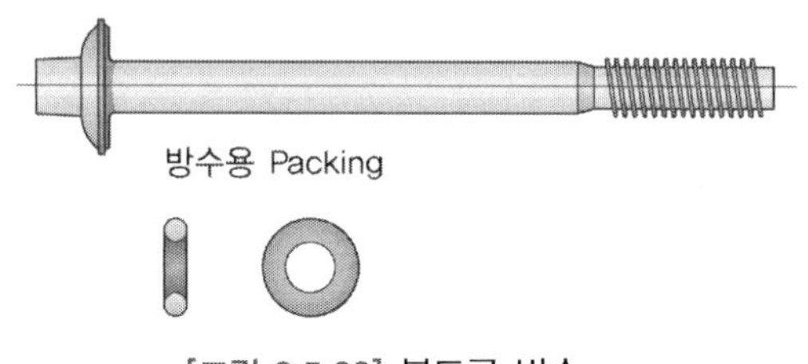

[그림 2.5.28] 볼트공 방수

⑦ 뒤채움 주입공 방수

뒤채움 주입공은 세그먼트를 관통한 상태이므로 누수를 방지하기 위하여 방수처리를 하여야 한다. 방수방법으로는 뒤채움 주입공 주변(공경의 5~6배)에 에폭시로 표면처리 후 주입공 내에 고무링이나 수팽창성 링을 설치하여 방수를 한다.

나. 국내 시방서 및 관련기준 현황 분석

[표 2.5.44] 세그먼트 방수(건설교통부 터널 시방서, 2023)

시방서 주요 항목	시방서 내용
세그먼트 라이닝의 시공	• 세그먼트 이음부의 방수재는 손상되지 않고 잘 밀착되도록 조립하여야 함 • 세그먼트 설치 시 이렉터를 이용하여 주위 세그먼트가 손상되지 않도록 조립하고, 필요시 진원유지장치 등을 이용하여 진원을 유지하도록 하여야 함 • 세그먼트 이음볼트는 세그먼트에 손상을 주지 않는 정해진 힘으로 체결 • 조립 중 세그먼트 균열 및 파손발생에 대비하여 보강 방법이 포함된 관리대책을 수립하여야 함

[표 2.5.45] 세그먼트 방수((사)한국터널공학회 터널설계기준, 2009)

설계기준 주요 항목	설계기준 내용
내공단면의 시공오차	• 지반 상태에 따른 허용 변위량, 지보 및 라이닝의 시공편차, 터널의 용도, 구조물의 특성, 방재 및 구난설계 등을 고려하여 합리적으로 결정하여야 함
방수설계	• 세그먼트 간의 이음부, 뒤채움 주입구 등에 방수설계를 하여야 함 • 방수는 실(seal), 코킹, 볼트 등이 있으며, 사용 목적과 현장 여건에 부합하도록 한 가지 또는 여러 가지의 방법을 조합하여 설계 • 실(seal)재는 합성고무계, 복합고무계, 수팽창 고무계 등이 있으며, 현장 조건을 고려하여 수밀성, 내구성, 압착성, 복원성, 시공성 등이 우수한 재료를 선택하여 설계하여야 함

[표 2.5.46] 세그먼트 방수 분석결과

관련 시방항목 및 설계기준 분석결과	대책 및 개선방안
• 시공오차에 대한 정량적 기준치 미선정 • 세그먼트 조립 시 파손 및 시공오차 등과 관련하여 정량적인 방법 제시가 아닌 일반적인 관리대책 수립을 요구하고 있음 • 세그먼트 조립 시 파손 또는 시공오차에 의한 누수와 관련한 시방 및 설계기준은 없음	• 정밀한 세그먼트 시공관리를 위하여 세그먼트 시공오차 관리 기준치 선정 • 시공 중 하자발생 요인 분석으로 개선방안 도출 ① 세그먼트 조립 중 파손 방지 ② 최적 지수재 배열 등 • 공장 제작 후 운반 및 시공 중 파손 최소화 대책 수립 필요

다. 현황 및 실태

- 쉴드 터널은 상시 수압을 받는 비배수 개념임에 따라 기존 시공완료 후 누수발생 시 보수가 어렵고, 세그먼트 유지관리에 추가 비용이 발생한다.
- 세그먼트 시공관리는 콘크리트 품질확보를 위한 파손 또는 균열 방지와 함께 세그먼트이음부, 볼트공에서의 누수발생으로 나눌 수 있는데, 시공 중 추진잭 추력, 운반중 우각부 등의 파손, 이렉터에 의한 파손, 콘크리트 균열 등과 세그먼트 시공오차, 볼트구멍 등에서 누수발생으로 나눌 수 있다.
- 쉴드 TBM은 현장타설에 의하여 라이닝을 설치하는 NATM에 비하여 콘크리트 결함이 적게 발생되는 구조물 형식이며, 쉴드 TBM의 대부분의 운용 시 결함은 누수 및 누수에 따른 백태로 조사됨에 따라 누수원인 제어가 매우 중요한 항목이다.

[표 2.5.47] 세그먼트 누수원인

세그먼트 시공오차	볼트구멍 발생	세그먼트 주입공 파손	세그먼트 교차부 파손
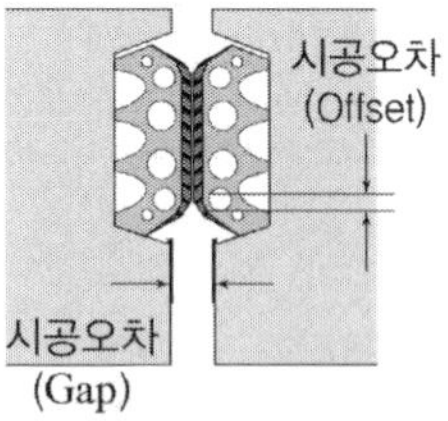 시공오차 (Offset) 시공오차 (Gap)	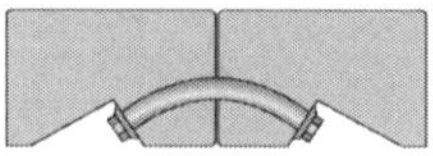	 세그먼트 파손 발생	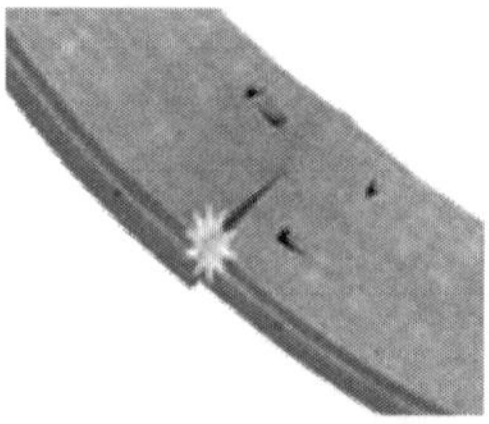
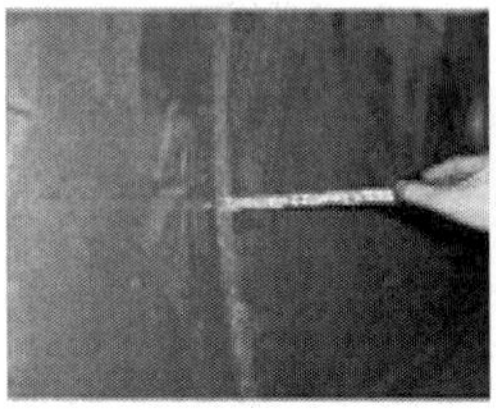	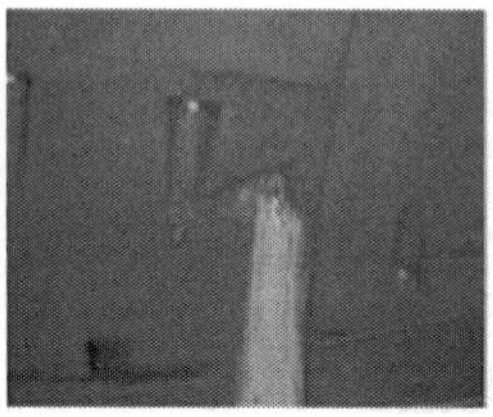		
• 조립 시 세그먼트 간 벌어짐 발생	• 볼트 체결력 저하 및 이음볼트공 손상	• 이렉터 조작 시 콘크리트와 주입공 사이 파손 발생	• 세그먼트 조립과정 우각부 파손 발생

[표 2.5.48] 서울지하철 9호선 세그먼트 실태 조사 현황(2013.12)

세그먼트 연결부 균열	누수	파손 및 철근노출	백태

라. 개선사항

1) 세그먼트 시공오차 관리

① 매 링마다 정밀자를 활용 단차를 정밀하게 측정, 정밀도를 높여 시공(단차 기준치 : 5mm 이하로 관리)

② 매 링마다 검측 확인관리

2) 세그먼트 규모에 맞는 적정 지수재 및 지수구 규격 선정

① 체적 : 지수재 체적은 지수구 체적의 85~100%

② 압축률 : 40% 이하(간극기준 : 0mm)
(수팽창 지수재의 일반적인 소성변형률 50%를 고려)

③ 지수재 두께의 결정

$$\frac{T-A}{T}\times 100 \leq 40\% \quad (T : \text{지수재 두께}, A : \text{지수구 깊이})$$

④ 지수재와 지수구의 체적비

V_1(수팽창 지수재 체적) = 0.85~1.0 V_2 (지수구 체적)

⑤ 지수재의 중첩길이(Gap) : 2.0mm 이하

(지수재 양쪽의 중첩길이로 편측의 중첩길이(Gap)는 1mm 적용)

[표 2.5.49] 검토내용 및 검토결과(중심하부 삽입 일체형 수팽창 지수재 적용 조건)

	체적비	압축률	지수재 두께	지수구 깊이	지수구 단변길이 (L1)	지수구 장변길이 (L2)
검토내용	1.0	25 %	4.0 mm	3.0mm	23.66667mm	29.66667mm
		30 %		2.8mm	25.77143mm	31.37143mm
		40 %		2.4mm	30.93333mm	35.73333mm
	0.9	25 %		3.0mm	26.62963mm	32.62963mm
		30 %		2.8mm	28.94603mm	34.54603mm
		40 %		2.4mm	34.63704mm	39.43704mm
검토결과	* 지수재 및 지수구 적용규격 : 체적비 0.9, 압축률 25% 적용 * 수팽창 지수재 규격 : B(20mm) × T(4mm) * 재료특성 : 비팽창부와 팽창부가 조합된 복합형 수팽창 지수재 * 지수재 과팽창 억제에 유리한 비팽창부 형상 적용(중심하부 삽입 일체형) * 지수구 규격 : L_1(단변길이) = 27mm, L_2(장변길이) = 33mm					

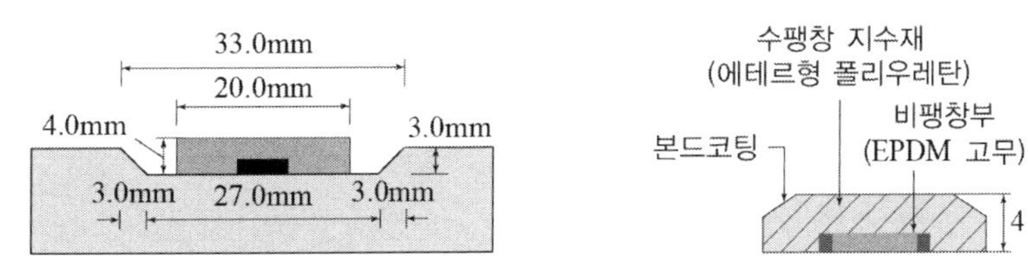

[그림 2.5.29] 선정된 수팽창 지수재 규격(서울지하철 919공구)

3) 지수재 연결방법 및 세그먼트 결합방식 개선

① 세그먼트 조립 시 지수재 이탈방지를 위한 연결방식 및 위치 개선

- 연결방법 : 경사절단하여 사선으로 부착, 접착면적 증가(맞대기 이음 지양)
- 연결위치 : 진행방향면에서 연결 원칙(압축을 받는 면)

[그림 2.5.30] 세그먼트 조립 중 지수재 이탈

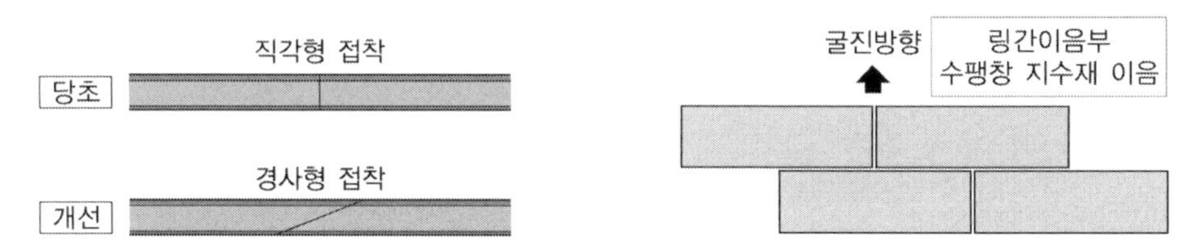

[그림 2.5.31] 지수재 연결방법 및 위치 개선

[표 2.5.50] 지수재 및 세그먼트 결합방식 개선(계속)

구분	프라이머 도포 + 본드 결합형	본드 결합형
공법 특성	• 지수재의 접착력 증대를 위해 프라이머 도포 후에 지수구에 접착제를 도포하여 지수재를 설치	• 일반적인 지수재 설치방법으로 지수구에 접착제를 도포한 후 지수재를 설치
공법 개요도		
장점	• 프라이머는 지수구에 붙어 있는 이물질을 제거하는 청소 효과 • 프라이머를 도포하면 세그먼트의 표면을 코팅하는 효과로 지수재의 접착력을 증대	• 시간과 노무비를 절약하여 시공비 감소

[표 2.5.50] 지수재 및 세그먼트 결합방식 개선

구분	프라이머 도포 + 본드 결합형	본드 결합형
단점	• 이중 작업으로 도포시간과 노무비 증가로 시공비 상승	• 세그먼트의 지수구를 청소하지 않고 접착제를 사용하면 접착력이 감소하여 세그먼트 조립 시 지수재의 탈락이 우려됨
검토결과	• 본드결합형은 상대적으로 가격은 저렴하나 시공 중 세그먼트 조립 시 지수재의 탈락으로 누수가 발생할 우려가 있어 안정성 저하가 우려됨 • 따라서 지수재의 접착력을 증대시켜 안정성이 우수한 프라이머 도포 + 본드결합형을 적용하는 것을 선정	

4) 연결볼트 누수 방지

[표 2.5.51] 세그먼트 O-ring 변형방지 와셔 규격 변경

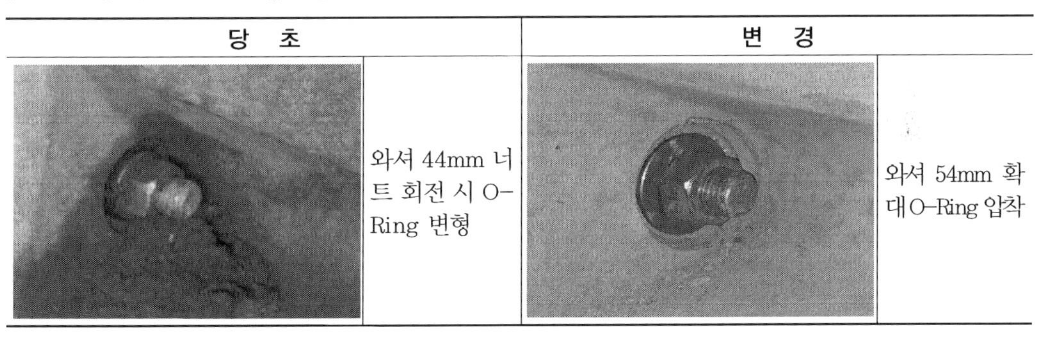

당 초		변 경	
	와셔 44mm 너트 회전 시 O-Ring 변형		와셔 54mm 확대 O-Ring 압착

[표 2.5.52] 세그먼트 변형 방지를 위한 볼트 체결력 관리

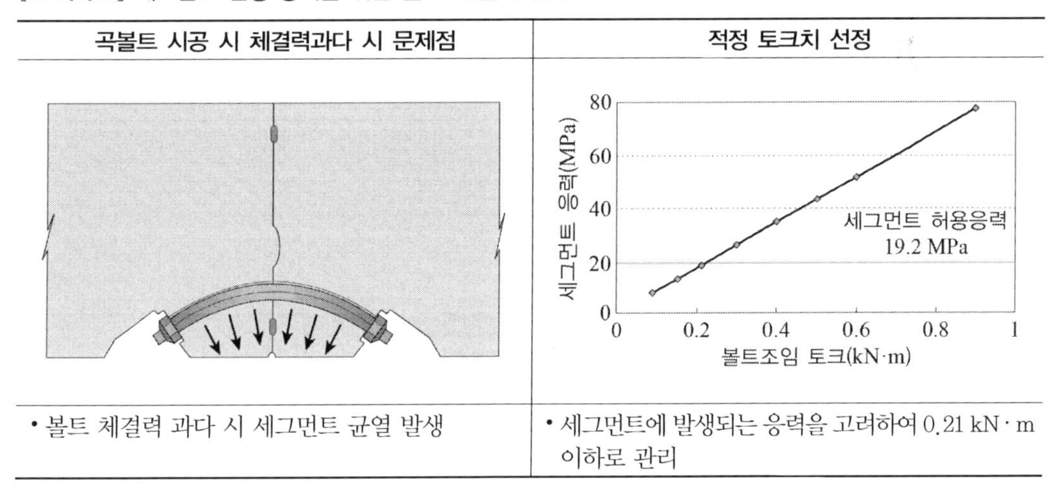

곡볼트 시공 시 체결력과다 시 문제점	적정 토크치 선정
• 볼트 체결력 과다 시 세그먼트 균열 발생	• 세그먼트에 발생되는 응력을 고려하여 0.21 kN · m 이하로 관리

[표 2.5.53] 수팽창 지수재 설치 품질관리 강화
(3중설치 : 상단 2개는 필수로 설치하며, 하단 1개는 설계자 의도에 따라 적용)

구분	3중설치	2중설치
개요도	수팽창 지수재 외측 2열배치 곡볼트 내측설치 300.0 190.0 110.0 수팽창 지수재 내측 1열배치	곡볼트 중앙연결 300.0 150.0 150.0 수팽창 지수재 상하 2열배치
장단점	• 3열 배치로 세그먼트 방수성능 개선 • 모멘트 방향에 따라 단면력 저하 • 지수재 2열 외측 및 1열 내측 배치로 볼트 조립 보통 • 잭추력 시 단면 비대칭 → 포켓부 취약(편심 작용)	• 세그먼트 방수성능 보통 • 곡볼트 중간배치로 정·부 모멘트에 대해 안정 • 볼트 조립 용이로 시공성 양호 • 잭추력 시 단면대칭 → 포켓부 양호
설계 반영	• 세그먼트 이음부에서 누수 발생은 수팽창 지수재의 기능상실을 의미하며, 이 경우 곡볼트 내측에 설치되는 수팽창 지수재의 역할은 미미함 → 이를 고려하여 경제성 확보를 위하여 곡볼트 외곽부로 2열배치가 합리적임	

5) 세그먼트 모서리부 파손 및 손상 방지대책 수립

① 세그먼트 모서리 파손방지를 위하여 완충재에 의한 방지대책 수립

[표 2.5.54] 모서리 파손방지 대책별 특성 및 검토결과(계속)

구분	미보강	완충재	Corner Seal
개요도			
특성	• 세그먼트 내측 콘크리트 접촉면에 별도의 보강재(보호재)를 부착하지 않고 세그먼트를 조립	• 세그먼트 조립 시 내측의 세그먼트 파손방지를 위해 완충재를 부착하여 조립 품질 개선	• 세그먼트 코너부의 보호 및 지수성능 보강을 위해 지수재 코너부에 코너 실의 부착 등을 통한 품질 개선
장점	• 세그먼트 콘크리트 면접촉 부위에 대한 별도의 보강을 실시하지 않으므로 경제성 측면에서 가장 유리 • 현재 한국전력공사 세그먼트 설계, 시공 시 별도의 모서리부 보강을 반영하지 않음	• 세그먼트 조립과정에서 빈번히 발생하는 세그먼트 콘크리트 충돌에 의한 파손을 최소화 • 세그먼트 적재, 이송 중 충격에 의한 세그먼트 코너부 파손을 방지	• 지수재를 부착한 세그먼트를 조립 시 가장 취약한 부분인 T형 접촉부(코너부)에 누수를 방지를 목적으로 코너 실을 부착 • 비교적 넓은 면적의 코너 실로 파손방지 효과 큼

[표 2.5.54] 모서리 파손방지 대책별 특성 및 검토결과

<table>
<tr><th>구분</th><th>미보강</th><th>완충재</th><th>Corner Seal</th></tr>
<tr><td>단점</td><td>• 세그먼트 적재, 이송, 조립 과정에서 발생하는 콘크리트 접촉면 충돌 등에 의한 약화 및 국부적 파손 우려</td><td>• 경제성 측면에서 가장 불리</td><td>• 설치의 1차 목적이 코너부의 방수성능 향상을 위한 것으로 콘크리트 접촉면 안정성 확보에는 다소 부족</td></tr>
<tr><td>경제성</td><td>-</td><td>24,000원/Ring</td><td>20,000원/Ring</td></tr>
<tr><td>검토결과</td><td colspan="3">경제성 측면에서는 다소 불리하나 세그먼트 내측 콘크리트 접촉면 전체에 대한 보강으로 세그먼트의 국부적인 파손방지 측면에서 가장 유리하므로 완충재 적용방식이 유리
<table>
<tr><th>구분</th><th>미보강</th><th>완충재</th><th>Corner Seal</th></tr>
<tr><td>안정성</td><td>×</td><td>·</td><td>×</td></tr>
<tr><td>방수성능</td><td>×</td><td>·</td><td>·</td></tr>
<tr><td>조립성능</td><td>×</td><td>·</td><td>·</td></tr>
<tr><td>경 제 성</td><td>·</td><td>×</td><td>×</td></tr>
</table></td></tr>
</table>

② 세그먼트 손상방지를 위하여 추진잭에 완충제(패드) 설치

마. 향후 개선사항

[표 2.5.55] 현 지하철 9호선 시방기준에 의한 수팽창 지수재의 시험방법 및 시험값

시험항목	시험값		시험방법
	수팽창 고무부	비팽창 고무부	
경도(Hs)	33~55	60 이상	KS M 6518
인장강도(kg/cm^2)	25 이상	100 이상	KS M 6518
신장률(%)	500 이상	350이상	KS M 6518
수팽창성(%)	300~500	-	KS M 6518

1) 문제점

- 1996년부터 사용되어오던 가황고무에 대한 시험법(KS M 6518-96) 적용
- 신장률과 팽창률 용어혼용에 따른 기준의 혼란

2) 개선사항

- 콘크리트 구조물의 연결부에 사용되는 고무소재에 팽창재를 혼합하여 제조되는 수팽창 고무 지수재에 대한 규정으로 수정
- 한국산업표준(KS M 6793)은 KS M 6789(가황고무의 침지 시험방법)의 반복시험을 통하여

최대 부피변화율을 측정하여 소요의 내구성능을 확보하도록 하고 있으나, 일본공업규격(JIS K 6301)에서는 세그먼트 특성을 고려하여 한 압축-개방 반복틈새 지수성 시험, 습윤-건조 반복 후의 지수성 시험, 장기 지수성 시험, 소금물에서 팽창성 시험을 통하여 지수성과 내구성, 염수 팽창성을 확보하도록 하고 있어 자체 기준수립 필요

- 세그먼트에 사용되는 수팽창 지수재의 시방규정으로서 비팽창부에 대한 기준, 쉴드 TBM의 시공조건 등을 고려한 시험항목 및 성능요건에 대한 연구를 통하여 정립 필요

2.5.9 계측관리

가. 개요

계측의 목적은 터널의 굴착에 따른 지반 및 주변 구조물의 거동을 파악하고 세그먼트의 효과를 확인하여 터널공사에 따른 주변 시설물이나 터널 자체의 안정성 및 경제성을 확보하는 데 있다.

터널 계측은 크게 터널 내 계측 및 터널외 계측으로 다음과 같이 분류되며, 각각의 계측항목 선정 시에는 계측의 목적, 터널의 용도, 형태, 지반조건, 지하수조건, 외부 작용하중과 주변환경 여건을 고려하여 선정하여야 한다.

- 터널 내 계측 : 일상적인 시공관리상 반드시 실시해야 할 항목으로서 전단면 내공 변위 측정, 세그먼트라이닝 응력측정, 세그먼트 이음부 변위측정, 굴착 중 막장압 측정, 선형오차 분석 등
- 터널 외 계측 : 지반조건에 따라 터널 내 계측에 추가하여 선정하는 항목으로서, 지반침하 측정, 지중침하 측정, 지중경사 측정, 지하수위 측정, 건물기울기 측정, 균열 측정 등

[표 2.5.56] 주요구간 계측단면 예(서울지하철 919호선)(계속)

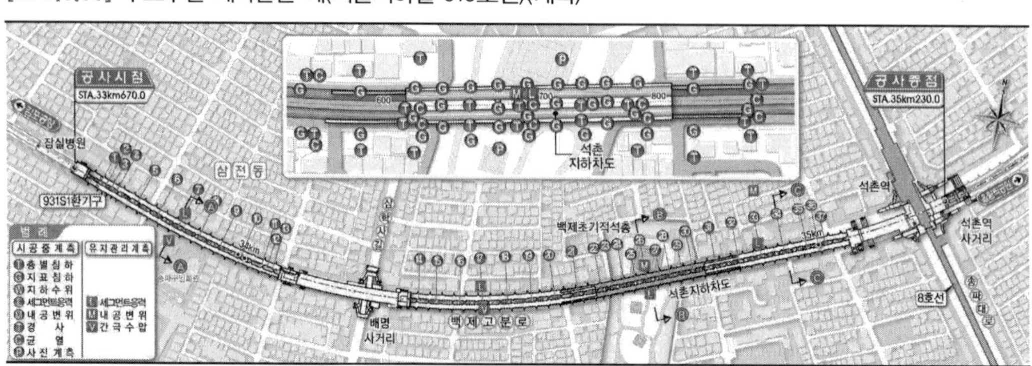

[표 2.5.56] 주요구간 계측단면 예(서울지하철 919호선)

석촌지하차도 통과구간	삼전동 주민센터	잠실 한솔아파트 인근

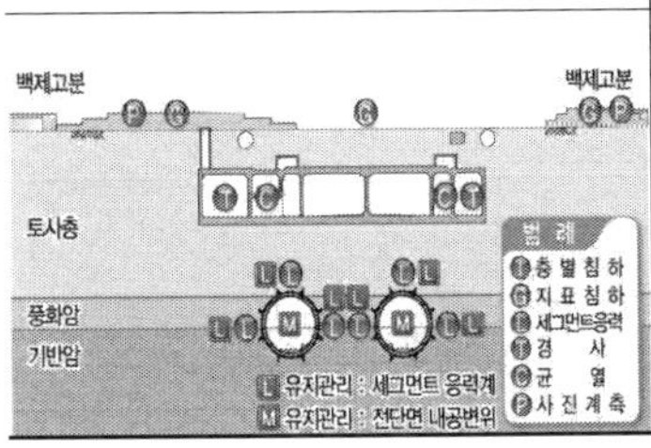

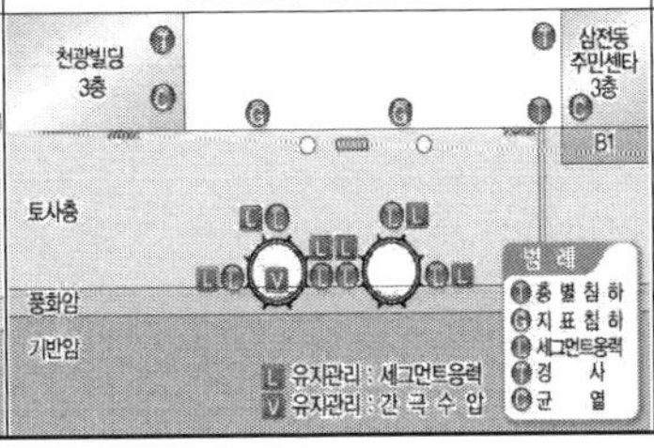

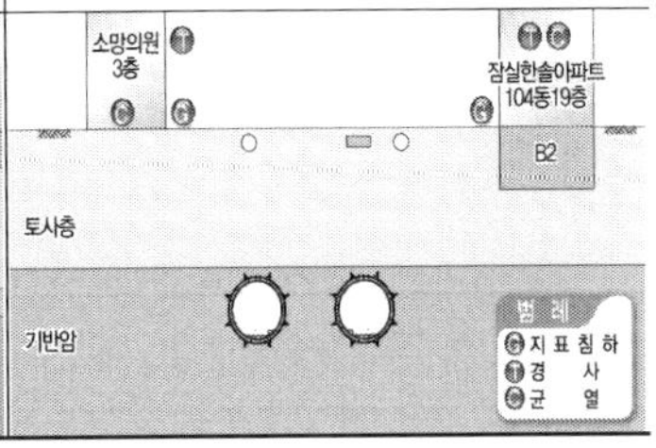

나. 국내 시방서 및 관련기준 현황분석

1) 터널 시방서(건설교통부 터널 시방서, 2023)

- NATM 터널을 대상으로 한 계측사항으로 작성

2) 터널설계 기준((사)한국터널지하공학회 터널설계기준, 2009)

- NATM 터널을 대상으로 한 계측사항으로 작성

[표 2.5.57] 주요구간 계측항목(터널설계기준((사)한국터널지하공간학회))

일상계측	정밀계측	유지관리 계측
터널 내 관찰조사 내공변위 측정 천단침하 측정 지표침하 측정 록볼트 인발시험	지중변위 측정 록볼트 축력측정 숏크리트 및 콘크리트 라이닝 응력 측정 지중침하 측정 터널내 탄성파 속도 측정 강지보재 응력측정 지반의 팽창성 측정 지중수평변위 측정 지반진동 측정	1) 일반관리 계측 - 갱내 관찰조사 - 라이닝 변형측정 - 용수량 측정 2) 대표단면 계측 - 토압측정 - 간극수압 측정 - 콘크리트 라이닝 응력 측정 - 지하수위 측정

[표 2.5.58] 주요구간 계측항목 분석결과

관련 시방항목 및 설계기준 분석결과	대책 및 개선방안
NATM 터널 및 쉴드 TBM을 총괄한 내용으로 작성	- NATM터널의 경우 A계측 및 B계측으로 분류된 계측항목에 대하여 터널지반조건에 따른 설치기준이 제시되어 있음 - 쉴드 TBM 터널의 경우 계측기 설치기준이 미제시되어 있는 상황 - 해외기준에서도 계측기 항목별 설치기준은 미제시되고 있는 바, - 쉴드 TBM 터널 구간의 구간별 지층조건 및 주요 지장물 현황에 따라 계측기 설치 간격 및 관리기준 설정 필요

다. 현황 및 실태

지하철 건설계측관리 요령(안)(2003. 12)은 NATM터널을 대상으로 선정한 내용으로 쉴드 TBM의 경우 계측항목별 시공 중 관리 기준이 없어 현장마다 관리기준을 별도 산정함에 따라 현장별로 상이하다.

쉴드 TBM 터널을 대상으로 하는 계측항목별 설치간격 및 항목에 대한 기준이 없다.

라. 개선사항

1) 쉴드 TBM구간 계측 항목별 관리 기준

[표 2.5.59] 해외 관련 기준(일본 지반공학회 쉴드 공법)

등급	관리기준	단계	대책
I	5mm 이내	평상	공사진행
II	10mm 이내	주의	막장압, 굴착정보 체크
III	10mm 이상	긴급	공사 중지, 추가 보강방안 수립 필요여부 평가

[표 2.5.60] 국내 계측 항목별 관리기준 선정(갱외 계측항목별 관리기준)

구분	관리기준			비 고
	1차(경계치)	2차(주의)	3차(위험)	
지중경사계	1/500	1/300	1/200	지하철건설본부 계측관리요령(안) 표준시방서(2003. 12)
지하수위계	0.5m/day 미만	0.5~1.0m/day	1.0m/day 이상	–
지표침하계	15mm (5mm)	20mm (10mm 이내)	25mm (10mm 이상)	일본 지표침하 기준 적용
건물경사계	1/750	1/500	1/300	구조물에 대한 변위한계 (Bjerrum, 1963)
균열측정계	0.2mm	0.38mm	0.5mm	지하철건설본부 계측관리요령(안) 표준시방서(2003. 12)
지중침하 및 변위계	• 지중 매설물로 인하여 터널 굴진이 지표에 미치는 직접적인 영향을 파악하기 어려우므로 이를 보완하기 위해 설치 • 지중 침하량은 토피고 및 지층조건별로 상이하므로 지중침하계 위치별로 관리기준치 별도 산정			

2) 계측관리 단계별 대응방안

① 계측치 값에 따른 대응체계

- 1차(경계치) : 공사관리를 위한 목표치

- 2차(주의) : 주변 구조물에 영향을 미칠 수 있으므로 대비 의미
- 3차(위험) : 구조물 및 주변 구조물의 위험에 대비한 경고

[표 2.5.61] 계측치 값에 따른 대응체계

관리체계	절대치 관리기준	계측관리체계	시공관리 및 대책
평상시	계측치 ≤ 제1관리치	정상계측 및 보고	-
제1단계	제1관리치 < 계측치 ≤ 제2관리치	보고 계측기 점검 및 재측정 요인분석[1]	현장상황의 점검 강화
제2단계	제2관리치 < 계측치 ≤ 제3관리치	계측체계 강화(계측 빈도 증가) 요인분석[1] 관리기준치 검토 해당구간 계측기 증가	현장상황의 점검 강화 굴착 정지
제3단계	계측치 > 제3관리치	계측체계 강화 요인분석 관리기준치 검토 해당구간 계측기 증가 보강방안 수립	현장상황의 점검 강화 굴착 정지 지반보강 그라우팅 (갱내 선진 또는 지상보강)

1) 요인 분석 항목 : 막장압 변화, 커터토오크, 총추력, 배토량, 뒤채움 주입량 등

3) 쉴드 TBM구간 계측 항목별 설치간격 설정

지하철 건설 계측관리요령(안) 내용 중, 개착구간 계측기 설치간격의 2배 조건으로 다음과 같이 산정한다.

[표 2.5.62] 개착구간 계측기 설치간격(지하철 건설 계측관리요령(안))

구분	경사계	지표 침하계	건물 경사계	변형률계 /하중계	지하 수위계	건물 균열계	층별 침하계
설치간격	30~50	30~50m	★	30~50m	30~50m	★	★ 연약지반구간

[표 2.5.63] 쉴드 TBM 터널 구간 계측기 설치간격 선정

구분	지표 침하계	지하 수위계	지중 경사계	건물경사계	건물균열계	지중침하계
설치간격	60~100m	60~100m	60~100m	★	★	★

★ : 현장여건에 따라 적용

※ 지반조건, 주요 구조물 등의 주변현황을 충분히 고려하여 설계자가 조정하고 실제 적용 시 현장 여건상 취약부 및 불안정 요인이 많은 단면을 고려하여 간격을 조정함

4) 계측 간격 및 빈도 선정

계측간격은 서울지하철 9호선에서 제시하고 있는 계획으로 하되, 발생변위 또는 응력조건에 따라 조정한다.

[표 2.5.64] 쉴드 TBM 구간 계측간격

구분	계측항목	측 정 빈 도			비 고		
		0~15일 (0~7일)	15~35일 (8~14일)	30일~ (15일~)	변위 속도	막장 거리	빈도
터널내 계측	내공변위	1~2회/일	2회/주	1회/주	5~3mm/일	1~2D	1회/일
	전단면내공변위	1회/일	1회/주	1회/2주	-		
	세그먼트응력	1회/일	1회/주	1회/2주			
	이음부변위	1회/일	1회/주	1회/2주			
터널외 계측	지표침하	1~2회/일	2회/주	1회/주	1mm 이하/일		
	지중침하	1회/일	1회/주	1회/2주	-		
	지중경사	1회/일	1회/주	1회/2주			
	건물경사	1회/일	1회/주	1회/2주			
	균열측정	1회/일	1회/주	1회/2주			
	지하수위	1회/일	1회/주	1회/2주			

제3장
근접시공

제3장 근접시공

3.1 개요

기존 구조물 근접시공 시 유해한 영향을 주지 않고 쉴드 터널 공사를 실시하기 위해서는 그림 3.1.1과 같이 조사, 사전 검토 및 현장 계측 관리까지 일관된 노력이 필요하다.

우선, 조사 결과를 바탕으로 현장 조건을 정리하고 소정의 기준을 참고로 근접 정도의 판정을 한다. 판정 결과로부터 영향 검토 및 계측 관리가 필요하다고 판단된 경우에는 주어진 현장 조건에서 어떤 현상이 발생할지를 정확하게 파악하고 그 현황에 맞는 모델을 통해 지반 변위와 근접 구조물에 미치는 영향을 예측한다. 분석 결과 근접 구조물의 허용치를 초과하는 경우에는 보호 및 보강대책을 검토해야 한다.

이후로 분석 결과를 토대로 관리 기준을 선정하고 실제 시공 시 현장 계측을 수행하여 기설 구조물에 미치는 영향을 모니터링한다.

이러한 흐름에 따라 근접 시공관리를 수행하기 위해서는 아래 항목에 대하여 파악하여야 한다.

① 쉴드 굴진에 따른 주변 지반의 변형 상태와 원인. 피해 유무와의 관계. 지반 상황의 변화가 근접 구조물의 지지상태에 미치는 영향 정도

② 쉴드 굴진에 의한 지반 변위 예측에 대한 분석 방법, 근접 구조물에 미치는 영향 예측 분석 모델

③ 지반 변위 감소 및 기설 구조물에 미치는 영향 방지 대책의 선정. 현장 조건에 따른 대책 선정 방법

④ 계측 관리 시스템과 주요 계측 항목 및 측정 방법. 측정 결과의 시공관리에 대한 피드백 방법

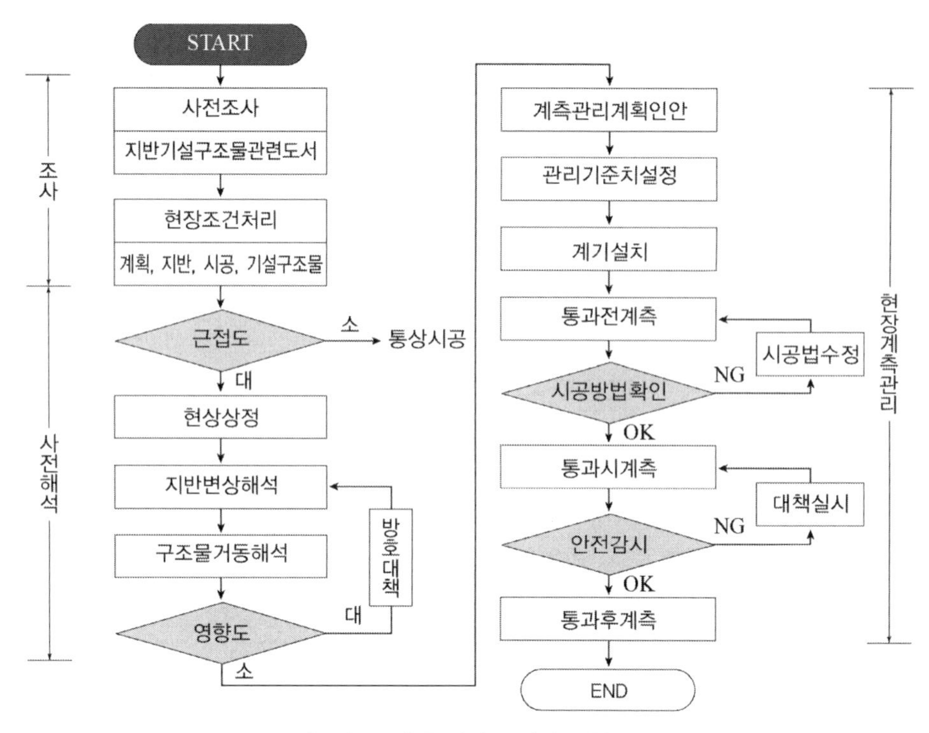

[그림 3.1.1] 근접시공 관리 흐름도

3.2 지반변위 발생 메커니즘과 영향 범위

3.2.1 지반변위 발생 메커니즘

가. 지반변위 발생 영향 요인

쉴드 굴진에 따른 지반 변위의 발생원인은 다음과 같다.

1) 막장면에서의 토압/수압 불균형

토압식 쉴드나 이수식 쉴드는 굴진량과 배토량에 차이가 생기는 등의 원인으로 막장토압, 수압과 챔버압에 불균형이 발생하면 굴착이 평형을 잃고 지반 변위가 발생한다.

막장토압 및 수압에 비해 챔버압이 작은 경우는 지반 침하, 큰 경우는 지반 융기가 발생한다. 이 현상은 막장의 지반 응력 해방 또는 추가적인 압력 등에 의한 탄소성 변형에 의해 발생한다.

2) 굴진 시 지반의 교란

쉴드 굴진 중 쉴드 스킨 플레이트와 지반과의 마찰이나 지반의 교란에 의해 지반 융기나 침하가 발생한다. 특히 사행수정, 곡선 굴진에 따른 여굴 등이 지반이완의 원인이 된다.

3) 테일 보이드와 불충분한 뒤채움 주입

테일 보이드의 발생으로 스킨 플레이트로 지지되어 있던 지반은 테일 보이드에 의해 변형되고, 지반침하가 발생하며, 이는 응력 해방에 의한 탄소성 변형이다. 지반 침하의 대소는 뒤채움 주입재의 재질 및 주입 시기, 위치, 압력, 양 등에 좌우된다. 또, 점성토 지반의 과대한 뒤채움 주입압력은 일시적인 지반 융기의 원인이 된다.

4) 일차 복공의 변형 및 변위

이음 볼트의 조임이 불충분하면 세그먼트 링의 변형이 쉬워진다. 그러면 테일 보이드의 증대나 테일 탈출 후 작용하는 압력 불균형이 발생하여 복공이 변형 또는 변위가 발생하고 지반 침하가 증가하는 원인이 된다.

5) 지하수위 저하

막장에서 용수나 일차 복공에서 누수가 발생하면 지하수위가 저하되어 지반 침하의 원인이 된다. 이 현상은 지반의 유효 응력이 증가한 것에 의한 압밀 침하이다.

쉴드 굴진에 따른 지반 변위의 시간 경과에 따른 변화는 완만한 경향의 침하를 보인 후 최종치에 이르는 경우는 적고, 침하도중 급격히 침하하는 구간이 존재하는 경우가 대부분이다.

쉴드 굴진 위치별 침하원인을 보면 그림 3.2.1과 같이 5단계로 분류할 수 있다. 이러한 각 단계의 변위는 표 3.2.1과 같이 직접 원인이 다르고, 그 발생 메커니즘도 다르다.

이 중 ①, ②는 쉴드 통과 전, ③은 통과 중 ④, ⑤ 통과 후에 생기는 지반 변위이다. 이러한 지반 변위는 항상 발생하는 것은 아니고, 적당한 쉴드 형식을 선정하고 좋은 시공을 함으로써 최소화 할 수 있다.

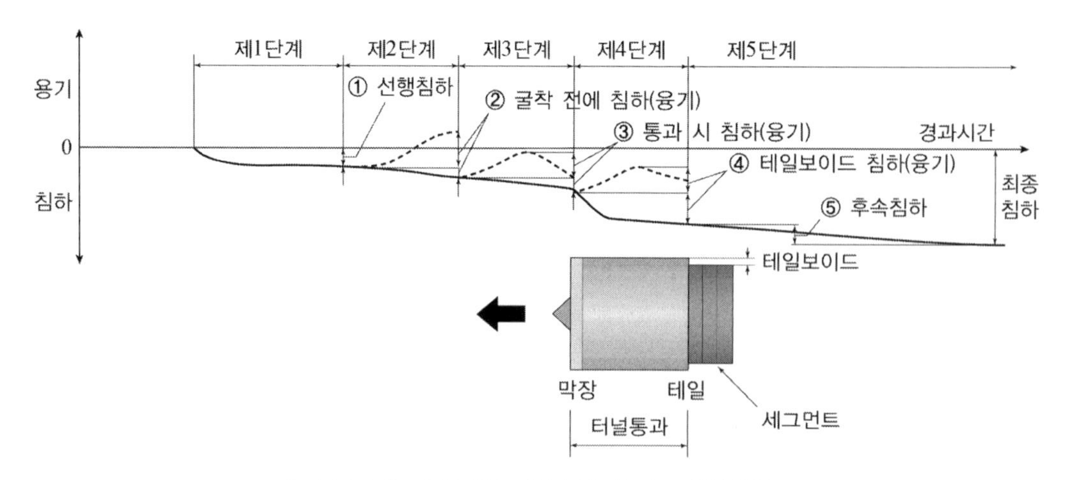

[그림 3.2.1] 쉴드 TBM 터널 굴착에 따른 침하원인

① 선행 침하

쉴드막장 전방에서 발생하는 침하로 사질토의 경우 지하수위 저하에 의해 발생한다.

② 굴착 전에 침하(융기)

쉴드가 막장에 도달하기 직전에 발생하는 침하 또는 융기이며 막장의 토압/수압의 불균형이 원인이다.

③ 통과 시 침하(융기)

쉴드가 통과 할 때 발생하는 침하 또는 융기이며 쉴드 외주면과 지반과의 마찰이나 여굴에 따른 교란, 삼차원적인 지지효과가 억제되어 응력 해방에 의한 것이 주된 원인이다.

④ 테일 보이드 침하(융기)

쉴드 테일이 통과 한 직후에 생기는 침하 또는 융기이며 테일 보이드가 발생하여 응력 해방이나 과대한 뒤채움 주입압 등으로 인해 발생하며, 지반 침하의 대부분이 테일 보이드 침하이다.

⑤ 후속 침하

연약 점성토의 경우에서 볼 수 있는 침하 또는 융기이며 주로 쉴드 굴진에 의한 전체적인 지반의 이완이나 교란, 과도한 뒤채움 주입 등에서 기인한다.

[표 3.2.1] 침하 항목별 주요 원인(계속)

지반변위 패턴	발생위치 및 시기	직접 원인 및 발생기구	밀폐형 쉴드 TBM에서의 발생상황
① 선행침하	쉴드 TBM 막장 전방에서 발생	• 토피가 원인이나, 막장면에서 터널 종단방향의 활동범위 전방에서 영향이 나타나는 요인으로는 지하수위 변화인 경우가 많다.	• 막장면에서 지하수압이 유지되기 때문에 선행침하는 거의 문제가 되지 않는다.
② 막장 전 침하(융기)	쉴드 TBM 막장 도달 직전 발생	• 침하는 막장면에서의 토사 유입 과다(막장면 주동상태) • 융기는 막장면에서의 과다 압입(막장면 수동상태) • 모두 응력해방 혹은 부가토압에 의한 탄소성 변형이다.	• 막장면에서 설정토압이 적정하며, 이수식에서는 이수·수압 관리, 토압식에서는 챔버내 토압관리가 적절하면 막장 전 침하(융기)는 적다.
③ 통과 시 침하(융기)	쉴드 TBM이 통과할 때 발생	• 쉴드 TBM 외주면과 지반과의 마찰저항에 의한 터널 종단방향 전단변형 • 계획대로 굴진하기 위한 쉴드 TBM 자세제어, 카피커터에 의한 여굴, 카피커터에 의한 굴착반력에 의해 쉴드 TBM이 주변 지반에 미치며, 이때 발생하는 지반 활동도 침하원인이라고 볼 수 있다.	• 밀폐형 쉴드 TBM의 중심은 레이아웃상 커터 부근이며, 추진력 작용점은 중심보다 후방이 되는 경우가 많다. 이와 같이 가장 무거운 부분의 쉴드 TBM을 중심위치보다 후방에 있는 잭으로 자세제어하면서 계획 선형을 굴진하게 된다. • 이때 지반이 연약 점성토 지반과 같이 쉴드 TBM 중심에 대해 지지력을 기대할 수 없으면 자세제어에 의한 쉴드 TBM 이동량도 커져 이 부분의 침하(융기)가 상대적으로 커지는 경우가 있다. • 반대로 지반이 경질인 경우에는 카피커터에 의한 여굴의 도움을 빌리지 않으면 자세 제어가 곤란한 경우도 있어 이때에도 침하(융기)가 상대적으로 커지는 경우가 있다.
④ 테일 보이드 침하(융기)	쉴드 TBM 테일 통과 직후 발생	• 테일 보이드 발생이나 그것을 억제하는 뒤채움 주입에 기인한다. 응력해방 혹은 부가토압에 의한 탄소성 변형이다. • 실제 계측사례나 모델실험을 통해 고찰하면 테일 보이드에 의한 지반변형은 터널 종단방향에도 영향을 미치며, 쉴드 TBM 테일 통과 직전부터 영향이 나타난다.	• 뒤채움 주입에 대해 동시주입이나 가소성 주입재료의 등장에 의해 테일 보이드 침하는 작아지는 경향이다. • 과도한 뒤채움 주입에 의해 융기를 발생시키면 지반이 활동하여 최종 침하가 커질 가능성이 있다.

[표 3.2.1] 침하 항목별 주요 원인

지반변위 패턴	발생위치 및 시기	직접 원인 및 발생기구	밀폐형 쉴드 TBM에서의 발생상황
⑤ 후속침하	주입완료 이후, 계속적으로 발생	• 후속침하원인은 해명되었다고 말하기 어려우나 일반적으로 쉴드 TBM 굴진에 의한 이완, 활동에 의한 압밀침하라고 볼 수 있다. • 지반이완이나 활동 등은 해석상 전단변형이나 평균 주응력의 증가에 의해 발생하는 과잉간극수압의 발생으로 취급한다. • 과잉간극수압의 발생요인으로는 막장전방~테일 보이드 간에서 지반의 작용과 반작용, 뒤채움 주입과 지반의 작용과 반작용이라고 볼 수 있다.	• 연약 점성토 지반인 경우에는 후속침하가 확인되는 경우가 있으나. 사질토 지반이나 과압밀 경질 점성토 지반에서는 거의 나타나지 않는다.

나. 지반변위 영향 범위

쉴드 굴진에 의해 발생하는 지반 변위 및 추가되는 토압의 영향이 주변 지반의 어느 범위까지 이르는 것인지를 파악하는 것은 근접 구조물을 보호하는 데 매우 중요하다.

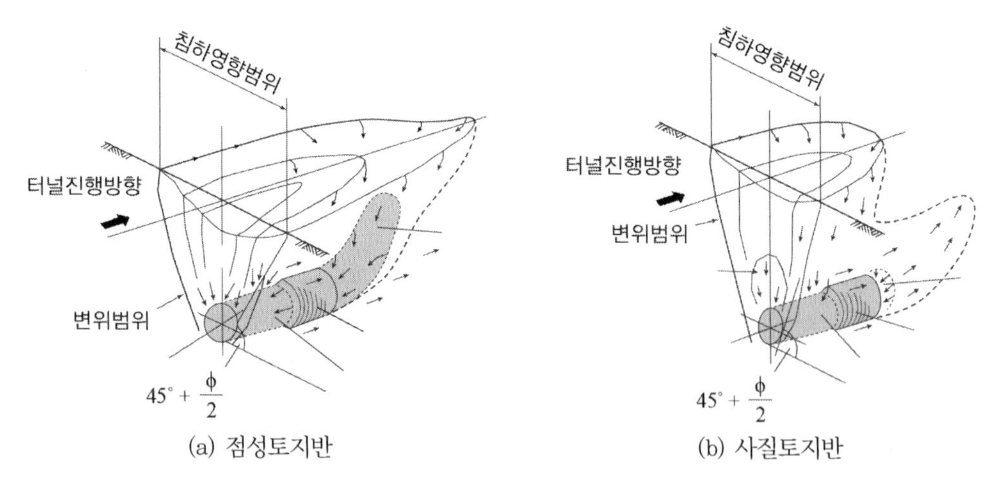

[그림 3.2.2] 지반 변위분포 모식도(지반조건별)

그림 3.2.2는 충적 지반을 대상으로 한 많은 쉴드공사에서의 지표 및 지중변위 계측결과를 참고로 하여 쉴드 굴진에 따른 주변 지반의 변위 분포를 모식적으로 나타낸 것이다. 그림 (a)는 충적 점성토 지반, 그림 (b)는 충적 사질토 지반의 경우이다. 충적 점성토 지반의 경우 지반 변위

는 쉴드를 중심으로 아치형 모양의 삼차원적인 확대를 가진 분포를 하고 있다. 막장토압에 대해 쉴드 잭 추력의 과부족이 발생하면 막장전방에 침하 또는 융기가 발생한다.

굴착이 진행되지 않은 경우는 흙이 채워져 있기 때문에 개구부 방향을 향해 변위가 발생하고 있다. 쉴드 통과 중에는 커터헤드의 막장압입 및 쉴드 스킨 플레이트와 주변 지반의 마찰에 의해 쉴드 막장 전방과 쉴드 측방의 지반은 전체적으로 쉴드의 진행 방향 및 원주 방향으로 변위가 발생한다.

쉴드 테일 통과 후 테일 보이드에 의한 응력 방출로, 주변의 흙이 테일 보이드를 향해 떨어져 지반이 침하한다. 이 테일 보이드에 뒤채움 주입을 하면 침하는 감소한다. 그러나 뒤채움 압력이 과대하면 지반이 밀려 융기한다.

한편, 사질토 지반의 경우는 지반의 움직임 자체는 점성토 지반의 경우와 유사하지만, 흙의 아치 작용으로 인하여 아치 안쪽에 지중 침하가 발생하고 지상으로 전파하는 과정에서 저감되는 점이 다르다.

최종 지반 변위의 측방 영향 영역은 대체로 쉴드 아래쪽에서 앙각 $45°+\phi/2$의 범위이다. 홍적 지반의 경우도 비슷하게 분포되지만, 자립성이 높기 때문에 테일 보이드의 발생 등의 응력 해방에 의한 지반 변위의 영향 영역은 충적 지반보다 좁고 거의 굴착단면의 폭에 들어가는 경우가 많다.

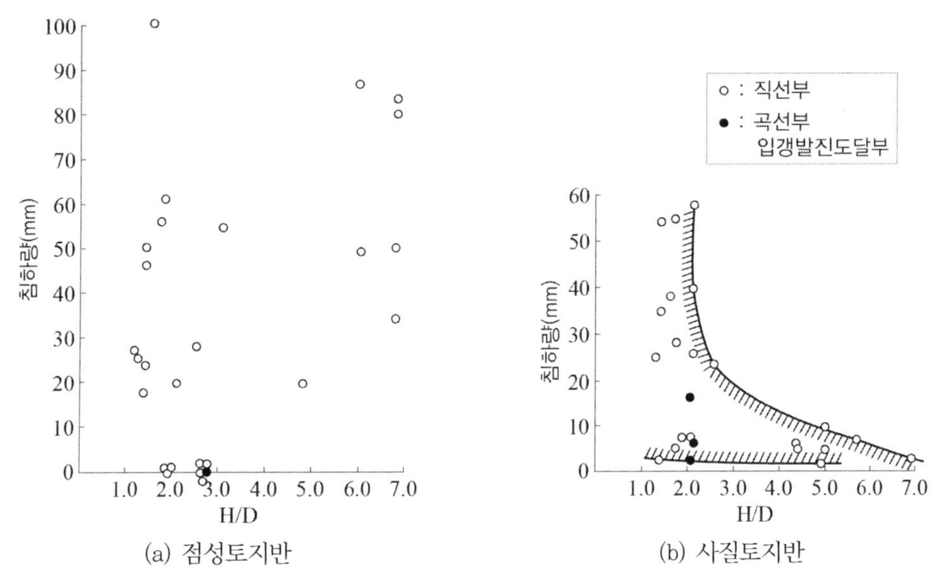

(a) 점성토지반 (b) 사질토지반

[그림 3.2.3] 지층조건별 토피고(H)/쉴드 직경(D) Vs 지반 침하 관계

토피고 H와 쉴드 직경 D의 비율과 전체 침하량과의 관계를 많은 현장 계측결과를 토대로 그래프로 작성하면 그림 3.2.3과 같다. 이에 따르면, H/D와 전침하량과의 관계는 지반의 종류에 따라 다른 것을 알 수 있다. 그림 (a)의 점성토 지반의 경우는 H/D가 커져도 전체 침하량이 감소하는 경향은 보이지 않는다. 한편, 그림 (b)의 사질토 지반의 경우 H/D가 2 이상이 되면 전체 침하량이 현저하게 감소하는 경향을 보인다. 특히 점성토 지반의 경우, 지반의 아치작용이 적기 때문에 지중침하가 시간경과와 함께 상향으로 전파해, 최종적으로는 지중과 지상 침하가 동일하게 된다.

반면 사질토 지반의 경우는 지중의 침하가 위쪽으로 전파하는 과정에서 흙의 아치 작용에 의해 지표면 침하가 감소된다. 또한 지반 내에 매설된 지중 토압력계의 측정 결과에 따르면 쉴드 통과 시 발생하는 추가적인 토압은 쉴드 위쪽보다 지반의 구속이 큰 측면 아래쪽으로 널리 전파되어 쉴드 테일 탈출과 함께 발산된다. 이완으로 인한 추가 토압의 영향 영역은 쉴드의 외주면에서 대체로 1D 범위라고 생각된다.

3.3 근접 구조물의 거동 예측 분석 및 보강대책

3.3.1 지반변위 및 근접 구조물의 영향 원인

쉴드 굴진에 따른 기설 구조물에 미치는 영향을 모식적으로 나타낸 것이 그림 3.3.1이다. 이러한 근접 구조물의 변위는 쉴드 굴진에 따른 지반 변위가 발생하여 외력 조건 및 지지 상태가 변화할 수 있다.

외력 조건의 변화는 기본적으로 다음의 4가지로 나뉜다. 이러한 외력 조건의 변화에 따라 근접 구조물은 침하, 경사, 단면변형 등이 발생한다. 그 정도는 기설 구조물에 대한 터널의 계획 조건(쉴드 사이의 이격, 선형, 근접 구간의 길이), 기설 구조물과 쉴드 사이에 있는 지반 물성치, 기설 구조물의 구조 특성(단면 형상, 강도, 변형 특성) 등의 요인에 따라 다르다.

① 지반의 응력 해방에 의한 탄소성 변형(지반 반력 감소)
② 유효 토압의 증가에 의한 압밀변형(연직 토압의 증가 또는 지반 반력 감소)
③ 토압의 부가에 의한 탄소성 변형(작용 토압의 증가)
④ 흙의 물성 변화에 따른 탄소성 변형 및 크리프 변형(지반 지지력의 저하)

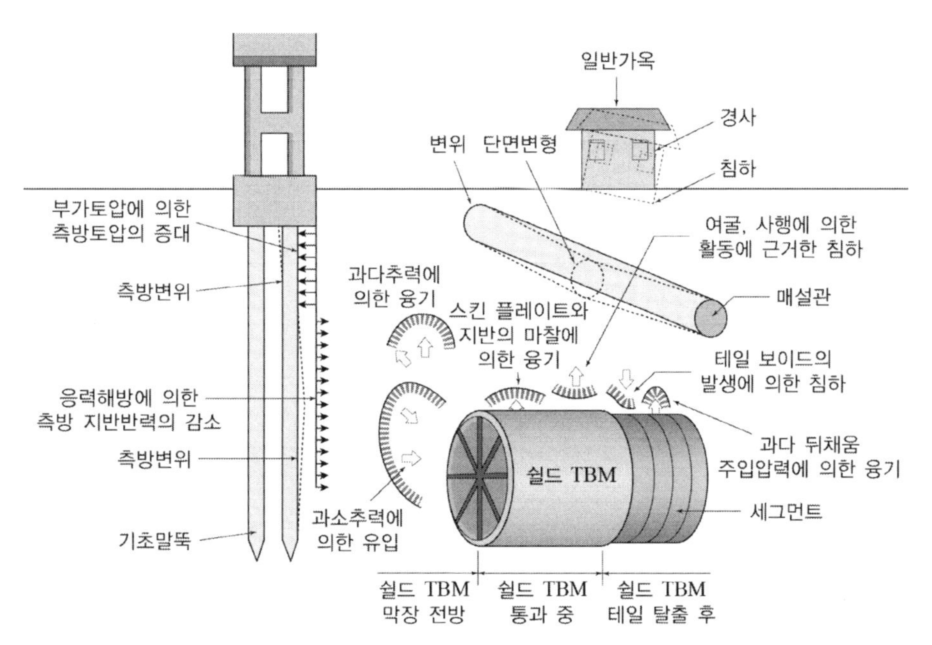

[그림 3.3.1] 굴진에 따른 지반 변위 및 근접구조물 거동

3.3.2 근접 구조물 보강대책

근접 구조물에 미치는 영향을 제어하는 방법으로 ① 시공법에 의한 대책, ② 보조 공법에 의한 대책, ③ 근접 구조물의 보강에 의한 대책을 들 수 있다(그림 3.3.2 참조).

근접 구조물에 미치는 영향을 방지하기 위해 먼저 해야 할 일은 근접구조물에 영향을 주지 않는 쉴드 TBM터널의 시공방법 수립이다(Step 1). 그럼에도 불구하고 근접 구조물에 유해한 영향이 우려되는 경우에는 쉴드 굴진의 영향을 최대한 줄이기 위해 근접 구조물과 쉴드 사이에 보강을 목적으로 하는 보조공법으로 대책을 강구해야 한다(Step 2). 또한 이상의 대책을 실시해도 근접 구조물에 영향이 있는 경우에는 근접 구조물의 보강에 의한 대책을 실시할 필요가 있다(Step 3).

Step	대책	구분	내용
Step 1	시공법에 의한 대책	막장 안정이나 주입방법 등 검토	
Step 2	보조공법에 의한 대책	지반 강화	(a) 쉴드 TBM 주변 지반 강화
			(b) 기존 구조물 지반 강화
		지반변형 차단	(c) 응력 및 변형 차단
Step 3	기존구조물 보강에 의한 대책		(d) 직접 보강
			(e) 언더피닝

[그림 3.3.2] 근접구조물 보강대책 Step

1) Step 1 : 쉴드 공법에서의 막장관리, 배토관리

지반 변상의 가장 큰 요인으로 막장 전면의 이완을 들 수 있고 지반 변위를 최대한 억제하기 위해서는 막장압을 일정하게 유지하는 것이 중요하다. 밀폐형 쉴드는 토압식과 이수식이 있고, 막장유지에 관해서 다음과 같은 특징이 있다.

토압식 쉴드 챔버 내에 가압된 토사로 막장을 유지한다. 한편 이수식 쉴드는 막장 전면의 토압, 수압에 대응하는 이수압으로 막장을 유지한다. 지반의 성상을 통해 이수가 전방으로 침투하는 일니(逸泥)현상이 발생할 가능성이 있다. 근접 구조물의 주변에 이수가 침투하여 기설 구조물 내에 유출될 경우도 있으므로 유의가 필요하다. 어느 공법을 선정할지는 지반 변위의 영향을 받는 구조물의 종류나 용도, 쉴드 위치 관계나 토질 등의 조건을 고려해야 한다.

2) Step 2 : 뒤채움 주입공

쉴드는 굴진과 동시에 테일 보이드가 발생하기 때문에 그 공극을 신속하게 충진하지 않으면 침하가 발생한다. 뒤채움 주입은 굴진에 맞추어 주입하는 동시주입, 굴진 직후에 주입하는 즉시 주입으로 나뉘는데, 근접 구조물의 영향을 최소화 하기 위해서는 동시주입이 필요하다.

동시주입은 굴진 시작과 동시에 주입을 시작하는 방법과 어느 정도 굴진 진행 후 주입을 시작하는 방법으로 나뉘지만 근접 구조물에 미치는 영향을 보다 적게 하기 위해서는 굴진 시작과 동시에 주입을 시작하는 것이 중요하다.

또한 자갈지반 등에서는 이완 영역의 붕괴 방지를 목적으로 지상 또는 갱내에서 2차 주입을 실시하는 경우도 있다.

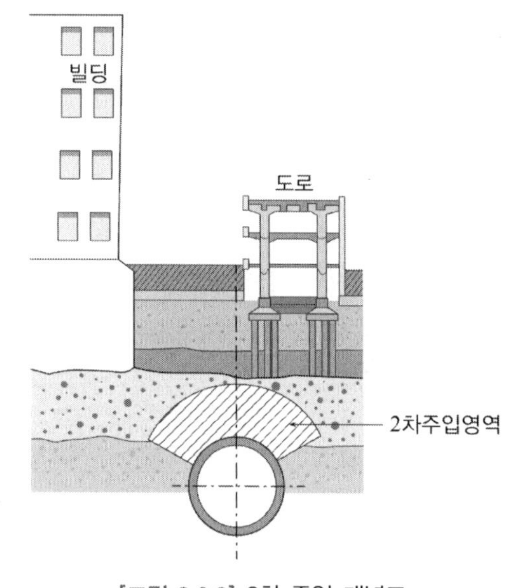

[그림 3.3.3] 2차 주입 개념도

토압식이 적용된 서울지하철 919, 920, 921공구에서 지반변위 및 근접구조물 보호를 위하여 선정한 막장압관리 및 배토시스템은 표 3.3.1과 같다.

[표 3.3.1] 지반변위 최소화를 위한 서울지하철 919, 920 및 921공구에서의 막장압 및 배토관리 사례 (토압식 TBM)

<table>
<tr><th>구분</th><th colspan="3">주요 내용</th></tr>
<tr><td rowspan="3">배토 관리</td><td colspan="3">• 적정 슬럼프치 선정으로 막장 주입재의 농도 및 배합관리
- 현장별 목표 슬럼프치 선정(2~15cm 내외)
• 신뢰도 높은 배토량 확인 방안 수립
- 용적관리 및 중량관리를 이중화로 하여 상호체크
(토사함 내 표척 별도 표시로 배토량 정밀측정 및 스케너 측정)
- 이론굴착토량 + 첨가제 주입량 + 토량환산계수에 의한 관리상한 및 하한치 선정</td></tr>
<tr><td>이론 굴착토량</td><td>첨가제(폴리머) 주입량</td><td>관리 상한치</td></tr>
<tr><td>70.6m^3
(1링당 굴착부피)</td><td>14.1m^3
(굴착토량의 20%)</td><td>98.8m^3
(토량환산계수 1.2 고려)</td></tr>
<tr><td>챔버압
관 리</td><td colspan="3">• 굴진중 챔버압을 정지토압(+수압) + 10~20%로 관리
• 챔버압과 함께, 배토량, 지반변위 계측량을 주기적으로 조정관리</td></tr>
<tr><td>뒤채움
주입관리</td><td colspan="3">• 복합지반 조건을 고려하여 동시주입을 원칙으로 함 - 지표침하 최소화 목적
(동시주입 시 배관막힘 방지를 위하여 주기적인 배관파이프 및 노즐 청소)
• 주입압 관리 : 막장압 + 0.1~0.2MPa(최대 0.3MPa 이하)
(0.3MPa의 압력 이상으로 주입 시 세그먼트 안정성 저하)
• 주입량 관리 : 공극 면적관리(장비마다 외주부 직경 다름)
(919공구 : 5.89m^3/Ring, 920공구 : 6.3m^3/Ring)</td></tr>
</table>

3) Step 3 : 보조공법에 의한 보강

근접 구조물과 쉴드의 보조 공법에 의한 대책에는 다음의 3가지 개념이 있다.

(a)는 지반의 강도를 높임으로써 쉴드 주변 지반에 생기는 이완 및 교란의 저감을 도모하는 것이다.

(b)는 기설 구조물의 지지 지반의 강도를 더해 기설 구조물의 변위를 줄이기 위해 실시하는 것이다. (a)와 (b)에 이용되는 구체적인 공법은 주입 공법 또는 고압 분사 교란 공법 등의 지반 개량 공법이다. 지반 개량 공법을 적용할 경우에는 쉴드 굴진 전에 지반이 설계대로 개량되어 있는지 확인이 필요하며, 불완전한 경우 다시 개선할 필요가 있다.

(c)는 쉴드와 기설 구조물의 사이에 강성이 높은 구조체를 구축하고 쉴드 굴진에 의한 지반 현상을 차단하는 것이다. 고압 분사 교란 공법이나 주열 말뚝 공법, 연속 지중벽 공법 등이 이용된다.

[표 3.3.2] 근접구조물 보강 개념

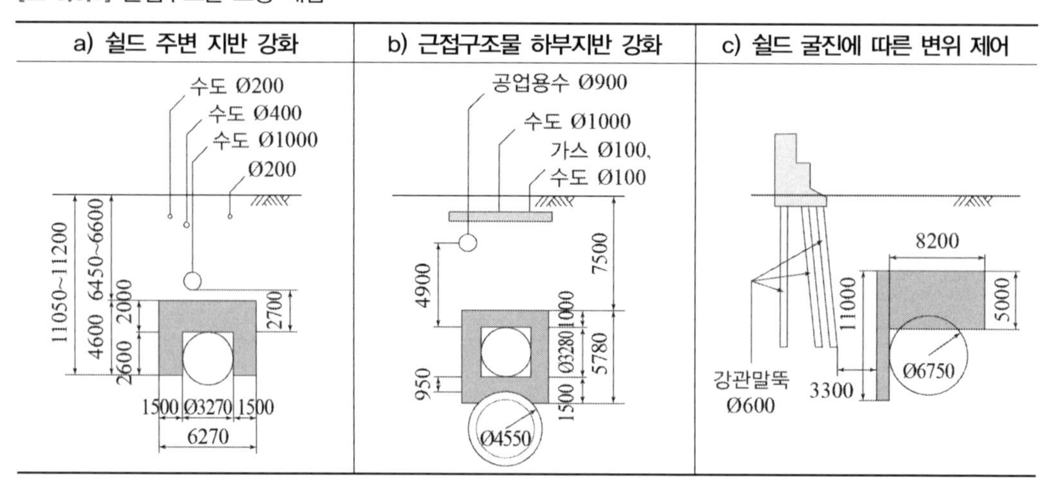

추가적으로 근접 구조물의 보강에 의한 대책이 있는데, 이는 다음의 2가지 개념으로 이루어진다.

[표 3.3.3] 근접구조물 보강에 의한 개념

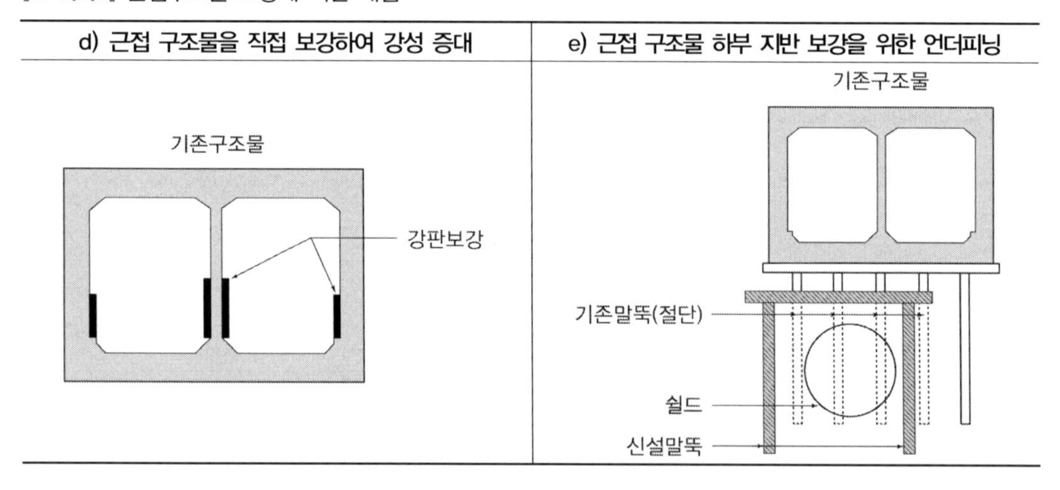

(d)는 구조물 보강을 위하여 탄소섬유 또는 추가 스트럿 등으로 구조물 내부를 보강하는 방법과 추가 말뚝이나 앵커 등으로 구조물의 하부 구조를 보강하는 방법이 있다.

(e)의 언더피닝에는 근접 구조물의 하부에 압력판을 구축하는 잭에 의해 변위량을 억제하는 내압판 공법과 지반 변상의 영향 범위 밖에서 신설 말뚝을 타설해 기설 구조물을 지지하는 기초 신설 공법이 있다. 언더피닝이 필요한 경우는 구조물의 기초 말뚝을 철거하는 경우로, 단순히 쉴드가 근접하는 정도이면 구조물의 보강 등으로 대처하는 것이 일반적이다.

3.3.3 국내 지하철 시공 시 근접 구조물 보강 사례

가. 서울지하철 909공구

구분	당초 설계안	변경 시공
보강방법	갱내 보강 그라우팅	지상 그라우팅(기초 외부 보강)
평면도	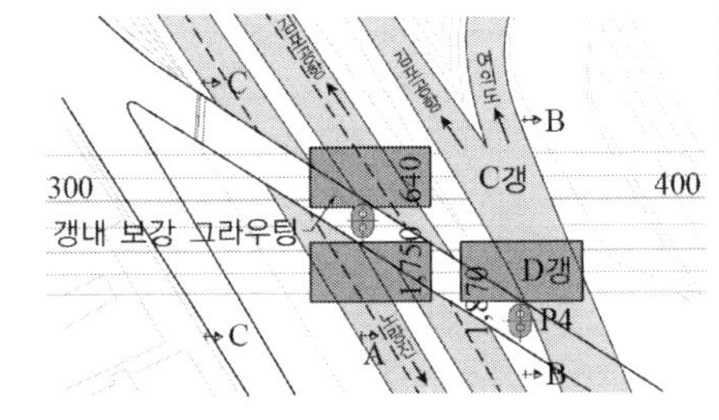	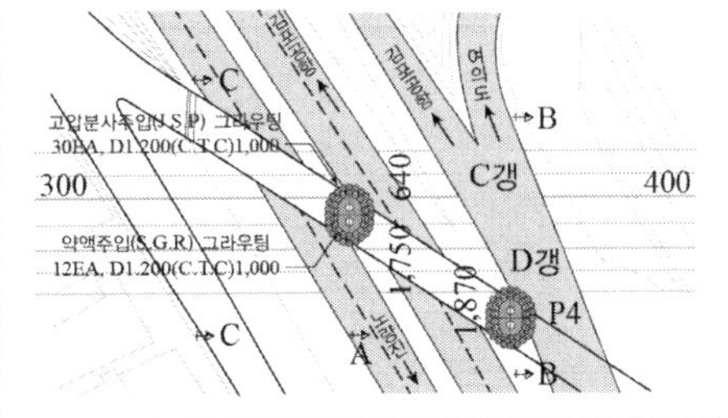
단면도	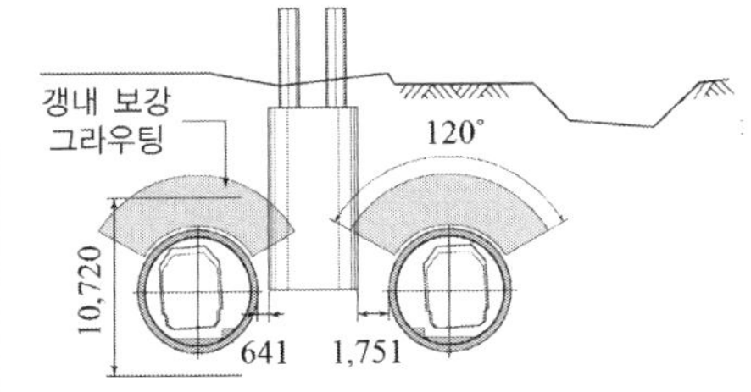	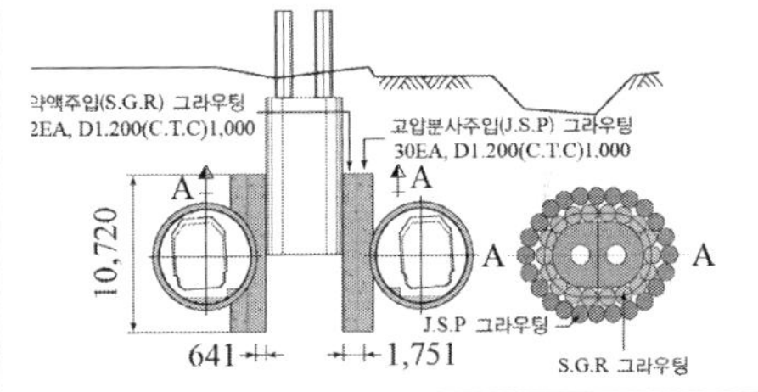
개요	• 상반 120° 갱내보강 • 상부 지반의 침하 제어 방안 • 공기 지연 초래	• 우물통 기초 주위를 2열로 보강 • 외측은 고압분사, 내측은 저압침투 방식의 그라우팅 시행 • 하부 지반의 교란 및 이탈 방지 • 차량 통행 제한의 최소화

구분	J.S.P 공법(Jumbo Special Pattern)	S.G.R 공법(Space Grouting Rocket)
개요도	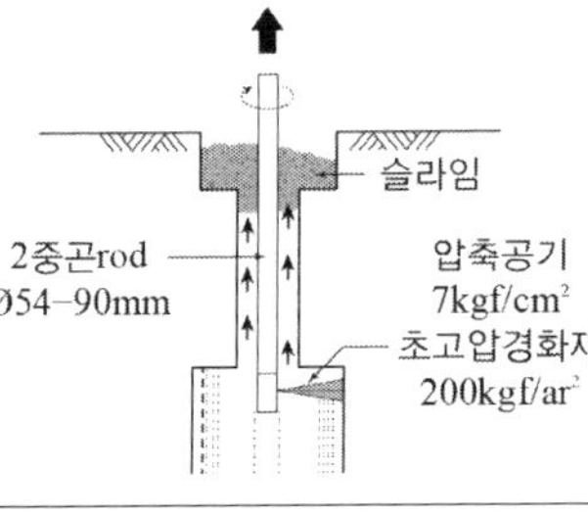	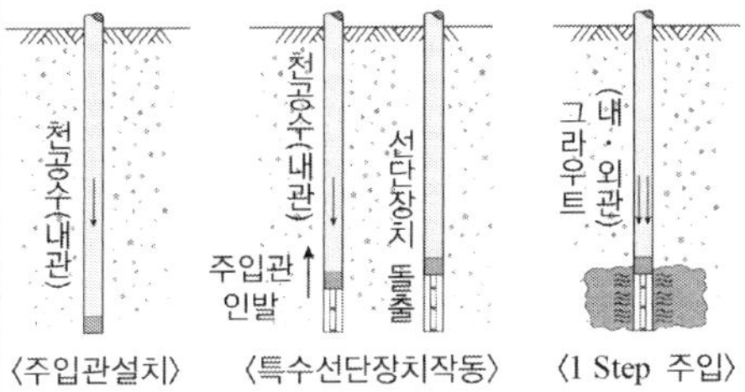〈주입관설치〉 〈특수선단장치작동〉 〈1 Step 주입〉
공법개요	• 초고압수와 air를 이용하여 2중 롯드선단에 장착된 jetting 노즐을 통해 압축공기로 에워싼 cement paste를 분사하여 원주상의 개량체 형성	• 지반을 천공하여 주입롯드에 특수선단장치(rocket)를 결합시켜 대상지반에 유도공간을 형성시켜 주입재를 주입하는 방법
주입재료	• Cement Milk계	• 보통시멘트, 규산소다, SGR 약재
주입압	• 200kg/cm²	• 3～5kg/cm² 기준, 최대 15～25kg/cm²
개량강도	• 점성토 : 20～40kg/cm² • 사질토 : 40～150kg/cm²	• 4～30kg/cm²

구분	J.S.P 공법(Jumbo Special Pattern)	S.G.R 공법(Space Grouting Rocket)
적용지반	• N≤40(점성토, 사질토, 풍화토)	• 토사, 암반을 포함한 모든 지반(주입 시험요)
특징	• 협소한 장소에서도 시공 가능 • 개량범위 확인 곤란 • 슬라임 발생량이 많음	• 시공 장비가 소규모 • 자유로운 gel time 조절가능 • 장기간 경과 시 내구성 저하

참고문헌

1. 고성일, 2017, 「강섬유 보강 쉴드 TBM 세그먼트의 역학적 특성 및 적용성에 대한 연구」, 동국대학교 박사학위 논문.
2. 국토교통부, 2023, 「KDS 27 25 00 TBM 터널」.
3. 동아지질, 2013, 「서울 지하철 9호선 3단계 921공구 쉴드터널 시공계획서」.
4. 박진수, 2022, 「현장 데이터 분석을 통한 대구경 쉴드 TBM 디스크 커터의 마모 및 교체 특성에 관한 연구」, 인하대학교 박사학위 논문.
5. (사)한국터널지하공간학회, 2008, 「터널공학 시리즈 3 터널 기계화 시공 설계편」, 씨아이알.
6. (사)한국터널지하공간학회, 2022, 「터널공학 시리즈 4 터널 TBM 터널 이론과 실무」, 씨아이알.
7. 서울특별시 도시기반 건설본부, 2011, 「서울시지하철 9호선 3단계 919 공구 건설공사 실시설계」.
8. 서울특별시 도시기반 건설본부, 2011, 「서울시지하철 9호선 3단계 920 공구 건설공사 실시설계」.
9. 서울특별시 도시기반 건설본부, 2011, 「서울시지하철 9호선 3단계 921 공구 건설공사 실시설계」.
10. 서울특별시 도시기반시설본부, 2014, 「Shield TBM 실무 길라잡이」.
11. 서울특별시 도시기반시설본부, 2015, 「서울시 도심지 지하철 쉴드 TBM 공사관리 제도개선 방안」.
12. 서울특별시 도시기반시설본부, 2020, 「쉴드 TBM 활성화를 위한 경제성 확보방안 연구보고서」.
13. 씨아이알, 2012, 「쉴드 TBM 공법」.
14. 일본 공익사단법인 지반공학회, 2015, 「쉴드 TBM 공법(삼성물산(주) 건설부문 Civil엔지니어링본부 TBM공법연구회 역)」, 씨아이알.
15. 최항석, 2020. 11, 쉴드 TBM 활성화, 경제성 확보가 우선..., 공학저널, pp. 46-47.
16. ITA, 2015, 8., 「Guidelines on Rebuilds of Machinery for Mechanized Tunnel Excavation」.
17. ITA Working Group No.2, 2000, 「Guidelines for the design of Shield Tunnel Lining」, Tunneling and Underground Space Technology, Vol. 5, No. 3, pp. 303-331.
18. Japan Society of Civil Engineering, 2007, 「Standard Specifications for Tunnelling – 2006 : Shield Tunnels」.
19. Kanayasu S., Kubota I., Shikubu N., 1995, 「Stability of face during shield tunnelling –A survey on Japanese shield tunnelling. in Underground Construction in Soft Ground」, pp. 337-343, Balkema, Rotterdam.
20. Mueller-Kirchenbauer, H., 1977, 「Stability of slurry trenches in inhomogeneous subsoil」, Proceedings

of 9th International Conference on Soil Mechanics and Foundation Engineering, Vol. 2, Tokyo.

21. Reda A., 1994, 「Contribution a l'étude des problèmes du creusement avec bouclier a pression de terre」, Thèse de Doctorat présentée devant l'Institut National des Sciences Appliquées de Lyon.
22. (公益社団法人) 地盤工学会, 2012, 「シールド工法」.
23. (社)日本トンネル技術協會, 2002, 「TBMハンドブック」.
24. 日本鐵道總合技術研究所, 2003, 「鐵道構造物等設計標準・同解說(シールドトンネル)」
25. https://english.crcc.cn/
26. https://ugitec.co.jp/en/
27. http://www.crecg.com/zgztywz/10199099/10199108/10199544/index.html
28. https://www.herrenknecht.com/en/

찾아보기

_집필

조국환(공학박사, 토질및기초기술사)

1990. 고려대학교 토목공학과 공학사
1994. 고려대학교 대학원 토목공학과 공학석사(지반공학)
2002. North Carolina State University 공학박사(지반공학)
현) 서울과학기술대학교 철도전문대학원 철도건설공학과 교수

김진팔(공학박사, 철도기술사)

2003. 한양대학교 대학원 공학석사
2021. 서울과학기술대학교 철도전문대학원 공학박사 (지반공학)
전) 서울시 도시기반시설본부 본부장(도시철도국 국장)

고성일(공학박사, 토질및기초기술사)

1995. 서울 과학기술대학교 건설환경공학과(토목공학) 공학사
1997. 동국대학교 대학원 공학석사(지반공학)
2017. 동국대학교 대학원 공학박사(터널공학)
현) ㈜서하기술단 대표이사
현) 한국터널지하공간학회(KTA) 전담이사
현) 국가철도공단/한국도로공사 기술자문위원
전) ㈜단우기술단 전무이사

_감수

최항석(공학박사, PE)

1993. 고려대학교 토목공학과 공학사
1995. 고려대학교 대학원 공학석사(지반공학)
2002. University of Illinois at Urbana-Champaign 공학박사(지반공학)
현) 고려대학교 교수
현) 국제터널학회(ITA) 부회장
현) 한국터널지하공간학회(KTA) 부회장

박진수(공학박사)

2015. 중앙대학교 대학원 공학석사(지반공학)
2022. 인하대학교 대학원 공학박사(토목공학)
현) 한국터널지하공간학회(KTA) 기계화시공 기술위원장
현) 수도권광역급행철도 A노선 5공구 Gripper TBM 총괄부장
전) 김포-파주고속도로 2공구 Shield TBM 공사부장

쉴드TBM
설계 및 시공

초판 발행 | 2024년 2월 20일

저 자 | 조국환 김진팔 고성일
감 수 | 최항석 박진수
펴낸이 | 김성배
펴낸곳 | (주)에이퍼브프레스

책임편집 | 신은미
디자인 | 안예슬 엄해정
제작 | 김문갑

출판등록 | 제25100-2021-000115호(2021년 9월 3일)
주소 | (04626) 서울특별시 중구 필동로8길 43(예장동 1-151)
전화 | 02-2274-3666(대표) 팩스 | 02-2274-4666
홈페이지 | www.apub.kr

ISBN 979-11-984291-8-6 93530